Algebra I

B. L. van der Waerden

Algebra I

Unter Benutzung von Vorlesungen
von E. Artin und E. Noether

Mit einem Geleitwort von Jürgen Neukirch

Neunte Auflage

Springer-Verlag

Berlin Heidelberg New York
London Paris Tokyo
Hong Kong Barcelona
Budapest

B. L. van der Waerden
Wiesliacher 5, CH-8053 Zürich, Schweiz

*Die achte Auflage erschien 1968 unter gleichnamigem Titel
in der Reihe Heidelberger Taschenbücher Band 12*

*Die Fotovorlage für die Abbildung auf der Einbandvorderseite
wurde dem Band "I have a Photographic Memory" von P. R. Halmos
mit freundlicher Genehmigung des Autors
und der American Mathematical Society entnommen*

Mathematics Subject Classification (1991): 12-01, 13-01, 16-01

ISBN 978-3-642-85528-3   ISBN 978-3-642-85527-6 (eBook)
DOI 10.1007/978-3-642-85527-6

Die Deutsche Bibliothek – CIP-Einheitsaufnahme
Waerden, Bartel Leendert van der: Algebra/Bartel L. an der Waerden.
Unter Benutzung von Vorlesungen von E. Artin und E. Noether.
Berlin; Heidelberg; New York; London; Paris; Tokyo; Hong Kong;
Barcelona; Budapest: Springer 1. 9. Auflage 1993

Umschlaggestaltung: Design Concept Emil Smejkal, Heidelberg
44/3140 – 5 4 3 2 1 0 – Gedruckt auf säurefreiem Papier

Geleitwort

Das vorliegende, nunmehr zum neunten Male herausgebrachte Werk von B. L. VAN DER WAERDEN nimmt unter den mathematischen Lehrbüchern eine außergewöhnliche Stellung ein. Selten nur hat in der Vergangenheit ein Lehrbuch eine ähnlich große Wirkung auf das mathematische Leben ausgeübt wie dieses. Seit seinem ersten Erscheinen im Sommer 1930, also vor nunmehr 63 Jahren, haben Generationen von Mathematikern nach ihm die Algebra gelernt, zumindest im deutschsprachigen Bereich. Für zahllose Studenten bedeutete es Eintritt und Aufnahme in die höhere Mathematik, für viele war es die erste Stufe zu wissenschaftlicher Arbeit und mathematischer Forscherlaufbahn.

Worin liegt das Geheimnis eines solch langlebigen Erfolges? Auf diese Frage hätte mancher Autor gern eine Antwort. Der eine versucht eine Verbesserung durch eine breitere Grundlegung, der andere durch vereinfachte Argumentation, ein dritter durch größere Vollständigkeit, ein vierter durch Verwirklichung aller dieser Möglichkeiten – vergebens, einen „van der Waerden" hat es bis heute nicht wieder gegeben. Zieht man einmal andere berühmte Lehrbücher der Vergangenheit zur Betrachtung heran, wie etwa die EULERsche und die WEBERsche „Algebra", den HILBERTschen „Zahlbericht", den „Roten Mumford", die SERREsche „Cohomologie galoisienne" (welche letztere ein Lehrbuch gar nicht hat, sein sollen, um dann doch ein so großartiges zu werden), so erkennt man, daß es nicht die systematische Vollständigkeit und die fraglose Vollkommenheit ist, die den Erfolg hervorbringt. Vielmehr scheint in der meisterlichen Handhabung der Unvollkommenheit ein Grund für die Lebensfähigkeit eines Lehrbuches zu liegen, einer Unvollkommenheit, die sich der Phantasie des Lesers öffnet und ihm die Lektüre durch eigene Fragen und Vorstellungen zum Erlebnis werden läßt. Eine solche Meisterschaft ist freilich nicht erlernbar und ist das Kennzeichen eines wahrhaft großen Lehrers.

Ein faßbareres Merkmal, das alle genannten Beispiele mit dem VAN DER WAERDENschen Buch gemein haben, ist das der Neuheit des dargestellten Stoffes. Die uns heute so geläufige „Körpertheorie", das Kernstück des Buches, war bei seinem ersten Erscheinen wohl dem kleinen Kreis der Experten vertraut, aber durchaus nicht der mathematischen Allgemeinheit, obgleich die STEINITZsche Grundlegung der Körpertheorie schon im Jahre 1910 erschienen war. Das algebraische Denken war damals noch vornehmlich vom Rechnen mit einzelnen Polynomen und Gleichungen beherrscht, so daß die ersten Auflagen des VAN DER WAERDENschen Lehrbuches den Namen „Moderne Algebra" in jener Zeit zu recht trugen. Mit seiner neuen abstrakten und begrifflichen Auffassung der Algebra war es geistig wie zeitlich ein Produkt des zwanzigsten Jahrhunderts und ein Wegweiser in die Zukunft. „Nach Vorlesungen von E. ARTIN und E. NOETHER" lautet der Untertitel, und in der Tat meint man die hochmoderne, konzeptionelle Denkweise Emmy Noethers und die Eleganz Artinscher Gedankenführung herauszuspüren.

Nun hat sich im Verlauf der langen Zeit die Mathematik doch wesentlich verändert, und wir leben heute in einer gewandelten Vorstellungswelt. Man muß sich daher der Frage stellen, welchen Sinn eine neuerliche Auflage des alten Buches noch erfüllen kann. Ein Blick hinein gibt heute manchen interessanten Aufschluß über die Akzentsetzung und die Darstellungsweise des Stoffes in vergangener Zeit und somit auch über die Veränderung in den Auffassungen unserer Zeit, die vom kategoriellen und funktoriellen Standpunkt beherrscht werden. Das Buch wird also seinen historischen Wert behalten und verdient allein schon deshalb die Aufnahme in eine Reihe berühmter Klassiker. Es ist aber auch noch immer als Lehrbuch zu empfehlen. Denn in der direkten Zugänglichkeit zu den Grundlagen der Algebra, die ein Kennzeichen des Buches ist, und in der klaren und unmittelbaren Darlegung der Dinge, die sich nicht scheut, die Sprache in den Dienst der Erläuterung zu stellen, wird mancher Studierende auch heute noch einen geebneten Weg zum Verständnis finden. Dies wird ihm zum sicheren Gewinn, wenn sich das Studium in einem guten modernen Lehrbuch der Algebra fortsetzt.

Regensburg, März 1993   JÜRGEN NEUKIRCH

Vorwort zur achten Auflage

Einige Druckfehler, auf die ich durch freundliche Zuschriften aufmerksam gemacht wurde, sind in der vorliegenden Auflage korrigiert worden. Sonst ist alles unverändert geblieben.

Zürich, April 1971   B. L. VAN DER WAERDEN

Vorwort zur siebenten Auflage

Als die erste Auflage geschrieben wurde, war sie als Einführung in die neuere abstrakte Algebra gedacht. Teile der klassischen Algebra, insbesondere die Determinantentheorie, wurden als bekannt vorausgesetzt. Heute aber wird das Buch vielfach von Studenten als erste Einführung in die Algebra benutzt. Daher wurde es notwendig, ein Kapitel über „Vektorräume und Tensorräume" einzufügen, in dem die Grundbegriffe der linearen Algebra, insbesondere der Determinantenbegriff erörtert werden.

Das erste Kapitel „Zahlen und Mengen" wurde entlastet, indem die Ordnung und Wohlordnung in einem neuen neunten Kapitel behandelt wurden. Das Zornsche Lemma wird direkt aus dem Auswahlpostulat hergeleitet. Mit derselben Methode ergibt sich (nach H. KNESER) auch ein Beweis des Wohlordnungssatzes.

In der Galois-Theorie wurden einige Gedanken aus dem bekannten Buch von ARTIN übernommen. Eine Beweislücke in der Theorie der zyklischen Körper, auf die mich mehrere Leser aufmerksam gemacht haben, wurde in § 61 geschlossen. In § 67 wird die Existenz einer Normalbasis bewiesen.

Der erste Band schließt jetzt mit dem Kapitel „Reelle Körper". Die Bewertungstheorie soll erst im zweiten Band dargestellt werden.

Zürich, Februar 1966   B. L. VAN DER WAERDEN

Vorwort zur vierten Auflage

Der kürzlich ganz unerwartet verstorbene Algebraiker und Zahlentheoretiker BRANDT beschließt seine Besprechung der dritten Auflage dieses Werkes im Jahresbericht der D. M. V. 55 folgendermaßen: „Was den Titel anbetrifft, so würde ich es begrüßen, wenn in der vierten Auflage der schlichtere, aber kräftigere Titel „Algebra" gewählt würde. Ein Buch, das so viel an bester Mathematik bietet, wie sie war, ist und sein wird, sollte nicht durch den Titel den Verdacht erwecken, als ob es nur einer Modeströmung folgte, die gestern noch unbekannt war und vielleicht morgen vergessen sein wird."

Diesem Rat entsprechend, habe ich den Titel in „Algebra" geändert.

Einem Hinweis von M. DEURING verdanke ich eine zweckmäßigere Definition des Begriffes „hyperkomplexes System" sowie eine Ergänzung der GALOIS-Theorie der Kreisteilungskörper, die mit Rücksicht auf ihre Anwendung in der Theorie der zyklischen Körper geboten erschien.

Auf Grund von Zuschriften aus verschiedenen Ländern wurden mehrere kleine Berichtigungen vorgenommen. Allen Briefschreibern sei an dieser Stelle gedankt.

Zürich, März 1955   B. L. VAN DER WAERDEN

Aus dem Vorwort zur dritten Auflage

Schon in der zweiten Auflage wurde die Bewertungstheorie stark ausgebaut. Sie hat inzwischen in der Zahlentheorie und in der algebraischen Geometrie ihre Wichtigkeit immer mehr erwiesen. Daher habe ich das Kapitel Bewertungstheorie sehr viel ausführlicher und deutlicher gemacht.

Vielfachem Wunsche entsprechend, habe ich die Abschnitte über Wohlordnung und transfinite Induktion, die in der zweiten Auflage weggefallen waren, wieder aufgenommen und darauf fußend die STEINITZsche Körpertheorie wieder in voller Allgemeinheit gebracht.

Einem Rat von ZARISKI folgend, wurde die Einführung des Polynombegriffs leicht faßlich gemacht. Auch die Theorie der Normen und Spuren war verbesserungsbedürftig; darauf hat mich Herr PEREMANS freundlichst aufmerksam gemacht.

Laren (Nordholland), Juli 1950   B. L. VAN DER WAERDEN

Inhaltsverzeichnis

Einleitung 1

Erstes Kapitel. Zahlen und Mengen 3

§ 1. Mengen 3
§ 2. Abbildungen. Mächtigkeiten 5
§ 3. Die Zahlreihe 5
§ 4. Endliche und abzählbare Mengen 9
§ 5. Klasseneinteilungen 12

Zweites Kapitel. Gruppen 13

§ 6. Der Gruppenbegriff 13
§ 7. Untergruppen 20
§ 8. Das Rechnen mit Komplexen. Nebenklassen 24
§ 9. Isomorphismen und Automorphismen 27
§ 10. Homomorphie, Normalteiler und Faktorgruppen 29

Drittes Kapitel. Ringe und Körper 33

§ 11. Ringe 33
§ 12. Homomorphie und Isomorphie 40
§ 13. Quotientenbildung 41
§ 14. Polynomringe 45
§ 15. Ideale. Restklassenringe 48
§ 16. Teilbarkeit. Primideale 53
§ 17. Euklidische Ringe und Hauptidealringe 54
§ 18. Faktorzerlegung 58

Viertes Kapitel. Vektorräume und Tensorräume 62

§ 19. Vektorräume 62
§ 20. Die Invarianz der Dimension 65
§ 21. Der duale Vektorraum 68
§ 22. Lineare Gleichungen in einem Schiefkörper 69
§ 23. Lineare Transformationen 71
§ 24. Tensoren 76
§ 25. Antisymmetrische Multilinearformen und Determinanten 78
§ 26. Tensorprodukte, Verjüngung und Spur 82

Fünftes Kapitel. Ganzrationale Funktionen 84

§ 27. Differentiation 84
§ 28. Nullstellen 86
§ 29. Interpolationsformeln 88
§ 30. Faktorzerlegung 93
§ 31. Irreduzibilitätskriterien 96
§ 32. Die Durchführung der Faktorzerlegung in endlichvielen Schritten 98
§ 33. Symmetrische Funktionen 99
§ 34. Die Resultante zweier Polynome 103
§ 35. Die Resultante als symmetrische Funktion der Wurzeln 106
§ 36. Partialbruchzerlegung der rationalen Funktionen 108

Sechstes Kapitel. Körpertheorie 110

§ 37. Unterkörper. Primkörper 111
§ 38. Adjunktion 113
§ 39. Einfache Körpererweiterungen 114
§ 40. Endliche Körpererweiterungen 119
§ 41. Algebraische Körpererweiterungen 121
§ 42. Einheitswurzeln 126
§ 43. Galois-Felder (endliche kommutative Körper) 131
§ 44. Separable und inseparable Erweiterungen 134
§ 45. Vollkommene und unvollkommene Körper 139
§ 46. Einfachheit von algebraischen Erweiterungen. Der Satz vom pri-
       mitiven Element 140
§ 47. Normen und Spuren 142

Siebentes Kapitel. Fortsetzung der Gruppentheorie 146

§ 48. Gruppen mit Operatoren 146
§ 49. Operatorisomorphismen und -homomorphismen 148
§ 50. Die beiden Isomorphiesätze 149
§ 51. Normalreihen und Kompositionsreihen 150
§ 52. Gruppen von der Ordnung p^n 155
§ 53. Direkte Produkte 156
§ 54. Gruppencharaktere 159
§ 55. Die Einfachheit der alternierenden Gruppe 163
§ 56. Transitivität und Primitivität 165

Achtes Kapitel. Die Theorie von Galois 168

§ 57. Die Galoissche Gruppe 168
§ 58. Der Hauptsatz der Galoisschen Theorie 171
§ 59. Konjugierte Gruppen, Körper und Körperelemente 174
§ 60. Kreisteilungskörper 175
§ 61. Zyklische Körper und reine Gleichungen 182
§ 62. Die Auflösung von Gleichungen durch Radikale 184
§ 63. Die allgemeine Gleichung n-ten Grades 188

§ 64. Gleichungen zweiten, dritten und vierten Grades 191
§ 65. Konstruktionen mit Zirkel und Lineal 197
§ 66. Die Berechnung der Galoisschen Gruppe. Gleichungen mit symmetrischer Gruppe 202
§ 67. Normalbasen 205

Neuntes Kapitel. Ordnung und Wohlordnung von Mengen . . . **209**

§ 68. Geordnete Mengen 209
§ 69. Auswahlpostulat und Zornsches Lemma 210
§ 70. Der Wohlordnungssatz 213
§ 71. Die transfinite Induktion 213

Zehntes Kapitel. Unendliche Körpererweiterungen **215**

§ 72. Die algebraisch-abgeschlossenen Körper 215
§ 73. Einfache transzendente Erweiterungen 221
§ 74. Algebraische Abhängigkeit und Unabhängigkeit 224
§ 75. Der Transzendenzgrad 227
§ 76. Differentiation der algebraischen Funktionen 229

Elftes Kapitel. Reelle Körper **234**

§ 77. Angeordnete Körper 235
§ 78. Definition der reellen Zahlen 238
§ 79. Nullstellen reeller Funktionen 246
§ 80. Der Körper der komplexen Zahlen 251
§ 81. Algebraische Theorie der reellen Körper 253
§ 82. Existenzsätze für formal-reelle Körper 258
§ 83. Summen von Quadraten 262

Sachverzeichnis 265

Leitfaden

Übersicht über die Kapitel der Bände I und II und ihre logische Abhängigkeit

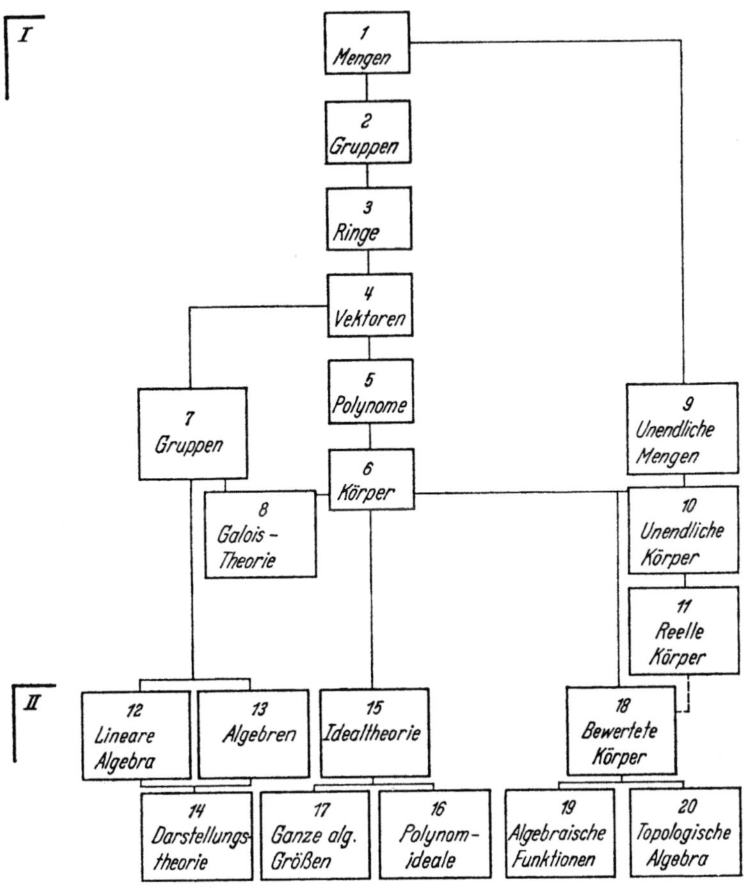

Einleitung

Ziel des Buches. Die „abstrakte", „formale" oder „axiomatische" Richtung, der die Algebra ihren erneuten Aufschwung verdankt, hat vor allem in der *Gruppentheorie*, der *Körpertheorie*, der *Bewertungstheorie*, der *Idealtheorie* und der *Theorie der hyperkomplexen Zahlen* zu einer Reihe von neuartigen Begriffsbildungen, zur Einsicht in neue Zusammenhänge und zu weitreichenden Resultaten geführt. In diese ganze Begriffswelt den Leser einzuführen, soll das Hauptziel dieses Buches sein.

Stehen demnach allgemeine Begriffe und Methoden im Vordergrund, so sollen doch auch die Einzelresultate, die zum klassischen Bestand der Algebra gerechnet werden müssen, eine gehörige Berücksichtigung im Rahmen des modernen Aufbaus finden.

Einteilung. Anweisungen für die Leser. Um die allgemeinen Gesichtspunkte, welche die „abstrakte" Auffassung der Algebra beherrschen, genügend klar zu entwickeln, war es notwendig, die Grundlagen der Gruppentheorie und der elementaren Algebra von Anfang an neu darzustellen.

Angesichts der vielen in neuerer Zeit erschienenen guten Darstellungen der Gruppentheorie, der klassischen Algebra und der Körpertheorie ergab sich die Möglichkeit, diese einleitenden Teile knapp (aber lückenlos) zu fassen. Eine breitere Darstellung kann der Anfänger jetzt überall finden[1].

Als weiteres Leitprinzip diente die Forderung, daß möglichst jeder einzelne Teil für sich allein verständlich sein soll. Wer die allgemeine Idealtheorie oder die Theorie der hyperkomplexen Zahlen kennenlernen will, braucht nicht die Galoissche Theorie vorher zu studieren, und umgekehrt; und wer etwas über Elimination oder lineare Algebra

---

[1] Für die Gruppentheorie sei verwiesen auf:

Speiser, A.: Die Theorie der Gruppen von endlicher Ordnung, 2. Aufl. Berlin: Springer 1927.

Für die Körpertheorie auf:

Hasse, H.: Höhere Algebra I, II und Aufgabensammlung zur Höheren Algebra. Sammlung Göschen 1926/27.

Haupt, O.: Einführung in die Algebra I, II. Leipzig 1929.

Für die klassische Algebra auf:

Perron, O.: Algebra I, II. 1927.

Für die lineare Algebra auf:

Dickson, L. E.: Modern algebraic Theories, Chicago 1926 (auch deutsch von E. Bodewig, Leipzig 1929).

nachschlagen will, darf nicht durch komplizierte idealtheoretische Begriffsbildungen abgeschreckt werden.

Die Einteilung ist darum so gewählt, daß die ersten drei Kapitel auf kleinstem Raum das enthalten, was für *alle* weiteren Kapitel als Vorbereitung nötig ist: die ersten Grundbegriffe über: 1. Mengen; 2. Gruppen; 3. Ringe, Ideale und Körper. Die weiteren Kapitel des I. Bandes sind hauptsächlich der Theorie der kommutativen Körper gewidmet und beruhen in erster Linie auf der grundlegenden Arbeit von STEINITZ in CRELLES Journal Bd. 137 (1910). Im II. Band soll in möglichst voneinander unabhängigen Abschnitten die Theorie der Moduln, Ringe und Ideale mit Anwendungen auf algebraische Funktionen, Elementarteiler, hyperkomplexe Zahlen und Darstellungen von Gruppen zur Behandlung kommen.

Weggelassen mußten werden die Theorie der Abelschen Integrale und die der kontinuierlichen Gruppen, weil beide für eine sachgemäße Behandlung transzendente Begriffe und Methoden benötigen würden; weiter auf Grund ihres Umfanges die Invariantentheorie.

Zur weiteren Orientierung sei auf das Inhaltsverzeichnis und vor allem auf den vorstehenden schematischen „Leitfaden" verwiesen, aus dem genau zu ersehen ist, wieviel von den vorangehenden Kapiteln zu jedem einzelnen Kapitel benötigt wird.

Die eingestreuten *Aufgaben* sind meist so gewählt, daß man an ihnen erproben kann, ob man den Text verstanden hat. Sie enthalten auch Beispiele und Ergänzungen, auf die an späteren Stellen gelegentlich Bezug genommen wird. Kunstgriffe sind zu ihrer Lösung meist nicht erforderlich und sonst in eckigen Klammern angedeutet.

Quellen. Das vorliegende Buch hat sich teilweise aus Vorlesungsausarbeitungen entwickelt, und zwar wurden benutzt:

eine Vorlesung von E. ARTIN über Algebra (Hamburg, Sommersemester 1926);

ein Seminar über Idealtheorie, abgehalten von E. ARTIN, W. BLASCHKE, O. SCHREIER und dem Verfasser (Hamburg, Wintersemester 1926/27);

zwei Vorlesungen von E. NOETHER, beide über Gruppentheorie und hyperkomplexe Zahlen (Göttingen, Wintersemester 1924/25, Wintersemester 1927/28)[1].

Wo man in diesem Buch neue Beweise oder Beweisanordnungen findet, wird man sie oft auf die erwähnten Vorlesungen und Seminare zurückzuführen haben, auch dann, wenn nicht ausdrücklich die Quelle erwähnt ist.

---

[1] Eine Ausarbeitung der zuletzt genannten Vorlesung von E. NOETHER ist erschienen in der Math. Zeitschrift Bd. 30 (1929), S. 641—692.

Erstes Kapitel

Zahlen und Mengen

Da gewisse logische und allgemein-mathematische Begriffe, mit denen der angehende Mathematiker vielfach noch nicht vertraut ist, in diesem Buch Verwendung finden, soll ein kurzer Abschnitt über diese Begriffe vorangehen. Auf Grundlagenschwierigkeiten soll dabei nicht eingegangen werden: wir stellen uns durchwegs auf den „naiven Standpunkt", allerdings unter Vermeidung von paradoxienerzeugenden Zirkeldefinitionen. Der Fortgeschrittene braucht sich von diesem Kapitel bloß die Bedeutung der Zeichen $\in$, $\subset$, $\supset$, $\cap$, $\vee$ und $\{..\}$ zu merken und kann alles übrige übergehen.

§ 1. Mengen

Wir denken uns, als Ausgangspunkt aller mathematischen Betrachtung, gewisse vorstellbare Objekte, etwa Zahlzeichen, Buchstaben oder Kombinationen von solchen. Eine Eigenschaft, die jedes einzelne dieser Objekte hat oder nicht hat, definiert eine *Menge* oder *Klasse*; *Elemente der Menge* sind diejenigen Objekte, denen diese Eigenschaft zukommt. Das Zeichen.

$$a \in M$$

bedeutet: a ist Element von M. Man sagt auch geometrisch-bildlich: a liegt in M. Eine Menge heißt *leer*, wenn sie keine Elemente enthält.

Wir nehmen an, daß es erlaubt ist, Folgen und Mengen von Zahlen (oder von Buchstaben usw.) selbst wieder als Objekte und Elemente von Mengen (Mengen zweiter Stufe, wie man bisweilen sagt) aufzufassen. Diese Mengen zweiter Stufe können wieder Elemente von Mengen höherer Stufe sein, usw. Wir hüten uns jedoch vor Begriffsbildungen wie „die Menge aller Mengen" u. dgl., weil diese zu Widersprüchen Anlaß geben; vielmehr bilden wir neue Mengen nur aus einer jeweils vorher abgegrenzten Kategorie von Objekten (zu denen die neuen Mengen noch nicht gehören).

Sind alle Elemente einer Menge N zugleich Elemente von M, so heißt N eine *Untermenge* oder *Teilmenge* von M, und man schreibt:

$$N \subseteq M.$$

M heißt dann auch *Obermenge* oder *umfassende Menge* von N, in

Zeichen:

$$M \supseteq N.$$

Aus $A \subseteq B$ und $B \subseteq C$ folgt $A \subseteq C$.

Die leere Menge ist in jeder Menge enthalten.

Sind zugleich alle Elemente von M in N enthalten und alle Elemente von N in M, so nennt man die Mengen M, N *gleich*:

$$M = N.$$

Gleichheit bedeutet also das gleichzeitige Bestehen der Relationen

$$M \subseteq N, \quad N \subseteq M.$$

Oder auch: Zwei Mengen sind gleich, wenn sie dieselben Elemente enthalten.

Ist $N \subseteq M$, ohne $= M$ zu sein, so nennt man N eine *echte Untermenge* von M, M eine *echte Obermenge* von N und schreibt

$$N \subset M, \quad M \supset N.$$

$N \subset M$ heißt also, daß alle Elemente von N in M liegen und daß es außerdem noch mindestens ein weiteres Element in M gibt, das nicht zu N gehört.

Es seien nun A und B beliebige Mengen. Die Menge D, die aus allen Elementen besteht, welche sowohl zu A als zu B gehören, heißt der *Durchschnitt* der Mengen A und B, geschrieben

$$D = [A, B] = A \cap B.$$

D ist Untermenge sowohl von A als von B und jede Menge von dieser Eigenschaft ist in D enthalten.

Die Menge V, die aus allen Elementen besteht, die zu mindestens einer der Mengen A, B gehören, heißt die *Vereinigungsmenge* von A und B:

$$V = A \vee B$$

V umfaßt sowohl A als B, und jede Menge, die A und B umfaßt, umfaßt auch V.

Ebenso definiert man Durchschnitt und Vereinigung einer beliebigen Menge Σ von Mengen A, B, ... Für den Durchschnitt (die Menge der Elemente, die in allen Mengen A, B, ... der Menge Σ liegen) schreibt man

$$D(\Sigma) = [A, B, \ldots].$$

Zwei Mengen heißen *zueinander fremd*, wenn ihr Durchschnitt leer ist, d.h. wenn die beiden Mengen keine Elemente gemeinsam haben.

Wenn eine Menge durch Aufzählung ihrer Elemente gegeben ist, etwa: die Menge M soll bestehen aus den Elementen a, b, c, so schreibt man

$$M = \{a, b, c\}.$$

Die Schreibweise findet ihre Berechtigung darin, daß nach der Definition der Gleichheit von Mengen eine Menge durch Angabe ihrer Elemente bestimmt ist. Die definierende Eigenschaft, welche die Elemente von M auszeichnet, ist: mit a oder b oder c identisch zu sein.

§ 2. Abbildungen. Mächtigkeiten

Wenn durch irgendeine Vorschrift jedem Element a einer Menge M ein einziges neues Objekt $\varphi(a)$ zugeordnet wird, so nennen wir diese Zuordnung φ eine *Funktion*. Gehören die neuen Objekte $\varphi(a)$ alle einer Menge N an, so nennt man die Zuordnung $a \rightarrow \varphi(a)$ auch eine *Abbildung von M in N*. Das Element $\varphi(a)$ heißt das *Bild* von a, und a heißt ein *Urbild* von $\varphi(a)$. Das Bild $\varphi(a)$ ist durch a eindeutig bestimmt, aber nicht notwendig umgekehrt a durch $\varphi(a)$. Statt $\varphi(a)$ schreibt man manchmal kurz φa.

Eine Abbildung von M in N heißt *surjektiv* oder Abbildung von *M auf N*, wenn jedes Element von N mindestens ein Urbild in M hat.

Eine Abbildung von M in N heißt *eineindeutig* oder *injektiv*, wenn jedes Bild φa nur ein Urbild a hat.

Ist eine Abbildung φ von M in N injektiv und surjektiv, also eine eineindeutige Abbildung von M auf N, so gibt es eine *inverse* Abbildung φ^{-1}, die jedem Element b von N dasjenige Element von M zuordnet, dessen Bild b ist:

$$\varphi^{-1} b = a, \quad \text{wenn} \quad \varphi a = b.$$

Man sagt, daß M und N *gleichmächtig* sind oder *dieselbe Mächtigkeit* haben, wenn es eine eineindeutige Abbildung von M auf N gibt.

Beispiel. Ordnet man jeder Zahl n die Zahl $2n$ zu, so hat man eine eineindeutige Abbildung der Menge aller natürlichen Zahlen auf die Menge aller geraden Zahlen. Die Menge der natürlichen Zahlen ist also mit der Menge aller geraden Zahlen gleichmächtig.

Eine Menge kann, wie das obige Beispiel zeigt, sehr wohl einer echten Untermenge gleichmächtig sein. Im nächsten Paragraphen werden wir aber sehen, daß etwas derartiges für „endliche" Mengen nicht eintreten kann.

§ 3. Die Zahlreihe

Als bekannt wird vorausgesetzt die Menge der natürlichen Zahlen:

$$1, 2, 3, \ldots$$

sowie die folgenden Grundeigenschaften dieser Menge (*Axiome von* PEANO):

I. 1 ist eine natürliche Zahl.

II. Jede Zahl[1] a hat einen bestimmten Nachfolger a^+ in der Menge der natürlichen Zahlen.

III. Stets ist

$$a^+ \neq 1\,,$$

d.h. es gibt keine Zahl mit dem Nachfolger 1.

IV. Aus $a^+ = b^+$ folgt $a = b$,

d.h. zu jeder Zahl gibt es keine oder genau eine, deren Nachfolger jene Zahl ist.

V. „*Prinzip der vollständigen Induktion*": Jede Menge von natürlichen Zahlen, welche die Zahl 1 enthält und welche zu jeder Zahl a, die sie enthält, auch deren Nachfolger a^+ enthält, enthält alle natürlichen Zahlen.

Auf Eigenschaft V. beruht die Beweismethode der *vollständigen Induktion*. Wenn man eine Eigenschaft E für alle Zahlen nachweisen will, weist man sie zunächst für die Zahl 1 nach und dann für ein beliebiges n^+ unter der „Induktionsvoraussetzung", daß die Eigenschaft E für n gilt. Auf Grund von V. muß dann die Menge der Zahlen, welche die Eigenschaft E besitzen, alle Zahlen enthalten.

Summe zweier Zahlen. Auf genau eine Art läßt sich jedem Zahlenpaar x, y eine natürliche Zahl, $x + y$ genannt, so zuordnen, daß

$$(1) \qquad x + 1 = x^+ \qquad \text{für jedes } x,$$

$$(2) \qquad x + y^+ = (x + y)^+ \qquad \text{für jedes } x \text{ und jedes } y$$

gilt[2].

Auf Grund dieser Definition können wir statt a^+ fortan auch $a + 1$ schreiben. Es gelten die Rechnungsregeln:

$$(3) \qquad (a + b) + c = a + (b + c) \qquad (\text{„Assoziatives Gesetz der Addition"}).$$

$$(4) \qquad a + b = b + a \qquad (\text{„Kommutatives Gesetz der Addition"}).$$

$$(5) \qquad \text{Aus} \quad a + b = a + c \quad \text{folgt} \quad b = c.$$

Produkt zweier Zahlen. Auf genau eine Art läßt sich jedem Zahlenpaar x, y eine natürliche Zahl, $x \cdot y$ oder xy genannt, so zuordnen, daß

$$(6) \qquad x \cdot 1 = x\,,$$

$$(7) \qquad x \cdot y^+ = x \cdot y + x \qquad \text{für jedes } x \text{ und jedes } y.$$

---

[1] „Zahl" heißt vorläufig immer: natürliche Zahl.

[2] Für den Beweis wie für die Beweise aller noch folgenden Sätze dieses Paragraphen verweisen wir den Leser auf das Büchlein von E. LANDAU: Grundlagen der Analysis. Kap. 1. Leipzig 1930.

Es gelten die Rechnungsregeln:

(8) $ab \cdot c = a \cdot bc$ („Assoziatives Gesetz der Multiplikation“).

(9) $a \cdot b = b \cdot a$ („Kommutatives Gesetz der Multiplikation“).

(10) $a \cdot (b + c) = a \cdot b + a \cdot c$ („Distributivgesetz“).

(11)   Aus $ab = ac$ folgt $b = c$.

Größer und kleiner. Ist $a = b + u$, so schreibt man $a > b$, oder auch $b < a$. Man beweist nun weiter:

Für je zwei Zahlen a, b gilt eine und nur eine der Relationen

(12) $a < b, \quad a = b, \quad a > b$.

(13)   Aus $a < b$ und $b < c$ folgt $a < c$.

(14)   Aus $a < b$ folgt $a + c < b + c$.

(15)   Aus $a < b$ folgt $ac < bc$.

Die [nach (5) einzige] Lösung u der Gleichung $a = b + u$ im Fall $a > b$ wird mit $a - b$ bezeichnet. Für „$a < b$ oder $a = b$“ schreibt man kurz $a \leqq b$. Entsprechend wird $a \geqq b$ erklärt.

Weiter gilt der wichtige Satz:

Jede nichtleere Menge von natürlichen Zahlen enthält eine kleinste Zahl, d. h. eine solche, die kleiner ist als alle anderen Zahlen der Menge.

Auf diesem Satz beruht eine *zweite Form der vollständigen Induktion.* Man will eine Eigenschaft E für alle Zahlen als gültig nachweisen, und beweist sie zu dem Zweck für eine jede beliebige Zahl n unter der „Induktionsvoraussetzung“, daß sie für alle Zahlen $< n$ bereits gilt. (Insbesondere gilt die Eigenschaft dann für $n = 1$, da es keine Zahlen < 1 gibt, also die „Induktionsvoraussetzung“ hier wegfällt[1]. Der Induktionsbeweis muß natürlich so beschaffen sein, daß er den Fall $n = 1$ mit umfaßt, sonst ist er ungenügend.) Dann muß die Eigenschaft E allen Zahlen zukommen. Sonst wäre nämlich die Menge aller Zahlen, denen die Eigenschaft E nicht zukommt, nicht leer. Ihr kleinstes Element wäre eine Zahl n, welche die Eigenschaft E nicht besitzt, während alle Zahlen $< n$ die Eigenschaft E besitzen, was nicht geht.

Neben dem „Beweis durch vollständige Induktion“ in seinen beiden Formen gibt es noch die „*Definition* (oder Konstruktion)

---

[1] Eine Aussage „Alle A haben die Eigenschaft B“ wird immer als richtig betrachtet, wenn es überhaupt keine A gibt. Ebenso wird die Aussage „Aus E folgt F“ (wo E und F Eigenschaften sind, die gewissen Objekten x zukommen können oder nicht) als richtig betrachtet, wenn es keine x mit der Eigenschaft E gibt. Das ist alles in Übereinstimmung mit der schon früher gemachten Bemerkung, daß die leere Menge in jeder Menge enthalten ist.

Die Zweckmäßigkeit dieses in der Umgangssprache vielleicht nicht so üblichen Wortgebrauchs ist z. B. daraus ersichtlich, daß nur so die Aussage „Aus E folgt F“ sich ausnahmslos in „Aus nicht-F folgt nicht-E“ verwandeln läßt.

durch vollständige Induktion". Man will jeder natürlichen Zahl x ein neues Objekt $\varphi(x)$ zuordnen, und man gibt ein System von „rekursiven Bestimmungsrelationen" vor, die den Funktionswert $\varphi(n)$ jeweils mit den vorangehenden Werten $\varphi(m)$ $(m < n)$ verknüpfen sollen. Angenommen wird, daß diese Relationen jeweils den Wert $\varphi(n)$ eindeutig bestimmen, sobald alle $\varphi(m)$ $(m < n)$ gegeben sind und untereinander die gegebenen Relationen erfüllen[1]. Der einfachste Fall ist der, daß für $m = n^+$ der Wert $\varphi(n^+)$ durch $\varphi(n)$ ausgedrückt wird, und daß für $m = 1$ der Wert $\varphi(1)$ direkt gegeben ist. Beispiele sind die Relationen (1), (2) bzw. (6), (7), durch welche oben die Summe und das Produkt definiert wurden. Nun wird behauptet: *Unter den angegebenen Voraussetzungen gibt es eine und nur eine Funktion $\varphi(x)$, deren Werte die gegebenen Relationen erfüllen.*

Beweis. Unter einem Abschnitt $(1, n)$ der Zahlreihe verstehen wir die Gesamtheit der Zahlen $\leq n$. Wir behaupten nun zunächst: Auf jedem Abschnitt $(1, n)$ gibt es eine und nur eine Funktion $\varphi_n(x)$, definiert für die Zahlen x dieses Abschnittes, die die gegebenen Relationen erfüllt. Diese Behauptung gilt nämlich für den Abschnitt $(1, 1)$, sowie für jeden Abschnitt $(1, n^+)$, sobald sie für $(1, n)$ gilt. Denn kraft der rekursiven Relationen ist der Funktionswert $\varphi(1)$ und durch die vorangehenden Werte $\varphi(m) = \varphi_n(m)$ $(m \leq n)$ der Funktionswert $\varphi(n^+)$ eindeutig bestimmt. Also gilt die Behauptung für jeden Abschnitt $(1, n)$. So erhalten wir eine Reihe von Funktionen $\varphi_n(x)$. Jede Funktion $\varphi_n(x)$ ist definiert auf $(1, n)$, also zugleich auf jedem kleineren Abschnitt $(1, m)$; dort erfüllt sie aber auch die Bestimmungsrelation und stimmt somit dort mit der Funktion $\varphi_m(x)$ überein. Also stimmen je zwei Funktionen $\varphi_n(x)$, $\varphi_m(x)$ für alle Werte x, für die beide definiert sind, überein.

Die gesuchte Funktion $\varphi(x)$ muß nun auf *allen* Abschnitten $(1, n)$ definiert sein und die Bestimmungsrelationen erfüllen, also jeweils mit der Funktion φ_n übereinstimmen. Eine solche Funktion φ gibt es, aber auch nur eine: ihr Wert $\varphi(x)$ ist der gemeinsame Wert aller $\varphi_n(x)$, die für die Zahl x definiert sind. Damit ist der Satz bewiesen.

Wir werden von der „Konstruktion durch vollständige Induktion" sehr oft Gebrauch machen.

Aufgabe. 1. Eine Eigenschaft E gelte erstens für $n = 3$ und zweitens, wenn sie für $n \geq 3$ gilt, auch für $n + 1$. Zu beweisen ist, daß E für alle Zahlen ≥ 3 gilt.

Durch Hinzunahme der Symbole $- a$ (negative ganze Zahlen) und 0 (Null) kann man die Zahlenreihe ergänzen zum Bereich der *ganzen Zahlen*. Um die Erklärung der Zeichen $+$, $\cdot$, $<$ in diesem Bereich bequemer zu gestalten, ist es zweckmäßig, die ganzen Zahlen

---

[1] Diese Annahme schließt in sich, daß $\varphi(1)$ durch die Relationen *allein* bestimmt wird; denn es gibt keine Zahlen mehr, die der 1 vorangehen.

durch Paare von natürlichen Zahlen (a, b) zu repräsentieren, und zwar repräsentiert man:

die natürliche Zahl a durch $(a + b, b)$,
die Null durch (b, b),
die negative Zahl $- a$ durch $(b, a + b)$,

wo jedesmal b eine beliebige natürliche Zahl ist.

Jede Zahl kann durch mehrere Symbole (a, b) repräsentiert werden; aber jedes Symbol (a, b) definiert eine und nur eine ganze Zahl, nämlich:

die natürliche Zahl $a - b$, falls $a > b$,
die Zahl 0, falls $a = b$,
die negative Zahl $- (b - a)$, falls $a < b$.

Man definiert nun:

$$(a, b) + (c, d) = (a + c, b + d),$$
$$(a, b) \cdot (c, d) = (ac + bd, ad + bc),$$
$$(a, b) < (c, d) \quad \text{oder} \quad (c, d) > (a, b), \quad \text{falls} \quad a + d < b + c,$$

und verifiziert mühelos: *erstens*, daß die Definitionen unabhängig sind von der Wahl der Symbole linker Hand, falls nur die durch diese Symbole dargestellten Zahlen dieselben bleiben; *zweitens*, daß die Rechengesetze (3), (4), (5), (8), (9), (10), (12), (13), (14) sowie (15) für $c > 0$ erfüllt sind; *drittens*, daß die Lösung der Gleichung $a+x=b$ im erweiterten Bereich unbeschränkt und eindeutig möglich ist (die Lösung wird wieder mit $b - a$ bezeichnet); *viertens*, daß $ab = 0$ dann und nur dann gilt, wenn $a = 0$ oder $b = 0$ ist[1].

Aufgaben. 2. Man führe die Beweise durch.
3. Dasselbe wie Aufgabe 1 mit Ersetzung der Zahl 3 durch 0.

Von den elementaren Eigenschaften der ganzen Zahlen wurden hier nur diejenigen erwähnt, die für das folgende eine wichtige Rolle spielen. Für die Definition der Brüche, sowie für die Teilbarkeitseigenschaften der ganzen Zahlen siehe Kap. 3.

§ 4. Endliche und abzählbare Mengen

Eine Menge, die mit einem Abschnitt der Zahlreihe (also mit der Menge der natürlichen Zahlen $\leq n$) gleichmächtig ist, heißt *endlich*. Die leere Menge heißt auch endlich.

Einfacher ausgedrückt: Eine Menge heißt endlich, wenn ihre Elemente sich mit Nummern von 1 bis n versehen lassen, so daß verschiedene Elemente verschiedene Nummern erhalten und alle Nummern von 1 bis n benutzt werden. Die Elemente einer endlichen

---

[1] Für eine etwas andere Einführung der negativen Zahlen und der Null siehe E. LANDAU: Grundlagen der Analysis, Kap. 4.

Menge A kann man demnach mit $a_1, \ldots, a_n$ bezeichnen:

$$A = \{a_1, \ldots, a_n\}.$$

Aufgabe. 1. Man beweise durch vollständige Induktion nach n, daß jede Untermenge einer endlichen Menge $A = \{a_1, \ldots, a_n\}$ wieder endlich ist.

Jede Menge, die nicht endlich ist, heißt *unendlich*. Zum Beispiel ist die Menge aller ganzen Zahlen unendlich, wie wir gleich beweisen werden.

Der *Hauptsatz über endliche Mengen* lautet also:

Eine endliche Menge kann nicht einer echten Obermenge gleich-mächtig sein.

Beweis. Gesetzt, es wäre eine Abbildung einer endlichen Menge A auf eine echte Obermenge B gegeben. Die Elemente der Menge A seien $a_1, \ldots, a_n$. Die Bildelemente seien $\varphi(a_1), \ldots, \varphi(a_n)$; unter ihnen kommen $a_1, \ldots, a_n$ wieder vor, außerdem aber mindestens noch ein weiteres Element, das wir a_{n+1} nennen.

Für $n = 1$ ist die Absurdität klar: ein einziges Element a_1 kann nicht die voneinander verschiedenen Bildelemente a_1, a_2 haben.

Die Unmöglichkeit einer Abbildung φ mit den obigen Eigenschaften sei also für den Wert $n - 1$ bewiesen; sie soll für den Wert n bewiesen werden.

Wir können annehmen, es sei $\varphi(a_n) = a_{n+1}$; denn wenn das nicht der Fall ist, also wenn etwa

$$\varphi(a_n) = a' \qquad\qquad (a' \neq a_{n+1})$$

ist, so hat a_{n+1} ein anderes Urbild a_i:

$$\varphi(a_i) = a_{n+1},$$

und man kann statt der Abbildung φ eine andere konstruieren, die dem a_n das a_{n+1}, dem a_i das a' zuordnet und im übrigen mit φ über-einstimmt.

Jetzt wird die Untermenge $A' = \{a_1, \ldots, a_{n-1}\}$ durch die Funk-tion φ abgebildet auf eine Menge $\varphi(A')$, die aus $\varphi(A) = B$ durch Weglassung des Elements $\varphi(a_n) = a_{n+1}$ entsteht.

$\varphi(A')$ enthält somit $a_1, \ldots, a_n$, ist also eine echte Obermenge von A' und eindeutiges Bild von A'. Das ist nach der Induktions-voraussetzung unmöglich.

Aus diesem Satz folgt zunächst, daß eine Menge niemals mit zwei verschiedenen Abschnitten der Zahlreihe gleichmächtig sein kann; denn dann wären diese untereinander gleichmächtig, während doch notwendig der eine der beiden eine echte Obermenge des anderen ist. Eine endliche Menge A ist also einem und nur einem Abschnitt $(1, n)$ der Zahlreihe gleichmächtig. Die somit eindeutig bestimmte Zahl n heißt die *Anzahl der Elemente* der Menge A und kann als Maß für die Mächtigkeit dienen.

Zweitens folgt, daß ein Abschnitt der Zahlreihe niemals der ganzen Zahlreihe gleichmächtig sein kann. Die Reihe der natürlichen Zahlen ist also unendlich. Man nennt jede Menge, die der Reihe der natürlichen Zahlen gleichmächtig ist, *abzählbar unendlich*. Die Elemente einer abzählbar unendlichen Menge lassen sich demnach so mit Nummern versehen, daß jede natürliche Zahl genau einmal als Nummer benutzt wird.

Endliche und abzählbar unendliche Mengen heißen beide *abzählbar*.

Aufgaben. 2. Man beweise, daß die Anzahl der Elemente einer Vereinigung von zwei fremden endlichen Mengen gleich der Summe der Anzahlen für die einzelnen Mengen ist. [Vollständige Induktion mit Hilfe der Rekursionsformeln (1), (2) § 3.]

3. Man beweise, daß die Anzahl der Elemente einer Vereinigung von r paarweise fremden Mengen von je s Elementen gleich rs ist. [Vollständige Induktion mit Hilfe der Rekursionsformeln (6), (7) § 3.]

4. Man beweise, daß jede Untermenge der Zahlenreihe abzählbar ist. Daraus abzuleiten: Eine Menge ist dann und nur dann abzählbar, wenn man ihre Elemente so mit Nummern versehen kann, daß verschiedene Elemente verschiedene Nummern erhalten.

Beispiel einer nicht abzählbaren Menge. Die Menge aller abzählbar unendlichen Folgen von natürlichen Zahlen ist nicht abzählbar. Daß sie nicht endlich ist, ist leicht einzusehen. Wäre sie abzählbar unendlich, so hätte jede Folge eine Nummer, und zu jeder Nummer i gehört eine Folge, die wir etwa mit

$$a_{i1}, a_{i2}, \ldots$$

bezeichnen. Man konstruiere nun die Zahlfolge

$$a_{11} + 1, \quad a_{22} + 1, \ldots$$

Diese müßte auch eine Nummer haben, etwa die Nummer j. Demnach wäre

$$a_{j1} = a_{11} + 1; \quad a_{j2} = a_{22} + 1; \quad \text{usw.}$$

insbesondere

$$a_{jj} = a_{jj} + 1,$$

was einen Widerspruch ergibt.

Aufgaben. 5. Man beweise, daß die Menge der ganzen Zahlen (positiven und negativen und Null) abzählbar unendlich ist. Ebenso, daß die Menge der geraden Zahlen abzählbar unendlich ist.

6. Man beweise, daß die Mächtigkeit einer abzählbar unendlichen Menge sich nicht ändert, wenn man endlich viele oder abzählbar unendlich viele neue Elemente hinzufügt.

Die Vereinigung von abzählbar vielen abzählbaren Mengen ist wieder abzählbar.

Beweis. Die Mengen seien $M_1, M_2, \ldots$; die Elemente von M_i seien $m_{i1}, m_{i2}, \ldots$.

Es gibt nur endlichviele Elemente m_{ik} mit $i + k = 2$, ebenso nur endlichviele mit $i + k = 3$, usw. Numeriert man nun erst die Elemente durch, für die $i + k = 2$ ist (etwa nach steigenden Werten von i), sodann (mit Zählen fortfahrend) die mit $i + k = 3$ usw., so bekommt schließlich jedes Element m_{ik} eine Nummer, und verschiedene bekommen verschiedene Nummern. Daraus folgt die Behauptung.

§ 5. Klasseneinteilungen

Das Gleichheitszeichen genügt den folgenden Regeln:

$$a = a \, .$$

Aus $a = b$ folgt $b = a$.

Aus $a = b$ und $b = c$ folgt $a = c$.

Man sagt statt dessen auch: Die Relation $a = b$ ist *reflexiv, symmetrisch* und *transitiv*. Wenn nun zwischen den Elementen irgendeiner Menge eine Beziehung $a \sim b$ definiert ist (so daß also für jedes Elementepaar a, b feststeht, ob $a \sim b$ ist oder nicht) und wenn diese den gleichen Axiomen genügt:

1. $a \sim a$;
2. aus $a \sim b$ folgt $b \sim a$;
3. aus $a \sim b$ und $b \sim c$ folgt $a \sim c$,

so nennt man die Relation $a \sim b$ eine *Äquivalenzrelation*.

Beispiel. Im Bereich der ganzen Zahlen nenne man zwei Zahlen äquivalent, wenn ihre Differenz durch 2 teilbar ist. Die Axiome sind offensichtlich erfüllt.

Ist nun irgendeine Äquivalenzerlation gegeben, so können wir alle die Elemente, die irgendeinem Element a äquivalent sind, in einer *Klasse K_a* vereinigen. Alle Elemente einer Klasse sind dann untereinander äquivalent, denn aus $a \sim b$ und $a \sim c$ folgt nach 2. und 3. $b \sim c$, und alle einem Klassenelement äquivalenten Elemente liegen in derselben Klasse, denn aus $a \sim b$ und $b \sim c$ folgt $a \sim c$. Die Klasse ist mithin gegeben durch jedes ihrer Elemente: Wenn wir statt von a von irgendeinem Element b derselben Klasse ausgehen, kommen wir zur selben Klasse: $K_b = K_a$. Wir können demnach jedes b als *Repräsentanten* der Klasse wählen.

Gehen wir aber von einem Element b aus, das nicht derselben Klasse angehört (also nicht mit a äquivalent ist), so können K_a und K_b kein Element gemein haben; denn aus $c \sim a$ und $c \sim b$ würde ja folgen $a \sim b$, also $b \in K_a$. Die Klassen K_a und K_b sind also in diesem Fall fremd.

Die Klassen überdecken die gegebene Menge ganz, da jedes Element a in einer Klasse, nämlich in K_a liegt. Die Menge ist also *eingeteilt in lauter zueinander fremde Klassen.* In unserem letzten Beispiel sind dies die Klasse der geraden und die der ungeraden Zahlen.

Wie wir sahen, ist $K_a = K_b$ dann und nur dann, wenn $a \sim b$ ist. Durch Einführung der Klassen statt der Elemente können wir also die Äquivalenzrelation $a \sim b$ durch eine Gleichheitsrelation $K_a = K_b$ ersetzen.

Ist umgekehrt eine Klassenteilung einer Menge M in lauter zueinander fremde Klassen gegeben, so können wir definieren: $a \sim b$, wenn a und b derselben Klasse angehören. Die Relation $a \sim b$ genügt dann offensichtlich den Axiomen 1, 2, 3.

Zweites Kapitel

Gruppen

Inhalt. Erklärung der für das ganze Buch grundlegenden gruppentheoretischen Grundbegriffe: Gruppe, Untergruppe, Isomorphie, Homomorphie, Normalteiler, Faktorgruppe.

§ 6. Der Gruppenbegriff

Definition. Eine nicht leere Menge $\mathfrak{G}$ von Elementen irgendwelcher Art (z. B. von Zahlen, von Abbildungen, von Transformationen) heißt eine *Gruppe*, wenn folgende vier Bedingungen erfüllt sind:

1. Es ist eine *Zusammensetzungsvorschrift* gegeben, welche jedem Elementepaar a, b von $\mathfrak{G}$ ein drittes Element derselben Menge zuordnet, welches meistens das *Produkt* von a und b genannt und mit ab oder $a \cdot b$ bezeichnet wird. (Das Produkt kann von der Reihenfolge der Faktoren abhängen: es braucht nicht $ab = ba$ zu sein.)

2. Das *Assoziativgesetz.* Für je drei Elemente a, b, c von $\mathfrak{G}$ gilt:

$$ab \cdot c = a \cdot bc .$$

3. Es ist ein (linksseitiges) *Einselement* e in $\mathfrak{G}$ ausgezeichnet mit der Eigenschaft:

$$ea = a \quad \text{für alle } a \text{ von } \mathfrak{G} .$$

4. Zu jedem a von $\mathfrak{G}$ existiert (mindestens) ein (linksseitiges) *Inverses* a^{-1} in $\mathfrak{G}$, mit der Eigenschaft

$$a^{-1} a = e .$$

Eine Gruppe heißt *abelsch*, wenn außerdem stets $ab = ba$ ist *(kommutatives Gesetz)*.

Beispiele. Wenn die Elemente der Menge Zahlen sind und die Zusammensetzung die gewöhnliche Multiplikation, so muß man die Null, die ja keine Inverse hat, zunächst ausschließen. Alle rationalen Zahlen $\neq 0$ bilden nun eine Gruppe (Einselement ist die Zahl 1); ebenso die Zahlen 1 und -1 oder die Zahl 1 allein.

Additive Gruppen. Beim Gruppenbegriff kommt es auf die Bezeichnung der Operation $a \cdot b$ nicht an: die Operation kann auch eine Addition sein, z. B. die gewöhnliche Addition von ganzen Zahlen oder die Vektoraddition. Man muß dann in den Rechenregeln 1. bis 4. statt Produkt $a \cdot b$ überall Summe $a + b$ lesen. Die Gruppe $\mathfrak{G}$ heißt dann eine *additive Gruppe* oder ein *Modul*. Statt des Einselementes e hat man ein *Nullelement* 0 mit der Eigenschaft

$$0 + a = a \quad \text{für alle } a \text{ in } \mathfrak{G},$$

ebenso statt des Inversen a^{-1} ein Element $-a$ mit der Eigenschaft

$$-a + a = 0.$$

Meistens nimmt man die Kommutativität der Addition an:

$$a + b = b + a.$$

Für $a + (-b)$ schreibt man kurz $a - b$. Man hat dann

$$(a - b) + b = a + (-b + b) = a + 0 = a.$$

Beispiele. Die ganzen Zahlen bilden einen Modul, ebenso die geraden Zahlen.

Permutationen. Unter einer *Permutation* einer Menge M verstehen wir eine eineindeutige Abbildung der Menge M auf sich, d. h. eine Zuordnung s, bei der jedem Element a von M ein Bild $s(a)$ entspricht und jedes Element von M das Bild genau eines a ist. Für $s(a)$ schreibt man auch sa. Bei unendlichen Mengen M nennt man die Permutationen manchmal auch *Transformationen*, aber das Wort Transformation wird auch in einem weiteren Sinn als Synonym von Abbildungen gebraucht.

Ist die Menge M endlich und sind ihre Elemente mit Nummern $1, 2, \ldots, n$ versehen, so kann man jede Permutation vollständig beschreiben durch ein Schema, in dem unter jeder Nummer k die Nummer $s(k)$ des Bildelementes geschrieben wird, z. B. ist

$$s = \begin{pmatrix} 1 & 2 & 3 & 4 \\ 2 & 4 & 3 & 1 \end{pmatrix}$$

diejenige Permutation der Ziffern 1, 2, 3, 4, die 1 in 2, 2 in 4, 3 in 3 und 4 in 1 überführt.

Unter dem *Produkt st* zweier Permutationen s, t wird diejenige Permutation verstanden, die entsteht, wenn man zuerst die Per-

mutation t und dann auf die Bildelemente die Permutation s ausübt[1],
d. h.:

$$st(a) = s(t(a)),$$

z. B. ist für $s = \begin{pmatrix} 1 & 2 & 3 & 4 \\ 2 & 4 & 3 & 1 \end{pmatrix}$, $t = \begin{pmatrix} 1 & 2 & 3 & 4 \\ 2 & 1 & 4 & 3 \end{pmatrix}$ das Produkt $st = \begin{pmatrix} 1 & 2 & 3 & 4 \\ 4 & 2 & 1 & 3 \end{pmatrix}$.

Ebenso ist $ts = \begin{pmatrix} 1 & 2 & 3 & 4 \\ 1 & 3 & 4 & 2 \end{pmatrix}$

Das assoziative Gesetz:

$$(rs)\,t = r(st)$$

kann für Abbildungen allgemein so bewiesen werden: Wendet man
beide Seiten an auf ein beliebiges Objekt a, so kommt:

$$(rs)\,t(a) = (rs)\,(t(a)) = r(s(t(a)))$$
$$r(st)\,(a) = r(st(a)) = r(s(t(a))),$$

also beide Male dasselbe.

Die *Identität* oder *identische Permutation* ist diejenige Abbildung I,
die jedes Objekt auf sich selbst abbildet:

$$I(a) = a.$$

Die Identität hat offenbar die charakteristische Eigenschaft eines
Einselementes einer Gruppe: es gilt $Is = s$ für jede Transformation s.
Statt I schreibt man manchmal auch 1.

Die *Inverse* einer Permutation s ist diejenige Permutation, die
$s(a)$ auf a abbildet, mithin s wieder rückgängig macht. Bezeichnet
man sie mit s^{-1}, so gilt demnach für jedes Objekt a:

$$s^{-1}s(a) = a$$

mithin auch

$$s^{-1}s = I.$$

Aufgaben. 1. Eine nicht leere Menge $\mathfrak{G}$ von Transformationen einer Menge M ist eine Gruppe, sobald sie a) zu je zwei Transformationen auch deren Produkt und b) zu jeder Transformation auch deren Inverse enthält.

2. Die Drehungen einer Ebene um einen festen Punkt P bilden eine abelsche Gruppe. Nimmt man noch die Spiegelungen an allen Geraden durch P hinzu, so erhält man eine nicht-abelsche Gruppe.

3. Man beweise, daß die Elemente e, a mit der Zusammensetzungsvorschrift

$$ee = e, \quad ea = a, \quad ae = a, \quad aa = e$$

eine (abelsche) Gruppe bilden.

Bemerkung. Man kann die Zusammensetzung einer Gruppe darstellen durch eine „Gruppentafel", eine Tabelle mit doppeltem Eingang, in der zu je zwei Elementen das Produkt eingetragen wird. Zum Beispiel heißt die Tafel

---

[1] Die Reihenfolge ist Sache der Verabredung. Bei älteren Autoren bedeutet st manchmal: zuerst s, dann t.

für die obige Gruppe:

$$\begin{array}{c|cc} & e & a \\ \hline e & e & a \\ a & a & e \end{array}$$

4. Man stelle die Gruppentafel für die Gruppe der Permutationen von drei Ziffern auf.

Aus dem Bewiesenen folgt, daß alle Postulate 1. bis 4. für die Gesamtheit der Permutationen einer Menge M erfüllt sind. Demnach bilden alle diese Permutationen eine Gruppe. Bei einer endlichen Menge M von n Elementen heißt die Gruppe ihrer Permutationen auch die *symmetrische Gruppe*[1] $\mathfrak{S}_n$.

Wir kehren nun zur allgemeinen Theorie der Gruppen zurück.

Für $ab \cdot c$ oder $a \cdot bc$ schreibt man kurz abc.

Aus 3. und 4. folgt:

$$a^{-1} a\, a^{-1} = e\, a^{-1} = a^{-1},$$

also, wenn man von links mit einem inversen Element von a^{-1} multipliziert:

$$e\, a\, a^{-1} = e$$

oder
$$a\, a^{-1} = e;$$

also ist jedes linksseitige inverse Element zugleich ein rechtsseitiges Inverses. Zugleich sieht man, daß ein Inverses von a^{-1} wieder a ist. Weiter folgt:

$$a\, e = a\, a^{-1} a = e\, a = a;$$

also ist das linksseitige Einselement zugleich rechtsseitiges.

Nunmehr folgt auch die *Möglichkeit der* (beiderseitigen) *Division*:

5. *Die Gleichung* $ax = b$ *besitzt eine Lösung in* $\mathfrak{G}$ *und ebenso die Gleichung* $ya = b$, *wo* a *und* b *beliebige Elemente von* $\mathfrak{G}$ *sind.*

Diese Lösungen sind nämlich $x = a^{-1} b$ und $y = b\, a^{-1}$, weil ja

$$a\,(a^{-1} b) = (a\, a^{-1})\, b = e\, b = b,$$
$$(b\, a^{-1})\, a = b\,(a^{-1} a) = b\, e = b$$

ist.

Ebenso leicht beweist man die *Eindeutigkeit der Division*:

6. *Aus* $ax = ax'$ *und ebenso aus* $xa = x'a$ *folgt* $x = x'$.

Denn aus $ax = ax'$ folgt, indem man beide Seiten von links mit a^{-1} multipliziert, $x = x'$. Genau so beweist man den zweiten Teil der Behauptung.

Insbesondere folgt daraus die Eindeutigkeit des Einselements (als Lösung der Gleichung $xa = a$) und die Eindeutigkeit des Inversen

---

[1] Der Name ist so gewählt, weil die Funktionen von $x_1, \ldots, x_n$, die bei allen Permutationen der Gruppe invariant bleiben, die „symmetrischen Funktionen" sind.

(als Lösung der Gleichung $xa = e$). Das Einselement wird oft mit 1 bezeichnet.

Die Möglichkeit der Division 5. ist ein Postulat, das imstande ist, die Postulate 3. und 4. zu ersetzen. Setzen wir nämlich 1., 2. und 5. voraus und suchen zunächst 3. zu beweisen. Wir wählen ein Element c aus und verstehen unter e eine Lösung der Gleichung $xc = c$. Dann ist also

$$e\,c = c\,.$$

Für beliebiges a lösen wir nun die Gleichung

$$c\,x = a\,.$$

Dann ist

$$e\,a = e\,c\,x = c\,x = a\,,$$

womit 3. bewiesen ist. 4. ist aber eine unmittelbare Folge der Lösbarkeit von $xa = e$.

Demnach können wir immer 1., 2., 5. als gleichwertige Gruppenpostulate statt 1., 2., 3., 4. benutzen.

Ist $\mathfrak{G}$ eine endliche Menge, so kann 5. auch durch 6. ersetzt werden. Man braucht also nicht die Möglichkeit der Division, sondern nur (außer den Postulaten 1. und 2.) die Eindeutigkeit derselben vorauszusetzen.

Beweis. Sei a irgendein Element. Jedem Element x ordnen wir das Element ax zu. Diese Zuordnung ist nach 6. umkehrbar eindeutig; d. h. die Menge $\mathfrak{G}$ wird eindeutig auf eine Untermenge, die Menge aller Produkte ax, abgebildet. Da aber $\mathfrak{G}$ nach Voraussetzung eine endliche Menge ist, so kann sie nicht auf eine echte Untermenge eineindeutig abgebildet werden. Also muß die Gesamtheit der Elemente ax mit $\mathfrak{G}$ identisch sein; d. h. jedes Element b ist in der Gestalt $b = ax$ zu schreiben, wie die erste Forderung 5. behauptet. Ebenso beweist man die Lösbarkeit von $b = xa$. Also folgt 5. aus 6.

Die Anzahl der Elemente einer endlichen Gruppe heißt die *Ordnung* der Gruppe.

Weitere Rechenregeln. Für das Inverse eines Produkts gilt die folgende Regel:

$$(a\,b)^{-1} = b^{-1}a^{-1}\,.$$

Denn es ist

$$(b^{-1}a^{-1})\,a\,b = b^{-1}(a^{-1}\,a\,b) = b^{-1}b = e\,.$$

Zusammengesetzte Produkte und Summen; Potenzen. In derselben Weise, wie wir für $ab \cdot c$ kurz abc geschrieben haben, wollen wir nun auch die *zusammengesetzten Produkte* von mehreren Faktoren:

$$\prod_{\nu=1}^{n} a_\nu = \prod_{1}^{n} a_\nu = a_1 a_2 \ldots a_n$$

definieren. Sind $a_1, \ldots, a_N$ gegeben, so definieren wir rekursiv (für $n < N$):

$$\begin{cases} \displaystyle\prod_1^1 a_\nu = a_1, \\[2ex] \displaystyle\prod_1^{n+1} a_\nu = \left(\prod_1^n a_\nu\right) \cdot a_{n+1}. \ ^1 \end{cases}$$

Insbesondere ist $\displaystyle\prod_1^3 a_\nu$ unser altes $a_1 a_2 a_3$, ebenso $\displaystyle\prod_1^4 a_\nu = a_1 a_2 a_3 a_4 = (a_1 a_2 a_3) a_4$, usw.

Wir beweisen nun, allein mit Hilfe des Assoziativgesetzes, die Regel:

$$(1) \qquad \prod_{\mu=1}^m a_\mu \cdot \prod_{\nu=1}^n a_{m+\nu} = \prod_{\nu=1}^{m+n} a_\nu$$

in Worten: *Das Produkt zweier zusammengesetzter Produkte ist gleich dem zusammengesetzten Produkt aller ihrer Faktoren in derselben Reihenfolge.* Zum Beispiel ist:

$$(a\,b)\,(c\,d) = a\,b\,c\,d$$

ein Spezialfall von (1).

Die Formel (1) ist klar für $n = 1$ (nach Definition des Π-Zeichens). Ist sie für einen Wert n schon bewiesen, so ist für den nächsthöheren Wert $n + 1$:

$$\prod_1^m a_\mu \cdot \prod_1^{n+1} a_{m+\nu} = \prod_1^m a_\mu \left(\prod_1^n a_{m+\nu} \cdot a_{m+n+1}\right)$$
$$= \left(\prod_1^m a_\mu \cdot \prod_1^n a_{m+\nu}\right) a_{m+n+1}$$
$$= \left(\prod_1^{m+n} a_\mu\right) a_{m+n+1} = \prod_1^{m+n+1} a_\nu.$$

Damit ist (1) bewiesen.

Bemerkung. Für $\displaystyle\prod_1^n a_{m+\nu}$ schreibt man auch $\displaystyle\prod_{m+1}^{m+n} a_\nu$. Auch setzt man gelegentlich, wenn es bequem ist, $\displaystyle\prod_1^0 a_\nu = e$.

Ein Produkt von n gleichen Faktoren heißt eine *Potenz*:

$$a^n = \prod_1^n a \quad \text{(insbesondere } a^1 = a, \ a^2 = a\,a, \text{ usw.).}$$

---

^{1} Das Symbol ν, das den variablen Index angibt, darf natürlich durch jedes andere Symbol ersetzt werden, ohne daß die Bedeutung des Produktes sich ändert.

Aus dem bewiesenen Satz folgt:

$$(2) \qquad a^n \cdot a^m = a^{n+m}.$$

Weiter gilt:

$$(3) \qquad (a^m)^n = a^{mn}.$$

Der Beweis (durch vollständige Induktion) möge dem Leser überlassen bleiben.

Die bis jetzt bewiesenen Regeln (1), (2), (3) erforderten zu ihrem Beweis nur das Assoziativgesetz und werden daher im folgenden auf alle Arten von Bereichen angewandt, in denen Produkte definiert sind und das Assoziativgesetz gilt (wie z. B. im Bereich der natürlichen Zahlen), auch dann, wenn diese Bereiche keine Gruppen sind.

Ist die Multiplikation außerdem kommutativ (abelsche Gruppen), so kann man weitergehend beweisen, daß der Wert eines zusammengesetzten Produktes von der Reihenfolge der Faktoren unabhängig ist, genauer: *Ist φ eine eineindeutige Abbildung des Abschnittes $(1, n)$ der Zahlenreihe auf sich, so ist:*

$$\prod_{\nu=1}^{n} a_{\varphi(\nu)} = \prod_{1}^{n} a_{\nu}.$$

Beweis. Für $n = 1$ ist die Behauptung klar; sie werde also für $n - 1$ als richtig vorausgesetzt. Es gibt ein k, das auf n abgebildet wird: $\varphi(k) = n$. Dann ist

$$\prod_{1}^{n} a_{\varphi(\nu)} = \prod_{1}^{k-1} a_{\varphi(\nu)} \cdot a_{\varphi(k)} \cdot \prod_{1}^{n-k} a_{\varphi(k+\nu)} = \left(\prod_{1}^{k-1} a_{\varphi(\nu)} \cdot \prod_{1}^{n-k} a_{\varphi(k+\nu)} \right) \cdot a_n \,.^{[1]}$$

Das eingeklammerte Produkt enthält genau die Faktoren $a_1, \ldots, a_{n-1}$ in irgend einer Reihenfolge. Nach der Induktionsvoraussetzung ist es gleich $\prod_{1}^{n-1} a_{\nu}$. Also erhält man

$$\prod_{1}^{n} a_{\varphi(\nu)} = \prod_{1}^{n-1} a_{\nu} \cdot a_n = \prod_{1}^{n} a_{\nu}.$$

Aus der bewiesenen Regel folgt, daß man bei abelschen Gruppen berechtigt ist zu einer Schreibweise wie z. B.:

$$\prod_{1 \le i < k \le n} a_{ik},$$

oder

$$\prod_{i < k} a_{ik} \qquad (i = 1, \ldots, n;\ k = 1, \ldots, n),$$

---

[1] Im Fall $k = 1$ fällt der erste Faktor weg, im Fall $k = n$ der zweite; das stört den Beweis aber nicht.

welche bedeutet, daß die Menge der Indexpaare i, k mit $1 \leq i < k \leq n$ irgendwie durchnumeriert werden soll (wie, ist gleichgültig) und dann das Produkt gebildet wird.

In beliebigen Gruppen kann man die nullte und die negativen Potenzen eines Elementes a wie üblich definieren durch

$$a^0 = 1\,,$$
$$a^{-n} = (a^{-1})^n\,,$$

und man weist mühelos nach, daß die Regeln (2), (3) nunmehr für beliebige ganzzahlige Exponenten gelten.

In einer additiven Gruppe schreibt man statt $\prod_{1}^{n} a_\nu$ natürlich $\sum_{1}^{n} a_\nu$, und statt a^n entsprechend na. Alles für Produkte Bewiesene überträgt sich jetzt auf Summen.

Die Rechnungsregel (3) hat, additiv geschrieben, die Form eines Assoziativgesetzes:

$$n \cdot ma = nm \cdot a\,,$$

während (2) die Form eines ,,Distributivgesetzes'' hat:

$$ma + na = (m + n)\,a\,.$$

Zu diesen beiden tritt nun noch ein anderes Distributivgesetz:

$$m(a + b) = ma + mb$$

[multiplikativ: $(ab)^m = a^m b^m$], das aber nur in abelschen Gruppen gilt. Man beweist es leicht durch Induktion.

Aufgaben. 5. Man beweise für abelsche Gruppen:

$$\prod_{\nu=1}^{n} \prod_{\mu=1}^{m} a_{\mu\nu} = \prod_{\mu=1}^{m} \prod_{\nu=1}^{n} a_{\mu\nu}\,.$$

6. Ebenso

$$\prod_{\nu=1}^{n} \prod_{\mu=1}^{\nu} a_{\mu\nu} = \prod_{\mu=1}^{n} \prod_{\nu=\mu}^{n} a_{\mu\nu}\,.$$

7. Die Ordnung der symmetrischen Gruppe $\mathfrak{S}_n$ ist $n! = \prod_{1}^{n} \nu$. [Vollständige Induktion nach n.]

§ 7. Untergruppen

Damit eine nichtleere Untermenge $\mathfrak{g}$ einer Gruppe $\mathfrak{G}$ mit der gleichen Zusammensetzungsvorschrift für die Elemente von $\mathfrak{g}$ wie für die von $\mathfrak{G}$ wieder eine Gruppe ist, ist notwendig und hinreichend, daß sie die Forderungen 1., 2., 3., 4. erfüllt. 1. besagt, daß, wenn a und b in $\mathfrak{g}$ liegen, auch ab in $\mathfrak{g}$ liegt. Die Forderung 2. ist für $\mathfrak{g}$ von selbst erfüllt, weil sie sogar für $\mathfrak{G}$ gilt. Die Forderung 3. und 4. besagen, daß in $\mathfrak{g}$ das Einselement liegt und daß $\mathfrak{g}$ mit a auch das inverse Element a^{-1} enthält. Davon ist wieder die Forderung des Einselements überflüssig; denn wenn a irgendein Element von $\mathfrak{g}$ ist, so liegt in $\mathfrak{g}$ auch a^{-1}, also auch das Produkt $a a^{-1} = e$. Damit ist bewiesen:

Notwendig und hinreichend, damit eine nichtleere Untermenge $\mathfrak{g}$ einer gegebenen Gruppe $\mathfrak{G}$ eine Untergruppe ist, sind die folgenden Bedingungen:

1. *$\mathfrak{g}$ enthält mit je zwei Elementen a, b auch das Produkt ab;*
2. *$\mathfrak{g}$ enthält zu jedem Element a auch das inverse Element a^{-1}.*

Ist insbesondere $\mathfrak{g}$ *endlich*, so ist die zweite dieser Forderungen sogar überflüssig; denn in diesem Fall können 3. und 4. durch 6. ersetzt werden, und die Forderung 6. gilt sicher für $\mathfrak{g}$, da sie sogar für $\mathfrak{G}$ gilt.

Allgemein kann man die Bedingungen 1. und 2. in einer einzigen zusammenfassen: $\mathfrak{g}$ soll mit a und b auch ab^{-1} enthalten. Denn dann enthält $\mathfrak{g}$ mit a auch $aa^{-1} = e$, weiter $ea^{-1} = a^{-1}$, daher mit a und b auch b^{-1} und $a(b^{-1})^{-1} = ab$.

Wenn (in abelschen Gruppen) die Gruppenrelationen additiv geschrieben werden, so ist eine Untergruppe dadurch charakterisiert, daß sie mit a und b auch $a + b$, mit a auch $-a$ enthält. Diese beiden Forderungen kann man durch die einzige ersetzen, daß mit a und b auch $a - b$ in der Untergruppe liegen soll.

Beispiele von Untergruppen.

Jede Gruppe hat als Untergruppe die Einheitsgruppe $\mathfrak{E}$, die nur aus dem Einselement besteht.

Die wichtigste Untergruppe der symmetrischen Gruppe $\mathfrak{S}_n$ aller Permutationen von n Objekten ist die *alternierende Gruppe* $\mathfrak{A}_n$, die aus denjenigen Permutationen besteht, welche, auf die Variablen $x_1, \ldots, x_n$ angewandt, die Funktion

$$(1) \qquad \Delta = \prod_{i<k}(x_i - x_k)$$

in sich überführen. Diese Permutationen heißen *gerade*, die übrigen *ungerade*. Letztere kehren das Vorzeichen der Funktion Δ um. Jede *Transposition* (= Permutation, die zwei Ziffern vertauscht) ist eine ungerade Permutation. Das Produkt zweier geraden oder zweier ungeraden Permutationen ist gerade; das Produkt aus einer geraden und einer ungeraden Permutation ist ungerade. Aus der ersten Eigenschaft folgt, daß $\mathfrak{A}_n$ eine Gruppe ist. Da eine feste Transposition bei Multiplikation mit geraden Permutationen ungerade ergibt und umgekehrt, gibt es gleich viele gerade wie ungerade Permutationen, mithin von jeder Art $n!/2$ (vgl. § 6, Aufgabe 7).

Um die Untergruppen der symmetrischen Gruppe $\mathfrak{S}_n$ bequem hinschreiben zu können, bedient man sich der bekannten *Zykeldarstellung* der Permutationen:

Mit $(pqrs)$ bezeichnen wir eine zyklische Vertauschung, die p in q, q in r, r in s und s in p überführt und alle übrigen Objekte fest läßt. Man zeigt mit Leichtigkeit, daß jede Permutation eindeutig (bis auf die Reihenfolge) als Produkt von solchen zyklischen Permutationen oder „Zyklen"

$$(i\,k\,l\ldots)\,(p\,q\ldots)\ldots$$

darstellbar ist, wobei keine zwei Zyklen ein Element gemein haben. Die Faktoren dieses Produktes sind vertauschbar. Ein Zyklus aus einem Element, etwa (1), stellt die identische Permutation dar. Es ist natürlich

$$(1\ 2\ 5\ 4) = (2\ 5\ 4\ 1) \ \text{usw.}$$

Mit diesen Bezeichnungen können wir die $3! = 6$ Permutationen der Gruppe $\mathfrak{S}_3$ so darstellen:

$$(1),\ (1\ 2),\ (1\ 3),\ (2\ 3),\ (1\ 2\ 3),\ (1\ 3\ 2).$$

Die Untergruppen sind leicht alle zu bestimmen. Sie sind (außer $\mathfrak{S}_3$ selbst):

$$\mathfrak{A}_3\colon\ (1),\ (1\ 2\ 3),\ (1\ 3\ 2);$$
$$\mathfrak{S}_2\colon\ (1),\ (1\ 2);\qquad \mathfrak{S}_2'\colon\ (1),\ (1\ 3);\qquad \mathfrak{S}_2''\colon\ (1),\ (2\ 3);$$
$$\mathfrak{E}\colon\ (1).$$

Sind $a, b, \ldots$ irgendwelche Elemente in einer Gruppe $\mathfrak{G}$, so gibt es außer $\mathfrak{G}$ möglicherweise noch andere Untergruppen, die $a, b, \ldots$ enthalten. Der Durchschnitt aller dieser ist wieder eine Gruppe $\mathfrak{A}$. Man nennt diese die von a, b, $\ldots$ *erzeugte* Gruppe. Diese enthält sicher alle Produkte wie $a^{-1}a^{-1}bab^{-1}\ldots$ (von endlichvielen Faktoren, mit oder ohne Wiederholung). Diese Produkte bilden aber eine Gruppe, die $a, b, \ldots$ enthält und die also auch $\mathfrak{A}$ umfaßt. Also ist diese Gruppe mit $\mathfrak{A}$ identisch. Damit ist gezeigt:

Die von a, b, $\ldots$ erzeugte Gruppe besteht aus allen Produkten aus je endlichvielen dieser Elemente und ihren Inversen.

Insbesondere erzeugt ein einziges Element a die Gruppe aller Potenzen $a^{\pm n}$ (inklusive $a^0 = e$). Wegen

$$a^n a^m = a^{n+m} = a^m a^n$$

ist diese Gruppe abelsch.

Eine Gruppe, die aus den Potenzen eines einzigen Elementes besteht, nennt man *zyklisch*.

Es gibt nun zwei Möglichkeiten. *Entweder* sind alle Potenzen a^h verschieden; dann ist die zyklische Gruppe

$$\ldots, a^{-2},\ a^{-1},\ a^0,\ a^1,\ a^2, \ldots$$

unendlich. Oder es kommt einmal vor, daß

$$a^h = a^k,\quad h > k$$

ist. Dann ist

$$a^{h-k} = e \qquad\qquad (h - k > 0).$$

In diesem Falle sei nun n der kleinste positive Exponent, für den $a^n = e$ ist. Dann sind die Potenzen $a^0, a^1, a^2, \ldots, a^{n-1}$ alle verschie-

den; denn aus

$$a^h = a^k \qquad\qquad (0 \leqq k < h < n)$$

würde folgen

$$a^{h-k} = e \qquad\qquad (0 < h - k < n),$$

entgegen der über n gemachten Voraussetzung.

Stellt man jede ganze Zahl m in der Form

$$m = qn + r \qquad\qquad (0 \leqq r < n)$$

dar, so ist

$$a^m = a^{qn+r} = a^{qn}\, a^r = (a^n)^q\, a^r = e\, a^r = a^r .$$

Also sind alle Potenzen von a schon in der Reihe $a^0, a^1, \ldots, a^{n-1}$ vertreten. Die zyklische Gruppe hat demnach genau n Elemente, nämlich

$$a^0\, a^1, \ldots, a^{n-1} .$$

Die Zahl n, die Ordnung der von a erzeugten zyklischen Gruppe, heißt die *Ordnung des Elements* a. Sind alle Potenzen von a verschieden, so nennt man a ein *Element unendlicher Ordnung*.

Beispiele. Die ganzen Zahlen

$$\ldots, \ -2, \ -1, \ 0, \ 1, \ 2, \ \ldots$$

mit der Addition als Verknüpfung bilden eine unendliche zyklische Gruppe. Die oben angeschriebenen Gruppen $\mathfrak{S}_2$, $\mathfrak{A}_3$ sind zyklische Gruppen der Ordnungen 2, 3.

Aufgaben. 1. Es gibt zyklische Permutationsgruppen beliebiger Ordnung.

2. Man beweise durch Induktion nach n, daß die $n - 1$ Transpositionen $(1\,2), (1\,3), \ldots, (1\,n)$ für $n > 1$ die symmetrische Gruppe $\mathfrak{S}_n$ erzeugen.

3. Ebenso, daß die $n - 2$ Dreierzyklen $(1\,2\,3), (1\,2\,4), \ldots, (1\,2\,n)$ für $n > 2$ die alternierende Gruppe $\mathfrak{A}_n$ erzeugen.

Wir wollen nun alle Untergruppen der zyklischen Gruppen bestimmen. Es sei $\mathfrak{G}$ eine zyklische Gruppe mit dem erzeugenden Element a und $\mathfrak{g}$ eine Untergruppe, welche nicht nur aus der Eins besteht. Wenn $\mathfrak{g}$ ein Element a^{-m} mit negativem Exponenten enthält, so liegt auch das inverse Element a^m in $\mathfrak{g}$. Es sei nun a^m das Element von $\mathfrak{g}$ mit kleinstem positivem Exponenten. Wir beweisen, daß alle Elemente von $\mathfrak{g}$ Potenzen von a^m sind. Ist nämlich a^s ein beliebiges Element von $\mathfrak{g}$, so kann man wieder

$$s = qm + r \qquad\qquad (0 \leqq r < m)$$

setzen. Dann ist $a^s (a^m)^{-q} = a^{s-mq} = a^r$ ein Element von $\mathfrak{g}$ mit $r < m$. Daraus folgt $r = 0$ wegen der Wahl von m, mithin $s = qm$ und $a^s = (a^m)^q$. Alle Elemente von $\mathfrak{g}$ sind also Potenzen von a^m.

Hat a die endliche Ordnung n, $a^n = e$, so muß, da $a^n = e$ in der Untergruppe $\mathfrak{g}$ liegt, n durch m teilbar sein: $n = qm$. Die Unter-

gruppe $\mathfrak{g}$ besteht dann aus den Elementen a^m, a^{2m}, ..., $a^{qm} = e$ und hat die Ordnung q. Wenn aber a unendliche Ordnung hat, so ist auch die Untergruppe $\mathfrak{g}$, bestehend aus den Elementen e, $a^{\pm m}$, $a^{\pm 2m}$, ... von unendlicher Ordnung. Damit ist bewiesen:

Eine Untergruppe einer zyklischen Gruppe ist wieder zyklisch. Sie besteht entweder nur aus der Eins oder aus den Potenzen des Elements a^m mit kleinstmöglichem positivem m, oder anders formuliert: Sie besteht aus den m-ten Potenzen der Elemente der ursprünglichen Gruppe. Dabei ist für eine zyklische Gruppe unendlicher Ordnung m beliebig, während für eine zyklische Gruppe der endlichen Ordnung n die Zahl m ein Teiler von n sein muß. In diesem Fall hat die Untergruppe die Ordnung $q = n/m$. Zu jeder solchen Zahl m gehört eine und nur eine Untergruppe $\{a^m\}$ der zyklischen Gruppe $\{a\}$.

§ 8. Das Rechnen mit Komplexen. Nebenklassen

Unter einem *Komplex* versteht man in der Gruppentheorie eine beliebige Menge von Elementen einer Gruppe $\mathfrak{G}$.

Unter dem *Produkt* $\mathfrak{g}\mathfrak{h}$ zweier Komplexe $\mathfrak{g}$ und $\mathfrak{h}$ versteht man die Menge aller Produkte gh, wo g aus $\mathfrak{g}$ und h aus $\mathfrak{h}$ entnommen ist. Besteht in dem Produkt $\mathfrak{g}\mathfrak{h}$ der eine Komplex, etwa $\mathfrak{g}$, nur aus einem Element g, so schreibt man für $\mathfrak{g}\mathfrak{h}$ einfach $g\mathfrak{h}$.

Offenbar gilt die Regel

$$\mathfrak{g}(\mathfrak{h}\mathfrak{k}) = (\mathfrak{g}\mathfrak{h})\mathfrak{k}.$$

In zusammengesetzten Produkten von Komplexen können die Klammern also weggelassen werden [vgl. § 6, (1)].

Ist der Komplex $\mathfrak{g}$ eine Gruppe, so gilt

$$\mathfrak{g}\mathfrak{g} = \mathfrak{g}.$$

Es seien $\mathfrak{g}$ und $\mathfrak{h}$ Untergruppen von $\mathfrak{G}$. Wir fragen, unter welchen Bedingungen das Produkt $\mathfrak{g}\mathfrak{h}$ wieder eine Gruppe ist. Die Gesamtheit der Inversen der Elemente von $\mathfrak{g}\mathfrak{h}$ ist $\mathfrak{h}\mathfrak{g}$, denn das Inverse von gh ist $h^{-1}g^{-1}$. Soll also $\mathfrak{g}\mathfrak{h}$ eine Gruppe sein, so muß

$$(1) \qquad\qquad \mathfrak{h}\mathfrak{g} = \mathfrak{g}\mathfrak{h}$$

sein, d. h. $\mathfrak{g}$ muß mit $\mathfrak{h}$ vertauschbar sein. Diese Bedingung reicht aber auch hin, denn wenn sie erfüllt ist, so enthält $\mathfrak{g}\mathfrak{h}$ zugleich mit jedem Elemente gh auch das Inverse $h^{-1}g^{-1}$ und außerdem zu je zwei Elementen auch das Produkt wegen

$$\mathfrak{g}\mathfrak{h}\mathfrak{g}\mathfrak{h} = \mathfrak{g}\mathfrak{g}\mathfrak{h}\mathfrak{h} = \mathfrak{g}\mathfrak{h}.$$

Also: *Das Produkt $\mathfrak{g}\mathfrak{h}$ von zwei Untergruppen $\mathfrak{g}$ und $\mathfrak{h}$ von $\mathfrak{G}$ ist dann und nur dann wieder eine Gruppe, wenn die Untergruppen $\mathfrak{g}$ und $\mathfrak{h}$ vertauschbar sind.* Dazu ist natürlich nicht erforderlich, daß jedes Ele-

ment von $\mathfrak{g}$ mit jedem Element von $\mathfrak{h}$ vertauschbar ist. Ist die Vertauschbarkeitsbedingung (1) erfüllt, so ist das Produkt $\mathfrak{g}\mathfrak{h}$ die von $\mathfrak{g}$ und $\mathfrak{h}$ erzeugte Gruppe.

In einer abelschen Gruppe ist (1) stets erfüllt. Wird die abelsche Gruppe additiv geschrieben, sind $\mathfrak{g}$ und $\mathfrak{h}$ also Untermoduln eines Moduls, so schreibt man $(\mathfrak{g}, \mathfrak{h})$ statt $\mathfrak{g}\mathfrak{h}$, während die Bezeichnung $\mathfrak{g} + \mathfrak{h}$ für den später zu untersuchenden Spezialfall der „direkten Summe" vorbehalten bleibt.

Ist $\mathfrak{g}$ eine Untergruppe und a ein Element von $\mathfrak{G}$, so bezeichnet man den Komplex $a\mathfrak{g}$ als eine *linksseitige Nebenklasse*, den Komplex $\mathfrak{g}a$ als eine *rechtsseitige Nebenklasse* (auch *Nebengruppe, Nebenkomplex oder Restklasse*) von $\mathfrak{g}$ in $\mathfrak{G}$. Liegt a in $\mathfrak{g}$, so ist $a\mathfrak{g} = \mathfrak{g}$, also ist stets eine der linksseitigen (und ebenso eine der rechtsseitigen) Nebenklassen von $\mathfrak{g}$ gleich $\mathfrak{g}$ selbst.

Im folgenden werden hauptsächlich die linksseitigen Nebenklassen betrachtet, obwohl alle anzustellenden Betrachtungen auch für die rechtsseitigen Nebenklassen gelten.

Zwei Nebenklassen $a\mathfrak{g}$, $b\mathfrak{g}$ können sehr wohl gleich sein, ohne daß $a = b$ ist. Immer dann nämlich, wenn $a^{-1}b$ in $\mathfrak{g}$ liegt, gilt

$$b\mathfrak{g} = a a^{-1} b\mathfrak{g} = a(a^{-1}b\mathfrak{g}) = a\mathfrak{g}.$$

Zwei *verschiedene* Nebenklassen haben kein Element gemeinsam. Denn wenn die Nebenklassen $a\mathfrak{g}$ und $b\mathfrak{g}$ ein Element gemein haben, etwa

$$a g_1 = b g_2,$$

so folgt

$$g_1 g_2^{-1} = a^{-1} b,$$

so daß $a^{-1}b$ in $\mathfrak{g}$ liegt; nach dem Vorigen sind also $a\mathfrak{g}$ und $b\mathfrak{g}$ identisch.

Jedes Element a gehört einer Nebenklasse an, nämlich der Nebenklasse $a\mathfrak{g}$. Diese enthält ja sicher das Element $ae = a$. Nach dem eben Bewiesenen gehört das Element a auch *nur* einer Nebenklasse an. Wir können demnach jedes Element a als *Repräsentanten* der a enthaltenden Nebenklasse $a\mathfrak{g}$ ansehen.

Nach dem Vorhergehenden bilden die Nebenklassen eine *Klasseneinteilung* der Gruppe $\mathfrak{G}$. Jedes Element gehört einer und nur einer Klasse an[1].

Je zwei Nebenklassen sind gleichmächtig. Denn durch $ag \to bg$ ist eine eineindeutige Abbildung von $a\mathfrak{g}$ auf $b\mathfrak{g}$ definiert.

---

[1] In der Literatur findet man oft die von GALOIS eingeführte Schreibweise:

$$\mathfrak{G} = a_1 \mathfrak{g} + a_2 \mathfrak{g} + \cdots,$$

die besagen soll, daß die Klassen $a_\nu \mathfrak{g}$ zueinander fremd sind und zusammen die Gruppe $\mathfrak{G}$ ausmachen. Wir vermeiden diese Schreibweise, weil wir das Zeichen $+$ für die später zu erklärende direkte Summe reservieren wollen.

Die Nebenklassen sind, mit Ausnahme von $\mathfrak{g}$ selbst, *keine* Gruppen; denn eine Gruppe müßte das Einselement enthalten.

Die Anzahl der verschiedenen Nebenklassen einer Untergruppe $\mathfrak{g}$ in $\mathfrak{G}$ heißt der *Index* von $\mathfrak{g}$ in $\mathfrak{G}$. Der Index kann endlich oder unendlich sein.

Ist N die (als endlich angenommene) Ordnung von $\mathfrak{G}$, n die von $\mathfrak{g}$, j der Index, so gilt die Relation

$$(2) \qquad\qquad N = jn\,;$$

denn $\mathfrak{G}$ ist ja in j Klassen eingeteilt, deren jede n Elemente enthält[1].

Man kann für endliche Gruppen aus (2) den Index j berechnen:

$$j = \frac{N}{n}\,.$$

Folge. *Die Ordnung einer Untergruppe einer endlichen Gruppe ist ein Teiler der Ordnung der Gesamtgruppe.*

Nimmt man für die Untergruppe speziell die von einem Element c erzeugte zyklische Gruppe, so folgt:

Die Ordnung eines Elements einer endlichen Gruppe ist ein Teiler der Gruppenordnung.

Eine unmittelbare Folge dieses Satzes ist: *In einer Gruppe mit n Elementen gilt für jedes a die Beziehung $a^n = e$.*

Es kann vorkommen, daß alle linksseitigen Nebenklassen $a\mathfrak{g}$ zugleich rechtsseitige sind. Soll das der Fall sein, so muß diejenige linksseitige Nebenklasse, in der ein beliebig vorgegebenes Element a liegt, mit der rechtsseitigen Nebenklasse, die a enthält, identisch sein, d.h. es muß für jedes a

$$(3) \qquad\qquad a\mathfrak{g} = \mathfrak{g}a$$

sein.

Man nennt eine Untergruppe $\mathfrak{g}$, welche die Eigenschaft (3) hat, d.h. welche mit jedem Element a aus $\mathfrak{G}$ vertauschbar ist, einen *Normalteiler* oder eine *ausgezeichnete* oder *invariante Untergruppe* in $\mathfrak{G}$.

Ist $\mathfrak{g}$ ein Normalteiler, so ist das Produkt zweier Nebenklassen wieder eine Nebenklasse:

$$a\mathfrak{g} \cdot b\mathfrak{g} = a \cdot \mathfrak{g}b \cdot \mathfrak{g} = ab\mathfrak{g}\mathfrak{g} = ab\mathfrak{g}.$$

Aufgaben. 1. Man suche zu den Untergruppen der $\mathfrak{S}_3$ die rechts- und linksseitigen Nebenklassen. Welche von diesen Untergruppen sind Normalteiler?

2. Man zeige, daß bei einer beliebigen Untergruppe die Inversen der Elemente einer linksseitigen Nebenklasse eine rechtsseitige Nebenklasse bilden. Daraus ist weiter zu erschließen, daß der Index auch als Anzahl der rechtsseitigen Nebenklassen bestimmt werden kann.

---

[1] Die Relation gilt zwar auch, wenn N unendlich ist; nur muß man dann, um ihren Sinn zu erklären, Produkte von Kardinalzahlen einführen, was wir nicht getan haben.

3. Man zeige, daß jede Untergruppe vom Index 2 Normalteiler ist. Beispiel: die alternierende Gruppe in der symmetrischen von n Ziffern.

4. Eine Untergruppe einer abelschen Gruppe ist immer Normalteiler.

5. Ist $\mathfrak{G}$ eine von a erzeugte zyklische Gruppe, $\mathfrak{g}$ eine von $\mathfrak{E}$ verschiedene Untergruppe, die von a^m mit minimalem m erzeugt wird (vgl. § 7), so sind 1, $a, a^2, \ldots, a^{m-1}$ Repräsentanten der Nebenklassen und m ist der Index von $\mathfrak{g}$ in $\mathfrak{G}$.

6. Wenn das Produkt von je zwei linksseitigen Nebenklassen von $\mathfrak{g}$ in $\mathfrak{G}$ stets wieder eine Linksnebenklasse ist, so ist $\mathfrak{g}$ Normalteiler in $\mathfrak{G}$.

§ 9. Isomorphismen und Automorphismen

Wir denken uns zwei Mengen $\mathfrak{M}$, $\overline{\mathfrak{M}}$ gegeben. In jeder dieser Mengen seien irgendwelche Relationen zwischen den Elementen definiert. Man kann sich z. B. denken, daß die Mengen $\mathfrak{M}$, $\overline{\mathfrak{M}}$ Gruppen sind und daß die Relationen die Gleichungen $a \cdot b = c$ sind, die vermöge der Gruppeneigenschaft bestehen. Oder man kann sich etwa denken, daß die Mengen geordnet sind und daß die Relationen $a > b$ gemeint sind.

Wenn es nun möglich ist, die beiden Mengen eineindeutig aufeinander abzubilden derart, daß die Relationen bei der Abbildung erhalten bleiben, d. h. wenn jedem Element a von $\mathfrak{M}$ umkehrbar eindeutig ein Element $\bar{a}$ von $\overline{\mathfrak{M}}$ zugeordnet werden kann, so daß die Relationen, die zwischen irgendwelchen Elementen $a, b, \ldots$ von $\mathfrak{M}$ bestehen, auch zwischen den zugeordneten Elementen $\bar{a}, \bar{b}, \ldots$ bestehen und umgekehrt, so nennt man die beiden Mengen *isomorph* (bezüglich der fraglichen Relationen) und schreibt $\mathfrak{M} \cong \overline{\mathfrak{M}}$. Die Zuordnung selbst heißt *Isomorphismus*.

So kann man reden von *isomorphen Gruppen*, von isomorph geordneten oder *ähnlich-geordneten* Mengen usw. Ein Isomorphismus zweier Gruppen ist also eine solche eineindeutige Abbildung $a \rightarrow \bar{a}$, bei der aus $ab = c$ folgt $\bar{a}\bar{b} = \bar{c}$ (und umgekehrt), also bei der dem Produkt ab stets das Produkt $\bar{a}\bar{b}$ zugeordnet ist.

Ebenso wie gleichmächtige Mengen für die allgemeine Mengentheorie gleichwertig sind, so sind isomorphe Gruppen in der Gruppentheorie als nicht wesentlich verschieden zu betrachten. Man kann alle Begriffe und Sätze, die auf Grund der gegebenen Relationen einer Menge definiert und bewiesen werden können, unmittelbar auf jede isomorphe Menge übertragen. Zum Beispiel ist eine Menge, in der Produktrelationen definiert sind und die einer Gruppe isomorph ist, wieder eine Gruppe, und Einselement, Inverses und Untergruppen gehen bei der Isomorphie wieder in Einselement, Inverses und Untergruppen über.

Wenn insbesondere die beiden Mengen $\overline{\mathfrak{M}}$, $\mathfrak{M}$ zusammenfallen, d. h. wenn die betrachtete Zuordnung jedem Element a ein Element $\bar{a}$ derselben Menge umkehrbar eindeutig zuordnet mit Erhaltung der Relationen, so heißt die Zuordnung ein *Automorphismus*.

Die Automorphismen einer Menge bringen gewissermaßen ihre Symmetrieeigenschaften zum Ausdruck. Denn was bedeutet eine Symmetrie z.B. einer geometrischen Figur? Sie heißt, daß die Figur bei gewissen Transformationen (Spiegelungen, Drehungen usw.) in sich übergeht, wobei gewisse Relationen (Entfernungen, Winkel, Lagebeziehungen) erhalten bleiben, oder in unserer Terminologie, daß die Figur in bezug auf ihre metrischen Eigenschaften gewisse Automorphismen gestattet.

Offenbar ist das Produkt zweier Automorphismen (Produktbildung von Transformationen nach § 6) wieder ein Automorphismus und die inverse Operation eines Automorphismus wieder ein solcher. Daraus folgt nach § 6, daß die Automorphismen einer beliebigen Menge (mit beliebigen Relationen zwischen ihren Elementen) eine Transformationsgruppe bilden: die *Automorphismengruppe* der Menge.

Insbesondere bilden die Automorphismen einer Gruppe wieder eine Gruppe. Wir wollen einige dieser Automorphismen etwas näher betrachten.

Ist a ein festes Gruppenelement, so ist die Zuordnung, die x in

$$(1) \qquad \bar{x} = a\,x\,a^{-1}$$

überführt, ein Automorphismus. Denn erstens läßt sich (1) nach x eindeutig auflösen:

$$x = a^{-1}\,\bar{x}\,a\,;$$

also ist die Zuordnung eineindeutig. Zweitens ist

$$\bar{x}\,\bar{y} = a\,x\,a^{-1} \cdot a\,y\,a^{-1} = a\,(x\,y)\,a^{-1} = \overline{x\,y}\,;$$

also ist die Zuordnung isomorph.

Man nennt $a\,x\,a^{-1}$ *das aus x mit Hilfe von a transformierte Element* und nennt die Elemente x, $a\,x\,a^{-1}$ *konjugierte Gruppenelemente*. Die von den Elementen a erzeugten Automorphismen $x \to a\,x\,a^{-1}$ heißen *innere Automorphismen* der Gruppe. Alle übrigen Automorphismen (falls noch andere existieren) heißen *äußere Automorphismen*.

Bei einem inneren Automorphismus $x \to a\,x\,a^{-1}$ geht eine Untergruppe $\mathfrak{g}$ in eine Untergruppe $a\,\mathfrak{g}\,a^{-1}$ über, die man eine *zu $\mathfrak{g}$ konjugierte Untergruppe* nennt.

Ist eine Untergruppe $\mathfrak{g}$ mit allen ihren konjugierten identisch:

$$(2) \qquad a\,\mathfrak{g}\,a^{-1} = \mathfrak{g} \quad \text{für jedes } a\,,$$

so heißt das nichts anderes, als daß die Gruppe $\mathfrak{g}$ mit jedem Element a vertauschbar ist:

$$a\,\mathfrak{g} = \mathfrak{g}\,a\,,$$

mithin *Normalteiler* ist (§ 8). Also:

Die gegenüber allen inneren Automorphismen invarianten Untergruppen sind die Normalteiler.

Durch diesen Satz erklärt sich die Bezeichnung „invariante Untergruppe" für die Normalteiler.

Die Forderung (2) kann durch die etwas schwächere

$$(3) \qquad a \, \mathfrak{g} \, a^{-1} \subseteqq \mathfrak{g}$$

ersetzt werden. Denn wenn (3) für jedes a gilt, so gilt es auch für a^{-1}:

$$a^{-1} \mathfrak{g} \, a \subseteqq \mathfrak{g} \, ,$$
$$(4) \qquad \mathfrak{g} \subseteqq a \, \mathfrak{g} \, a^{-1} \, ;$$

aus (3) und (4) folgt aber (2). Also:

Eine Untergruppe ist Normalteiler, wenn sie zu jedem Element b auch alle konjugierten Elemente $a b a^{-1}$ enthält.

Aufgaben. 1. Abelsche Gruppen haben keine inneren Automorphismen außer dem identischen.

2. In Permutationsgruppen kann man das transformierte Element $a b a^{-1}$ eines Elements b dadurch erhalten, daß man b als Produkt von Zyklen darstellt (§ 7) und die Ziffern in diesen Zyklen der Permutation a unterwirft. Beweis? Mit Hilfe dieses Satzes berechne man $a b a^{-1}$ für den Fall

$$b = (1 \, 2) \, (3 \, 4 \, 5),$$
$$a = (2 \, 3 \, 4 \, 5).$$

3. Man beweise, daß die symmetrische Gruppe $\mathfrak{S}_3$ keine äußeren, aber sechs innere Automorphismen hat. Die Gruppe der inneren Isomorphismen ist in diesem Fall isomorph zur Gruppe selbst.

4. Die symmetrische Gruppe $\mathfrak{S}_4$ hat außer sich selbst und der Einheitsgruppe *nur* die folgenden Normalteiler:

    a) die alternierende Gruppe $\mathfrak{A}_4$,

    b) die „Kleinsche Vierergruppe" $\mathfrak{V}_4$, bestehend aus den Permutationen

$$(1), \ (1 \, 2) \, (3 \, 4), \ (1 \, 3) \, (2 \, 4), \ (1 \, 4) \, (2 \, 3).$$

Diese Gruppe ist abelsch.

5. Ist $\mathfrak{g}$ Normalteiler in $\mathfrak{G}$ und $\mathfrak{H}$ eine „Zwischengruppe":

$$\mathfrak{g} \subseteqq \mathfrak{H} \subseteqq \mathfrak{G},$$

so ist $\mathfrak{g}$ auch Normalteiler in $\mathfrak{H}$.

6. Alle unendlichen zyklischen Gruppen sind isomorph zur additiven Gruppe der ganzen Zahlen.

7. Die Konjugiertheitsrelation ist symmetrisch, reflexiv und transitiv. Man kann also die Elemente einer Gruppe in Klassen konjugierter Elemente einteilen.

§ 10. Homomorphie, Normalteiler und Faktorgruppen

Wenn in zwei Mengen $\mathfrak{M}$ und $\mathfrak{N}$ gewisse Relationen (wie $a < b$ oder $ab = c$) definiert sind und wenn jedem Element a von $\mathfrak{M}$ ein Bildelement $\bar{a} = \varphi a$ so zugeordnet ist, daß alle Relationen zwischen Elementen von $\mathfrak{M}$ auch für die Bildelemente gelten (so daß z. B. aus

$a < b$ folgt $\bar{a} < \bar{b}$, wenn es sich um die Relation $<$ handelt), so heißt φ eine *homomorphe Abbildung* oder ein *Homomorphismus* von $\mathfrak{M}$ in $\mathfrak{N}$.

Zum Beispiel sei $\mathfrak{M}$ eine Gruppe und $\mathfrak{N}$ eine Menge, in der ebenfalls Produkte definiert sind. Ist dann dem Produkt ab immer das Produkt $\bar{a} \cdot \bar{b}$ zugeordnet, so ist die Abbildung φ ein *Gruppenhomomorphismus*. Beispiele sind die früher definierten (eineindeutigen) Isomorphismen von Gruppen.

Ist die Abbildung φ *surjektiv*, d.h. ist jedes Element von $\mathfrak{N}$ Bildelement mindestens eines a aus $\mathfrak{M}$, so hat man einen *Homomorphismus von $\mathfrak{M}$ auf $\mathfrak{N}$*.

Eine homomorphe Abbildung von $\mathfrak{M}$ in sich selbst heißt *Endomorphismus* von $\mathfrak{M}$.

Bei einer homomorphen Abbildung von $\mathfrak{M}$ auf $\overline{\mathfrak{M}}$ kann man die Elemente von $\mathfrak{M}$, die ein festes Bild $\bar{a}$ in $\overline{\mathfrak{M}}$ haben, zu einer Klasse $\mathfrak{a}$ vereinigen. Jedes Element a gehört einer und nur einer Klasse $\mathfrak{a}$ an; d.h. die Menge $\mathfrak{M}$ ist *in Klassen eingeteilt*, die den Elementen von $\overline{\mathfrak{M}}$ eineindeutig zugeordnet sind. Die Klasse $\mathfrak{a}$ heißt auch das *Urbild* von $\bar{a}$.

Beispiele. Ordnet man jedem Element einer Gruppe das Einselement zu, so entsteht eine Homomorphie der Gruppe mit der Einheitsgruppe. Ebenso entsteht eine Homomorphie, wenn man jeder Permutation einer Permutationsgruppe die Zahl $+1$ oder -1 zuordnet, je nachdem die Permutation gerade oder ungerade ist; die zugeordnete Gruppe ist die multiplikative Gruppe der Zahlen $+1$ und -1.

Ordnet man jeder ganzen Zahl m die Potenz a^m eines Elements a einer Gruppe zu, so entsteht ein Homomorphismus der additiven Gruppe der ganzen Zahlen mit der von a erzeugten zyklischen Gruppe, denn der Summe $m + n$ ist das Produkt $a^{m+n} = a^m \cdot a^n$ zugeordnet. Ist a ein Element von unendlicher Ordnung, so ist der Homomorphismus ein Isomorphismus.

Wir wollen nun speziell Homomorphismen von Gruppen untersuchen.

Sind in einer Menge $\overline{\mathfrak{G}}$ Produkte $\bar{a}\bar{b}$ (also Relationen der Gestalt $\bar{a}\bar{b} = \bar{c}$) definiert und ist eine Gruppe $\mathfrak{G}$ auf $\overline{\mathfrak{G}}$ homomorph abgebildet, so ist auch $\overline{\mathfrak{G}}$ eine Gruppe. Kurz: *Das homomorphe Abbild einer Gruppe ist wieder eine Gruppe.*

Beweis. Zunächst sind je drei gegebene Elemente $\bar{a}, \bar{b}, \bar{c}$ von $\overline{\mathfrak{G}}$ stets Bilder von Elementen von $\mathfrak{G}$, also etwa von a, b, c. Aus

$$ab \cdot c = a \cdot bc$$

folgt dann

$$\bar{a}\bar{b} \cdot \bar{c} = \bar{a} \cdot \bar{b}\bar{c}.$$

Weiter folgt aus

$$a\,e = a \ \text{ für alle } \ a\,,$$
$$\bar{a}\,\bar{e} = \bar{a} \ \text{ für alle } \ \bar{a}\,,$$

und aus

$$b\,a = e \qquad (b = a^{-1})\,,$$
$$\bar{b}\,\bar{a} = \bar{e}\,.$$

Also gibt es in $\overline{\mathfrak{G}}$ ein Einselement $\bar{e}$ und zu jedem $\bar{a}$ ein Inverses. Also ist $\overline{\mathfrak{G}}$ eine Gruppe. Zugleich ist bewiesen:

Einselement und inverses Element gehen bei einem Homomorphismus wieder in Einselement und inverses Element über.

Jetzt soll die durch eine homomorphe Abbildung $\mathfrak{G} \to \overline{\mathfrak{G}}$ gegebene Klasseneinteilung genauer studiert werden. Es wird sich dabei eine sehr wichtige eineindeutige Beziehung zwischen Homomorphismen und Normalteilern herausstellen.

Die Klasse $\mathfrak{e}$ von $\mathfrak{G}$, der bei einer Homomorphie $\mathfrak{G} \sim \overline{\mathfrak{G}}$ das Einheitselement $\bar{e}$ von $\overline{\mathfrak{G}}$ entspricht, ist ein Normalteiler von $\mathfrak{G}$, und die übrigen Klassen sind die Nebenklassen dieses Normalteilers.

Beweis. Zunächst ist $\mathfrak{e}$ eine Gruppe. Denn wenn a und b bei der Homomorphie beide in $\bar{e}$ übergehen, so geht ab über in $\bar{e}^2 = \bar{e}$; also enthält $\mathfrak{e}$ zu je zwei Elementen das Produkt. Weiter geht a^{-1} über in $\bar{e}^{-1} = \bar{e}$; also enthält $\mathfrak{e}$ auch das Inverse eines jeden Elementes.

Die Elemente einer linksseitigen Nebenklasse $a\,\mathfrak{e}$ gehen alle über in das Element $\bar{a}\,\bar{e} = \bar{a}$. Wenn umgekehrt ein Element a' in $\bar{a}$ übergeht, so bestimme man x aus

$$a\,x = a'\,.$$

Es folgt:

$$\bar{a}\,\bar{x} = \bar{a}\,,$$
$$\bar{x} = \bar{e}\,.$$

Also liegt x in $\mathfrak{e}$, also a' in $a\,\mathfrak{e}$.

Die Klasse von $\mathfrak{G}$, die dem Element $\bar{a}$ entspricht, ist also genau die linksseitige Nebenklasse $a\,\mathfrak{e}$.

Genau so zeigt man aber, daß die Klasse, die $\bar{a}$ entspricht, die rechtsseitige Nebenklasse $\mathfrak{e}\,a$ sein muß. Also stimmen rechts- und linksseitige Nebenklassen überein:

$$a\,\mathfrak{e} = \mathfrak{e}\,a\,,$$

und $\mathfrak{e}$ ist Normalteiler. Damit ist alles bewiesen.

Der Normalteiler $\mathfrak{e}$, dessen Elemente beim gegebenen Homomorphismus in e übergehen, heißt der *Kern* des Homomorphismus.

Wir kehren nun die Frage um: *Gegeben sei ein Normalteiler $\mathfrak{g}$ von $\mathfrak{G}$. Kann man eine zu $\mathfrak{G}$ homomorphe Gruppe $\overline{\mathfrak{G}}$ bilden, so daß die Nebenklassen von $\mathfrak{g}$ genau den Elementen von $\overline{\mathfrak{G}}$ entsprechen?*

Um das zu erreichen, wählen wir am einfachsten als Elemente der zu konstruierenden Gruppe $\overline{\mathfrak{G}}$ die Nebenklassen von $\mathfrak{g}$ selbst. Nach § 8 ist das Produkt zweier Nebenklassen des Normalteilers $\mathfrak{g}$ wieder eine Nebenklasse, und wenn a zur Nebenklasse $a\,\mathfrak{g}$ und b zu $b\,\mathfrak{g}$ gehört, so gehört ab zur Produktnebenklasse $ab\,\mathfrak{g} = a\,\mathfrak{g} \cdot b\,\mathfrak{g}$. Die Nebenklassen bilden demnach eine zu $\mathfrak{G}$ homomorphe Menge, *also eine zu $\mathfrak{G}$ homomorphe Gruppe.* Man nennt diese die *Faktorgruppe* von $\mathfrak{G}$ nach $\mathfrak{g}$ und stellt sie durch das Symbol

$$\mathfrak{G}/\mathfrak{g}$$

dar. Die Ordnung von $\mathfrak{G}/\mathfrak{g}$ ist der Index von $\mathfrak{g}$.

Wir sehen hier die prinzipielle Wichtigkeit der Normalteiler: sie ermöglichen die Konstruktion von neuen Gruppen, die zu gegebenen Gruppen homomorph sind.

Ist eine Gruppe $\mathfrak{G}$ auf eine andere Gruppe $\overline{\mathfrak{G}}$ homomorph abgebildet, so sahen wir schon, daß den Elementen von $\overline{\mathfrak{G}}$ (umkehrbar eindeutig) die Nebenklassen des Kernes $\mathfrak{e}$ in $\mathfrak{G}$ entsprechen. Diese Zuordnung ist natürlich eine Isomorphie; denn wenn $a\,\mathfrak{g}$, $b\,\mathfrak{g}$ zwei Nebenklassen sind, so ist $ab\,\mathfrak{g}$ ihr Produkt; die entsprechenden Elemente in $\overline{\mathfrak{G}}$ sind $\bar{a}$, $\bar{b}$, $(\overline{ab})$ und es ist in der Tat

$$(\overline{ab}) = \bar{a} \cdot \bar{b}$$

wegen der Homomorphie. Also haben wir:

$$\mathfrak{G}/\mathfrak{e} \simeq \overline{\mathfrak{G}},$$

und damit den *Homomorphiesatz für Gruppen:*

Jede Gruppe $\overline{\mathfrak{G}}$, auf die $\mathfrak{G}$ homomorph abgebildet ist, ist isomorph einer Faktorgruppe $\mathfrak{G}/\mathfrak{e}$; dabei ist der Normalteiler $\mathfrak{e}$ der Kern des Homomorphismus. Umgekehrt ist $\mathfrak{G}$ auf jede Faktorgruppe $\mathfrak{G}/\mathfrak{e}$ (wo $\mathfrak{e}$ Normalteiler) homomorph abgebildet.

Aufgaben. 1. Triviale Faktorgruppen einer jeden Gruppe $\mathfrak{G}$ sind: $\mathfrak{G}/\mathfrak{E} \simeq \mathfrak{G}$; $\mathfrak{G}/\mathfrak{G} \simeq \mathfrak{E}$.

2. Die Faktorgruppe der alternierenden Gruppe $(\mathfrak{S}_n/\mathfrak{A}_n)$ ist eine zyklische Gruppe der Ordnung 2.

3. Die Faktorgruppe $\mathfrak{S}_4/\mathfrak{V}_4$ der Kleinschen Vierergruppe (§ 9, Aufgabe 4) ist isomorph mit $\mathfrak{S}_3$.

4. Die Elemente $aba^{-1}b^{-1}$ einer Gruppe $\mathfrak{G}$ und ihre Produkte (zu je endlichvielen) bilden eine Gruppe, die man die *Kommutatorgruppe* von $\mathfrak{G}$ nennt. Diese ist Normalteiler, und ihre Faktorgruppe ist abelsch. Jeder Normalteiler, dessen Faktorgruppe abelsch ist, umfaßt die Kommutatorgruppe.

5. Ist $\mathfrak{G}$ zyklisch, a das erzeugende Element von $\mathfrak{G}$, $\mathfrak{g}$ eine Untergruppe vom Index m, so ist $\mathfrak{G}/\mathfrak{g}$ zyklisch von der Ordnung m.

In einer abelschen Gruppe ist jede Untergruppe Normalteiler (vgl. § 8, Aufgabe 4). Schreibt man die Verknüpfung als Addition, so hat man für die Gruppen und ihre Untergruppen, wie schon erwähnt, den

Namen *Moduln*. Die Nebenklassen $a + \mathfrak{M}$ (wo $\mathfrak{M}$ ein Modul ist) heißen *Restklassen nach* $\mathfrak{M}$ oder Restklassen modulo $\mathfrak{M}$, und die Faktorgruppe $\mathfrak{G}/\mathfrak{M}$ heißt *Restklassenmodul* von $\mathfrak{G}$ nach $\mathfrak{M}$.

Zwei Elemente a, b liegen in einer Restklasse, wenn ihre Differenz in $\mathfrak{M}$ liegt. Man nennt zwei solche Elemente *kongruent nach dem Modul* $\mathfrak{M}$ oder: *kongruent modulo* $\mathfrak{M}$, und schreibt

$$a \equiv b \pmod{\mathfrak{M}}$$

oder kurz

$$a \equiv b \,(\mathfrak{M}).$$

Für die im Homomorphismus zugeordneten Elemente $\bar{a}, \bar{b}$ des Restklassenmoduls gilt dann:

$$\bar{a} = \bar{b}.$$

Umgekehrt folgt aus $\bar{a} = \bar{b}$ stets $a \equiv b\,(\mathfrak{M})$.

Zum Beispiel bilden im Bereich der ganzen Zahlen die Vielfachen einer natürlichen Zahl m einen Modul, und man schreibt dementsprechend

$$a \equiv b\,(m),$$

wenn die Differenz $a - b$ durch m teilbar ist. Die Restklassen können durch $0, 1, 2, \ldots, m - 1$ repräsentiert werden, und der Restklassenmodul ist eine zyklische Gruppe der Ordnung m.

Aufgabe. 6. Jede zyklische Gruppe der Ordnung m ist isomorph dem Restklassenmodul nach der ganzen Zahl m.

Drittes Kapitel

Ringe und Körper

Inhalt. Definition der Begriffe Ring, Integritätsbereich, Körper. Allgemeine Methoden, aus Ringen andere Ringe (bzw. Körper) zu bilden. Sätze über Primfaktorzerlegung in Integritätsbereichen.

Die Begriffe dieses Kapitels werden im ganzen Buch benutzt.

§ 11. Ringe

Die Größen, mit denen man in der Algebra und Arithmetik operiert, sind von verschiedener Natur; bald sind es die ganzen, bald die rationalen, die reellen, die komplexen, die algebraischen Zahlen; die Polynome oder die rationalen Funktionen von n Veränderlichen usw. Wir werden später noch Größen von ganz anderer Art: hyperkomplexe Zahlen, Restklassen u. dgl., kennenlernen, mit denen man ganz oder fast ganz wie mit Zahlen rechnen kann. Es ist daher wünschenswert, alle diese Größenbereiche unter einen gemeinsamen Begriff zu bringen und die Rechengesetze in diesen Bereichen allgemein zu untersuchen.

Unter einem *System mit doppelter Komposition* versteht man eine Menge von Elementen $a, b, \ldots$, in der zu je zwei Elementen a, b eindeutig eine *Summe* $a + b$ und ein *Produkt* $a \cdot b$ definiert sind, die wieder der Menge angehören.

Ein System mit doppelter Komposition heißt ein *Ring*, wenn folgende *Rechengesetze* für alle Elemente des Systems erfüllt sind:

I. *Gesetze der Addition.*
a) *Assoziatives Gesetz:* $a + (b + c) = (a + b) + c$.
b) *Kommutatives Gesetz:* $a + b = b + a$.
c) *Lösbarkeit*[1] *der Gleichung* $a + x = b$ für alle a und b.

II. *Gesetz der Multiplikation.*
a) *Assoziatives Gesetz:* $a \cdot b\,c = a\,b \cdot c$.

III. *Distributivgesetze.*
a) $a \cdot (b + c) = a\,b + a\,c$.
b) $(b + c) \cdot a = b\,a + c\,a$.

Zusatz. Gilt auch für die Multiplikation das kommutative Gesetz:
II. b) $a \cdot b = b \cdot a$,

so heißt der Ring *kommutativ*. Vorläufig werden wir es hauptsächlich mit kommutativen Ringen zu tun haben.

Zu den Gesetzen der Addition. Die drei Gesetze I a, b, c zusammen besagen nichts anderes, als daß die Ringelemente bei der Addition eine abelsche Gruppe bilden[2]. Also können wir alle früher für abelsche Gruppen bewiesenen Sätze auf Ringe übertragen: Es gibt ein (und nur ein) *Nullelement* 0, mit der Eigenschaft:

$$a + 0 = a \quad \text{für alle } a.$$

Weiter existiert zu jedem Element a ein *entgegengesetztes Element* $- a$, mit der Eigenschaft

$$-a + a = 0.$$

Sodann ist die Gleichung $a + x = b$ nicht nur lösbar, sondern eindeutig lösbar; ihre einzige Lösung ist

$$x = -a + b;$$

wir bezeichnen sie auch mit $b - a$. Da man vermöge

$$a - b = a + (-b)$$

---

[1] Eindeutige Lösbarkeit wird nicht verlangt, folgt aber später.
[2] Man bezeichnet diese Gruppe als die *additive Gruppe* des Ringes.

jede Differenz in eine Summe verwandeln kann, so gelten in diesem Sinne auch für Differenzen dieselben Vertauschungsregeln wie für Summen, etwa

$$(a - b) - c = (a - c) - b,$$

usw. Schließlich ist $-(-a) = a$ und $a - a = 0$.

Zu den Assoziativgesetzen. Wie wir im Kap. 2, § 6 sahen, kann man auf Grund des Assoziativgesetzes für die Multiplikation die zusammengesetzten Produkte

$$\prod_1^n a_\nu = a_1 a_2 \dots a_n$$

definieren und ihre Haupteigenschaft

$$\prod_1^m a_\mu \cdot \prod_{\nu=1}^n a_{m+\nu} = \prod_1^{m+n} a_\nu$$

beweisen. Ebenso kann man die Summen

$$\sum_1^n a_\nu = a_1 + a_2 \dots + a_n$$

definieren und ihre Haupteigenschaft

$$\sum_1^m a_\mu + \sum_{\nu=1}^n a_{m+\nu} = \sum_1^{m+n} a_\nu$$

beweisen. Vermöge I b kann man auch in einer Summe die Glieder beliebig vertauschen, und dasselbe gilt in kommutativen Ringen auch für Produkte.

Zu den Distributivgesetzen. Sobald das Kommutativgesetz der Multiplikation gilt, ist III b natürlich eine Folge von III a.

Aus III a folgt durch vollständige Induktion nach n sofort:

$$a(b_1 + b_2 + \dots + b_n) = a b_1 + a b_2 + \dots + a b_n,$$

ebenso aus III b:

$$(a_1 + a_2 + \dots + a_n) b = a_1 b + a_2 b + \dots + a_n b.$$

Beide zusammen ergeben die übliche Regel für die Multiplikation von Summen:

$$\begin{aligned}
(a_1 + \dots + a_n)(b_1 + \dots + b_m) \\
= a_1 b_1 + \dots + a_1 b_m \\
+ \dotfill \\
+ a_n b_1 + \dots + a_n b_m \\
= \sum_{i=1}^n \sum_{k=1}^m a_i b_k.
\end{aligned}$$

Die Distributivgesetze gelten auch für die Subtraktion; z. B. ist

$$a(b - c) = ab - ac,$$

wie man aus

$$a(b - c) + ac = a(b - c + c) = ab$$

ersieht.

Insbesondere ist

$$a \cdot 0 = a(a - a) = a \cdot a - a \cdot a = 0,$$

oder: *Ein Produkt ist sicher dann Null, wenn ein Faktor es ist.*

Die Umkehrung dieses Satzes braucht, wie wir später an Beispielen sehen werden, nicht zu gelten: Es kann vorkommen, daß

$$a \cdot b = 0, \quad a \neq 0, \quad b \neq 0.$$

In diesem Fall nennt man a und b *Nullteiler*, und zwar a einen linken, b einen rechten Nullteiler. (In kommutativen Ringen fallen die beiden Begriffe zusammen.) Es ist zweckmäßig, auch die Null selbst als Nullteiler zu betrachten. a heißt also linker Nullteiler, wenn es ein $b \neq 0$ gibt, so daß $ab = 0$ ist[1].

Wenn es in einem Ring außer der Null keine Nullteiler gibt, d. h. wenn aus $ab = 0$ stets $a = 0$ oder $b = 0$ folgt, so spricht man von einem *Ring ohne Nullteiler*. Ist der Ring außerdem kommutativ, so wird er auch *Integritätsbereich* genannt.

Beispiele. Alle anfangs genannten Beispiele (Ring der ganzen Zahlen, der rationalen Zahlen usw.) sind Ringe ohne Nullteiler. Der Ring der stetigen Funktionen im Intervall $(-1, +1)$ hat Nullteiler; denn setzt man

$$f = f(x) = \max(0, x),$$
$$g = g(x) = \max(0, -x),$$

so ist $f \neq 0$ [2], $g \neq 0$, $fg = 0$.

Aufgaben. 1. Die Paare von ganzen Zahlen (a_1, a_2) mit

$$(a_1, a_2) + (b_1, b_2) = (a_1 + b_1, a_2 + b_2),$$
$$(a_1, a_2) \cdot (b_1, b_2) = (a_1 b_1, a_2 b_2)$$

bilden einen Ring mit Nullteilern.

2. Es ist erlaubt, eine Gleichung $ax = ay$ durch a zu kürzen, falls a kein linker Nullteiler ist. (Insbesondere kann man in einem Integritätsbereich durch jedes $a \neq 0$ kürzen.)

3. Man konstruiere, von einer beliebigen abelschen Gruppe als additiver Gruppe ausgehend, einen Ring, in dem das Produkt von je zwei Elementen Null ist.

---

[1] Angenommen, daß es im Ring überhaupt Elemente $\neq 0$ gibt.

[2] $f \neq 0$ heißt: f ist eine andere Funktion als die Null. Es soll nicht heißen, daß f nirgends den Wert Null annimmt.

Einselement. Besitzt ein Ring ein links-Einselement e:

$$e x = x \quad \text{für alle } x$$

und *zugleich* ein rechts-Einselement e':

$$x e' = x \quad \text{für alle } x$$

so müssen beide gleich sein, wegen

$$e = e e' = e'.$$

Ebenso ist dann jedes rechts-Einselement auch gleich e, ebenso jedes links-Einselement. Man nennt dann e das Einselement schlechthin und spricht von einem *Ring* mit *Einselement*. Oft wird das Einselement mit 1 bezeichnet, obzwar es von der Zahl 1 zu unterscheiden ist.

Die ganzen Zahlen bilden einen Ring Z mit Einselement, die geraden Zahlen einen Ring ohne Einselement. Es gibt auch Ringe, wo zwar mehrere rechts-Einselemente, aber kein links-Einselement existiert, oder umgekehrt.

Inverses Element. Ist a ein beliebiges Element eines Rings mit Einselement e, so versteht man unter einem *Linksinversen* von a ein Element $a_{(l)}^{-1}$ mit der Eigenschaft

$$a_{(l)}^{-1} a = e$$

und unter einem *Rechtsinversen* ein $a_{(r)}^{-1}$ mit der Eigenschaft

$$a a_{(r)}^{-1} = e.$$

Besitzt ein Element a sowohl Links- wie auch Rechtsinverses, so sind wiederum beide einander gleich wegen

$$a_{(l)}^{-1} = a_{(l)}^{-1} (a a_{(r)}^{-1}) = (a_{(l)}^{-1} a) a_{(r)}^{-1} = a_{(r)}^{-1}$$

und daher auch jedes Rechts- sowie jedes Linksinverse von a gleich diesem einen. Man sagt in diesem Fall: *a besitzt ein inverses Element*, und bezeichnet das inverse Element mit a^{-1}.

Potenzen und Vielfache. Wir sahen schon in Kap. 2, daß man auf Grund des Assoziativgesetzes die Potenzen a^n (n eine natürliche Zahl) für jedes Ringelement a definieren kann und daß die üblichen Regeln gelten:

$$(1) \qquad \begin{cases} a^n \cdot a^m = a^{n+m}, \\ (a^n)^m = a^{nm}, \\ (a b)^n = a^n b^n, \end{cases}$$

letztere für kommutative Ringe.

Hat der Ring ein Einselement und a ein Inverses, so kann man auch die nullte und negative Potenzen einführen (§ 6); die Regeln (1) behalten ihre Gültigkeit.

Ebenso kann man in der additiven Gruppe die Vielfachen

$$n \cdot a \quad (= a + a + \cdots + a, \text{ mit } n \text{ Gliedern})$$

definieren und hat:

$$(2) \qquad \begin{cases} na + ma = (n + m)a, \\ n \cdot ma = nm \cdot a, \\ n(a + b) = na + nb, \\ n \cdot ab = na \cdot b = a \cdot nb. \end{cases}$$

Setzt man wie bei Potenzen

$$(-n) \cdot a = -na,$$

so gelten die Regeln (2) für alle ganzzahligen n und m (positiv, negativ oder Null).

Man hüte sich davor, den Ausdruck $n \cdot a$ als ein wirkliches Produkt zweier Ringelemente aufzufassen; denn n ist im allgemeinen kein Ringelement, sondern etwas von außen Hinzukommendes: eine ganze Zahl. Hat aber der Ring ein Einselement e, so kann man na als wirkliches Produkt schreiben, nämlich:

$$na = n \cdot ea = ne \cdot a.$$

Aufgaben. 4. Ein linker Nullteiler besitzt kein Linksinverses, ein rechter Nullteiler kein Rechtsinverses. Insbesondere besitzt die Null weder Links- noch Rechtsinverses. Triviale Ausnahme: Der Ring besteht nur aus einem Element 0, das zugleich Einselement und sein eigenes Inverses ist („Nullring").

5. Man beweise für beliebige kommutative Ringe durch vollständige Induktion nach n den *Binomialsatz*:

$$(a + b)^n = a^n + \binom{n}{1} a^{n-1} b + \binom{n}{2} a^{n-2} b^2 + \cdots + b^n,$$

wo $\binom{n}{k}$ die ganze Zahl

$$\frac{n(n - 1) \ldots (n - k + 1)}{1 \cdot 2 \ldots k} = \frac{n!}{(n - k)! \, k!}$$

bedeutet.

6. In einem Ring mit genau n Elementen ist für jedes a

$$n \cdot a = 0.$$

[Vgl. § 8, wo $a^n = e$ bewiesen wurde.]

7. Ist a mit b vertauschbar, d. h. ist $ab = ba$, so ist a auch mit $-b$, mit nb und mit b^{-1} vertauschbar. Ist a mit b und c vertauschbar, so auch mit $b + c$ und mit bc.

Körper. Ein Ring heißt ein *Schiefkörper*, wenn

a) er mindestens ein von Null verschiedenes Element enthält,

b) die Gleichungen

$$(3) \qquad \begin{cases} ax = b, \\ ya = b \end{cases}$$

für $a \neq 0$ stets lösbar sind.

Ist der Ring außerdem kommutativ, so heißt er ein *Körper*[1] oder *Rationalitätsbereich* (englisch: field).

Genau wie bei Gruppen (Kap. 2) beweist man aus a) und b):

c) die Existenz eines links-Einselements e. Man löse nämlich für irgendein $a \neq 0$ die Gleichung $xa = a$ und nenne die Lösung e. Ist nun b beliebig, so löse man $ax = b$; es folgt

$$eb = eax = ax = b.$$

Ebenso folgt die Existenz eines rechts-Einselements, also die *Existenz eines Einselements* überhaupt.

Weiter folgt aus c) sofort:

d) die Existenz eines Linksinversen a^{-1} zu jedem $a \neq 0$ und ebenso die eines Rechtsinversen, also die *Existenz des inversen Elements* überhaupt.

Wie bei Gruppen zeigt man weiter, daß *aus* c) *und* d) *umgekehrt* b) *folgt*.

Aufgabe. 8. Man führe den Beweis durch.

Ein Schiefkörper hat keine Nullteiler; denn aus $ab = 0$, $a \neq 0$ folgt durch Multiplikation mit a^{-1} sofort $b = 0$.

Die Gleichungen (3) *sind eindeutig lösbar*; denn aus der Existenz zweier Lösungen x, x' etwa der ersten Gleichung würde folgen

$$ax = ax',$$

also durch Multiplikation mit a^{-1} von links:

$$x = x'.$$

Die Lösungen von (3) lauten natürlich:

$$x = a^{-1}b,$$
$$y = ba^{-1}.$$

Im kommutativen Fall wird $a^{-1}b = ba^{-1}$; man schreibt dafür auch b/a.

Die von Null verschiedenen Elemente eines Schiefkörpers bilden gegenüber der Multiplikation eine Gruppe: die multiplikative Gruppe des Schiefkörpers.

Ein Schiefkörper vereinigt also in sich zwei Gruppen: die multiplikative und die additive. Die beiden sind durch die Distributivgesetze verknüpft.

Beispiele. 1. Die rationalen Zahlen, die reellen Zahlen, die komplexen Zahlen bilden kommutative Körper.

2. Einen Körper aus nur zwei Elementen 0 und 1 konstruiert man folgendermaßen: Man multipliziere die Elemente wie die Zahlen 0

---

[1] Einige Autoren nennen alle Schiefkörper Körper und unterscheiden dann kommutative und nichtkommutative Körper.

und 1. Für die Addition soll die 0 das Nullelement sein:

$$0 + 0 = 0, \quad 0 + 1 = 1 + 0 = 1;$$

weiter sei $1 + 1 = 0$. Die Additionsregel ist dieselbe wie die Zusammensetzungsregel einer zyklischen Gruppe mit zwei Elementen (§ 7); also gelten die Gesetze der Addition. Die Gesetze der Multiplikation gelten, weil sie für die gewöhnlichen Zahlen 0 und 1 ja gelten. Das erste Distributivgesetz beweist man durch Aufzählung aller Möglichkeiten: Sobald eine Null darin vorkommt, wird es trivial; also bleibt nur zu verifizieren

$$1 \cdot (1 + 1) = 1 \cdot 1 + 1 \cdot 1,$$

und das führt auf $0 = 0$. Schließlich ist die Gleichung $1 \cdot x = a$ für jedes a lösbar: die Lösung lautet $x = a$.

Aufgaben. 9. Man konstruiere einen Körper mit drei Elementen. [Man diskutiere zuerst, welche Struktur die additive und die multiplikative Gruppe haben können.]

10. Ein Integritätsbereich mit endlichvielen Elementen ist ein Körper. (Vgl. den entsprechenden Gruppensatz in Kap. 2, § 6.)

§ 12. Homomorphie und Isomorphie

Es seien $\mathfrak{R}$ und $\mathfrak{S}$ Systeme mit doppelter Komposition. Nach der allgemeinen Definition von § 10 heißt eine Abbildung φ von $\mathfrak{R}$ in $\mathfrak{S}$ ein *Homomorphismus*, wenn die Relationen $a + b = c$ und $ab = d$ bei der Abbildung erhalten bleiben, d. h. wenn bei der Abbildung die Summe $a + b$ auf $\bar{a} + \bar{b}$ und das Produkt $a \cdot b$ auf $\bar{a} \cdot \bar{b}$ abgebildet wird. Die Bildmenge $\bar{\mathfrak{R}}$ von $\mathfrak{R}$ heißt dann ein *homomorphes Bild* von $\mathfrak{R}$. Ist die Abbildung eineindeutig, so ist sie ein *Isomorphismus* im Sinne unserer allgemeinen Definition (§ 9) und man schreibt $\mathfrak{R} \cong \bar{\mathfrak{R}}$. Die Relation $\mathfrak{R} \cong \mathfrak{S}$ ist reflexiv, transitiv und, da die inverse Abbildung zu einem Isomorphismus wieder ein Isomorphismus ist, auch symmetrisch.

Das homomorphe Bild eines Ringes ist wieder ein Ring.

Beweis. Es sei $\mathfrak{R}$ ein Ring, $\bar{\mathfrak{R}}$ ein System mit doppelter Komposition und $a \rightarrow \bar{a}$ eine homomorphe Abbildung von $\mathfrak{R}$ auf $\bar{\mathfrak{R}}$. Wir haben zu zeigen, daß $\bar{\mathfrak{R}}$ wieder ein Ring ist. Der Beweis verläuft wie bei Gruppen (§ 10) folgendermaßen:

Sind $\bar{a}, \bar{b}, \bar{c}$ irgend drei Elemente von $\bar{\mathfrak{R}}$ und will man irgendeine Rechnungsregel beweisen, etwa $\bar{a}(\bar{b} + \bar{c}) = \bar{a}\bar{b} + \bar{a}\bar{c}$, so sucht man zu $\bar{a}, \bar{b}, \bar{c}$ drei Urbilder a, b, c. Da $\mathfrak{R}$ ein Ring ist, so ist $a(b + c) = ab + ac$, und daraus folgt wegen der Homomorphie $\bar{a}(\bar{b} + \bar{c}) = \bar{a}\bar{b} + \bar{a}\bar{c}$. Ebenso verfährt man bei allen Assoziativ-, Kommutativ- und Distributivgesetzen. Will man die Lösbarkeit der Gleichung $\bar{a} + \bar{x} = \bar{b}$ beweisen, so suche man wieder Urbilder a, b, löse $a + x = b$ und hat dann wegen der Homomorphie $\bar{a} + \bar{x} = \bar{b}$.

Dem Nullelement 0 von $\Re$ und dem entgegengesetzten Element $- a$ irgendeines Elementes a entsprechen bei einer Homomorphie wieder Nullelement und entgegengesetztes Element in $\overline{\Re}$. Hat $\Re$ ein Einselement e, so entspricht diesem das Einselement in $\overline{\Re}$.

Beweis wie bei Gruppen.

Ist $\Re$ kommutativ, so ist offenbar $\overline{\Re}$ es auch.

Ist $\Re$ ein Integritätsbereich, so braucht $\overline{\Re}$ es nicht zu sein, wie wir später sehen werden; auch kann $\overline{\Re}$ ein Integritätsbereich sein, ohne daß es $\Re$ ist. Ist aber die Abbildung isomorph, so übertragen sich selbstverständlich alle algebraischen Eigenschaften von $\Re$ auf $\overline{\Re}$. Daraus folgt:

Das isomorphe Bild eines Integritätsbereichs bzw. eines Körpers ist wieder ein Integritätsbereich bzw. ein Körper.

Ein an dieser Stelle fast trivial erscheinender Satz, der uns aber in der Folge wichtige Dienste erweisen wird, ist:

Es seien $\Re$ und $\mathfrak{S}'$ zwei zueinander fremde Ringe. $\mathfrak{S}'$ enthalte einen zu $\Re$ isomorphen Unterring $\Re'$. Dann gibt es auch einen Ring $\mathfrak{S} \cong \mathfrak{S}'$, der $\Re$ selbst umfaßt.

Beweis. Wir werfen aus $\mathfrak{S}'$ die Elemente von $\Re'$ hinaus und ersetzen sie durch die ihnen im Isomorphismus entsprechenden Elemente von $\Re$. Wir definieren nun die Summen und Produkte für die unersetzten und ersetzten Elemente so, daß sie genau den Summen und Produkten in $\mathfrak{S}'$ entsprechen. (Ist z. B. vor der Ersetzung $a'b' = c'$, und wird a' ersetzt durch a, während b' und c' durch die Ersetzung unberührt bleiben, so definiere man: $ab' = c'$.) In der Weise entsteht aus $\mathfrak{S}'$ ein Ring $\mathfrak{S} \cong \mathfrak{S}'$, der in der Tat $\Re$ umfaßt.

§ 13. Quotientenbildung

Ist ein kommutativer Ring $\Re$ in einen Schiefkörper Ω eingebettet, so kann man in Ω aus den Elementen von $\Re$ Quotienten

$$\frac{a}{b} = ab^{-1} = b^{-1}a \, (b \neq 0)$$

bilden[1]. Für sie gelten die folgenden Rechnungsregeln:

$$(1) \quad \begin{cases} \dfrac{a}{b} = \dfrac{c}{d} \quad \text{dann und nur dann, wenn } ad = bc; \\[2mm] \dfrac{a}{b} + \dfrac{c}{d} = \dfrac{ad + bc}{bd}; \\[2mm] \dfrac{a}{b} \cdot \dfrac{c}{d} = \dfrac{ac}{bd}. \end{cases}$$

---

[1] Aus $ab = ba$ folgt nämlich $ab^{-1} = b^{-1}a$, indem man von links und von rechts mit b^{-1} multipliziert.

Zum Beweis überlege man sich, daß beide Seiten jedesmal nach Multiplikation mit bd dasselbe ergeben und daß aus $bdx = bdy$ folgt $x = y$.

Man sieht also, daß die Quotienten a/b einen kommutativen Körper P bilden, den man den *Quotientenkörper* des kommutativen Ringes $\mathfrak{R}$ nennt. Weiter ersieht man aus den Regeln (1), daß die Art, wie man Brüche vergleicht, addiert und multipliziert, bekannt ist, sobald man diese Operationen für ihre Zähler und Nenner, also für die Elemente von $\mathfrak{R}$ ausführen kann, d. h. die Struktur des Quotientenkörpers P ist durch die von $\mathfrak{R}$ völlig bestimmt, oder: *Quotientenkörper von isomorphen Ringen sind isomorph.* Insbesondere sind je zwei Quotientenkörper eines einzigen Ringes stets isomorph, oder: *Der Quotientenkörper P ist durch den Ring $\mathfrak{R}$ bis auf Isomorphie eindeutig bestimmt, wenn es überhaupt einen Quotientenkörper zum Ring $\mathfrak{R}$ gibt.*

Wir fragen nun: Welche kommutativen Ringe besitzen einen Quotientenkörper? Oder, was auf dasselbe hinauskommt, welche lassen sich überhaupt in einen Körper einbetten?

Damit ein Ring $\mathfrak{R}$ in einen Körper eingebettet werden kann, ist zunächst notwendig, daß es in $\mathfrak{R}$ keine Nullteiler gibt; denn ein Körper hat keine Nullteiler. Diese Bedingung ist nun im kommutativen Fall auch hinreichend: *Jeder Integritätsbereich $\mathfrak{R}$ läßt sich in einen Körper einbetten*[1].

Beweis. Wir können von dem trivialen Fall, daß $\mathfrak{R}$ nur aus einem Nullelement besteht, absehen. Wir betrachten die Menge aller Elementpaare (a, b), wo $b \neq 0$ ist. Diesen Paaren sollen nachher Brüche a/b zugeordnet werden.

Wir setzen $(a, b) \sim (c, d)$, wenn $ad = bc$. [Vgl. die früheren Formeln (1).] Die so definierte Relation $\sim$ ist offenbar reflexiv und symmetrisch; sie ist auch transitiv, denn aus

$$(a,b) \sim (c,d), \quad (c,d) \sim (e,f)$$

folgt
$$ad = bc, \quad cf = de,$$

also
$$adf = bcf = bde,$$

also wegen $d \neq 0$ und der Kommutativität von $\mathfrak{R}$:

$$af = be,$$
$$(a,b) \sim (e,f).$$

Die Relation $\sim$ hat also alle Eigenschaften einer Äquivalenzrelation; sie definiert somit nach Kap. 1, § 5 eine Klasseneinteilung für die Paare (a, b), indem äquivalente Paare zur selben Klasse gerechnet werden. Die Klasse, in der (a, b) liegt, sei durch das Symbol

[1] Für nichtkommutative Ringe ohne Nullteiler gilt dieser Satz nicht mehr; vgl. A. MALCEV: Math. Ann. Bd. 113 (1936).

a/b dargestellt. Zufolge dieser Definition ist $a/b = c/d$ dann und nur dann, wenn $(a, b) \sim (c, d)$, also wenn $ad = bc$.

Entsprechend der früheren Formel (1) *definieren* wir nun Summe und Produkt der neuen Symbole a/b durch:

$$(2) \qquad \frac{a}{b} + \frac{c}{d} = \frac{ad + bc}{bd} \, ,$$

$$(3) \qquad \frac{a}{b} \cdot \frac{c}{d} = \frac{ac}{bd} \, .$$

Die Definitionen sind zulässig; denn *erstens* ist $bd \neq 0$, wenn $b \neq 0$ und $d \neq 0$, also sind $\dfrac{ad + bc}{bd}$ und $\dfrac{ac}{bd}$ erlaubte Symbole; *zweitens* sind die rechten Seiten unabhängig von der Wahl der Repräsentanten (a, b) und (c, d) der Klassen a/b und c/d. Ersetzt man nämlich in (2) a und b durch a' und b', wo

$$ab' = ba' \, ,$$

so folgt

$$adb' = a'db \, ,$$
$$adb' + bcb' = a'db + b'cb \, ,$$
$$(ad + bc)b'd = (a'd + b'c)bd \, ,$$

also

$$\frac{ad + bc}{bd} = \frac{a'd + b'c}{b'd} \, .$$

Ebenso:

$$ab' = ba' \, ,$$
$$acb'd = a'cbd \, ,$$
$$\frac{ac}{bd} = \frac{a'c}{b'd} \, .$$

Entsprechendes gilt bei Ersetzung von (c, d) durch (c', d'), wo $cd' = dc'$ ist.

Man zeigt ohne Mühe, daß alle Körpereigenschaften erfüllt sind. Das Assoziativgesetz der Addition z. B. ergibt sich so:

$$\frac{a}{b} + \left(\frac{c}{d} + \frac{e}{f}\right) = \frac{a}{b} + \frac{cf + de}{df} = \frac{adf + bcf + bde}{bdf} \, ,$$
$$\left(\frac{a}{b} + \frac{c}{d}\right) + \frac{e}{f} = \frac{ad + bc}{bd} + \frac{e}{f} = \frac{adf + bcf + bde}{bdf} \, ,$$

und alle anderen Gesetze dementsprechend.

Der konstruierte Körper ist offenbar kommutativ. Um zu erreichen, daß er den Ring $\Re$ umfaßt, müssen wir gewisse Brüche mit Elementen von $\Re$ identifizieren. Das geschieht folgendermaßen:

Wir ordnen dem Element c alle Brüche $\dfrac{c\,b}{b}$ zu, wobei $b \neq 0$ ist. Diese Brüche sind sämtlich gleich:

$$\frac{c\,b}{b} = \frac{c\,b'}{b'} \qquad \text{wegen} \quad (c\,b)\,b' = b\,(c\,b')\,.$$

Jedem Element c wird also nur *ein* Bruch zugeordnet. Verschiedenen Elementen $c,\,c'$ werden aber auch verschiedene Brüche zugeordnet; denn aus

$$\frac{c\,b}{b} = \frac{c'\,b'}{b'}$$

folgt

$$c\,b\,b' = b\,c'\,b'$$

oder wegen $b \neq 0$, $b' \neq 0$, da man kürzen kann:

$$c = c'\,.$$

Also sind den Elementen von $\mathfrak{R}$ eineindeutig gewisse Brüche zugeordnet.

Ist $c_1 + c_2 = c_3$ oder $c_1 c_2 = c_3$ in $\mathfrak{R}$, so folgt daraus für beliebige $b_1 \neq 0$, $b_2 \neq 0$ und $b_3 = b_1 b_2$:

$$\frac{c_1 b_1}{b_1} + \frac{c_2 b_2}{b_2} = \frac{c_1 b_1 b_2 + c_2 b_1 b_2}{b_1 b_2} = \frac{c_3 b_3}{b_3}$$

bzw.

$$\frac{c_1 b_1}{b_1} \cdot \frac{c_2 b_2}{b_2} = \frac{c_1 c_2 b_1 b_2}{b_1 b_2} = \frac{c_3 b_3}{b_3}\,.$$

Die zugeordneten Brüche $\dfrac{c_i b_i}{b_i}$ addieren und multiplizieren sich also genau so wie die Ringelemente c_i: sie bilden einen zu $\mathfrak{R}$ isomorphen Bereich. Demnach können wir die Brüche $\dfrac{c\,b}{b}$ durch die entsprechenden Elemente c ersetzen (§ 12, Schluß). Dadurch erreichen wir, daß der Körper den Ring $\mathfrak{R}$ umfaßt.

Damit ist die Existenz eines umfassenden Körpers zu jedem Integritätsbereich $\mathfrak{R}$ bewiesen.

Die Quotientenbildung ist das erste Hilfsmittel, aus Ringen andere Ringe (in casu Körper) zu bilden. Sie erzeugt z. B. aus dem Ring $\mathbb{Z}$ der gewöhnlichen ganzen Zahlen den Körper $\mathbb{Q}$ der rationalen Zahlen.

Aufgabe. Man zeige, daß jeder kommutative Ring $\mathfrak{R}$ (mit oder ohne Nullteiler) sich in einem „Quotientenring" einbetten läßt, bestehend aus allen Quotienten a/b, wo b alle Nichtnullteiler durchläuft. Allgemeiner kann man b irgendeine Menge $\mathfrak{M}$ von Nichtnullteilern durchlaufen lassen, die zu je zwei Elementen b_1, b_2 auch das Produkt $b_1 b_2$ enthält, und bekommt so einen Quotientenring $\mathfrak{R}_{\mathfrak{M}}$.

§ 14. Polynomringe

Es sei $\Re$ ein Ring. Wir bilden mit einem neuen, nicht zu $\Re$ gehörigen Symbol x die Ausdrücke

$$f(x) = \sum a_\nu x^\nu,$$

wo über endlich viele verschiedene ganzzahlige $\nu \geqq 0$ summiert wird und wo die „Koeffizienten" a_ν dem Ring $\Re$ angehören; z. B.:

$$f(x) = a_0 x^0 + a_3 x^3 + a_5 x^5.$$

Diese Ausdrücke heißen *Polynome*; das Symbol x heißt eine *Unbestimmte*. Eine Unbestimmte ist also nichts als ein Rechensymbol. Zwei Polynome heißen *gleich*, wenn sie, abgesehen von Gliedern mit dem Koeffizienten Null, die beliebig weggelassen oder hingeschrieben werden dürfen, genau dieselben Glieder enthalten.

Wenn man nach den gewöhnlichen Regeln der Buchstabenrechnung zwei Polynome $f(x)$, $g(x)$ addiert oder multipliziert, dabei x als vertauschbar mit den Ringelementen betrachtet ($ax = xa$) und die Glieder mit derselben Potenz von x zusammenfaßt, so kommt ein Polynom $\sum c_\nu x^\nu$ heraus. Im Falle der Addition ist

$$(1) \qquad c_\nu = a_\nu + b_\nu$$

und im Falle der Multiplikation

$$(2) \qquad c_\nu = \sum_{\sigma+\tau=\nu} a_\sigma b_\tau.$$

Durch die Formeln (1), (2) *definieren* wir nun Summe und Produkt zweier Polynome und behaupten:

Die Polynome bilden einen Ring.

Die Eigenschaften der Addition sind ohne weiteres klar, da diese ja auf die Addition der Koeffizienten a_ν, b_ν zurückgeführt ist. Das erste Distributivgesetz folgt aus

$$\sum_{\sigma+\tau=\nu} a_\sigma (b_\tau + c_\tau) = \sum_{\sigma+\tau=\nu} a_\sigma b_\tau + \sum_{\sigma+\tau=\nu} a_\sigma c_\tau$$

und entsprechend ergibt sich das zweite. Das Assoziativgesetz der Multiplikation ergibt sich schließlich aus

$$\sum_{\alpha+\tau=\nu} a_\alpha \Big(\sum_{\beta+\gamma=\tau} b_\beta c_\gamma \Big) = \sum_{\alpha+\beta+\gamma=\nu} a_\alpha b_\beta c_\gamma,$$

$$\sum_{\varrho+\gamma=\nu} \Big(\sum_{\alpha+\beta=\varrho} a_\alpha b_\beta \Big) c_\gamma = \sum_{\alpha+\beta+\gamma=\nu} a_\alpha b_\beta c_\gamma.$$

Man bezeichnet den aus $\Re$ abgeleiteten Polynomring mit $\Re[x]$. Ist $\Re$ kommutativ, so ist $\Re[x]$ es auch.

Der *Grad* eines von Null verschiedenen Polynoms ist die größte Zahl ν, für die $a_\nu \neq 0$ ist. Dieses a_ν heißt der *Anfangskoeffizient* oder der *höchste Koeffizient*.

Polynome vom nullten Grad haben die Form $a^0 x^0$. Diese Polynome identifizieren wir mit den Elementen a_0 des Grundrings $\Re$, was erlaubt ist, da sie sich genau so addieren und multiplizieren, mithin ein zum Grundring $\Re$ isomorphes System bilden (vgl. § 12, Schluß). Der Polynomring $\Re[x]$ umfaßt also $\Re$.

Den Übergang von $\Re$ zu $\Re[x]$ nennt man auch *Adjunktion* (und zwar Ringadjunktion) *einer Unbestimmten x*.

Adjungiert man einem Ring $\Re$ sukzessive die Unbestimmten $x_1, \ldots, x_n$, bildet also $\Re[x_1][x_2]\ldots[x_n]$, so entsteht der Polynomring $\Re[x_1, \ldots, x_n]$, bestehend aus allen Summen

$$\sum a_{\alpha_1 \cdots \alpha_n} x_1^{\alpha_1} \ldots x_n^{\alpha_n}.$$

Es sei erlaubt, in einem solchen Polynom überall die Reihenfolge der Faktoren $x_1^{\alpha_1}, \ldots, x_n^{\alpha_n}$ zu vertauschen. In dieser Weise wird der Polynomring $\Re[x_1][x_2]\ldots[x_n]$ mit dem Polynomring der vertauschten Unbestimmten, etwa mit $\Re[x_2][x_n]\ldots[x_1]$ identifiziert. Diese Identifikation ist erlaubt, da die Vertauschung der x_i auf die Summen- und Produktdefinition keinen Einfluß hat. Man nennt $\Re[x_1, \ldots, x_n]$ den *Polynomring in den n Unbestimmten $x_1, \ldots, x_n$*.

Ist insbesondere $\Re$ der Ring der ganzen Zahlen, so spricht man von *ganzzahligen Polynomen*.

Die Ersetzung der Unbestimmten durch beliebige Ringelemente. Ist $f(x) = \sum a_\nu x^\nu$ ein Polynom über $\Re$ und ist α ein Ringelement (aus $\Re$ oder aus einem Erweiterungsring von $\Re$), welches mit allen Elementen von $\Re$ vertauschbar ist, so kann man in dem Ausdruck für $f(x)$ überall x durch α ersetzen und erhält so den Wert $f(\alpha) = \sum a_\nu \alpha^\nu$. Ist $g(x)$ ein zweites Polynom und $g(\alpha)$ sein Wert für $x = \alpha$, so haben die Summe und das Produkt

$$f(x) + g(x) = s(x), \quad f(x) \cdot g(x) = p(x)$$

für $x = \alpha$ die Werte

$$f(\alpha) + g(\alpha) = s(\alpha), \quad f(\alpha) \cdot g(\alpha) = p(\alpha).$$

Für die Summe ist das selbstverständlich. Für das Produkt verläuft die Rechnung auf Grund der Formel (2) so:

$$p(\alpha) = \sum c_\nu \alpha^\nu = \sum_\nu \sum_{\lambda+\mu=\nu} a_\lambda b_\mu \alpha^\nu = \sum_\lambda \sum_\mu a_\lambda b_\mu \alpha^{\lambda+\mu}$$
$$= \left(\sum a_\lambda \alpha^\lambda\right)\left(\sum b_\mu \alpha^\mu\right) = f(\alpha)\, g(\alpha).$$

Damit ist bewiesen: *Alle auf Addition und Multiplikation beruhenden Relationen zwischen Polynomen $f(x), g(x), \ldots$ bleiben bestehen bei der Ersetzung von x durch irgendein mit allen Elementen von $\Re$ vertauschbares Ringelement α.*

Der entsprechende Satz gilt auch für Polynome in mehreren Unbestimmten. Insbesondere kann man, wenn $\Re$ kommutativ ist, in den

Polynomen $f(x_1, \ldots, x_n)$ die Unbestimmten durch beliebige Elemente aus $\Re$ (oder aus einem kommutativen Erweiterungsring von $\Re$) ersetzen. Auf Grund dieser Ersetzungsmöglichkeit nennt man die Polynome auch *ganze rationale Funktionen* der *Variablen* $x_1, \ldots, x_n$.

Bei den ganzzahligen Polynomen ohne konstantes Glied geht die Einsetzungsmöglichkeit noch weiter: man kann für $x_1, \ldots, x_n$ irgendwelche vertauschbare Elemente eines beliebigen Ringes einsetzen, mag der Ring nun den der ganzen Zahlen umfassen oder nicht.

Ist $\Re$ ein Integritätsbereich, so ist $\Re[x]$ auch ein Integritätsbereich.

Beweis. Ist $f(x) \neq 0$ und $g(x) \neq 0$ und ist a_α der höchste (von Null verschiedene) Koeffizient in $f(x)$ und ebenso b_β der höchste Koeffizient in $g(x)$, so ist $a_\alpha b_\beta \neq 0$ der Koeffizient von $x^{\alpha+\beta}$ in $f(x) \cdot g(x)$; daher ist $f(x) \cdot g(x) \neq 0$. Also sind keine Nullteiler vorhanden.

Aus dem Beweis ergibt sich noch der

Zusatz. *Ist $\Re$ ein Integritätsbereich, so ist der Grad von $f(x) \cdot g(x)$ die Summe der Gradzahlen von $f(x)$ und $g(x)$.*

Für Polynome von n Veränderlichen ergibt sich durch vollständige Induktion unmittelbar:

Ist $\Re$ ein Integritätsbereich, so ist auch $\Re[x_1, \ldots, x_n]$ ein Integritätsbereich.

Unter dem *Grad* eines Gliedes $a_{\alpha_1 \cdots \alpha_r} x_1^{\alpha_1} \ldots x_r^{\alpha_r}$ versteht man die Summe der Exponenten $\sum \alpha_t$. Unter dem Grad eines nichtverschwindenden Polynoms versteht man den größten der Grade der von Null verschiedenen Glieder. Ein Polynom heißt *homogen* oder eine *Form*, wenn alle Glieder den gleichen Grad haben. Produkte von homogenen Polynomen sind wieder homogen, und der Grad des Produkts ist, falls $\Re$ ein Integritätsbereich, gleich der Summe der Gradzahlen der Faktoren.

Inhomogene Polynome lassen sich (eindeutig) als Summen von homogenen Bestandteilen verschiedenen Grades schreiben. Multipliziert man zwei solche Polynome f, g von den Gradzahlen m, n, so ist das Produkt der homogenen Bestandteile höchsten Grades, im Fall eines Integritätsbereichs $\Re$, eine nichtverschwindende Form vom Grade $m + n$. Alle übrigen Bestandteile von $f \cdot g$ haben niedrigeren Grad; daher ist der Grad von $f \cdot g$ wieder $m + n$. Der obige Gradsatz („Zusatz") gilt demnach auch für Polynome in beliebig vielen Unbestimmten.

Der Divisionsalgorithmus. Ist $\Re$ ein Ring mit Einselement 1, ist weiter

$$g(x) = \sum c_\nu x^\nu$$

ein Polynom, dessen höchster Koeffizient $c_n = 1$ ist, und

$$f(x) = \sum a_\nu x^\nu$$

ein beliebiges Polynom von einem Grade $m \geq n$, so kann man den höchsten Koeffizienten a_m zum Verschwinden bringen, indem man von f ein Vielfaches von g, nämlich $a_m x^{m-n} g$, subtrahiert. Ist sodann der Grad noch immer $\geq n$, so kann man wieder den höchsten Koeffizienten zum Verschwinden bringen, indem man nochmals ein Vielfaches von g subtrahiert. So fortfahrend, drückt man schließlich den Grad des Restes unter n hinab und hat:

$$(3) \qquad\qquad f - qg = r,$$

wo r einen kleineren Grad als g hat oder Null ist. Dieses Verfahren nennt man den *Divisionsalgorithmus*.

Ist insbesondere $\Re$ ein Körper und $g \neq 0$, so ist die Voraussetzung $c_n = 1$ überflüssig; denn dann kann man nötigenfalls g mit c_n^{-1} multiplizieren und so erzwingen, daß der höchste Koeffizient Eins wird.

Aufgabe. Sind $x, y, \ldots$ unendlich viele Symbole, so kann man die Gesamtheit aller $\Re$-Polynome in diesen Unbestimmten betrachten. Jedes Polynom darf aber nur endlichviele dieser Unbestimmten enthalten. Man beweise, daß auch der so definierte Bereich ein Ring bzw. Integritätsbereich ist, sobald $\Re$ einer ist.

§ 15. Ideale. Restklassenringe

Es sei $\mathfrak{o}$ ein Ring.

Damit eine Untermenge von $\mathfrak{o}$ wieder ein Ring (*Unterring* von $\mathfrak{o}$) ist, ist notwendig und hinreichend, daß sie

1. eine Untergruppe der additiven Gruppe ist, mit anderen Worten zu a und b auch $a - b$ enthält (*Moduleigenschaft*),

2. zu a und b auch ab enthält.

Unter den Unterringen spielen nun einige, die wir *Ideale* nennen, eine Sonderrolle, analog den Normalteilern in der Gruppentheorie.

Eine nichtleere Untermenge $\mathfrak{m}$ von $\mathfrak{o}$ heißt *Ideal*, und zwar *Rechtsideal*, wenn

1. aus $a \in \mathfrak{m}$ und $b \in \mathfrak{m}$ folgt $a - b \in \mathfrak{m}$ (Moduleigenschaft),

2. aus $a \in \mathfrak{m}$, r beliebig in $\mathfrak{o}$ folgt $ar \in \mathfrak{m}$. In Worten: der Modul $\mathfrak{m}$ soll zu jedem a auch alle „*Rechtsvielfachen*" $a \cdot r$ enthalten.

Ebenso heißt ein Modul $\mathfrak{m}$ *Linksideal*, wenn aus $a \in \mathfrak{m}$ für beliebiges r aus $\mathfrak{o}$ folgt $ra \in \mathfrak{m}$.

Schließlich heißt $\mathfrak{m}$ *zweiseitiges Ideal*, wenn $\mathfrak{m}$ sowohl Links- als auch Rechtsideal ist.

Für kommutative Ringe fallen alle drei Begriffe zusammen, und man redet von *Idealen* schlechthin. Ideale werden immer mit kleinen deutschen Buchstaben bezeichnet.

Beispiele von Idealen in kommutativen Ringen:

1. Das *Nullideal*, das aus dem Nullelement allein besteht.

2. Das *Einheitsideal* $\mathfrak{o}$, das alle Elemente des Ringes umfaßt.

3. Das *von einem Element a erzeugte Ideal* (a), das aus allen Ausdrücken der Gestalt

$$r a + n a \qquad (r \in \mathfrak{o},\ n \text{ eine ganze Zahl})$$

besteht. Daß diese Menge stets ein Ideal ist, sieht man leicht ein: Die Differenz zweier solcher Ausdrücke hat offenbar wieder dieselbe Gestalt, und ein beliebiges Vielfaches hat die Form

$$s \cdot (r a + n a) = (s r + n s) \cdot a,$$

also die Form $r' a$ oder $r' a + 0 \cdot a$.

Das Ideal (a) ist offenbar das kleinste (am wenigsten umfassende) Ideal, das a enthält; denn jedes solche Ideal muß mindestens alle Vielfachen $r a$ und alle Summen $\pm \sum a = n a$ enthalten, also auch alle Summen $r a + n a$. Das Ideal (a) kann also auch definiert werden als der Durchschnitt aller Ideale, die a als Element enthalten.

Hat der Ring $\mathfrak{o}$ ein Einselement e, so kann man für $r a + n a$ auch $r a + n e a = (r + n e) a = r' a$ schreiben; *also besteht in diesem Falle (a) aus allen gewöhnlichen Vielfachen $r a$.* So besteht z. B. das Ideal (2) im Ring der ganzen Zahlen aus den geraden Zahlen.

Ein von einem Element a erzeugtes Ideal (a) heißt *Hauptideal*. Das Nullideal (0) ist immer Hauptideal; das Einheitsideal $\mathfrak{o}$ ist es auch, falls $\mathfrak{o}$ ein Einheitselement e besitzt, es ist dann nämlich $\mathfrak{o} = (e)$. In nicht kommutativen Ringen muß man zwischen Links- und Rechts-Hauptidealen unterscheiden. Das von a erzeugte Rechts-Hauptideal besteht aus allen Summen $a r + n a$.

4. Das von mehreren Elementen $a_1, \ldots, a_n$ erzeugte Linksideal kann ebenso definiert werden als Gesamtheit aller Summen der Gestalt

$$\sum r_i a_i + \sum n_j a_j$$

oder als Durchschnitt aller Linksideale von $\mathfrak{o}$, welche die Elemente $a_1, \ldots, a_n$ enthalten. Das Ideal wird mit $(a_1, \ldots, a_n)$ bezeichnet, und man sagt, daß $a_1, \ldots, a_n$ eine *Idealbasis* bilden.

5. Ebenso kann man das von einer unendlichen Menge M erzeugte Linksideal (M) definieren; es ist die Gesamtheit aller endlichen Summen der Gestalt

$$\sum r_i a_i + \sum n_j a_j \qquad (a_i \in M,\ r_i \in \mathfrak{o},\ n_j \text{ ganze Zahlen}).$$

Restklassen. Ein Links- oder Rechtsideal $\mathfrak{m}$ in $\mathfrak{o}$ definiert, weil es Untergruppe der additiven Gruppe ist, eine Einteilung von $\mathfrak{o}$ in Nebenklassen oder *Restklassen* nach $\mathfrak{m}$. Zwei Elemente a, b heißen *kongruent nach* $\mathfrak{m}$ oder *kongruent modulo* $\mathfrak{m}$, wenn sie derselben Restklasse angehören, d. h. wenn $a - b \in \mathfrak{m}$ ist. Zeichen:

$$a \equiv b \pmod{\mathfrak{m}}$$

oder kurz

$$a \equiv b \ (\mathfrak{m}).$$

Für „a nicht kongruent zu b" schreibt man $a \not\equiv b$.

Ist $\mathfrak{m}$ speziell ein Hauptideal (m) in einem kommutativen Ring, so kann man statt $a \equiv b\,(\mathfrak{m})$ auch $a \equiv b\,((m))$ schreiben. In diesem Falle spart man indessen lieber ein Klammerpaar und schreibt einfach $a \equiv b\,(m)$.

Beispielsweise kommt man so auf die gewöhnliche Kongruenz nach einer ganzen Zahl: $a \equiv b\,(n)$ (sprich: a kongruent b modulo n) bedeutet, daß $a - b$ zu (n) gehört, d. h. ein Vielfaches von n ist.

Das Rechnen mit Kongruenzen. Eine Kongruenz $a \equiv b$ nach einem Linksideal $\mathfrak{m}$ bleibt offensichtlich gültig, wenn man dasselbe Element c zu beiden Seiten addiert, oder wenn man beide Seiten von links mit c multipliziert. Ist $\mathfrak{m}$ ein zweiseitiges Ideal, so darf man beide Seiten der Kongruenz auch von rechts mit c multiplizieren. Daraus folgt weiter: Ist $a \equiv a'$ und $b \equiv b'$, so ist

$$a + b \equiv a + b' \equiv a' + b',$$
$$ab \equiv ab' \equiv a'b';$$

man darf also Kongruenzen nach einem zweiseitigen Ideal zueinander addieren und miteinander multiplizieren.

Auch mit einer gewöhnlichen ganzen Zahl n darf man beide Seiten einer Kongruenz multiplizieren. Im Falle $n = -1$ ergibt sich insbesondere durch Kombination mit dem vorigen, daß man Kongruenzen voneinander subtrahieren darf.

Man rechnet also mit Kongruenzen ganz wie mit Gleichungen. Nur kürzen darf man im allgemeinen nicht: im Bereiche der ganzen Zahlen ist z. B.

$$15 \equiv 3 \ (6);$$

aber obwohl $3 \not\equiv 0\,(6)$ ist, kann man nicht auf $5 \equiv 1\,(6)$ schließen.

Aufgaben. 1. Man zeige, daß man im Ring der ganzen Zahlen die Restklassen nach einem Ideal (m) $(m > 0)$ durch die Zahlen $0, 1, \ldots, m - 1$ repräsentieren, also mit $\mathfrak{K}_0, \mathfrak{K}_1, \ldots, \mathfrak{K}_{m-1}$ bezeichnen kann.

2. Welches Ideal erzeugen die Zahlen 10 und 13 zusammen im Ring der ganzen Zahlen?

3. Was heißt $a \equiv b\,(0)$?

4. Alle Vielfachen ra eines Elements a bilden ein Linksideal $\mathfrak{o}a$. Man mache sich am Ring der geraden Zahlen klar, daß dieses Ideal nicht notwendig mit dem Links-Hauptideal (a) übereinstimmt.

Die zweiseitigen Ideale stehen in derselben Beziehung zum Begriff der Ringhomomorphie wie die Normalteiler zu dem der Gruppenhomomorphie. Gehen wir vom Homomorphiebegriff aus!

Ein Homomorphismus $\mathfrak{o} \to \bar{\mathfrak{o}}$ definiert eine Klasseneinteilung des Ringes $\mathfrak{o}$: eine Klasse $\mathfrak{K}_a$ wird gebildet von allen Elementen a, die dasselbe Bild $\bar{a}$ haben. Diese Klasseneinteilung können wir nun aber genauer charakterisieren:

Die Klasse $\mathfrak{n}$ *von* $\mathfrak{o}$, *der bei dem Homomorphismus* $\mathfrak{o} \rightarrow \bar{\mathfrak{o}}$ *das Nullelement entspricht, ist ein zweiseitiges Ideal in* $\mathfrak{o}$, *und die übrigen Klassen sind die Restklassen dieses Ideals.*

Beweis. Zunächst ist $\mathfrak{n}$ ein Modul. Denn wenn a und b beim Homomorphismus in Null übergehen, so geht auch $-b$ in Null über, also auch die Differenz $a - b$; mit a und b gehört also auch $a - b$ der Klasse $\mathfrak{n}$ an.

Sodann: wenn a in Null übergeht und r beliebig ist, so geht ra in $\bar{r} \cdot 0 = 0$ über, gehört also wieder zu $\mathfrak{n}$. Ebenso geht ar in 0 über. Also ist $\mathfrak{n}$ ein zweiseitiges Ideal in $\mathfrak{o}$.

Die Elemente $a + c$ $(c \in \mathfrak{n})$ einer Restklasse nach $\mathfrak{n}$, deren Repräsentant das Element a ist, gehen über in $\bar{a} + 0$, also in $\bar{a}$, gehören also alle einer Klasse $\mathfrak{R}_a$ an. Wenn umgekehrt ein Element b in $\bar{a}$ übergeht, so geht $b - a$ in $\bar{a} - \bar{a} = 0$ über; also ist $b - a \in \mathfrak{n}$, und b liegt in derselben Restklasse wie a. Damit ist alles bewiesen.

So gehört also zu jedem Homomorphismus ein zweiseitiges Ideal als Kern.

Wir kehren nun den Zusammenhang um: wir gehen von einem Ideal $\mathfrak{m}$ in $\mathfrak{o}$ aus und fragen, *ob es einen zu* $\mathfrak{o}$ *homomorphen Ring* $\bar{\mathfrak{o}}$ *gibt, so daß den Restklassen nach* $\mathfrak{m}$ *genau die Elemente von* $\bar{\mathfrak{o}}$ *entsprechen.*

Um einen solchen Ring zu konstruieren, verfahren wir wie in § 10: wir wählen als Elemente des zu konstruierenden Rings einfach die Restklassen nach $\mathfrak{m}$, bezeichnen die Restklasse $a + \mathfrak{m}$ mit $\bar{a}$, die Restklasse $b + \mathfrak{m}$ mit $\bar{b}$, und definieren $\bar{a} + \bar{b}$ als *die Klasse, in welcher* $a + b$ *liegt*, und $\bar{a} \cdot \bar{b}$ als *die Klasse, in welcher* $a \cdot b$ *liegt*. Ist $a' \equiv a$ irgendein anderes Element von $\bar{a}$ und $b' \equiv b$ eins von $\bar{b}$, so ist nach dem vorigen[1]

$$a' + b' \equiv a + b,$$
$$a' \cdot b' \equiv a \cdot b;$$

daher liegt $a' + b'$ in derselben Restklasse wie $a + b$, ebenso $a' \cdot b'$ in derselben wie $a \cdot b$. Unsere Definition von Summen- und Produktklasse ist also unabhängig von der Wahl der Elemente a, b innerhalb $\bar{a}, \bar{b}$.

Jedem Element a entspricht eine Restklasse $\bar{a}$, und diese Zuordnung ist homomorph, da der Summe $a + b$ die Summe $\bar{a} + \bar{b}$ und dem Produkt ab ebenso $\bar{a}\bar{b}$ entspricht. Also bilden die Restklassen einen Ring (§ 12). Diesen Ring bezeichnen wir als den *Restklassenring* $\mathfrak{o}/\mathfrak{m}$ von $\mathfrak{o}$ nach dem Ideal $\mathfrak{m}$ oder von $\mathfrak{o}$ modulo $\mathfrak{m}$. Der Ring $\mathfrak{o}$ ist auf $\mathfrak{o}/\mathfrak{m}$ mittels des angegebenen Zuordnungsverfahrens homo-

---

[1] Alle Kongruenzen natürlich modulo $\mathfrak{m}$.

morph abgebildet. Das Ideal $\mathfrak{m}$ spielt bei diesem Homomorphismus genau die Rolle des früheren $\mathfrak{n}$.

Wir sehen hier die prinzipielle Wichtigkeit der zweiseitigen Ideale: sie ermöglichen die Konstruktion homomorpher Ringe zu einem vorgegebenen Ring. Elemente eines solchen neuen Rings sind die Restklassen nach einem beliebigen zweiseitigen Ideal. Zwei Restklassen werden multipliziert oder addiert, indem man irgend zwei Repräsentanten aus diesen Restklassen multipliziert oder addiert. *Aus $a \equiv b$ folgt $\bar{a} = \bar{b}$; die Kongruenzen werden also durch Übergang zum Restklassenring in Gleichheiten verwandelt, und dem Rechnen mit Kongruenzen in $\mathfrak{o}$ entspricht das Rechnen mit Gleichungen in $\mathfrak{o}/\mathfrak{m}$.*

Die hier konstruierten speziellen mit $\mathfrak{o}$ homomorphen Ringe: die Restklassenringe $\mathfrak{o}/\mathfrak{m}$, erschöpfen nun im wesentlichen alle zu $\mathfrak{o}$ homomorphen Ringe. Ist nämlich $\bar{\mathfrak{o}}$ ein beliebiges homomorphes Abbild von $\mathfrak{o}$, so sahen wir, daß den Elementen von $\bar{\mathfrak{o}}$ umkehrbar eindeutig die Restklassen nach einem zweiseitigen Ideal $\mathfrak{n}$ in $\mathfrak{o}$ entsprechen. Der Restklasse $\mathfrak{K}_a$ entspricht das Element $\bar{a}$ in $\bar{\mathfrak{o}}$. Summe und Produkt zweier Restklassen $\mathfrak{K}_a$, $\mathfrak{K}_b$ werden gegeben durch $\mathfrak{K}_{a+b}$ bzw. $\mathfrak{K}_{ab}$; ihnen entsprechen also die Elemente

$$\overline{a+b} = \bar{a} + \bar{b}$$

und

$$\overline{a\,b} = \bar{a}\,\bar{b}.$$

Also ist die Zuordnung der Restklassen zu den Elementen von $\bar{\mathfrak{o}}$ ein Isomorphismus. Damit ist bewiesen:

Jeder zu $\mathfrak{o}$ homomorphe Ring $\bar{\mathfrak{o}}$ ist isomorph einem Restklassenring $\mathfrak{o}/\mathfrak{n}$. Dabei ist $\mathfrak{n}$ das zweiseitige Ideal derjenigen Elemente, deren Bild in $\bar{\mathfrak{o}}$ die Null ist. Umgekehrt ist jeder Restklassenring $\mathfrak{o}/\mathfrak{n}$ ein homomorphes Bild von $\mathfrak{o}$ (Homomorphiesatz für Ringe).

Beispiele zum Restklassenring. Im Ring der ganzen Zahlen kann man (vgl. Aufgabe 1) die Restklassen nach einer positiven Zahl m mit $\mathfrak{K}_0$, $\mathfrak{K}_1$, ..., $\mathfrak{K}_{m-1}$ bezeichnen, wo $\mathfrak{K}_a$ aus denjenigen Zahlen besteht, die bei Division durch m den Rest a lassen. Um zwei Restklassen $\mathfrak{K}_a$, $\mathfrak{K}_b$ zu addieren oder zu multiplizieren, addiere bzw. multipliziere man ihre Repräsentanten a, b und reduziere das Ergebnis auf seinen kleinsten nichtnegativen Rest nach m.

Aufgaben. 5. Der Restklassenring $\mathfrak{o}/\mathfrak{m}$ kann Nullteiler haben, auch wenn $\mathfrak{o}$ keine hat. Beispiele im Ring der ganzen Zahlen?

6. Die Homomorphie $\mathfrak{o} \sim \bar{\mathfrak{o}}$ ist dann und nur dann eine Isomorphie, wenn $\mathfrak{n} = (0)$ ist.

7. In einem Körper gibt es keine Ideale außer dem Nullideal und dem Einheitsideal. Beweis? Was folgt daraus für die möglichen homomorphen Abbildungen eines Körpers?

§ 16. Teilbarkeit. Primideale

Es sei $\mathfrak{b}$ ein Ideal (oder allgemeiner ein Modul) im Ring $\mathfrak{o}$. Ist a Element von $\mathfrak{b}$, so kann man dafür auch schreiben $a \equiv 0\,(\mathfrak{b})$, und man nennt a *teilbar durch das Ideal* $\mathfrak{b}$. Sind alle Elemente eines Ideals (oder Moduls) $\mathfrak{a}$ teilbar durch $\mathfrak{b}$, so nennt man (nach DEDEKIND) $\mathfrak{a}$ *teilbar durch* $\mathfrak{b}$; das bedeutet aber nichts anderes, als daß $\mathfrak{a}$ Untermenge von $\mathfrak{b}$ ist. Zeichen:

$$\mathfrak{a} \equiv 0\,(\mathfrak{b}).$$

Man nennt $\mathfrak{a}$ ein *Vielfaches* oder in moderner Terminologie ein *Unterideal* von $\mathfrak{b}$. Ebenso nennt man $\mathfrak{b}$ einen *Teiler* oder ein *Oberideal* von $\mathfrak{a}$. Ist außerdem $\mathfrak{a} \neq \mathfrak{b}$, so heißt $\mathfrak{b}$ ein *echter Teiler* von $\mathfrak{a}$, $\mathfrak{a}$ ein *echtes Vielfaches* von $\mathfrak{b}$.

Bei Hauptidealen in kommutativen Ringen mit Einselement bedeutet $(a) \equiv 0\,((b))$ nichts anderes als $a = rb$, und der idealtheoretische Teilbarkeitsbegriff geht in den gewöhnlichen über.

Von jetzt an seien alle betrachteten Ringe kommutativ.

Unter einem *Primideal* in $\mathfrak{o}$ versteht man ein solches Ideal $\mathfrak{p}$, dessen Restklassenring $\mathfrak{o}/\mathfrak{p}$ ein Integritätsbereich ist, d. h. keine Nullteiler besitzt.

Bezeichnet man Restklassen nach $\mathfrak{p}$ wie früher mit Querstrichen, so soll also

aus $\bar{a}\,\bar{b} = 0$ *und* $\bar{a} \neq 0$ *folgen* $\bar{b} = 0$.

Oder, was auf dasselbe hinauskommt, es soll aus

$$a\,b \equiv 0\,(\mathfrak{p}),$$
$$a \not\equiv 0\,(\mathfrak{p})$$

folgen

$$b \equiv 0\,(\mathfrak{p}),$$

für beliebige a und b aus $\mathfrak{o}$; in Worten: *Ein Produkt soll nur dann durch das Ideal* $\mathfrak{p}$ *teilbar sein, wenn ein Faktor es ist.*

Klar ist: *Das Einheitsideal ist stets prim.* Denn die Voraussetzung $a \equiv 0\,(\mathfrak{o})$ ist niemals erfüllbar. — *Das Nullideal ist dann und nur dann prim, wenn der Ring* $\mathfrak{o}$ *selbst ein Integritätsbereich ist.* Weitere Beispiele von Primidealen sind die von den Primzahlen erzeugten Hauptideale im Ring $\mathbb{Z}$ der ganzen Zahlen, wie wir später sehen werden.

Ein Ideal in $\mathfrak{o}$ heißt *maximal* oder *teilerlos*, wenn es von keinem anderen Ideal in $\mathfrak{o}$ außer von $\mathfrak{o}$ selbst umfaßt wird, mit anderen Worten, wenn es *keine echten Teiler außer dem Einheitsideal* $\mathfrak{o}$ besitzt. Die eben genannten Prim-Hauptideale (p) in $\mathbb{Z}$ sind z. B. teilerlos.

Jedes von $\mathfrak{o}$ *verschiedene maximale Ideal* $\mathfrak{p}$ *in einem Ring* $\mathfrak{o}$ *mit Einselement ist prim, und der Restklassenring* $\mathfrak{o}/\mathfrak{p}$ *ist ein Körper. Ist umgekehrt* $\mathfrak{o}/\mathfrak{p}$ *ein Körper, so ist* $\mathfrak{p}$ *maximal.*

Beweis. Wir wollen im Restklassenring die Gleichung $\bar{x}\bar{a} = \bar{b}$ für $\bar{a} \neq 0$ lösen. Es sei also $a \not\equiv 0\,(\mathfrak{p})$ und b beliebig. $\mathfrak{p}$ und a zusammen erzeugen ein Ideal, welches Teiler von $\mathfrak{p}$ und (weil es a enthält) sogar echter Teiler von $\mathfrak{p}$ ist, also $= \mathfrak{o}$ sein muß. Daher läßt sich das beliebige Element b von $\mathfrak{o}$ schreiben in der Form

$$b = p + ra \qquad\qquad (p \in \mathfrak{p},\ r \in \mathfrak{o}).$$

Daraus folgt vermöge der Homomorphie von $\mathfrak{o}$ zum Restklassenring:

$$\bar{b} = \bar{r}\bar{a}\,,$$

womit die Gleichung $\bar{x}\bar{a} = \bar{b}$ gelöst ist.

Der Restklassenring ist also ein Körper. Da ein Körper keine Nullteiler hat, so ist das Ideal $\mathfrak{p}$ prim.

Ist umgekehrt $\mathfrak{o}/\mathfrak{p}$ ein Körper, $\mathfrak{a}$ ein echter Teiler von $\mathfrak{p}$, a ein Element von $\mathfrak{a}$, das nicht zu $\mathfrak{p}$ gehört, so ist die Kongruenz

$$a\,x \equiv b\,(\mathfrak{p})$$

für jedes b aus $\mathfrak{o}$ lösbar. Es folgt

$$a\,x \equiv b\,(\mathfrak{a})\,,$$
$$0 \equiv b\,(\mathfrak{a})\,,$$

also, da b jedes Element von $\mathfrak{o}$ sein kann, $\mathfrak{a} = \mathfrak{o}$.

Daß nicht jedes Primideal maximal ist, zeigt das Beispiel des Nullideals im Ring der ganzen Zahlen oder weniger trivial das Ideal (x) im ganzzahligen Polynombereich $\mathbb{Z}[x]$, welches unter anderem das Ideal $(2, x)$ als echten Teiler besitzt. Beide Ideale (x) und $(2, x)$ sind, wie man leicht feststellt, Primideale.

Aufgaben. 1. Man führe den Beweis der letzten Behauptung durch.

2. Man diskutiere die Restklassenringe der Ideale (2) und (3) im Ring der ganzen Zahlen und zeige, daß diese Ideale prim sind.

G.G.T. und K.G.V. Das von der Vereinigung von zwei Idealen $\mathfrak{a}, \mathfrak{b}$ erzeugte Ideal $(\mathfrak{a}, \mathfrak{b})$ wird auch als der *größte gemeinsame Teiler* (G.G.T.) dieser Ideale bezeichnet, weil es ein gemeinsamer Teiler ist, den jeder gemeinsame Teiler teilt. Weiter bezeichnet man es auch als die *Summe* der beiden Ideale, weil es offenbar aus allen Summen $a + b$ besteht, wo $a \in \mathfrak{a}$, $b \in \mathfrak{b}$ ist.

In derselben Weise bezeichnet man den Durchschnitt $\mathfrak{a} \cap \mathfrak{b}$ zweier Ideale $\mathfrak{a}, \mathfrak{b}$ auch als deren *kleinstes gemeinsames Vielfaches* (K.G.V.), weil er ein gemeinsames Vielfaches ist und jedes andere gemeinsame Vielfache durch ihn teilbar ist.

§ 17. Euklidische Ringe und Hauptidealringe

Satz. *Im Ring $\mathbb{Z}$ der ganzen Zahlen ist jedes Ideal Hauptideal.*

Beweis. Es sei $\mathfrak{a}$ ein Ideal in $\mathbb{Z}$. Ist $\mathfrak{a} = (0)$, so ist man fertig. Enthält $\mathfrak{a}$ noch eine Zahl $c \neq 0$, so enthält $\mathfrak{a}$ auch die Zahl $-c$ und eine dieser beiden Zahlen ist positiv. Es sei a die kleinste positive Zahl im Ideal $\mathfrak{a}$.

Ist nun b irgendeine Zahl des Ideals und r der Rest, den b bei Division durch a läßt, so ist

$$b = qa + r, \quad 0 \leqq r < a.$$

Da b und a dem Ideal angehören, tut es auch $b - qa = r$. Da $r < a$ ist, muß $r = 0$ sein; denn a war die kleinste positive Zahl des Ideals. Also folgt $b = qa$; d. h. alle Zahlen des Ideals $\mathfrak{a}$ sind Vielfache von a. Daraus folgt $\mathfrak{a} = (a)$; also ist $\mathfrak{a}$ Hauptideal.

Genau so beweist man:

Ist **P** *ein Körper, so ist im Polynombereich* **P**$[x]$ *jedes Ideal Hauptideal.*

Man kann nämlich wieder $\mathfrak{a} \neq (0)$ annehmen. Für a wähle man ein Polynom kleinsten Grades im Ideal $\mathfrak{a}$. Da auch im Polynombereich ein Divisionalgorithmus existiert, kann man jedes Polynom b des Ideals in der Gestalt

$$b = qa + r$$

annehmen; der Grad von r ist, falls $r \neq 0$, kleiner als der von a, usw.

Ein Integritätsbereich mit Einselement, in dem jedes Ideal Hauptideal ist, heißt ein *Hauptidealring*. Wie eben bewiesen, ist der Ring $\mathbb{Z}$ der ganzen Zahlen, sowie jeder Polynomring **P**$[x]$, ein Hauptidealring.

In trivialer Weise ist ferner jeder Körper ein Hauptidealring. Denn wenn ein Ideal $\mathfrak{a}$ im Körper **P** nicht das Nullideal ist, enthält es zu einem beliebigen $a \neq 0$ auch $a^{-1}a = 1$; also ist $\mathfrak{a} = (1)$ das einzige Ideal außer dem Nullideal. (Vgl. § 15, Aufgabe 7.)

Die eben in zwei Fällen angewandte Schlußweise läßt sich folgendermaßen verallgemeinern. Es sei $\mathfrak{R}$ ein kommutativer Ring, in welchem jedem von Null verschiedenen Ringelement a eine nicht negative ganze Zahl $g(a)$ zugeordnet ist, mit folgenden Eigenschaften:

1. Für $a \neq 0$ und $b \neq 0$ ist $ab \neq 0$ und $g(ab) \geqq g(a)$.

2. (Divisionsalgorithmus.) Es gibt zu je zwei Ringelementen a, b mit $a \neq 0$ eine Darstellung

$$b = qa + r$$

in welcher entweder $r = 0$ oder $g(r) < g(a)$ ist.

Im Fall $\mathfrak{R} = \mathbb{Z}$ ist $g(a) = |a|$ zu setzen, im Fall $\mathfrak{R} = $ **P**$[x]$ ist $g(a)$ der Grad des Polynoms a. Ein Ring mit den angegebenen Eigenschaften heißt ein *euklidischer Ring*. Mit Hilfe der oben in den beiden Fällen $\mathfrak{R} = \mathbb{Z}$ und $\mathfrak{R} = $ **P**$[x]$ angewandten Schlußweise ergibt sich nun ohne weiteres der Satz:

In einem euklidischen Ring ist jedes Ideal Hauptideal, und zwar sind alle Elemente des Ideals Vielfache qa des erzeugenden Elements a.

Wendet man diesen Satz insbesondere auf das Einheitsideal, also auf den ganzen Ring an, so ergibt sich, daß es ein a gibt, von dem alle Ringelemente Vielfache qa sind. Insbesondere ist a selbst so darstellbar:

$$a = ae.$$

Es folgt für $b = qa$:

$$qa = qae, \quad \text{also} \quad b = be.$$

Damit ist bewiesen:

Ein euklidischer Ring besitzt stets ein Einselement.

Zwei von Null verschiedene Elemente a, b eines Hauptidealringes erzeugen ein Ideal (a, b), welches aus allen Ausdrücken der Gestalt $ra + sb$ besteht und welches wieder ein Hauptideal ist, also von einem Element d erzeugt wird. Es gilt also

$$(1) \qquad\qquad d = ra + sb$$

$$(2) \qquad\qquad \begin{cases} a = gd \\ b = hd. \end{cases}$$

d ist nach (2) ein gemeinsamer Teiler von a und b. Wegen (1) ist d auch der *größte gemeinsame Teiler*, d.h. alle gemeinsamen Teiler von a und b sind auch Teiler von d. Also: *In einem Hauptidealring besitzen je zwei Elemente a, b einen größten gemeinsamen Teiler d, der sich in der Gestalt* (1) *darstellen läßt.*

Man bezeichnet den größten gemeinsamen Teiler gewöhnlich mit $d = (a, b)$. Korrekter wäre allerdings $(d) = (a, b)$, denn nur das Ideal (d), nicht das Element d ist durch a und b eindeutig bestimmt. Ist $(a, b) = 1$, so heißen a und b *teilerfremd* oder *relativ prim*.

Der obige Existenzbeweis für den G.G.T. liefert noch kein Mittel, diesen wirklich zu berechnen. In euklidischen Ringen wird ein solches Mittel durch das schon von EUKLID[1] angegebene Verfahren der sukzessiven Divisionen (den *euklidischen Algorithmus*, nach welchem auch die euklidischen Ringe benannt sind) gegeben.

Gegeben seien zwei Ringelemente a_0, a_1 und es sei etwa $g(a_1) \leqq g(a_0)$. Dann setzen wir, dem Divisionsalgorithmus entsprechend,

$$\begin{aligned} a_0 &= q_1 a_1 + a_2, & g(a_2) &< g(a_1), \\ a_1 &= q_2 a_2 + a_3, & g(a_3) &< g(a_2) \end{aligned}$$

und fahren damit solange fort, bis einmal die Division mit dem Rest Null aufgeht:

$$a_{s-1} = q_s a_s.$$

Dann haben alle Zahlen $a_0, a_1, a_2, \ldots, a_s$ die Gestalt $ra_0 + ta_1$. Jeder Teiler von a_s (insbesondere a_s selbst) ist nach der letzten Glei-

---

[1] EUKLID: Elemente, Buch 7, Satz 1 und 2.

chung auch Teiler von a_{s-1}, sodann auch von a_{s-2}, schließlich auch von a_1 und von a_0. Also ist a_s der G.G.T. von a_0 und a_1.

Die bisherigen Überlegungen lassen sich auch auf den nichtkommutativen Fall übertragen; nur muß man dann die Existenz eines linksseitigen *und* eines rechtsseitigen Divisionsalgorithmus verlangen:

$$b = q_1 a + r_1 = a q_2 + r_2, \quad g(r_1) < g(a), \quad g(r_2) < g(a).$$

Es folgt dann, daß jedes Linksideal ein Element a enthält, von dem alle Elemente des Ideals Linksvielfache qa sind, und ebenso jedes Rechtsideal ein Element a, von welchem alle Elemente des Ideals Rechtsvielfache aq sind. Ein zweiseitiges Ideal besitzt ein erzeugendes Element a, von dem alle Elemente sowohl Linksvielfache als auch Rechtsvielfache sind. Wendet man das insbesondere auf das Einheitsideal an, so folgt die Existenz eines links- und eines rechts-Einselementes, also die eines Einselementes schlechthin.

Schließlich beweist man wie oben die Existenz eines linksseitigen sowie auch eines rechtsseitigen G. G. T. zweier Elemente a, b.

Das wichtigste Beispiel eines nichtkommutativen euklidischen Rings ist der Polynomring $\mathbf{P}[x]$ über einem Schiefkörper $\mathbf{P}$.

Aufgaben. 1. Die Relation $(a, b) = (d)$ bleibt bestehen bei Erweiterung des Ringes $\mathfrak{o}$ zu irgendeinem umfassenden Ring $\bar{\mathfrak{o}}$.

2. Jedes Element a der Ordnung $r \cdot s$ in einer Gruppe $\mathfrak{G}$ ist Produkt aus einer eindeutig bestimmten Potenz $a^{\lambda s}$ der Ordnung r und einer eindeutig bestimmten Potenz $a^{\mu r}$ der Ordnung s, vorausgesetzt, daß die Zahlen r und s teilerfremd sind:

$$(r, s) = 1.$$

3. Eine zyklische Gruppe der Ordnung n mit dem erzeugenden Element a wird von jeder Potenz a^μ, wo $(\mu, n) = 1$ ist, erzeugt.

Weiteres Beispiel eines euklidischen Rings. Die komplexen Zahlen $a + bi$ (a und b gewöhnliche ganze Zahlen) bilden den Ring der *ganzen Gaußschen Zahlen*.

Aus der Produktdefinition

$$(a + bi)(c + di) = (ac - bd) + (ad + bc)i$$

folgt, wenn man die „Norm" von $\alpha = a + bi$ definiert durch

$$N(\alpha) = (a + bi)(a - bi) = a^2 + b^2,$$

leicht die Gleichung

$$(3) \qquad N(\alpha\beta) = N(\alpha) \cdot N(\beta).$$

Die Norm $N(\alpha)$ ist eine gewöhnliche ganze Zahl, die (als Summe zweier Quadrate) nur dann verschwindet, wenn α selbst verschwindet, und sonst positiv ist. Aus (3) folgt, daß ein Produkt $\alpha\beta$ nur dann verschwindet, wenn α oder β verschwindet; wir befinden uns also in einem Integritätsbereich.

Nach § 13 existiert ein Quotientenkörper. Ist $\alpha = a + bi \neq 0$, so ist $\alpha^{-1} = \dfrac{a - bi}{N(\alpha)}$; die Zahlen des Quotientenkörpers lassen sich also in der Gestalt $\dfrac{a}{n} + \dfrac{c}{n} i$ darstellen (a, c, n ganze Zahlen). Diese „gebrochenen Zahlen" bilden den „Gaußschen Zahlkörper". Die Normdefinition und die Gleichung (3) bleiben für die Elemente dieses Körpers wörtlich erhalten.

Um zu einem Divisionsalgorithmus für den Ring der ganzen Gaußschen Zahlen zu kommen, stellen wir uns die Aufgabe, zu gegebenem α und $\beta \neq 0$ eine

Zahl $\alpha - \lambda\beta$ zu finden, die eine kleinere Norm als β hat. Zunächst bestimme man eine gebrochene Zahl $\lambda' = a' + b'i$, so daß $\alpha - \lambda'\beta = 0$ ist; sodann ersetze man a' und b' durch die nächstliegenden ganzen Zahlen a und b und setze $\lambda = a + bi$, $\lambda' - \lambda = \varepsilon$. Dann folgt:

$$\alpha - \lambda\beta = \alpha - \lambda'\beta + \varepsilon\beta = \varepsilon\beta\,,$$
$$N(\alpha - \lambda\beta) = N(\varepsilon)\,N(\beta)\,,$$
$$N(\varepsilon) = N(\lambda' - \lambda) = (a' - a)^2 + (b' - b)^2 \le (\tfrac{1}{2})^2 + (\tfrac{1}{2})^2 < 1\,,$$
$$N(\alpha - \lambda\beta) < N(\beta)\,.$$

Damit ist ein „Divisionsalgorithmus" gefunden und der Ring als euklidisch erkannt.

Literatur. Über die Frage, ob der euklidische Algorithmus oder eine Verallgemeinerung desselben in beliebigen Hauptidealringen existiert, siehe H. Hasse: J. reine u. angew. Math. Bd. 159 (1928), S. 3—12. In welchen algebraischen Zahlringen der euklidische Algorithmus gilt, haben O. Perron (Math. Ann. Bd. 107, S. 489), A. Oppenheim (Math. Ann. Bd. 109, S. 349), E. Berg (Kgl. Fysiogr. Sällskapets Lund Förhandl. Bd. 5, N 5), N. Hofreiter (Mh. Math. Physik Bd. 42, S. 397), H. Behrbohm und L. Redei (J. reine u. angew. Math. Bd. 174, S. 198) untersucht.

§ 18. Faktorzerlegung

Wir betrachten in diesem Paragraphen nur Integritätsbereiche mit Einselement. Zunächst wollen wir untersuchen, was wir in diesen Bereichen zweckmäßig unter Primelementen oder unzerlegbaren Elementen zu verstehen haben. Dabei betrachten wir, auch wenn es nicht immer ausdrücklich gesagt wird, nur die von Null verschiedenen Ringelemente.

Eine gewöhnliche Primzahl im Ring der ganzen Zahlen läßt sich immer in Faktoren zerlegen, sogar auf zwei Weisen:

$$p = p \cdot 1 = (-p) \cdot (-1)\,.$$

Aber einer dieser Faktoren ist immer eine „Einheit", d. h. eine solche Zahl ε, deren Inverse ε^{-1} auch im Ring liegt. $+1$ und -1 sind Einheiten.

Ist allgemein ein Integritätsbereich mit Einselement gegeben, so verstehen wir unter einer *Einheit*[1] ein solches Element ε, das im Bereich ein Inverses ε^{-1} besitzt. Offensichtlich ist dann auch ε^{-1} eine Einheit.

Jedes Element a läßt, wenn ε eine Einheit ist, eine Zerlegung

$$a = a\,\varepsilon^{-1} \cdot \varepsilon$$

zu. Solche Zerlegungen, bei denen ein Faktor eine Einheit ist, kann man „triviale Zerlegungen" nennen.

Ein Element $p \neq 0$, das nur triviale Zerlegungen zuläßt, so daß also aus $p = ab$ folgt, daß a oder b Einheit ist, heißt ein *unzerlegbares*

---

[1] Das Wort „Einheit" wird oft als Synonym für „Einselement" gebraucht. In Untersuchungen über Faktorzerlegung aber sind die beiden Begriffe streng zu trennen, da z. B. -1 auch eine Einheit ist.

Element oder ein *Primelement*. (Speziell bei ganzen Zahlen auch: *Primzahl*; bei Polynomen auch: *irreduzibles Polynom*.)

Man nennt bisweilen zwei Größen wie a und $b = a\,\varepsilon^{-1}$, die sich nur um eine Einheit als Faktor unterscheiden, „assoziierte Größen". Jede ist Teiler der anderen, und für die zugehörigen Hauptideale gilt:

$$(a) \subseteqq (b), \quad (b) \subseteqq (a), \quad \text{also} \quad (b) = (a);$$

mithin erzeugen zwei assoziierte Größen dasselbe Hauptideal.

Wenn umgekehrt von den beiden Größen a und b jede ein Teiler der anderen ist:

$$a = b\,c, \quad b = a\,d,$$

so folgt

$$b = b\,c\,d, \quad \text{also} \quad 1 = c\,d, \quad c = d^{-1},$$

mithin sind c und d Einheiten und es ist a zu b assoziiert.

Ist c ein Teiler von a, aber nicht assoziiert zu a, also $a = cd$ und d keine Einheit, so heißt c ein *echter Teiler* von a. In diesem Fall ist a nicht zugleich Teiler von c, und das Ideal (c) ist ein echter Teiler des Ideals (a). Wäre nämlich a ein Teiler von c, etwa $c = ab$, so wäre

$$a = c\,d = a\,b\,d$$
$$1 = b\,d$$

und d wäre doch eine Einheit.

Ein Primelement kann jetzt auch definiert werden als ein von Null verschiedenes Element, das keine echten Teiler außer Einheiten besitzt.

Ist in einem euklidischen Ring b ein echter Teiler von a, so ist $g(b) < g(a)$.

Beweis. Die Division von b durch a geht nicht auf, ergibt also

$$b = a\,q + r, \quad g(r) < g(a).$$

Daraus folgt, wenn $a = b\,c$ gesetzt wird,

$$r = b - a\,q = b\,(1 - c\,q)$$
$$g(r) \geqq g(b), \quad \text{also} \quad g(b) \leqq g(r) < g(a).$$

In einem euklidischen Ring ist jedes von Null verschiedene Element a ein Produkt von Primelementen:

$$a = p_1\,p_2 \ldots p_r.$$

Bemerkung. Man kann den Satz allgemeiner für Hauptidealringe beweisen: dabei muß man allerdings das Auswahlpostulat (§ 69) verwenden. In diesem elementaren Teil des Buches soll das Auswahlpostulat noch nicht zur Sprache kommen; daher möge der Beweis nur für euklidische Ringe geführt werden.

Beweis. Wir wenden vollständige Induktion nach $g(a)$ an: Die Behauptung sei richtig für alle Elemente b mit $g(b) < n$ und es sei $g(a) = n$. Ist nun a prim: $a = p$, so ist nichts mehr zu beweisen. Ist aber a zerlegbar: $a = bc$, wobei b und c echte Teiler von a sind, so ist

$$g(b) < g(a), \quad g(c) < g(a).$$

Nach der Induktionsvoraussetzung sind nun b und c Produkte von Primelementen. Also ist $a = bc$ auch ein Produkt von Primelementen.

Wir wollen nun untersuchen, wie es mit der Eindeutigkeit der Primfaktorzerlegung $a = p_1 p_2 \ldots p_r$ steht und betrachten dabei nicht nur die euklidischen Ringe, sondern allgemein beliebige Hauptidealringe.

In einem Hauptidealring erzeugt ein unzerlegbares Element, das keine Einheit ist, ein teilerloses Primideal (dessen Restklassenring also ein Körper ist).

Beweis. Ist p unzerlegbar, so hat p keine echten Teiler außer Einheiten, also (da jedes Ideal Hauptideal ist) das Ideal (p) keine echten Idealteiler außer dem Einheitsideal.

Bemerkung. Man kann natürlich die Lösbarkeit der Gleichung $ax = b$ im Restklassenring oder der Kongruenz $ax \equiv b(p)$ im gegebenen Ring auch direkt aus der Tatsache erschließen, daß für $a \not\equiv 0(p)$ notwendig $(a, p) = 1$ sein muß, also

$$\begin{aligned}
1 &= ar + ps, \\
b &= arb + psb, \\
b &\equiv arb(p)
\end{aligned}$$

ist.

Eine unmittelbare Folgerung ist:

Ist ein Produkt durch das Primelement p teilbar, so muß ein Faktor es sein; denn der Restklassenring hat keine Nullteiler.

Aufgaben. 1. Man löse die Kongruenz

$$6x \equiv 7(19)$$

mit Hilfe des euklidischen Algorithmus.

2. Wenn in einem Hauptidealring ein Produkt ab durch c teilbar und a zu c teilerfremd ist, dann ist b durch c teilbar.

Nunmehr sind wir imstande, den *Satz von der Eindeutigkeit der Primfaktorzerlegung in Hauptidealringen* zu beweisen. Es seien

$$(1) \qquad\qquad a = p_1 p_2 \ldots p_r = q_1 q_2 \ldots q_s$$

zwei Zerlegungen derselben Zahl a in einem Hauptidealring. Den trivialen Fall, daß a eine Einheit ist und folglich alle p_i und q_j Einheiten sind, schließen wir aus. Dann können wir annehmen, daß p_1 und q_1 keine Einheiten sind und daß alle eventuellen Einheiten unter den Faktoren p_i und q_j mit dem Faktor p_1 bzw. q_1 vereinigt sind. Die p_i und q_j seien also keine Einheiten. Nun wird behauptet: *Es ist $r = s$ und die p_i stimmen mit den q_j bis auf die Reihenfolge und bis auf Einheitsfaktoren überein.*

Für $r = 1$ ist die Behauptung klar; denn wegen der Unzerlegbarkeit von $a = p_1$ kann das Produkt $q_1 \ldots q_s$ auch nur einen Faktor $q_1 = p_1$ enthalten. Wir können also Induktion nach r vornehmen. Da p_1 in dem Produkt $q_1 \ldots q_s$ aufgeht, so muß p_1 in einem der Faktoren q_i aufgehen. Durch Umordnung der q erreichen wir, daß p_1 in q_1 aufgeht:

$$(2) \qquad\qquad q_1 = \varepsilon_1 p_1 \, .$$

Hierin muß ε_1 Einheit sein, da sonst q_1 nicht prim wäre. Setzt man (2) in (1) ein und kürzt durch p_1, so kommt

$$(3) \qquad\qquad p_2 \ldots p_r = (\varepsilon_1 q_2) q_3 \ldots q_s \, .$$

Nach der Induktionsvoraussetzung müssen die Faktoren in (3) links und rechts bis auf Einheiten übereinstimmen. Da auch p_1 mit q_1 bis auf die Einheit ε_1 übereinstimmt, ist alles bewiesen.

Aus den bewiesenen Sätzen folgt: *Die Elemente eines euklidischen Ringes sind bis auf Einheiten und bis auf die Reihenfolge der Faktoren eindeutig als Produkte von Primelementen darstellbar.* Insbesondere gilt das für die ganzen Zahlen, für die Polynome einer Veränderlichen mit Koeffizienten aus einem Körper, sowie für die ganzen Gaußschen Zahlen.

Aufgaben. 3. Die ganzzahligen Polynome $f(x)$ sind modulo jeder Primzahl p eindeutig in modulo p unzerlegbare Faktoren zerlegbar.

4. Was sind die Einheiten im Ring der ganzen Gaußschen Zahlen? Man zerlege die Zahlen 2, 3, 5 in diesem Ring in Primfaktoren.

5. Im Ring der Zahlen $a + b\sqrt{-3}$ bestehen für die Zahl 4 die beiden wesentlich verschiedenen Zerlegungen in unzerlegbare Faktoren:

$$4 = 2 \cdot 2 = (1 + \sqrt{-3})(1 - \sqrt{-3}) \, .$$

6. In einem Hauptidealring bilden diejenigen Restklassen modulo a, die aus zu a teilerfremden Elementen bestehen, bei der Multiplikation eine Gruppe.

Wir werden im übernächsten Kapitel sehen, daß es auch andere als Hauptidealringe gibt, in denen der Satz von der eindeutigen Faktorzerlegung gilt. Für alle solchen Ringe beweisen wir nun den Satz:

Wenn in $\mathfrak{o}$ jedes Element eindeutig in Primelemente zerlegbar ist, so erzeugt jedes unzerlegbare Element p ein Primideal, jedes von Null verschiedene zerlegbare Element ein Nichtprimideal.

Beweis. p sei unzerlegbar. Ist nun $ab \equiv 0 \,(p)$, so muß in der Faktorzerlegung von ab der Faktor p vorkommen. Diese Faktorzerlegung erhält man aber durch Zusammensetzung der Faktorzerlegungen von

a und b; also muß schon in a oder b der Faktor p vorkommen, also $a \equiv 0(p)$ oder $(b) \equiv 0(p)$ sein.

Nun sei p zerlegbar: $p = ab$, a und b echte Teiler von p. Dann folgt $ab \equiv 0(p)$, $a \not\equiv 0(p)$, $b \not\equiv 0(p)$. Das Ideal (p) ist also nicht prim.

Aufgaben. 7. Man beweise für alle Ringe mit eindeutiger Faktorzerlegung, daß es für je zwei oder mehrere Elemente einen „größten gemeinsamen Teiler" und ein „kleinstes gemeinsames Vielfaches" gibt, die beide bis auf Einheitsfaktoren bestimmt sind.

Bemerkung. Für Ringe der betrachteten Art ist der G.G.T. im Elementsinn nicht immer derselbe wie der G.G.T. im Idealsinn. So haben z.B. im ganzzahligen Polynombereich einer Veränderlichen x die Elemente 2 und x keine gemeinsamen Teiler außer Einheiten; aber das Ideal $(2, x)$ ist nicht das Einheitsideal. (Daß in diesem Ring die eindeutige Faktorzerlegung besteht, wird im übernächsten Kapitel bewiesen werden.)

Viertes Kapitel

Vektorräume und Tensorräume

§ 19. Vektorräume

Es seien gegeben erstens ein Schiefkörper K, dessen Elemente $a, b, \ldots$ *Koeffizienten* oder *Skalare* heißen mögen, zweitens ein Modul (d. h. eine additive abelsche Gruppe) $\mathfrak{M}$, dessen Elemente $x, y, \ldots$ *Vektoren* heißen, drittens eine Multiplikation xa der Vektoren mit Skalaren, mit folgenden Eigenschaften:

V 1. $\qquad\qquad$ xa liegt in $\mathfrak{M}$.

V 2. $\qquad\qquad$ $(x + y)a = xa + ya$.

V 3. $\qquad\qquad$ $x(a + b) = xa + xb$.

V 4. $\qquad\qquad$ $x(ab) = (xa)b$.

V 5. $\qquad\qquad$ $x1 = x$.

Sind diese Voraussetzungen erfüllt, so heißt $\mathfrak{M}$ ein *Vektorraum über K*, genauer ein *K-rechts-Vektorraum*, weil die Koeffizienten a rechts von den Vektoren stehen. Der Begriff *K-links-Vektorraum* wird analog definiert; das Assoziativgesetz V 4 lautet für einen Links-Vektorraum

V 4* $\qquad\qquad$ $(ab)x = a(bx)$.

Ist K kommutativ, so kann man statt xa auch ax schreiben. Der Rechts-Vektorraum wird dann zu einem Links-Vektorraum. Ist aber K nicht kommutativ, so muß man zwischen Rechts- und Links-Vektorräumen unterscheiden.

Statt $x(ab)$ oder $(xa)b$ schreiben wir xab. Das Nullelement von $\mathfrak{M}$ wird, wie das von K, einfach mit 0 bezeichnet.

Beispiele von Vektorräumen sind alle Erweiterungskörper eines Körpers K, allgemeiner alle Ringe R, die einen Schiefkörper K umfassen, sofern das Einselement von K auch Einselement von R ist.

Aus V 2 folgt wie gewöhnlich

$$(x_1 + \cdots + x_r)a = x_1 a + \cdots + x_r a\,,$$
$$(x - y)a = xa - ya\,,$$
$$0 \cdot a = 0\,.$$

Ebenso folgt aus V 3

$$x(a_1 + \cdots + a_s) = xa_1 + \cdots + xa_s$$
$$x(a - b) = xa - xb\,,$$
$$x \cdot 0 = 0\,.$$

Der Vektorraum $\mathfrak{M}$ heißt *endlichdimensional* oder kurz *endlich* über K, wenn es endlich viele Erzeugende $e_1, \ldots, e_m$ gibt, durch die jedes Element von $\mathfrak{M}$ sich mit Koeffizienten a^k aus K ausdrücken läßt[1]:

$$(1) \qquad x = \sum e_k a^k\,.$$

Wenn eine der Erzeugenden e_k sich durch die übrigen e_i ausdrücken läßt, so ist dieses e_k als erzeugendes Element von $\mathfrak{M}$ überflüssig. Streicht man es dann aus der Reihe $e_1, \ldots, e_m$ und fährt so fort bis kein e_i mehr überflüssig ist, so bleiben schließlich n *Basisvektoren* $p_1, \ldots, p_n$ übrig, von denen keiner sich linear durch die anderen ausdrücken läßt. Man nennt solche Vektoren, von denen keiner sich durch die anderen ausdrücken läßt, *linear unabhängig*.

Wenn $p_1, \ldots, p_n$ linear unabhängig sind, so folgt aus

$$(2) \qquad p_1 a^1 + \cdots + p_n a^n = 0$$

notwendig

$$a^1 = 0, \ldots, a^n = 0\,.$$

Wäre nämlich ein $a^i \neq 0$, so könnte man aus (2) ein p_i auflösen und durch die anderen ausdrücken.

Wenn $p_1, \ldots, p_n$ eine linear unabhängige Basis für den Vektorraum $\mathfrak{M}$ bilden, so läßt sich jeder Vektor x *eindeutig* durch die Basis-

---

[1] Bei der Kennzeichnung der Koeffizienten a^k durch obere Indices folgen wir einer Konvention von EINSTEIN, die in der Vektor- und Tensorrechnung sehr zweckmäßig ist. Summationen erstrecken sich nach dieser Konvention immer auf die Indices, die einmal unten und einmal oben vorkommen.

vektoren p_k mit Koeffizienten x^k aus K ausdrücken:

$$(3) \qquad x = \sum p_k x^k.$$

Wäre nämlich noch ein zweiter Ausdruck desselben Vektors x möglich

$$(4) \qquad x = \sum p_k y^k,$$

so würde man durch Subtraktion von (3) und (4) eine lineare Abhängigkeit

$$\sum p_k (x^k - y^k) = 0$$

erhalten, also wären alle Differenzen $x^k - y^k$ Null, also wären die y^k doch gleich den x^k.

Durch (3) ist jedem Vektor x eindeutig eine Reihe von Koeffizienten $x^1, \ldots, x^n$ aus K zugeordnet, die man die *Koordinaten* des Vektors x in bezug auf die Basis $p_1, \ldots, p_n$ nennt. Umgekehrt ist jeder Reihe von n Koeffizienten x^k nach (3) eindeutig ein Vektor x zugeordnet. Bei fest gewählter Basis hat man also eine eineindeutige Zuordnung

$$(5) \qquad x \rightleftarrows (x^1, \ldots, x^n).$$

Zwei Vektoren werden addiert, indem ihre Koordinaten addiert werden:

$$x + y = \sum p_k x^k + \sum p_k y^k = \sum p_k (x^k + y^k).$$

Ein Vektor wird mit a multipliziert, indem seine Koordinaten mit a multipliziert werden:

$$x a = \left(\sum p_k x^k \right) a = \sum p_k (x^k a).$$

Die Anzahl n der Basisvektoren heißt die Dimension des Vektorraumes $\mathfrak{M}$. Im nächsten § 20 werden wir sehen, daß die Dimension von der Wahl der Basis unabhängig ist.

Einen Vektorraum von der Dimension n, der als Modell für alle Vektorräume der gleichen Dimension dienen kann, erhält man folgendermaßen. Als *Vektor x* definiert man eine Folge von n Elementen $x^1, \ldots, x^n$ von K. Die Summe zweier Vektoren x und y ist die Folge $(x^1 + y^1, \ldots, x^n + y^n)$. Ein Vektor x wird mit a multipliziert, indem die einzelnen x^k mit a multipliziert werden. Die so definierte Addition und Multiplikation mit a erfüllen alle Bedingungen, durch die der Begriff Vektorraum definiert wurde. Die n Vektoren

$$e_k = (0, \ldots, 1, 0, \ldots, 0) \qquad (1 \text{ an der Stelle } k)$$

bilden eine Basis, denn jeder Vektor $x = (x^1, \ldots, x^n)$ läßt sich eindeutig als

$$x = \sum e_k x^k$$

darstellen. Also hat unser Modell-Vektorraum tatsächlich die Dimension n.

Aus der Zuordnung (5) folgt ferner:

Jeder Vektorraum der Dimension n über K ist zum Modell-Vektorraum, der von den Folgen $(x^1, \ldots, x^n)$ gebildet wird, isomorph.

Aufgabe. 1. Wenn man von einer Basis $p_1, \ldots, p_n$ zu einer anderen Basis $e_1, \ldots, e_n$ des gleichen Vektorraumes übergeht und wenn die alten Basiselemente p_k sich durch die neuen e_i mit Koeffizienten p_k ausdrücken:

$$p_k = \sum e_i \, p^i{}_k,$$

so drücken die neuen Koordinaten $'x^i$ eines Vektors x sich durch die alten so aus:

$$'x^i = \sum p^i{}_k \, x^k.$$

§ 20. Die Invarianz der Dimension

Wir wollen beweisen, daß die Dimension eines Vektorraumes $\mathfrak{M}$, d.h. die Anzahl der Elemente einer linear unabhängigen Basis, von der Wahl der Basis unabhängig ist.

Ein Element y heißt *linear abhängig* von $x_1, \ldots, x_m$ (in bezug auf K), wenn

$$(1) \qquad y = x_1 a^1 + \cdots + x_m a^m$$

ist, oder was auf dasselbe hinauskommt, wenn eine lineare Relation

$$(2) \qquad y b + x_1 b^1 + \cdots + x_m b^m = 0$$

mit $b \neq 0$ besteht. Insbesondere heißt y abhängig von der leeren Menge, wenn $y = 0$ ist.

Für den Begriff der linearen Abhängigkeit gilt eine Reihe von Sätzen, die im folgenden in „Grundsätze" und „Folgesätze" eingeteilt erscheinen. Die Grundsätze werden unmittelbar aus der Definition des Begriffs hergeleitet. Die Folgesätze dagegen werden aus den Grundsätzen ohne nochmalige Benutzung der Definition, also ohne Rücksicht auf die Bedeutung des Begriffs „lineare Abhängigkeit" hergeleitet. Dieses Verfahren ist nützlich im Hinblick auf ein späteres Kapitel, in dem der Begriff der „algebraischen Abhängigkeit" eingeführt wird, für den die gleichen Grundsätze und daher auch dieselben Folgesätze gelten.

Drei Grundsätze genügen. Der erste ist ganz selbstverständlich:

Grundsatz 1. *Jedes x_i ist von $x_1, \ldots, x_m$ linear abhängig.*

Grundsatz 2. *Ist y linear abhängig von $x_1, \ldots, x_m$, aber nicht von $x_1, \ldots, x_{m-1}$, so ist x_m linear abhängig von $x_1, \ldots, x_{m-1}, y$.*

Beweis. In der Gleichung (2) muß $b^m \neq 0$ sein, da sonst y schon von $x_1, \ldots, x_{m-1}$ abhängig wäre.

Grundsatz 3. *Ist z linear abhängig von $y_1, \ldots, y_n$ und ist jedes y_j linear abhängig von $x_1, \ldots, x_m$, so ist z linear abhängig von $x_1, \ldots, x_m$.*

Beweis. Aus $z = \sum y_k a^k$ und $y_k = \sum x_i b^i{}_k$ folgt

$$z = \sum_k \left(\sum_i x_i b^i{}_k \right) a^k = \sum x_i b^i{}_k a^k = \sum_i x_i \left(\sum_k b^i{}_k a^k \right)$$

Aus den Grundsätzen 1 und 3 folgt

Folgesatz 1. *Ist z linear abhängig von $y_1, \ldots, y_n$, so ist z auch von jedem System $\{x_1, \ldots, x_m\}$ linear abhängig, welches $\{y_1 \ldots, y_n\}$ umfaßt.*

Ein Spezialfall ergibt sich, wenn $y_1, \ldots, y_n$ bis auf die Reihenfolge mit $x_1, \ldots, x_m$ übereinstimmen. Der Begriff der linearen Abhängigkeit ist also von der Reihenfolge von $x_1, \ldots, x_m$ nicht abhängig.

Definition. *Die Elemente $x_1, \ldots, x_n$ heißen linear unabhängig, wenn keines von ihnen linear von den übrigen abhängt.*

Der Begriff der linearen Unabhängigkeit ist unabhängig von der Reihenfolge von $x_1, \ldots, x_n$. Die leere Menge soll stets linear unabhängig heißen. Ein einzelnes Element x ist linear unabhängig, wenn es von der leeren Menge nicht abhängt, also wenn $x \neq 0$ ist.

Folgesatz 2. *Sind $x_1, \ldots, x_{n-1}$ linear unabhängig, aber $x_1, \ldots, x_{n-1}, x_n$ nicht, so ist x_n linear abhängig von $x_1, \ldots, x_{n-1}$.*

Beweis. Von den Elementen $x_1, \ldots, x_{n-1}, x_n$ muß eines von den übrigen linear abhängen. Ist es x_n, so sind wir fertig. Ist es nicht x_n, sondern etwa x_{n-1}, so ist x_{n-1} linear abhängig von $x_1, \ldots, x_{n-2}, x_n$, aber nicht von $x_1, \ldots, x_{n-2}$, also ist (Grundsatz 2) x_n linear abhängig von $x_1, \ldots, x_{n-2}, x_{n-1}$.

Folgesatz 3. *Jedes endliche System von Vektoren $x_1, \ldots, x_n$ enthält ein (möglicherweise leeres) linear unabhängiges Teilsystem, von dem alle $x_i (i = 1, \ldots, n)$ linear abhängen.*

Beweis. Man suche aus dem System ein Teilsystem von möglichst vielen linear unabhängigen Vektoren aus. Jedes im Teilsystem enthaltene x_i ist nach Grundsatz 1, jedes nicht im Teilsystem enthaltene x_i nach Folgesatz 2 vom Teilsystem linear abhängig.

Definition. *Zwei endliche Systeme $x_1, \ldots, x_r$ und $y_1, \ldots, y_s$ heißen (linear) äquivalent, wenn jedes y_k von $x_1, \ldots, x_r$ und jedes x_i von $y_1, \ldots, y_s$ linear abhängig ist.*

Die Äquivalenzdefinition ist nach Definition symmetrisch, nach Grundsatz 1 reflexiv und nach Grundsatz 3 transitiv. Ist ein Element z von einem der beiden äquivalenten Systeme linear abhängig, so hängt es nach Grundsatz 3 auch von dem anderen linear ab. Nach Folgesatz 3 ist jedes endliche System äquivalent einem linear unabhängigen Teilsystem.

Der folgende **Austauschsatz** stammt von Steinitz:

Folgesatz 4. *Sind $y_1, \ldots, y_s$ linear unabhängig und ist jedes y_j linear abhängig von $x_1, \ldots, x_r$, so gibt es im System der x_i ein Teilsystem $\{x_{i_1}, \ldots, x_{i_s}\}$ von genau s Elementen, welches man gegen $\{y_1, \ldots, y_s\}$ austauschen kann, so daß das durch diesen Austausch aus $\{x_1, \ldots, x_r\}$ entstehende System dem ursprünglichen System $\{x_1, \ldots, x_r\}$ äquivalent ist. Insbesondere ist also $s \leqq r$.*

Beweis. Für $s = 0$ ist die Behauptung trivial: es gibt dann keine y_j und es wird nichts ausgetauscht. Die Behauptung sei also für $\{y_1, \ldots, y_{s-1}\}$ schon bewiesen, und es sei $\{y_1, \ldots, y_{s-1}\}$ gegen $\{x_{i_1}, \ldots, x_{i_{s-1}}\}$ austauschbar. Durch diesen Austausch entsteht ein zu $\{x_1, \ldots, x_r\}$ äquivalentes System $\{y_1, \ldots, y_{s-1}, x_k, x_l, \ldots\}$. Nun ist y_s von $\{x_1, \ldots, x_r\}$, also auch von dem äquivalenten System $\{y_1, \ldots, y_{s-1}, x_k, x_l, \ldots\}$ linear abhängig. Es gibt also auch eine kleinste Teilmenge von $\{y_1, \ldots, y_{s-1}, x_k, x_l, \ldots\}$, von welcher y_s noch linear abhängig ist. Diese kleinste Teilmenge kann nicht aus lauter y_j bestehen, da die y_j und y_s linear unabhängig sind. Also enthält die kleinste Teilmenge $\{y_j, \ldots, x_k\}$ mindestens ein x_k, dieses nennen wir x_{i_s}. Nach Grundsatz 2 ist $x_k = x_{i_s}$ linear abhängig von dem System, das aus $\{y_j, \ldots, x_k\}$ durch Ersetzung von x_k durch y_s entsteht, also auch von dem umfassenden System, das aus $\{y_1, \ldots, y_{s-1}, x_k, x_l, \ldots\}$ durch die Ersetzung $x_k \to y_s$ entsteht. Dieses System sei $\{y_1, \ldots, y_{s-1}, y_s, x_l, \ldots\}$. Es ist mit $\{y_1, \ldots, y_{s-1}, x_k, x_l, \ldots\}$ äquivalent, da x_k von dem ersten System und y_s von dem letzteren linear abhängig ist. Damit haben wir den Austausch um einen Schritt weiter getrieben. Das neue System $\{y_1, \ldots, y_{s-1}, y_s, x_l, \ldots\}$ ist mit $\{y_1, \ldots, y_{s-1}, x_k, x_l, \ldots\}$, also auch mit dem ursprünglichen $\{x_1, \ldots, x_r\}$ äquivalent.

Folgesatz 5. *Zwei äquivalente, linear unabhängige Systeme $\{x_1, \ldots, x_r\}$ und $\{y_1, \ldots, y_s\}$ bestehen aus gleich vielen Elementen.*

Beweis. Nach Folgesatz 4 ist $s \leqq r$ und $r \leqq s$.

Aus Folgesatz 5 folgt unmittelbar, daß zwei linear unabhängige Basen $\{x_1, \ldots, x_r\}$ und $\{y_1, \ldots, y_s\}$ eines Vektorraumes $\mathfrak{M}$ aus gleich viel Elementen bestehen. Die Dimension eines Vektorraumes $\mathfrak{M}$ ist also unabhängig von der Wahl der Basis. Man nennt die Dimension auch den *linearen Rang* oder den *Rang* von $\mathfrak{M}$ über K.

Hat $\mathfrak{M}$ die Dimension r über K, so folgt aus dem Austauschsatz, daß unter $r + 1$ Elementen von $\mathfrak{M}$ immer eines von den anderen linear abhängig ist. Man kann also den Rang von $\mathfrak{M}$ über K auch als Maximalzahl der linear unabhängigen Elemente von $\mathfrak{M}$ definieren. Daraus folgt:

Ein linearer Unterraum $\mathfrak{N}$ von $\mathfrak{M}$ (d. h. ein Untermodul, der die Multiplikation mit K gestattet) hat höchstens dieselbe Dimension wie $\mathfrak{M}$.

Unter einer *Basis* von $\mathfrak{M}$ soll immer eine linear unabhängige Basis verstanden werden. In diesem Sinne mögen $p_1, \ldots, p_r$ eine Basis von $\mathfrak{M}$ und $e_1, \ldots, e_s$ eine Basis von $\mathfrak{N}$ bilden. Nach dem Austauschsatz kann man ein zu $\{p_1, \ldots, p_r\}$ äquivalentes System erhalten, indem man s Elemente dieser Basis gegen $e_1, \ldots, e_s$ austauscht. Die übrigbleibenden p_i kann man in $e_{s+1}, \ldots, e_r$ umbenennen. So erhält man ein neues System von Erzeugenden:

$$\{e_1, \ldots, e_s, \quad e_{s+1}, \ldots, e_r\}.$$

Dieses System ist wieder linear unabhängig, da sonst die Dimension von $\mathfrak{M}$ kleiner als r wäre. Also gilt:

Eine Basis eines linearen Teilraumes $\mathfrak{N}$ von der Dimension s läßt sich durch Hinzunahme von $r - s$ weiteren Elementen $e_{s+1}, \ldots, e_r$ zu einer Basis des ganzen Raumes $\mathfrak{M}$ ergänzen.

Aufgaben. 1. Die gewöhnlichen komplexen Zahlen $a + bi$ bilden einen zweidimensionalen Vektorraum über dem Körper der reellen Zahlen.

2. Die stetigen reellen Funktionen $f(x)$ auf dem Intervall $0 \leqq x \leqq 1$ bilden einen Vektorraum, der keinen endlichen Rang über dem Körper der reellen Zahlen hat.

§ 21. Der duale Vektorraum

Es sei $\mathfrak{M}$ ein n-dimensionaler Vektorraum über dem Schiefkörper K. Eine *Linearform* auf $\mathfrak{M}$ ist eine auf $\mathfrak{M}$ definierte Funktion f mit Werten $f(x)$ in K, die *linear* ist in folgendem Sinn:

$$(1) \qquad\qquad f(x + y) = f(x) + f(y)$$

$$(2) \qquad\qquad f(x\,a) = f(x)\,a\,.$$

Drückt man die Vektoren x durch n Basisvektoren $p_1, \ldots, p_n$ aus:

$$x = p_1 x^1 + \cdots + p_n x^n$$

so folgt aus (1) und (2)

$$(3) \qquad f(x) = f(p_1)\,x^1 + \cdots + f(p_n)\,x^n = u_1 x^1 + \cdots + u_n x^n$$

mit $u_i = f(p_i)$. Die Linearform $f(x)$ ist also einfach eine homogene lineare Funktion der Koordinaten $x^1, \ldots, x^n$ mit Koeffizienten $u_1, \ldots, u_n$ aus K. Diese Koeffizienten können beliebig in K gewählt werden: durch (3) ist immer eine Linearform $f(x)$ mit den Eigenschaften (1) und (2) definiert.

Die Summe von zwei Linearformen $f(x)$ und $g(x)$ ist offensichtlich wieder eine Linearform. Ebenso kann man eine Linearform $f(x)$ von links mit einem konstanten Faktor a multiplizieren und erhält wieder eine Linearform $af(x)$.

Wir fassen nun die Linearformen $f, g, \ldots$ als neue Objekte auf, die wir *Kovektoren* nennen und mit $u, v, \ldots$ bezeichnen. Statt $f(x)$

schreiben wir fortan $u \cdot x$ und nennen es das *skalare Produkt* des Kovektors u mit dem Vektor x. Die Rechenregeln für das skalare Produkt sind

$$u \cdot (x + y) = u \cdot x + u \cdot y$$
$$u \cdot x\,a = (u \cdot x)\,a$$
$$(u + v) \cdot x = u \cdot x + v \cdot x$$
$$a\,u \cdot x = a\,(u \cdot x).$$

Da man die Kovektoren von links mit Elementen $a, b, \ldots$ des Grundkörpers K multiplizieren kann, bilden sie einen Links-Vektorraum. Er heißt *der zu* $\mathfrak{M}$ *duale Raum* $\mathfrak{D}$. Wenn die Basis $p_1, \ldots, p_n$ des Raumes $\mathfrak{M}$ fest gegeben ist, so entspricht nach (3) jedem Kovektor u eine Folge von n Koeffizienten $u_1, \ldots, u_n$. Umgekehrt entspricht jeder solchen Folge $u_1, \ldots, u_n$ ein einziger Kovektor u, der durch

$$(4) \qquad\qquad u \cdot x = u_1 x^1 + \cdots + u_n x^n$$

definiert ist. Man nennt $u_1, \ldots, u_n$ die *Koordinaten* des Kovektors u. Zwei Kovektoren u und v werden addiert, indem ihre Koordinaten u_i und v_i addiert werden. Ein Kovektor u wird mit a multipliziert, indem seine Koordinaten von links mit a multipliziert werden. Also ist der duale Raum $\mathfrak{D}$ als Links-Vektorraum isomorph dem Links-Modellraum der Folgen $(u_1, \ldots, u_n)$. Folglich hat $\mathfrak{D}$ dieselbe Dimension wie $\mathfrak{M}$. Im Fall eines kommutativen Körpers K ist $\mathfrak{D}$ sogar isomorph $\mathfrak{M}$.

Die Kovektoren

$$q^i = (0, \ldots, 1, 0, \ldots, 0) \qquad (1 \text{ an der Stelle } i)$$

bilden nach § 19 eine Basis für $\mathfrak{D}$. Diese Basis ist vermöge der Gleichungen

$$(5) \qquad\qquad q^i \cdot p_k = \delta_k^i$$
$$= 1, \quad \text{wenn } i = k, \text{ sonst } 0$$

invariant mit der Basis $p_1, \ldots, p_n$ des Raumes $\mathfrak{M}$ verknüpft. Man nennt die beiden durch (5) verknüpften Basen von $\mathfrak{M}$ und $\mathfrak{D}$ *zueinander dual*. Die Koordinaten eines Kovektors u in bezug auf die Basis $q^1, \ldots, q^n$ sind genau die früher definierten $u_1, \ldots, u_n$.

Das Skalarprodukt (4) definiert nicht nur bei festem u eine Linearform in x, sondern auch bei festem x eine Linearform in u. Jede Linearform auf $\mathfrak{D}$ kann so erhalten werden, also ist der zu $\mathfrak{D}$ duale Raum wieder $\mathfrak{M}$.

§ 22. Lineare Gleichungen in einem Schiefkörper

Als Vorbereitung zur Lösung eines Systems von linearen Gleichungen betrachten wir einen linearen Teilraum $\mathfrak{C}$ von der Dimension r im dualen Raum $\mathfrak{D}$. Eine Basis $q^1, \ldots, q^r$ von $\mathfrak{C}$ kann nach

§ 20 zu einer Basis $q^1, \ldots, q^n$ von $\mathfrak{D}$ ergänzt werden. Zu dieser Basis des dualen Raumes gibt es nach § 21 eine duale Basis $p_1, \ldots, p_n$ von $\mathfrak{M}$; denn $\mathfrak{M}$ ist der zu $\mathfrak{D}$ duale Raum.

Wir suchen nun die Vektoren x in $\mathfrak{M}$, die mit allen Kovektoren u des Teilraumes $\mathfrak{C}$ das Skalarprodukt Null haben:

$$\text{(1)} \qquad\qquad u \cdot x = 0 \qquad \text{für alle } u \text{ in } \mathfrak{C}.$$

Dazu genügt es, die r linearen Gleichungen

$$\text{(2)} \qquad\qquad q^i \cdot x = 0 \qquad\qquad (i = 1, \ldots, r)$$

zu erfüllen. Drückt man x durch die Basisvektoren $p_1, \ldots, p_n$ aus und beachtet die Relationen (5) § 21, so zeigt sich, daß (2) gleichbedeutend ist mit

$$\text{(3)} \qquad\qquad x^1 = 0, \ldots, x^r = 0.$$

Die gesuchten Vektoren x sind also

$$x = p_{r+1} x^{r+1} + \cdots + p_n x^n$$

mit beliebigen Koeffizienten $x^{r+1}, \ldots, x^n$. Diese Vektoren bilden in $\mathfrak{M}$ einen linearen Teilraum $\mathfrak{N}$ von der Dimension $n - r$. Er wird von den Basisvektoren $p_{r+1}, \ldots, p_n$ aufgespannt.

Betrachtet man umgekehrt $\mathfrak{N}$ als gegeben und sucht diejenigen Kovektoren u, die mit allen Vektoren von $\mathfrak{N}$ das Skalarprodukt Null haben, so findet man genau die Kovektoren in $\mathfrak{C}$. Somit gilt:

Es gibt eine eineindeutige Beziehung zwischen den Teilräumen $\mathfrak{C}$ von der Dimension r in $\mathfrak{D}$ und den Teilräumen $\mathfrak{N}$ von der Dimension $n - r$ in $\mathfrak{M}$, die so definiert ist: $\mathfrak{N}$ besteht aus den Vektoren, die mit allen Kovektoren aus $\mathfrak{C}$ das Skalarprodukt Null haben und $\mathfrak{C}$ aus den Kovektoren, die mit den Vektoren aus $\mathfrak{N}$ das Skalarprodukt Null haben.

Jetzt gehen wir zur Theorie der linearen Gleichungen über. Es seien zunächst s *homogene* lineare Gleichungen mit n Unbekannten $x^1, \ldots, x^n$ vorgelegt.

$$\text{(3a)} \qquad\qquad \sum a_{ik} x^k = 0 \qquad\qquad (i = 1, \ldots, s)$$

Wir fassen $x^1, \ldots, x^n$ als Koordinaten eines Vektors x im Vektorraum $\mathfrak{M}$ auf. Dann können die Gleichungen (3a) als

$$\text{(4)} \qquad\qquad a_i \cdot x = 0$$

geschrieben werden, wobei a_i der Kovektor mit Koordinaten $a_{i1}, \ldots, a_{in}$ ist. Ist einer der Kovektoren a_i von den übrigen linear abhängig, so kann man die betreffende Gleichung weglassen. Schließlich erhält man ein System von r unabhängigen Gleichungen (4). Die linear unabhängigen Kovektoren a_i erzeugen im dualen Raum $\mathfrak{D}$

einen r-dimensionalen Teilraum $\mathfrak{C}$. Die Lösungen von (4) bilden gerade den dazu orthogonalen Teilraum $\mathfrak{N}$ von $\mathfrak{M}$.

Die Anzahl r der unabhängigen Gleichungen (4) oder der unabhängigen Kovektoren a_i heißt der *Rang* des Gleichungssystems. Also gilt der Satz:

Die Lösungen x eines homogenen linearen Gleichungssystems vom Rang r bilden in $\mathfrak{M}$ einen $(n - r)$-dimensionalen Teilraum $\mathfrak{N}$, d. h. es gibt $n - r$ linear unabhängige Lösungen $y^{(1)}, \ldots, y^{(n-r)}$, von denen alle Lösungen Linearkombinationen sind.

Um die Lösungen der Gleichungen (3a) effektiv zu erhalten, wendet man das bekannte Verfahren der *sukzessiven Eliminationen* an, das bei inhomogenen Gleichungen

$$(5) \qquad \sum a_{ik} x^k = c_i \qquad\qquad (i = 1, \ldots, s)$$

zum Ziel führt. Wenn in einer Gleichung alle Koeffizienten Null sind, so ist entweder $c_i \neq 0$ und die Gleichung widerspruchsvoll, oder $c_i = 0$ und die Gleichung überflüssig. Hat aber ein x^k einen von Null verschiedenen Koeffizienten, so kann man dieses x^k aus der Gleichung auflösen und in die übrigen Gleichungen einsetzen. So fortfahrend, erhält man entweder nach einigen Schritten einen Widerspruch, oder man kann einige x^k, etwa $x^1, \ldots, x^r$ durch die übrigen ausdrücken, während die übrigen $x^{r+1}, \ldots, x^n$ beliebig wählbar sind.

Ist das Gleichungssystem homogen (alle $c_i = 0$), so hat es immer die *Null-Lösung* $(0, \ldots, 0)$. Andere, nicht triviale Lösungen gibt es genau dann, wenn der Rang des Gleichungssystems kleiner als n ist.

Aufgaben. 1. Das System (5) ist genau dann lösbar, wenn jede lineare Abhängigkeit zwischen den Linearformen a_i auch für die c_i gilt, d. h. wenn aus

$$\sum b^i a_i = 0 \text{ folgt } \sum b^i c_i = 0.$$

2. Ein System von n homogenen linearen Gleichungen mit n Unbekannten hat genau dann eine nicht triviale Lösung, wenn die Linearformen $a_1, \ldots, a_n$ linear abhängig sind, also wenn das „transponierte Gleichungssystem"

$$\sum y^i a_{ik} = 0$$

eine nicht triviale Lösung $(y^1, \ldots, y^n)$ hat.

§ 23. Lineare Transformationen

$\mathfrak{M}$ und $\mathfrak{N}$ seien Vektorräume. Eine *lineare Transformation* ist eine Abbildung A von $\mathfrak{M}$ in $\mathfrak{N}$ mit folgenden zwei Eigenschaften

$$(1) \qquad\qquad A(x + y) = A x + A y$$

$$(2) \qquad\qquad A(x c) = (A x) c.$$

Aus (1) folgt wie immer

$$(3) \qquad\qquad A(x - y) = A x - A y$$

$$(4) \qquad A(x_1 + \cdots + x_r) = A x_1 + \cdots + A x_r.$$

Hat $\mathfrak{M}$ eine endliche Dimension m und bilden $p_1, \ldots, p_m$ eine Basis, so ist die Wirkung einer linearen Transformation A auf beliebige Vektoren x vollständig bestimmt durch die Wirkung auf die Basisvektoren. Es sei

$$x = p_1 x^1 + \cdots + p_m x^m .$$

Dann ist wegen (4) und (2)

$$(5) \qquad y = A x = (A p_1) x^1 + \cdots + (A p_m) x^m .$$

Hat $\mathfrak{N}$ ebenfalls eine endliche Dimension n, so kann man links und rechts in (5) die Vektoren y und $A p_k$ durch die Basisvektoren $q_1, \ldots, q_n$ von $\mathfrak{N}$ ausdrücken:

$$(6) \qquad y = \sum q_i y^i$$

$$(7) \qquad A p_k = \sum q_i a^i{}_k .$$

Aus (5) ergibt sich dann durch Koeffizientenvergleich

$$(8) \qquad y^i = \sum a^i{}_k x^k .$$

Die lineare Transformation A wird also durch eine *Matrix A*, d. h. durch eine rechteckige Anordnung von mn Elementen $a^i{}_k$ des Schiefkörpers K bestimmt:

$$A = \begin{pmatrix} a^1{}_1 & a^1{}_2 & \ldots & a^1{}_m \\ \cdot & \cdot & & \cdot \\ \cdot & \cdot & & \cdot \\ \cdot & \cdot & & \cdot \\ a^n{}_1 & a^n{}_2 & \ldots & a^n{}_m \end{pmatrix}$$

Wenn die Basen $p_1, \ldots, p_m$ und $q_1, \ldots, q_n$ fest gegeben sind, bestimmt jede lineare Transformation A eindeutig eine Matrix A und umgekehrt. Der erste Index i ist der *Zeilenindex*, der zweite k der *Spaltenindex* eines Matrixelementes $a^i{}_k$. Die Elemente der k-ten Spalte sind nach (7) die Koordinaten des Vektors $A p_k$.

Wird nach der Transformation A eine zweite Transformation B ausgeführt, die den Raum $\mathfrak{N}$ in einen Vektorraum $\mathfrak{R}$ von der Dimension r abbildet:

$$(9) \qquad z^h = \sum b^h{}_i y^i ,$$

so erhält man eine lineare Transformation $C = B A$, die $\mathfrak{M}$ in $\mathfrak{R}$ abbildet, nach der Formel

$$(10) \qquad z^h = \sum b^h{}_i a^i{}_k x^k = \sum c^h{}_k x^k$$

mit der Matrix

$$(11) \qquad C = B A$$

deren Matrixelemente sind

$$(12) \qquad c^h{}_k = \sum b^h{}_i a^i{}_k .$$

Die Formel (12) definiert die *Matrixmultiplikation*. Aus den Matrices B und A kann man nur dann ein Produkt BA bilden, wenn die Matrix B ebenso viele Spalten hat wie die Matrix A Zeilen. Man erhält das Element $c^h{}_k$ der Produktmatrix BA nach (12), indem man die Elemente der h-ten Zeile von B mit denen der k-ten Spalte von A multipliziert und die Produkte addiert.

Für die Matrixmultiplikation gilt natürlich, ebenso wie für die Multiplikation von Transformationen, das *Assoziativgesetz*

$$D(BA) = (DB)A .$$

Man schreibt dafür einfach DBA. Ebenso bei einem Produkt von mehr als drei Faktoren.

Man kann einem Vektor $\boldsymbol{x}$ mit Koordinaten x^k eine einspaltige Matrix

$$X = \begin{pmatrix} x^1 \\ x^2 \\ \cdot \\ \cdot \\ \cdot \\ x^m \end{pmatrix}$$

zuordnen. Die Matrix bestimmt den Vektor $\boldsymbol{x} = \sum \boldsymbol{p}_k x^k$ eindeutig, wenn die Basisvektoren $\boldsymbol{p}_1, \ldots, \boldsymbol{p}_m$ fest gegeben sind. Die Transformationsgleichung (8) kann jetzt als Matrixgleichung geschrieben werden.

$$Y = AX .$$

Haben $\mathfrak{M}$ und $\mathfrak{N}$ dieselbe Dimension, so ist A eine quadratische Matrix. Insbesondere werden lineare Transformationen eines Raumes $\mathfrak{M}$ in sich durch quadratische Matrices dargestellt.

Unter dem *Rang* einer linearen Transformation $\boldsymbol{A}$ versteht man die Dimension des Bildraumes $A\mathfrak{M}$, also die Anzahl der linear unabhängigen Bildvektoren $\boldsymbol{A}\boldsymbol{x}$. Unter dem *Spaltenrang* einer Matrix A versteht man die Anzahl der linear unabhängigen Spalten. Ist A die Matrix der Transformation $\boldsymbol{A}$, so sind die Spalten von A die Vektoren $\boldsymbol{A}\boldsymbol{p}_1, \ldots, \boldsymbol{A}\boldsymbol{p}_m$, und es folgt:

Der Rang der Transformation $\boldsymbol{A}$ ist gleich dem Spaltenrang der Matrix A.

Ist der Rang gleich der Dimension m des Raumes $\mathfrak{M}$, so ist die Abbildung $\boldsymbol{A}$ eineindeutig. Ist außerdem die Dimension von $\mathfrak{N}$ gleich der von $\mathfrak{M}$, so ist der Bildraum $A\mathfrak{M}$ gleich $\mathfrak{N}$, also hat man dann eine eineindeutige lineare Abbildung $\boldsymbol{A}$ von $\mathfrak{M}$ auf $\mathfrak{N}$. Solche Transformationen A heißen *nicht singulär*; auch ihre Matrices A heißen *nicht singulär*. Eine quadratische Matrix ist also genau dann singulär, wenn ihr Spaltenrang kleiner als n ist.

Eine nicht singuläre Transformation besitzt, eben weil sie eineindeutig ist, eine Umkehrung A^{-1}, die die Transformation A rückgängig macht:

$$(13) \qquad A^{-1}A = I.$$

Dabei ist I die *identische Transformation* oder die *Identität*, die jeden Vektor x in sich überführt. Ihre Matrix ist die *Einheitsmatrix*:

$$I = \begin{pmatrix} 1 & 0 & \ldots & 0 \\ 0 & 1 & \ldots & 0 \\ \ldots & & & \\ 0 & 0 & \ldots & 1 \end{pmatrix}$$

Übt man zuerst die Transformation A^{-1} und dann A aus, so erhält man ebenfalls die Identität:

$$(14) \qquad A A^{-1} = I.$$

Die Gleichungen (13) und (14) kann man auch als Matrixgleichungen schreiben:

$$(15) \qquad A^{-1}A = A A^{-1} = I.$$

Um die Matrix A^{-1} effektiv auszurechnen, löst man das Gleichungssystem (8) für unbestimmte y^i nach den x^k auf, am besten durch sukzessive Elimination (§ 22). Man erhält als Auflösung

$$(16) \qquad x^k = \sum b^k{}_j y^j.$$

Die Matrix $B = (b^k{}_j)$ ist dann die gesuchte Inverse A^{-1}.

Wir untersuchen nun, wie die Matrix A einer Transformation A sich ändert, wenn man in $\mathfrak{M}$ und in $\mathfrak{N}$ neue Basen einführt. Die alten Basen waren $p_1, \ldots, p_n$ und $q_1, \ldots, q_m$; die neuen seien $p'_1, \ldots, p'_n$ und $q'_1, \ldots, q'_m$. Die neuen Basen drücken sich durch die alten so aus:

$$(17) \qquad p'_i = \sum p_j f^j{}_i$$

$$(18) \qquad q'_j = \sum q_k g^k{}_j.$$

Die Koeffizienten $f^j{}_i$ und $g^k{}_j$ bilden nicht singuläre Matrices F und G. Die zu G inverse Matrix sei $G^{-1} = H$. Mittels dieser Matrix $H = (h^l{}_k)$ kann man (18) nach den q_k auflösen:

$$(19) \qquad q_k = \sum q'_l h^l{}_k.$$

Die Matrix A erhält man nach (7), indem man $A p_j$ durch die q_k ausdrückt:

$$(20) \qquad A p_j = \sum q_k a^k{}_j.$$

Um die neue Matrix zu erhalten, haben wir $A p_i'$ durch die q_l' auszudrücken:

$$A p_i' = \sum (A p_j)\, f^j{}_i = \sum q_k\, a^k{}_j\, f^j{}_i$$
$$= \sum q_l'\, h^l{}_k\, a^k{}_j\, f^j{}_i .$$

Die neue Matrix ist also

$$(21) \qquad A' = H A F = G^{-1} A F .$$

Im Spezialfall $\mathfrak{M} = \mathfrak{N}$, $F = G$ ergibt sich

$$(22) \qquad A' = F^{-1} A F .$$

Aufgaben. 1. Die nichtsingulären linearen Transformationen eines Raumes $\mathfrak{M}$ in sich bilden eine Gruppe.

2. Definiert man für lineare Transformationen von $\mathfrak{M}$ in $\mathfrak{N}$ die *Summe* $A + B$ durch

$$(A + B)\, x = A x + B x$$

so ist $A + B$ wieder eine lineare Transformation. Ihre Matrix ist die Summe der Matrices A und B, d.h. ihre Matrixelemente sind

$$c^i{}_k = a^i{}_k + b^i{}_k .$$

Die Transponierte A^t. Zu jeder Transformation A von $\mathfrak{M}$ in $\mathfrak{N}$ gehört eine Transformation A^t, die den dualen Raum $\mathfrak{N}^d$ in $\mathfrak{M}^d$ abbildet. Ist nämlich v ein fester Vektor in $\mathfrak{N}^d$ und x ein variabler Vektor in $\mathfrak{M}$, so ist das Skalarprodukt

$$v \cdot A x$$

eine Linearform in x, also das skalare Produkt von x mit einem Kovektor u:

$$(23) \qquad v \cdot A x = u \cdot x .$$

Dieser Kovektor u hängt offenbar linear von v ab. Man kann also

$$(24) \qquad u = A^t v$$

setzen und hat dann

$$(25) \qquad v \cdot A x = A^t v \cdot x .$$

Die durch (25) definierte Transformation A^t heißt die *Transponierte* von A.

In Koordinaten ausgeschrieben lautet (23) so:

$$\sum v_i\, a^i{}_k\, x^k = \sum u_k\, x^k .$$

Daraus folgt

$$u_k = \sum v_i\, a^i{}_k .$$

Die Matrixelemente der Transformation A^t sind also die gleichen $a^i{}_k$, aber k ist jetzt Zeilen- und i Spaltenindex. Man nennt die so erhaltene Matrix die *transponierte Matrix* und bezeichnet sie mit A^t.

Aufgaben. 3. Der Rang von A^t ist gleich dem Rang von A.

4. Der Rang von A^t ist auch gleich dem Zeilenrang von A, d.h. gleich der Anzahl der linear unabhängigen Zeilen. Dabei sind die Zeilen als Elemente eines Links-Vektorraumes, die Spalten als Elemente eines Rechts-Vektorraumes aufzufassen.

5. Aus den Aufgaben 3. und 4. folgt, daß der Zeilenrang einer Matrix A gleich ihrem Spaltenrang ist.

§ 24. Tensoren

Es sei $\mathfrak{M}$ ein n-dimensionaler Vektorraum mit der Basis $p_1, \ldots, p_n$ über einem *kommutativen* Körper K. Die Vektoren von $\mathfrak{M}$ sind also

$$(1) \qquad x = p_1 x^i + \cdots + p_n x^n .$$

Wir betrachten nun *Bilinearformen* $f(x, y)$ mit Werten aus K, also Funktionen von zwei Vektoren x und y mit folgenden Eigenschaften:

$$(2) \qquad f(x + y, z) = f(x, z) + f(y, z)$$
$$(3) \qquad f(x, y + z) = f(x, y) + f(x, z)$$
$$(4) \qquad f(x a, y) = f(x, y) \cdot a$$
$$(5) \qquad f(x, y b) = f(x, y) \cdot b .$$

Die Bilinearform $f(x, y)$ ist bekannt, sobald die Werte

$$(6) \qquad t_{ik} = f(p_i, p_k)$$

bekannt sind. Man hat dann nämlich

$$(7) \qquad f(x, y) = f\left(\sum p_i x^i, \sum p_k y^k \right) = \sum t_{ik} x^i y^k ,$$

wobei über alle i und k von 1 bis n zu summieren ist. Man nennt die t_{ik} die *Koordinaten* der Bilinearform f. Wählt man die t_{ik} beliebig im Grundkörper K, so hat die durch (7) definierte Form immer die Eigenschaften (2)—(5). Es gibt also eine eineindeutige Zuordnung zwischen den Bilinearformen und den Systemen ihrer n^2 Koordinaten (t_{ik}).

Ebenso wie die in § 21 betrachteten Linearformen, können auch die Bilinearformen addiert und mit Konstanten aus K multipliziert werden. Sie bilden einen Vektorraum von der Dimension n^2. Die Elemente dieses Raumes nennt man auch *Tensoren*, genauer *kovariante Tensoren zweiter Stufe*. Diese Tensoren bezeichnen wir mit t und statt $f(x, y)$ schreiben wir $t \cdot x y$. Nach (7) ist dann

$$t \cdot x y = \sum t_{ik} x^i y^k .$$

Wer will, mag den Punkt weglassen und $t x y$ schreiben.

Analog kann man *Multilinearformen* oder *kovariante Tensoren* beliebiger Stufe

$$f(x, y, z, \ldots) = t \cdot x y z \ldots$$

betrachten, die sowohl in x als in $y, z, \ldots$ linear sind. Ihre Koordinaten sind

$$t_{ikl} \ldots = f(p_i, p_k, p_l, \ldots) = t \cdot p_i p_k p_l \ldots$$

und man hat

$$t \cdot x y z \ldots = f(x, y, z, \ldots) = \sum t_{ikl} \ldots x^i y^k z^l \ldots$$

Dual dazu bildet man *kontravariante Tensoren*, d. h. Multilinearformen, deren Argumente Kovektoren u, v, $\ldots$ sind, z. B.

$$t \cdot u v w = g(u, v, w) = \sum t^{ikl} u_i v_k w_l.$$

Die kovarianten Tensoren erster Stufe sind genau die Kovektoren, und die kontravarianten Tensoren erster Stufe entsprechen eineindeutig den Vektoren x des Raumes $\mathfrak{M}$:

$$t \cdot u = u \cdot x = \sum x^i u_i.$$

Dementsprechend nennt man die Kovektoren und Vektoren nach EINSTEIN auch *kovariante* und *kontravariante Vektoren*.

Schließlich kann man *gemischte Tensoren t* betrachten. Sie werden durch Multilinearformen definiert, deren Argumente Vektoren und Kovektoren in beliebiger Anzahl sind, z. B.

$$t \cdot u x = f(u, x) = \sum t^i{}_k u_i x^k$$

Aufgaben. 1. Ein Tensor 2. Stufe ist dann und nur dann symmetrisch in x und y:

$$t \cdot x y = t \cdot y x,$$

wenn seine Koordinaten symmetrisch sind:

$$t_{ik} = t_{ki}.$$

2. Die gemischten Tensoren zweiter Stufe a mit Koordinaten $a^i{}_k$ sind eineindeutig den linearen Transformationen A des Raumes $\mathfrak{M}$ in sich mit Matrixelementen a_k zugeordnet. Die Zuordnung ist durch

$$a \cdot u x = u \cdot A x$$

invariant, d. h. unabhängig vom Koordinatensystem definiert.

3. Ein kovarianter Tensor g mit Koordinaten g_{ik} definiert eine lineare Transformation $x \to u$ des Raumes in den dualen Raum $\mathfrak{M}^*$ nach der Formel

$$u \cdot z = g \cdot z x$$

oder

$$u_i = \sum g_{ik} x^k.$$

Ist die Transformation nicht singulär, so läßt sie sich umkehren:

$$x^k = \sum g^{kl} u_l.$$

Das Produkt der Matrices (g_{ik}) und (g^{kl}) ist dann die Einheitsmatrix:

$$\sum g_{ik} g^{kl} = \delta^l{}_i.$$

§ 25. Antisymmetrische Multilinearformen und Determinanten

K sei ein kommutativer Körper und $\mathfrak{M}$ ein n-dimensionaler Vektorraum mit Basis $p_1, \ldots, p_n$ über K.

Eine Bilinearform $f(x, y) = \sum t_{ik} x^i y^k$ heißt *alternierend* oder *antisymmetrisch*, wenn für alle x und y

$$(1) \qquad f(x, y) + f(y, x) = 0$$

$$(2) \qquad f(x, x) = 0$$

gilt. Die Eigenschaft (1) ist eine Folge von (2); denn aus (2) folgt

$$f(x + y, x + y) = f(x, x) + f(x, y) + f(y, x) + f(y, y) = 0$$

also wegen (2)

$$f(x, y) + f(y, x) = 0\,.$$

Wendet man (1) und (2) auf die Basisvektoren an, so folgt

$$(3) \qquad t_{ik} + t_{ki} = 0$$

$$(4) \qquad t_{ii} = 0\,.$$

Umgekehrt folgen (1) und (2) aus (3) und (4). Es genügt, (2) zu beweisen. Man hat

$$\begin{aligned}
f(x, x) &= \sum t_{ik} x^i x^k \\
&= \sum t_{ii} x^i x^i + \sum_{i < k} (t_{ik} + t_{ki}) x^i x^k = 0\,.
\end{aligned}$$

Eine Multilinearform $F(x, y, z, \ldots)$ heißt *antisymmetrisch*, wenn sie in jedem Paar von Argumenten antisymmetrisch ist. Dazu genügt es, daß $F(x, \ldots)$ Null wird, sobald irgend zwei Argumente gleich werden. Für die Koordinaten $t_{ijk\ldots}$ heißt das, daß sie Null werden, sobald irgend zwei Indices gleich werden und daß sie bei einer Vertauschung von zwei Indices immer das Vorzeichen wechseln:

$$\begin{aligned}
t_{\ldots j \ldots j \ldots} &= 0\,, \\
t_{\ldots j \ldots k \ldots} &= - t_{\ldots k \ldots j \ldots}\,.
\end{aligned}$$

Nun betrachten wir speziell antisymmetrische Multilinearformen n-ter Stufe. Ihre Koordinaten $t_{ij\ldots}$ haben n Indices, von denen jeder von 1 bis n läuft. Sind zwei Indices gleich, so ist $t_{ij\ldots} = 0$. Wir brauchen also nur die $t_{ij\ldots}$ zu betrachten, deren Indices durch eine Permutation aus der Indexfolge $12 \ldots n$ entstehen. Wir setzen

$$t_{12\ldots n} = a\,.$$

Aus der Indexfolge $12 \ldots n$ kann man jede andere erhalten, indem man wiederholt zwei Indices transponiert. Durch solche Transpositionen kann man nämlich zuerst den Index 1 an jede gewünschte Stelle bringen, dann 2, usw. Bei jeder Transposition wird $t_{ij\ldots}$ mit

— 1 multipliziert. Eine gerade Zahl von Transpositionen (ik) ergibt als Produkt eine gerade Permutation, eine ungerade Zahl eine ungerade. Ist also π die Permutation, die $12 \ldots n$ in $ijk\ldots$ überführt, so folgt:

$$(5) \qquad \begin{cases} t_{ijk\ldots} = a, & \text{wenn } \pi \text{ gerade}, \\ t_{ijk\ldots} = -a, & \text{wenn } \pi \text{ ungerade}. \end{cases}$$

Wählt man speziell $a = 1$, so erhält man eine spezielle antisymmetrische Multilinearform

$$(6) \qquad D(\boldsymbol{x}, \boldsymbol{y}, \ldots) = \sum \pm x^i y^j z^k \ldots.$$

Sie ist unter allen antisymmetrischen Multilinearformen dadurch ausgezeichnet, daß ihr Wert für die Basisvektoren $\boldsymbol{p}_1, \ldots, \boldsymbol{p}_n$ gleich Eins ist:

$$(7) \qquad D(\boldsymbol{p}_1, \ldots, \boldsymbol{p}_n) = 1.$$

Aus (5) folgt nun, daß jede antisymmetrische Multilinearform gleich aD ist:

$$(8) \qquad F = aD$$

oder, weil $F(\boldsymbol{p}_1, \ldots, \boldsymbol{p}_n) = a$ ist,

$$(9) \qquad F(\boldsymbol{x}, \boldsymbol{y}, \ldots) = F(\boldsymbol{p}_1, \ldots, \boldsymbol{p}_n) \cdot D(\boldsymbol{x}, \boldsymbol{y}, \ldots)$$

Damit haben wir den folgenden Hauptsatz:

Es gibt eine einzige antisymmetrische Multilinearform D, die für die Basisvektoren $\boldsymbol{p}_1, \ldots, \boldsymbol{p}_n$ den Wert Eins hat. Jede antisymmetrische Multilinearform F entsteht aus D durch Multiplikation mit

$$a = F(\boldsymbol{p}_1, \ldots, \boldsymbol{p}_n).$$

Die Form $D(\boldsymbol{x}, \boldsymbol{y}, \ldots)$ heißt die *Determinante* der n Vektoren $\boldsymbol{x}, \boldsymbol{y}, \ldots$ für die Basis $\boldsymbol{p}_1, \ldots, \boldsymbol{p}_n$.

Wählt man für $\mathfrak{M}$ speziell den in § 19 definierten Modell-Vektorraum, dessen Elemente die Folgen $(x^1, \ldots, x^n)$ sind, so ist in $\mathfrak{M}$ ganz von selbst eine Basis

$$(10) \qquad \boldsymbol{e}_k = (0, \ldots, 1, 0, \ldots, 0)$$

ausgezeichnet. Die Koordinaten eines Vektors $(x^1, \ldots, x^n)$ in bezug auf diese Basis sind gerade $x^1, \ldots, x^n$. Die Determinante D wird also eine Funktion von n Folgen, die man als Spalten einer Matrix B anordnen kann:

$$(11) \qquad B = \begin{pmatrix} x^1 & y^1 & \cdots \\ x^2 & y^2 & \cdots \\ \cdot & \cdot & \\ \cdot & \cdot & \\ \cdot & \cdot & \\ x^n & y^n & \cdots \end{pmatrix}$$

Diese Funktion D ist nach dem vorigen vollständig festgelegt durch drei Eigenschaften:

1. D ist linear in jeder Spalte der Matrix B,
2. D ist Null, wenn zwei Spalten gleich sind,
3. D ist Eins, wenn man für die Spalten die Basisvektoren (10) einsetzt.

Die übliche Bezeichnung für die Determinante D ist

$$(12) \qquad D = \begin{vmatrix} x^1 & y^1 & \cdots \\ x^2 & y^2 & \cdots \\ \cdot & \cdot & \\ \cdot & \cdot & \\ \cdot & \cdot & \\ x^n & y^n & \cdots \end{vmatrix} = \sum \pm\, x^i y^j z^k \ldots$$

Die wichtigste Eigenschaft der Determinante D ist der *Multiplikationssatz*. Wir erhalten ihn ohne Mühe, wenn wir auf die Vektoren $\boldsymbol{x}, \boldsymbol{y}, \ldots$ eine lineare Transformation $\boldsymbol{A}$ anwenden und die Form

$$D(\boldsymbol{A}\,\boldsymbol{x}, \boldsymbol{A}\,\boldsymbol{y}, \ldots)$$

bilden. Sie ist wieder multilinear und wird Null, wenn zwei von den Vektoren $\boldsymbol{x}, \boldsymbol{y}, \ldots$ gleich sind. Also können wir den Hauptsatz, d.h. die Formel (9) anwenden und finden

$$(13) \qquad D(\boldsymbol{A}\,\boldsymbol{x}, \boldsymbol{A}\,\boldsymbol{y}, \ldots) = D(\boldsymbol{A}\,\boldsymbol{p}_1, \ldots, \boldsymbol{A}\,\boldsymbol{p}_n) \cdot D(\boldsymbol{x}, \boldsymbol{y}, \ldots).$$

Der Vektor $\boldsymbol{A}\,\boldsymbol{p}_k$ hat die Koordinaten $a^1{}_k, a^2{}_k, \ldots$. Also kann man (13) auch so schreiben

$$(14) \qquad \begin{vmatrix} \sum a^1{}_i x^i & \sum a^1{}_i y^i & \cdots \\ \sum a^2{}_i x^i & \sum a^2{}_i y^i & \cdots \\ \cdot & \cdot & \\ \cdot & \cdot & \\ \cdot & \cdot & \end{vmatrix} = \begin{vmatrix} a^1{}_1 a^1{}_2 & \cdots \\ a^2{}_1 a^2{}_2 & \cdots \\ \cdot\;\cdot & \\ \cdot\;\cdot & \\ \cdot\;\cdot & \end{vmatrix} \cdot \begin{vmatrix} x^1 y^1 & \cdots \\ x^2 y^2 & \cdots \\ \cdot\;\cdot & \\ \cdot\;\cdot & \\ \cdot\;\cdot & \end{vmatrix}$$

Das ist der *Multiplikationssatz der Determinanten*. Wenn man die Elemente der Matrix B in $b^i{}_k$ umbenennt, kann man den Multiplikationssatz auch so schreiben

$$\begin{vmatrix} \sum a^1{}_i b^i{}_1 & \sum a^1{}_i b^i{}_2 & \cdots \\ \sum a^2{}_i b^i{}_1 & \sum a^2{}_i b^i{}_2 & \cdots \\ \cdot & \cdot & \\ \cdot & \cdot & \\ \cdot & \cdot & \end{vmatrix} = \begin{vmatrix} a^1{}_1 a^1{}_2 & \cdots \\ a^2{}_1 a^2{}_2 & \cdots \\ \cdot\;\cdot & \\ \cdot\;\cdot & \\ \cdot\;\cdot & \end{vmatrix} \cdot \begin{vmatrix} b^1{}_1 b^1{}_2 & \cdots \\ b^2{}_1 b^2{}_2 & \cdots \\ \cdot\;\cdot & \\ \cdot\;\cdot & \\ \cdot\;\cdot & \end{vmatrix}$$

oder noch kürzer, wenn die Determinante der Matrix A mit $\mathrm{Det}\,(A)$

bezeichnet wird:

$$(15) \qquad \mathrm{Det}\,(A\,B) = \mathrm{Det}\,(A) \cdot \mathrm{Det}\,(B)\,.$$

Nimmt man speziell für A eine nichtsinguläre Matrix und für B die inverse Matrix, so wird die linke Seite von (15) Eins, und man erhält

$$(16) \qquad \mathrm{Det}\,(A) \cdot \mathrm{Det}\,(A^{-1}) = 1\,.$$

Daraus folgt, daß die Determinante einer nicht singulären Matrix A nicht Null sein kann.

Die Formel (13) kann man auch so schreiben:

$$D(A\,\boldsymbol{x},\,A\,\boldsymbol{y},\,\ldots) = \mathrm{Det}\,(A) \cdot D(\boldsymbol{x},\,\boldsymbol{y},\,\ldots)\,.$$

Multipliziert man beide Seiten mit einem beliebigen Faktor c aus K, so erhält man

$$c\,D(A\,\boldsymbol{x},\,A\,\boldsymbol{y},\,\ldots) = \mathrm{Det}\,(A) \cdot c\,D(\boldsymbol{x},\,\boldsymbol{y},\,\ldots)$$

oder

$$F(A\,\boldsymbol{x},\,A\,\boldsymbol{y},\,\ldots) = \mathrm{Det}\,(A) \cdot F(\boldsymbol{x},\,\boldsymbol{y},\,\ldots)$$

wobei F eine beliebige alternierende Multilinearform ist. Det (A) *ist also der Faktor, mit dem man die Form* $F(\boldsymbol{x},\,\boldsymbol{y},\,\ldots)$ *multiplizieren muß, um* $F(A\,\boldsymbol{x},\,A\,\boldsymbol{y},\,\ldots)$ *zu erhalten.* Daraus folgt, daß Det (A) nur von der Transformation A abhängt und nicht von der zur Berechnung der Matrix A benutzten Basis $\boldsymbol{p}_1,\,\ldots,\,\boldsymbol{p}_n$. Wir können also ohne Rücksicht auf die Basis von der *Determinante* Det (A) *der linearen Transformation* A sprechen. Sie ist immer gleich der Determinante der Matrix A, wie man auch die Basis wählen möge:

$$(17) \qquad \mathrm{Det}\,(\boldsymbol{A}) = \mathrm{Det}\,(A)\,.$$

Aufgaben. 1. Wenn die Spalten einer Matrix linear abhängig sind, so ist die Determinante Null.

2. Die Determinante einer linearen Transformation A ist dann und nur dann Null, wenn A singulär ist.

3. Ein System von n linearen Gleichungen mit n Unbekannten

$$\textstyle\sum a^i{}_k x^k = c^i$$

ist dann und nur dann für beliebige c^i eindeutig lösbar, wenn die Determinante der Matrix $(a^i{}_k)$ von Null verschieden ist.

4. Ein System von n linearen homogenen Gleichungen mit n Unbekannten

$$\textstyle\sum a^i{}_k x^k = 0$$

hat genau dann eine von Null verschiedene Lösung, wenn die Determinante Null ist.

Spiegelung. Betrachten wir die Determinante

$$F = \begin{vmatrix} x^1 & x^2 & \ldots & x^n \\ y^1 & y^2 & \ldots & y^n \\ \multicolumn{4}{c}{\cdot\,\cdot\,\cdot\,\cdot\,\cdot\,\cdot\,\cdot\,\cdot} \end{vmatrix} = \textstyle\sum \pm\, x^1 y^2 \ldots$$

wobei die Summe rechts so zu bilden ist, daß die Vektoren $x, y, \ldots$ in allen möglichen Weisen permutiert werden. Die Funktion F ist alternierend und sie hat für die Basisvektoren $e_1, \ldots, e_n$ den Wert Eins. Also ist F gleich der Determinante $D(x, y, \ldots)$. Daraus folgt:

Die Determinante der gespiegelten Matrix A^t ist gleich der Determinante der Matrix A:

$$(18) \qquad \operatorname{Det}(A^t) \;=\; \operatorname{Det}(A) \ .$$

Aufgaben. 5. Zu beweisen

$$\begin{vmatrix} (u \cdot x) & (u \cdot y) & \ldots \\ (v \cdot x) & (v \cdot y) & \ldots \\ \cdot & \cdot \cdot \cdot \cdot \cdot \cdot \cdot & \cdot \end{vmatrix} = D\,(u, v, \ldots) \cdot D\,(x, y, \ldots)\,.$$

6. Eine alternierende Multilinearform $F\,(x, y, \ldots)$ in mehr als n Vektoren $x, y, \ldots$ ist Null.

7. Bildet man aus den Skalarprodukten $u \cdot x, \ldots$ von $(n + 1)$ Kovektoren $u, v, \ldots$ mit $(n + 1)$ Vektoren $x, y, \ldots$ eine Determinante mit $(n + 1)$ Reihen und Spalten, so ist diese Null.

§ 26. Tensorprodukte, Verjüngung und Spur

$\mathfrak{M}$ sei wieder ein n-dimensionaler Vektorraum über einem kommutativen Körper K.

Aus zwei Vektoren x und y kann man ein Tensorprodukt $x \otimes y$ folgendermaßen bilden. Man nimmt zwei variable Kovektoren u und v hinzu, die unabhängig voneinander den dualen Raum $\mathfrak{M}^d$ durchlaufen, und man bildet das Produkt

$$f(u, v) = (u \cdot x)\,(v \cdot y)\,.$$

Das Produkt ist eine Bilinearform in u und v und definiert daher einen Tensor t:

$$(1) \qquad t \cdot u\,v = (u \cdot x)\,(v \cdot y)\,.$$

Diesen Tensor nennen wir das *Tensorprodukt* $t = x \otimes y$. Es ist durch (1) invariant definiert. In Koordinaten haben wir

$$\sum t^{ik}\,u_i\,v_k = \left(\sum u_i\,x^i\right)\left(\sum v_k\,y^k\right)$$

also

$$(2) \qquad t^{ik} = x^i\,y^k\,.$$

Wir beweisen nun:

Jede bilineare Abbildung der Paare (x, y) in einen Vektorraum $\mathfrak{N}$ kann dadurch erhalten werden, daß man aus dem Paar (x, y) zunächst das Produkt $t = x \otimes y$ bildet und dann den Raum $\mathfrak{T}$ der Tensoren 2. Stufe linear in $\mathfrak{N}$ abbildet.

Beweis. Eine bilineare Abbildung B mit Werten $B(x, y)$ in $\mathfrak{N}$ kann wie in § 24 durch die Formel

$$(3) \qquad B(x, y) = \sum s_{ik}\, x^i\, y^k$$

dargestellt werden, wobei die s_{ik} Vektoren in $\mathfrak{N}$ sind. Nun definiert man eine lineare Abbildung S von $\mathfrak{T}$ in $\mathfrak{N}$ durch

$$(4) \qquad S\,t = \sum s_{ik}\, t^{ik}\,.$$

Wendet man diese Abbildung speziell auf das Tensorprodukt* $t = x \otimes y$ an, so erhält man wegen (2)

$$S(x \otimes y) = \sum s_{ik}\, x^i\, y^k = B(x, y)$$

womit alles bewiesen ist.

Zusatz. *Die lineare Abbildung S ist durch die bilineare Abbildung $B(x, y)$ eindeutig bestimmt.*

Beweis. Die Produkte von Basisvektoren $p_i \otimes p_k$ bilden eine Basis für den Tensorraum $\mathfrak{T}$. Wenn also die Werte $S(p_i \otimes p_k)$ bekannt sind, so ist die lineare Transformation S eindeutig festgelegt.

Es sei noch bemerkt, daß Satz und Zusatz koordinatenfrei formuliert sind. Nur zum Beweis wurde eine Basis $p_1, \ldots, p_n$ eingeführt.

Aufgabe. 1. Man formuliere den entsprechenden Satz für multilineare Abbildungen $S(x, y, z, \ldots)$.

Der eben formulierte Satz gilt selbstverständlich genau so, wenn die Vektoren x und y zwei verschiedenen Vektorräumen entnommen werden. Nun sei $\mathfrak{D}$ der zu $\mathfrak{M}$ duale Raum. Aus einem Vektor x aus $\mathfrak{M}$ und einem Kovektor u aus $\mathfrak{D}$ kann man das Tensorprodukt

$$t = x \otimes u$$

bilden. Seine Koordinaten sind

$$t^i{}_k = x^i\, u_k\,.$$

Jetzt betrachten wir die bilineare Abbildung B, die dem Paar x, u ihr Skalarprodukt $x \cdot u = u \cdot x$ zuordnet.

$$B(x, u) = x \cdot u\,.$$

Nach dem Satz und Zusatz gibt es eine eindeutig bestimmte lineare Abbildung des Tensorraumes $\mathfrak{T}$ in K derart, daß

$$(5) \qquad S(x \otimes u) = x \cdot u\,.$$

Die früheren Formeln (3) und (4) geben uns die Mittel in die Hand, $S\,t$ durch die Koordinaten $t^i{}_k$ des Tensors t auszudrücken. Die Formel (3) lautet in unserem Falle so:

$$x \cdot u = \sum x^i\, u_i\,,$$

also muß (4) so lauten:

$$(6) \qquad S\,t = \sum t^i{}_i\,.$$

Diese Operation S nennt man die *Verjüngung* des gemischten Tensors t. Der obige Beweis zeigt, daß die Verjüngung eine invariante Operation ist, unabhängig von der Wahl des Koordinatensystems.

Bildet man aus den Tensorkomponenten $t^i{}_k$ eine Matrix

$$T = (t^i{}_k),$$

so ist das Ergebnis der Verjüngung die Summe der Diagonalelemente oder die *Spur* der Matrix T

$$(7) \qquad S(T) = \sum t^i{}_i.$$

Die Spur der Matrix T ist also eine Invariante des Tensors t, unabhängig von der Wahl des Koordinatensystems.

Den Tensoren t mit Koordinaten $t^i{}_k$ sind nach § 24, Aufgabe 2, eineindeutig lineare Transformationen T mit Matrixelementen $t^i{}_k$ zugeordnet. Die Zuordnung ist durch

$$t \cdot u\,x = u \cdot T\,x$$

invariant definiert. Also folgt:

Die Spur $S(T) = \sum t^i{}_i$ *einer Matrix* T *ist eine Invariante der linearen Transformation* T.

Man kann diesen Satz auch direkt, ohne Benutzung von Tensorprodukten beweisen. Aus der Definition der Spur (7) folgt nämlich direkt

$$S(BA) = S(A\,B),$$
$$S(C\,A\,B) = S(A\,B\,C).$$

Setzt man hier $B = F$ und $C = F^{-1}$, wo F eine nicht singuläre Matrix ist, so erhält man

$$S(F^{-1}A\,F) = S(A).$$

Nun ist $F^{-1}AF$ nach (22), § 23 die Matrix der Transformation A, auf eine beliebige neue Basis bezogen. Also ist die Spur $S(A)$ von der Wahl der Basis unabhängig.

Fünftes Kapitel

Ganzrationale Funktionen

Inhalt. Einfache Sätze über Polynome in einer und in mehreren Veränderlichen, mit Koeffizienten aus einem kommutativen Ring $\mathfrak{o}$.

§ 27. Differentiation

In diesem Paragraphen sollen die Differentialquotienten ganzer rationaler Funktionen ohne Stetigkeitsbetrachtungen für beliebige Polynombereiche $\mathfrak{o}[x]$ definiert werden.

Es sei $f(x) = \sum a_i x^i$ ein Polynom in $\mathfrak{o}[x]$. Bildet man nun in einem Polynombereich $\mathfrak{o}[x, h]$ das Polynom $f(x + h) = \sum a_i(x + h)^i$ und entwickelt es nach Potenzen von h, so kommt:

$$f(x + h) = f(x) + h f_1(x) + h^2 f_2(x) + \cdots$$

oder

$$f(x + h) \equiv f(x) + h \cdot f_1(x) \pmod{h^2}.$$

Der (eindeutig bestimmte) Koeffizient $f_1(x)$ der ersten Potenz von h heißt die *Ableitung* von $f(x)$ und wird immer mit $f'(x)$ bezeichnet. Man kann $f'(x)$ offenbar auch so erhalten, daß man die Differenz $f(x + h) - f(x)$ durch den darin ganzrational enthaltenen Faktor h dividiert und im so entstandenen Polynom $h = 0$ setzt. Daraus folgt leicht, daß die Definition der Ableitung mit der üblichen Definition des *Differentialquotienten* als $\lim\limits_{h \to 0} \dfrac{f(x + h) - f(x)}{h}$, falls $\mathfrak{o}$ etwa der Körper der reellen Zahlen ist, in Einklang steht. Man bezeichnet daher die Ableitung auch mit $\dfrac{df}{dx}$ oder mit $\dfrac{d}{dx} f(x)$ oder aber, wenn f außer x noch andere Variablen enthält, mit $\partial f / \partial x$.

Es gelten die folgenden Rechnungsregeln:

(1) $$(f + g)' = f' + g' \quad \text{(Summenregel)}.$$

(2) $$(f g)' = f' g + f g' \quad \text{(Produktregel)}.$$

Beweis (1):

$$f(x + h) + g(x + h) \equiv f(x) + h f'(x) + g(x) + h g'(x) \pmod{h^2}.$$

Beweis (2):

$$f(x + h) g(x + h) \equiv \{f(x) + h f'(x)\} \{g(x) + h g'(x)\}$$
$$\equiv f(x) g(x) + h \{f'(x) g(x) + f(x) g'(x)\} \pmod{h^2}.$$

Ebenso beweist man allgemeiner:

(3) $$(f_1 + \cdots + f_n)' = f_1' + \cdots + f_n',$$

(4) $$(f_1 f_2 \ldots f_n)' = f_1' f_2 \ldots f_n + f_1 f_2' \ldots f_n + \cdots + f_1 f_2 \ldots f_n'.$$

Aus (4) folgt weiter

(5) $$(a x^n)' = n a x^{n-1}.$$

Aus (3) und (5) folgt:

$$\left(\sum_0^n a_k x^k\right)' = \sum_0^n k a_k x^{k-1}.$$

Durch diese Formel hätte man auch den Differentialquotienten formal definieren können.

Aufgaben. 1. Es sei $F(z_1, \ldots, z_m)$ ein Polynom und $F_\nu = \partial F/\partial z_\nu$. Man beweise die Formel

$$\frac{d}{dx}\, F(f_1(x), \ldots, f_m(x)) = \sum_1^m F_\nu(f_1, \ldots, f_m)\, \frac{df_\nu}{dx}\,.$$

2. Man leite für homogene Polynome r-ten Grades $f(x_1, \ldots, x_n)$ aus der Gleichung

$$f(hx_1, \ldots, hx_n) = h^r f(x_1, \ldots, x_n)$$

die ,,Eulersche Differentialgleichung'' her:

$$\sum_\nu \frac{\partial f}{\partial x_\nu}\, x_\nu = rf.$$

3. Man gebe eine algebraische Definition für die Ableitung einer gebrochen-rationalen Funktion $f(x)/g(x)$ mit Koeffizienten aus einem Körper und beweise die bekannten Rechnungsregeln für die Differentiation von Summen, Produkten und Quotienten.

§ 28. Nullstellen

Es sei $\mathfrak{o}$ ein Integritätsbereich mit Einselement.

Ein Element α von $\mathfrak{o}$ heißt *Nullstelle* oder *Wurzel* eines Polynoms $f(x)$ aus $\mathfrak{o}[x]$, wenn $f(\alpha) = 0$ ist. Es gilt der Satz:

Ist α eine Nullstelle von $f(x)$, so ist $f(x)$ durch $x - \alpha$ teilbar.

Beweis. Division von $f(x)$ durch $x - \alpha$ ergibt:

$$f(x) = q(x) \cdot (x - \alpha) + r,$$

wo r eine Konstante ist. Einsetzung von $x = \alpha$ ergibt:

$$0 = r,$$

mithin ist

$$f(x) = q(x) \cdot (x - \alpha).$$

Sind $\alpha_1, \ldots, \alpha_k$ verschiedene Nullstellen von $f(x)$, so ist $f(x)$ durch das Produkt $(x - \alpha_1)(x - \alpha_2) \ldots (x - \alpha_k)$ teilbar.

Beweis. Für $k = 1$ wurde der Satz eben bewiesen. Ist er für den Wert $k - 1$ bewiesen, so hat man:

$$f(x) = (x - \alpha_1) \ldots (x - \alpha_{k-1}) g(x).$$

Einsetzung von $x = \alpha_k$ ergibt:

$$0 = (\alpha_k - \alpha_1) \ldots (\alpha_k - \alpha_{k-1}) g(\alpha_k),$$

also, da $\mathfrak{o}$ keine Nullteiler hat und $\alpha_k \neq \alpha_1, \ldots, \alpha_k \neq \alpha_{k-1}$ ist:

$$g(\alpha_k) = 0,$$

mithin nach dem vorigen Satz:

$$g(x) = (x - \alpha_k) \cdot h(x),$$
$$f(x) = (x - \alpha_1) \ldots (x - \alpha_{k-1})(x - \alpha_k) h(x), \qquad \text{q.e.d.}$$

Folgerung. *Ein Null verschiedenes Polynom vom Grade n hat in einem Integritätsbereich höchsten n Nullstellen.*

Dieser Satz gilt auch in Integritätsbereichen ohne Einselement, da man einen solchen ja stets in einen Körper einbetten kann. Er gilt aber nicht in Ringen mit Nullteilern; beispielsweise hat im Restklassenring modulo 16 das Polynom x^2 die Nullstellen 0, 4, 8, 12, und es gibt sogar Ringe, in denen dasselbe Polynom unendlichviele Nullstellen hat (§ 11, Aufgabe 3).

Ist $f(x)$ durch $(x - \alpha)^k$, aber nicht durch $(x - \alpha)^{k+1}$ teilbar, so nennt man α eine *k-fache Nullstelle* (oder k-fache Wurzel) von $f(x)$. Es gilt:

Eine k-fache Nullstelle von $f(x)$ ist eine mindestens $(k - 1)$-fache Nullstelle der Ableitung $f'(x)$.

Beweis. Aus $f(x) = (x - \alpha)^k g(x)$ folgt:

$$f'(x) = k(x - \alpha)^{k-1} g(x) + (x - \alpha)^k g'(x);$$

mithin ist $f'(x)$ durch $(x - \alpha)^{k-1}$ teilbar.

Ebenso beweist man: *Eine einfache Nullstelle von $f(x)$ ist nicht zugleich Nullstelle der Ableitung $f'(x)$.*

Wir kommen nun zu einigen Sätzen über die Nullstellen von Polynomen in mehreren Veränderlichen.

Ist ein Polynom $f(x_1, \ldots, x_n)$ von Null verschieden und stellt man für jede der Unbestimmten $x_1, \ldots, x_n$ eine unendliche Menge von speziellen Werten aus $\mathfrak{o}$ oder aus einem $\mathfrak{o}$ umfassenden Integritätsbereich zur Verfügung, so gibt es daraus mindestens ein Wertsystem $x_1 = \alpha_1$, $\ldots, x_n = \alpha_n$, für das $f(a_1, \ldots, \alpha_n) \neq 0$ ist.

Beweis. $f(x_1, \ldots, x_n)$ hat als Polynom in x_n (mit Koeffizienten aus dem Integritätsbereich $\mathfrak{o}[x_1, \ldots, x_{n-1}]$) höchstens endlichviele Nullstellen; also gibt es in der unendlichen Menge der Werte, die für x_n zur Verfügung stehen, einen Wert α_n, so daß

$$f(x_1, \ldots, x_{n-1}, \alpha_n) \neq 0$$

ist. Diesen Ausdruck behandle man nun als Polynom in x_{n-1}; so ergibt sich ein Wert α_{n-1}, für den

$$f(x_1, x_2, \ldots, x_{n-2}, \alpha_{n-1}, \alpha_n) \neq 0.$$

ist, usw.

Folgerung. *Nimmt das Polynom $f(x_1, \ldots, x_n)$ für alle speziellen Werte x_i aus einem unendlichen Integritätsbereich den Wert Null an, so ist das Polynom selbst Null.*

Es sei an dieser Stelle daran erinnert, daß in der Algebra das Verschwinden eines Polynoms in $x_1, \ldots, x_n$ das Verschwinden aller Koeffizienten bedeutet und nicht definiert ist durch das Verschwinden für alle Werte, die man für $x_1, \ldots, x_n$ einsetzen kann. Der eben aufgestellte Satz ist also keine Tautologie.

Aufgabe. Man erweitere den letzten Satz auf ein endliches System von Polynomen $f_i(x_1, \ldots, x_n)$, von denen keines Null ist.

§ 29. Interpolationsformeln

Wir kehren zu den Polynomen in einer Veränderlichen zurück, nehmen aber nunmehr den Koeffizientenbereich als einen *Körper* an. Nach den bewiesenen Sätzen sind zwei Polynome vom Grade $\leq n$, deren Werte an $n+1$ Stellen übereinstimmen, einander gleich; denn ihre Differenz hat $n+1$ Nullstellen und ist höchstens vom Grade n. Es gibt also höchstens ein Polynom, welches an $n+1$ verschiedenen Stellen $\alpha_0, \ldots, \alpha_n$ vorgegebene Werte $f(\alpha_i)$ annimmt. Nun gibt es immer ein Polynom vom Grade $\leq n$, welches an diesen Stellen die vorgegebenen Werte annimmt, nämlich das Polynom

$$(1) \qquad f(x) = \sum_{i=0}^{n} \frac{f(\alpha_i)\,(x-\alpha_0)\ldots(x-\alpha_{i-1})\,(x-\alpha_{i+1})\ldots(x-\alpha_n)}{(\alpha_i-\alpha_0)\ldots(\alpha_i-\alpha_{i-1})\,(\alpha_i-\alpha_{i+1})\ldots(\alpha_i-\alpha_n)}.$$

Es gibt also ein und nur ein Polynom vom Grade $\leq n$, welches an den $n+1$ Stellen α_i vorgegebene Werte $f(\alpha_i)$ annimmt, und dieses wird durch die Formel (1) *gegeben.* Die Formel (1) heißt die *Interpolationsformel* von LAGRANGE.

Man erhält ein Polynom mit den gewünschten Eigenschaften auch durch die *Newtonsche Interpolationsformel*

$$(2) \qquad \begin{cases} f(x) = \lambda_0 + \lambda_1(x-\alpha_0) + \lambda_2(x-\alpha_0)(x-\alpha_1) + \cdots \\ \qquad\quad + \lambda_n(x-\alpha_0)(x-\alpha_1)\ldots(x-\alpha_{n-1}), \end{cases}$$

wo die Koeffizienten $\lambda_0, \ldots, \lambda_n$ sukzessiv durch Einsetzung der Werte $x = \alpha_0, \ldots, x = \alpha_n$ bestimmt werden.

Man richtet die Rechnung am besten folgendermaßen ein: Man setze in (2) zuerst $x = \alpha_0$ und erhält

$$f(\alpha_0) = \lambda_0.$$

Subtrahiert man das von (2) und dividiert durch $x - \alpha_0$, so findet man

$$(3) \qquad \frac{f(x) - f(\alpha_0)}{x - \alpha_0} = \lambda_1 + \lambda_2(x-\alpha_1) + \cdots + \lambda_n(x-\alpha_1)\ldots(x-\alpha_{n-1}).$$

Die linke Seite nennen wir $f(\alpha_0, x)$. Setzt man in (3) $x = \alpha_1$ ein, so kommt

$$f(\alpha_0, \alpha_1) = \lambda_1.$$

Subtrahiert man das von (3) und dividiert durch $x - \alpha_1$, so folgt

$$\frac{f(\alpha_0, x) - f(\alpha_0, \alpha_1)}{x - \alpha_1} = \lambda_2 + \lambda_3(x-\alpha_2) + \cdots + \lambda_n(x-\alpha_2)\ldots(x-\alpha_{n-1}).$$

Die linke Seite nennen wir $f(a_0, \alpha_1, x)$. Setzt man nun $x = \alpha_2$, so folgt

$$f(\alpha_0, \alpha_1, \alpha_2) = \lambda_2 .$$

In dieser Weise können wir fortfahren. Wir setzen allgemein (Definition durch vollständige Induktion)

$$(4) \qquad f(\alpha_0, \ldots, \alpha_k, x) = \frac{f(\alpha_0, \ldots, \alpha_{k-1}, x) - f(\alpha_0, \ldots, \alpha_{k-1}, \alpha_k)}{x - \alpha_k}$$

und finden wie oben

$$f(\alpha_0, \ldots, \alpha_{k-1}, x)$$
$$= \lambda_k + \lambda_{k+1}(x - \alpha_k) + \cdots + \lambda_n (x - \alpha_k) \ldots (x - \alpha_{n-1}),$$
$$(5) \qquad\qquad f(\alpha_0, \ldots, \alpha_k) = \lambda_k .$$

Man nennt $f(\alpha_0, \ldots, \alpha_k)$ die k-te Steigung oder den k-ten Differenzenquotienten der Funktion $f(x)$ für die Stellen $\alpha_0, \ldots, \alpha_k$. Nach (4) ist

$$(6) \quad \begin{cases} f(\alpha_0, \alpha_1) = \dfrac{f(\alpha_1) - f(\alpha_0)}{\alpha_1 - \alpha_0} \\[2mm] f(\alpha_0, \alpha_1, \alpha_2) = \dfrac{f(\alpha_0, \alpha_2) - f(\alpha_0, \alpha_1)}{\alpha_2 - \alpha_1} \\[2mm] f(\alpha_0, \ldots, \alpha_n) = \dfrac{f(\alpha_0, \ldots, \alpha_{n-2}, \alpha_n) - f(\alpha_0, \ldots, \alpha_{n-2}, \alpha_{n-1})}{\alpha_n - \alpha_{n-1}} . \end{cases}$$

Die k-te Steigung kann auch definiert werden als der Koeffizient von x^k in demjenigen Polynom $\varphi_k(x)$ vom Grade $\leq k$, welches an den Stellen $\alpha_0, \ldots, \alpha_k$ die Werte $f(\alpha_0), \ldots, f(\alpha_k)$ annimmt. Dieses Polynom wird nämlich nach der Newtonschen Interpolationsformel durch

$$\varphi_k(x) = \lambda_0 + \lambda_1(x - \alpha_0) + \cdots + \lambda_k(x - \alpha_0) \ldots (x - \alpha_{k-1})$$

gegeben, und der Koeffizient von x^k in diesem Ausdruck ist genau $\lambda_k = f(\alpha_0, \ldots, \alpha_k)$.

Aus der zuletzt gegebenen Definition folgt, daß die k-te Steigung von der Numerierung der Stellen $\alpha_0, \ldots, \alpha_k$ unabhängig ist. Diese Eigenschaft verwendet man beim praktischen Rechnen dadurch, daß man, wenn $\alpha_0, \ldots, \alpha_n$ etwa als rationale Zahlen in natürlicher Reihenfolge gegeben sind, die Differenzenquotienten immer nur für aufeinanderfolgende Stellen α_ν bildet und statt (6) die Formeln

$$(7) \qquad f(\alpha_0, \alpha_1, \ldots, \alpha_k) = \frac{f(\alpha_1, \ldots, \alpha_k) - f(\alpha_0, \ldots, \alpha_{k-1})}{\alpha_k - \alpha_0}$$

benutzt, die aus (6) durch eine Vertauschung der α_ν entstehen. Man kann die Differenzenquotienten dann in ein Schema der folgenden

Art anordnen

$$
\begin{array}{llll}
f(\alpha_0) & & & \\
 & f(\alpha_0, \alpha_1) & & \\
f(\alpha_1) & & f(\alpha_0, \alpha_1, \alpha_2) & \\
 & f(\alpha_1, \alpha_2) & & \cdots \\
f(\alpha_2) & & f(\alpha_1, \alpha_2, \alpha_3) & \\
 & f(\alpha_2, \alpha_3) & \cdots & \\
f(\alpha_3) & \cdots & & \\
\cdots & & &
\end{array}
$$

Jede folgende Spalte entsteht nach (7) durch Bildung der ersten Differenzenquotienten aus der vorhergehenden Spalte. Man kann das Schema nach unten beliebig weit fortsetzen, indem man immer neue Stellen heranzieht. Ist $f(x)$ ein Polynom n-ten Grades, so steht in der $(n+1)$-ten Spalte überall eine Konstante, nämlich der Koeffizient λ_n von x^n. In der $(n+2)$-ten Spalte würden in diesem Falle lauter Nullen stehen.

Arithmetische Reihen höherer Ordnung. Wir nehmen nun an, daß der zugrunde gelegte Körper den Ring der ganzen Zahlen umfaßt und daß die Stellen $\alpha_0, \alpha_1, \alpha_2, \ldots$ als aufeinanderfolgende ganze Zahlen, etwa gleich $0, 1, 2, \ldots$ gewählt werden. Bildet man dann das obige Schema der Differenzenquotienten, so sind die Nenner $\alpha_k - \alpha_0$, $\alpha_{k+1} - \alpha_1, \ldots$ die laut (7) bei der Berechnung der Differenzenquotienten der $(k+1)$-ten Spalte auftreten, alle gleich k. Multipliziert man nun die zweite Spalte mit 1, die dritte mit 2, die vierte mit $2 \cdot 3$, allgemein die $(k+1)$-te Spalte mit $k!$, so erhält man an Stelle des Schemas der Steigungen das *Schema der Differenzen*

$$
(8) \qquad \left\{
\begin{array}{llll}
b_0 & & & \\
 & \Delta b_0 & & \\
b_1 & & \Delta^2 b_0 & \\
 & \Delta b_1 & & \cdots \\
b_2 & & \Delta^2 b_1 & \\
 & \Delta b_2 & \vdots & \\
b_3 & \vdots & & \\
\vdots & & &
\end{array}
\right.
$$

Dabei haben wir $f(a_\nu) = b_\nu$ gesetzt. Δb_ν bedeutet $b_{\nu+1} - b_\nu$; $\Delta^2 b_\nu$ bedeutet $\Delta\Delta b_\nu = \Delta b_{\nu+1} - \Delta b_\nu$, usw. Sind $b_0, b_1, \ldots$ die Werte eines Polynoms n-ten Grades, so sind nach dem obigen die n-ten Differenzen konstant und die $(n+1)$-ten Differenzen sind Null. Das Polynom selbst wird durch die Formel (2) mit

$$
(9) \qquad \lambda_k = \frac{\Delta^k b_0}{k!}
$$

gegeben. Von diesen Tatsachen gilt nun auch die Umkehrung:

Sind die $(n+1)$-ten Differenzen der Folge $b_0, b_1, b_2, \ldots$ Null, so sind $b_0, b_1, \ldots$ die Werte eines Polynoms n-ten Grades $f(x)$, welches durch die Formeln (2) und (9) gegeben wird.

Bildet man nämlich mit den Werten des Polynoms $f(x)$ das Differenzschema und vergleicht es mit dem vorgegebenen Schema (8), so stimmen jedenfalls die Anfangselemente $b_0, \Delta b_0, \Delta^2 b_0, \ldots, \Delta^n b_0$ der Spalten überein, während die $(n+1)$-te Spalte beide Male lauter Nullen enthält. Daraus folgt nun der Reihe nach, daß die Elemente der n-ten Spalte, der $(n-1)$-ten Spalte, ..., schließlich der ersten Spalte in beiden Schemata übereinstimmen.

Die eben durchgeführte Überlegung zeigt gleichzeitig, in welcher Weise man, mit der letzten Spalte beginnend, alle Elemente des Schemas (8) berechnen kann, wenn die Anfangselemente $\Delta^k b_0 = k!\,\lambda_k$ ($k = 0, 1, \ldots, n$) der Spalten gegeben sind. Das folgende Beispiel ($n = 3$, $a_0 = 0$, $\Delta a_0 = 1$, $\Delta^2 a_0 = 6$, $\Delta^3 a_0 = 6$) möge die Rechnung erläutern

$$
\begin{array}{ccccc}
0 & & & & \lambda_0 = 0 \\
 & 1 & & & \\
1 & & 6 & & \lambda_1 = 1 \\
 & 7 & & 6 & \\
8 & & 12 & & \lambda_2 = \tfrac{6}{2} = 3 \\
 & 19 & & 6 & \\
27 & & 18 & & \lambda_3 = \tfrac{6}{6} = 1 \\
 & 37 & & 6 & \\
64 & & 24 & & \\
 & 61 & & & \\
125 & & & &
\end{array}
$$

$$
\begin{aligned}
f(x) &= \lambda_0 + \lambda_1 x + \lambda_2 x(x-1) + \lambda_3 x(x-1)(x-2) \\
&= x + 3x(x-1) + x(x-1)(x-2) = x^3 .
\end{aligned}
$$

Versteht man unter einer arithmetischen Reihe nullter Ordnung eine Folge von lauter gleichen Zahlen $b, b, b, \ldots$ und unter einer arithmetischen Reihe n-ter Ordnung eine solche Zahlenfolge, deren Differenzenfolge eine arithmetische Reihe $(n-1)$-ter Ordnung darstellt, so ist klar, daß die erste Spalte des Schemas (8) eine arithmetische Reihe n-ter Ordnung bildet, falls die $(n+2)$-te Spalte aus lauter Nullen besteht. Wir können demnach das oben Bewiesene auch so formulieren:

Die Werte eines Polynoms $f(x)$ vom Grade n an den Stellen $0, 1, 2, 3, \ldots$ bilden eine arithmetische Reihe n-ter Ordnung, und jede arithmetische Reihe n-ter Ordnung besteht aus den Werten eines Polynoms höchstens n-ten Grades an jenen Stellen. Das Polynom $f(x)$ selbst wird aus (2) und (9) gefunden. Das allgemeine Glied b_x einer arithmetischen

Reihe n-ter Ordnung wird demnach durch die Formel

$$b_x = f(x)$$
$$= b_0 + (\varDelta b_0)\, x + \frac{\varDelta^2 b_0}{2}\, x(x-1) + \cdots + \frac{\varDelta^n b_0}{n!}\, x(x-1)\ldots(x-n+1)$$

gegeben.

Das Differenzenschema (8) findet praktisch Anwendung bei der Interpolation und Integration von Funktionen, die durch numerische (etwa empirisch gewonnene) Tabellen gegeben sind. Sind $b_0, b_1, b_2, \ldots$ die Werte einer Funktion $\varphi(x)$ für äquidistante Argumentwerte α_0, $\alpha_0 + h$, $\alpha_0 + 2h, \ldots$, so zeigt die Praxis, daß bei regelmäßig verlaufenden Funktionen und bei nicht allzu großer Intervallänge h die zweiten, dritten, vierten oder schlimmstenfalls die fünften Differenzen praktisch Null werden, also die Funktion sich in einigen unmittelbar aufeinanderfolgenden Intervallen fast genau wie ein Polynom von höchstens viertem Grad verhält. Für die Zwecke der numerischen Interpolation oder Integration kann man daher die Funktion durch ein Polynom ersetzen, welches an 2 bis 5 aufeinanderfolgenden Stellen die durch die Tabellen gegebenen Werte annimmt. Die Interpolation geschieht mittels der Formel (2); dabei kommt man fast immer mit den ersten und zweiten Differenzen, also mit linearen oder quadratischen Polynomen aus. Bei der Umrechnung von Differenzen $\varDelta^k a_\nu$ in Differenzenquotienten treten außer den Faktoren $k!$ noch Potenzen der Intervallänge h auf; an Stelle von (9) hat man demnach die Formel

$$\lambda_k = \frac{\varDelta^k a_0}{k!\, h^k}$$

zu benutzen.

Sind die Argumentwerte $\alpha_0, a_1, \ldots$ nicht mehr äquidistant, so hat man statt der Differenzen $\varDelta^k a_\nu$ von vornherein die Differenzenquotienten (7) zu bilden. Für weitere Einzelheiten der Rechnung sowie für Fehlerabschätzungen usw. verweisen wir auf die einschlägige Lehrbuchliteratur[1].

Aufgaben. 1. Die Teilsummen $s_m = \sum\limits_{\nu=0}^{m-1} a_\nu$ einer arithmetischen Reihe n-ter Ordnung (wobei $s_0 = 0$ gesetzt wird) bilden eine arithmetische Reihe $(n+1)$-ter Ordnung. Daraus ist die Summenformel

$$s_m = m\, a_0 + \binom{m}{2} \varDelta a_0 + \cdots + \binom{m}{n+1} \varDelta^n a_0$$

herzuleiten.

2. Man gebe Formeln für die Summen $\sum\limits_{\nu=0}^{m-1} \nu,\ \sum\limits_{\nu=0}^{m-1} \nu^2,\ \sum\limits_{\nu=0}^{m-1} \nu^3$.

---

[1] Siehe etwa G. KOWALEWSKI: Interpolation und genäherte Quadratur. Leipzig 1930.

§ 30. Faktorzerlegung

Wir haben in § 18 schon gesehen, daß für den Polynombereich $K[x]$, wo K ein kommutativer *Körper* ist, der Satz von der eindeutigen Zerlegung in Primfaktoren gilt. Wir werden jetzt den folgenden allgemeineren *Hauptsatz* beweisen:

Ist $\mathfrak{S}$ ein Integritätsbereich mit Einselement und gilt in $\mathfrak{S}$ der Satz von der eindeutigen Primfaktorzerlegung, so gilt dieser Satz auch im Polynombereich $\mathfrak{S}[x]$.

Der hier darzustellende Beweis geht auf GAUSS zurück.

Es sei $f(x) = \sum_{0}^{n} a_i x^i$ ein von Null verschiedenes Polynom aus $\mathfrak{S}[x]$. Der größte gemeinsame Teiler d von $a_0, \ldots, a_n$ in $\mathfrak{S}$ (vgl. § 18, Aufgabe 7) heißt der *Inhalt* von $f(x)$. Klammert man d aus, so kommt

$$f(x) = d \cdot g(x),$$

wo $g(x)$ den Inhalt 1 hat. $g(x)$ und d sind bis auf Einheitsfaktoren eindeutig bestimmt. Polynome vom Inhalt 1 heißen *Einheitsformen* oder *primitive Polynome* (in bezug auf $\mathfrak{S}$).

Hilfssatz 1. *Das Produkt zweier Einheitsformen ist wieder eine Einheitsform.*

Beweis. Es seien

$$f(x) = a_0 + a_1 x + \cdots$$

und

$$g(x) = b_0 + b_1 x + \cdots$$

Einheitsformen. Gesetzt, die Koeffizienten von $f(x) \cdot g(x)$ hätten einen gemeinsamen Teiler d, der keine Einheit wäre. Ist p ein Primfaktor von d, so muß p in allen Koeffizienten von $f(x) g(x)$ aufgehen. Es sei a_r der erste nicht durch p teilbare Koeffizient von $f(x)$ und entsprechend b_s der von $g(x)$.

Der Koeffizient von x^{r+s} in $f(x) g(x)$ sieht so aus:

$$a_r b_s + a_{r+1} b_{s-1} + a_{r+2} b_{s-2} + \cdots$$
$$+ a_{r-1} b_{s+1} + a_{r-2} b_{s+2} + \cdots.$$

Die Summe soll durch p teilbar sein. Alle Glieder außer dem ersten sind durch p teilbar. Also muß $a_r b_s$ durch p teilbar, also a_r oder b_s durch p teilbar sein, entgegen der Voraussetzung.

Es sei nun Σ der Quotientenkörper von $\mathfrak{S}$ (§ 13). Dann ist in $\Sigma[x]$ jedes Polynom eindeutig zerlegbar (§ 18). Um nun von der Zerlegung in $\Sigma[x]$ zu einer Zerlegung in $\mathfrak{S}[x]$ zu gelangen, benutzen wir folgende Tatsache: Jedes Polynom $\varphi(x)$ von $\Sigma[x]$ kann man in der Gestalt $\frac{F(x)}{b}$ ($F(x)$ in $\mathfrak{S}[x]$, b in $\mathfrak{S}$) schreiben, wo b etwa das Produkt der

Nenner der Koeffizienten von $\varphi(x)$ ist. Sodann kann man $F(x)$ als Produkt „Inhalt mal Einheitsform" schreiben:

$$F(x) = a \cdot f(x),$$

$$(1) \qquad \varphi(x) = \frac{a}{b} \cdot f(x).$$

Wir behaupten nun:

Hilfssatz 2. *Die in* (1) *auftretende Einheitsform* $f(x)$ *ist eindeutig bis auf Einheiten aus* $\mathfrak{S}$ *durch* $\varphi(x)$ *bestimmt. Umgekehrt ist* $\varphi(x)$ *nach* (1) *eindeutig bis auf Einheiten aus* $\Sigma[x]$ *durch* $f(x)$ *bestimmt. Läßt man in dieser Weise jedem* $\varphi(x)$ *aus* $\Sigma[x]$ *eine Einheitsform* $f(x)$ *entsprechen, so entspricht dem Produkt zweier Polynome* $\varphi(x) \cdot \psi(x)$ *bis auf Einheiten das Produkt der zugehörigen Einheitsformen (und umgekehrt). Ist* $\varphi(x)$ *unzerlegbar in* $\Sigma[x]$, *so ist* $f(x)$ *unzerlegbar in* $\mathfrak{S}[x]$ *(und umgekehrt).*

Beweis. Es seien zwei verschiedene Darstellungen eines $\varphi(x)$ gegeben:

$$\psi(x) = \frac{a}{b} f(x) = \frac{c}{d} g(x).$$

Dann folgt:

$$(2) \qquad a\,d\,f(x) = c\,b\,g(x).$$

Der Inhalt der linken Seite ist $a\,d$, der der rechten Seite $c\,b$; also muß

$$a\,d = \varepsilon\,c\,b$$

sein, wo ε eine Einheit aus $\mathfrak{S}$ ist. Setzt man das in (2) ein und kürzt durch $c\,b$, so folgt

$$\varepsilon\,f(x) = g(x).$$

$f(x)$ und $g(x)$ unterscheiden sich also nur um eine Einheit aus $\mathfrak{S}$.

Für das Produkt zweier Polynome

$$\varphi(x) = \frac{a}{b}\,f(x),$$

$$\psi(x) = \frac{c}{d}\,g(x)$$

erhält man sofort:

$$\varphi(x) \cdot \psi(x) = \frac{a\,c}{b\,d}\,f(x)\,g(x),$$

und nach Hilfssatz 1 ist $f(x)\,g(x)$ wieder eine Einheitsform. Dem Produkt $\varphi(x) \cdot \psi(x)$ entspricht also das Produkt $f(x) \cdot g(x)$.

Ist schließlich $\varphi(x)$ unzerlegbar, so ist es auch $f(x)$; denn eine Zerlegung $f(x) = g(x)\,h(x)$ würde sofort eine Zerlegung

$$\varphi(x) = \frac{a}{b}\,f(x) = \frac{a}{b}\,g(x) \cdot h(x)$$

nach sich ziehen. Das Umgekehrte folgt ebenso.

Damit ist Hilfssatz 2 bewiesen.

Vermöge des Hilfssatzes 2 überträgt sich nun die eindeutige Faktorzerlegung der Polynome $\varphi(x)$ unmittelbar auf die zugehörigen Einheitsformen. Also: *Einheitsformen lassen sich bis auf Einheiten eindeutig in Primfaktoren, die wieder Einheitsformen sind, zerlegen.*

Nun wenden wir uns der Faktorzerlegung beliebiger Polynome in $\mathfrak{S}[x]$ zu. Unzerlegbare Polynome sind notwendig entweder unzerlegbare Konstanten oder unzerlegbare Einheitsformen; denn jedes andere Polynom ist zerlegbar in Inhalt mal Einheitsform. Um also ein Polynom $f(x)$ zu zerlegen, muß man zuerst $f(x)$ in Inhalt mal Einheitsform aufspalten und dann diese beiden Bestandteile getrennt in Primfaktoren zerlegen. Das erstere ist bis auf Einheiten eindeutig möglich nach der Voraussetzung des Hauptsatzes, das zweite ebenfalls nach dem eben Bewiesenen. Damit ist der Hauptsatz bewiesen.

Als wichtiges Nebenresultat des Beweises ergibt sich:

Ist ein Polynom $F(x)$ aus $\mathfrak{S}[x]$ zerlegbar in $\Sigma[x]$, so ist es schon in $\mathfrak{S}[x]$ zerlegbar.

Denn vermöge $F(x) = d \cdot f(x)$ entspricht dem Polynom $F(x)$ eine Einheitsform $f(x)$, und nach Hilfssatz 2 zieht eine Produktzerlegung von $F(x)$ in $\Sigma[x]$ eine solche von $f(x)$ in $\mathfrak{S}[x]$ nach sich; mit $f(x)$ ist aber $F(x)$ zerlegbar.

Beispielsweise ist ein jedes Polynom mit ganzen rationalen Koeffizienten, das sich rationalzahlig zerlegen läßt, schon ganzzahlig zerlegbar. Also: *Wenn ein ganzzahliges Polynom ganzzahlig unzerlegbar ist, so ist es auch rationalzahlig unzerlegbar.*

Durch vollständige Induktion erhält man aus dem Hauptsatz das weitergehende Ergebnis:

Ist $\mathfrak{S}$ ein Integritätsbereich mit Einselement und gilt in $\mathfrak{S}$ der Satz von der eindeutigen Faktorzerlegung, so gilt dieser Satz auch im Polynombereich $\mathfrak{S}[x_1, \ldots, x_n]$.

Daraus folgt unter anderem die eindeutige Faktorzerlegung für die ganzzahligen Polynome (von beliebig vielen Variablen), für die Polynome mit Koeffizienten aus einem Körper usw.

Der Begriff „primitives Polynom", oben in den Gaußschen Hilfssätzen eingeführt, wird insbesondere dann verwendet, wenn es sich um Polynombereiche in mehreren Variablen handelt. Ist K ein Körper, so heißt ein Polynom f aus $K[x_1, \ldots, x_n]$ *primitiv in bezug auf* $x_1, \ldots, x_{n-1}$, wenn es primitiv in bezug auf den Integritätsbereich $K[x_1, \ldots, x_{n-1}]$ ist, d. h. keinen nichtkonstanten Teiler hat, der nur von $x_1, \ldots, x_{n-1}$ abhängt.

Aufgaben. 1. Einheiten in $\mathfrak{S}[x]$ sind nur die Einheiten von $\mathfrak{S}$.

2. Man beweise, daß in einer Faktorzerlegung eines homogenen Polynoms nur homogene Faktoren auftreten können.

3. Man beweise, daß die Determinante

$$\varDelta = \begin{vmatrix} x_{11} & \cdots & x_{1n} \\ \cdot & \cdots & \cdot \\ \cdot & \cdots & \cdot \\ \cdot & \cdots & \cdot \\ x_{n1} & \cdots & x_{nn} \end{vmatrix}$$

im Polynombereich $\mathfrak{S}[x_{11}, \ldots, x_{nn}]$ unzerlegbar ist. (Man zeichne eine Unbestimmte, etwa x_{11}, aus und zeige, daß $\varDelta$ primitiv in bezug auf die übrigen ist.)

4. Man gebe eine Regel an, die es erlaubt, von jedem ganzzahligen Polynom zu entscheiden, ob es einen Faktor ersten Grades hat.

5. Man beweise die Unzerlegbarkeit des Polynoms

$$x^4 - x^2 + 1$$

im ganzzahligen Polynombereich der Unbestimmten x. Ist das Polynom im rationalzahligen Polynombereich zerlegbar? Ist es zerlegbar über dem Ring der ganzen Gaußschen Zahlen?

§ 31. Irreduzibilitätskriterien

Es sei $\mathfrak{S}$ ein Integritätsbereich mit Einselement, in dem die eindeutige Zerlegbarkeit gilt, und es sei

$$f(x) = a_0 + a_1 x + \cdots + a_n x^n$$

ein Polynom aus $\mathfrak{S}[x]$. Der folgende Satz gibt in vielen Fällen Auskunft über die Irreduzibilität von $f(x)$.

Eisensteinscher Satz. *Wenn es ein Primelement p in $\mathfrak{S}$ gibt, so daß*

$$a_n \not\equiv 0\,(p),$$
$$a_i \equiv 0\,(p) \quad \text{für alle } i < n,$$
$$a_0 \not\equiv 0\,(p^2)$$

ist, so ist $f(x)$ irreduzibel in $\mathfrak{S}[x]$ bis auf konstante Faktoren; mit anderen Worten es ist $f(x)$ irreduzibel in $\Sigma[x]$, wo Σ den Quotientenkörper von $\mathfrak{S}$ bedeutet.

Beweis. Wäre $f(x)$ zerlegbar:

$$f(x) = g(x) \cdot h(x),$$
$$g(x) = \sum_0^r b_\nu x^\nu,$$
$$h(x) = \sum_0^s c_\nu x^\nu,$$
$$r > 0, \quad s > 0, \quad r + s = n,$$

so hätte man

$$a_0 = b_0 c_0 \quad \text{und} \quad a_0 \equiv 0\,(p).$$

Daraus folgt, daß entweder $b_0 \equiv 0\,(p)$ oder $c_0 \equiv 0\,(p)$ ist. Es sei etwa $b_0 \equiv 0\,(p)$. Dann ist $c_0 \not\equiv 0\,(p)$, weil sonst $a_0 = b_0 c_0 \equiv 0\,(p^2)$ wäre.

Nicht alle Koeffizienten von $g(x)$ sind durch p teilbar; denn sonst wäre das Produkt $f(x) = g(x) \cdot h(x)$ durch p teilbar, also alle Koeffizienten, insbesondere a_n durch p teilbar, entgegen der Voraussetzung. Es sei also b_i der erste Koeffizient von $g(x)$, der nicht durch p teilbar ist $(0 < i \leq r < n)$. Es ist

$$a_i = b_i c_0 + b_{i-1} c_1 + \cdots + b_0 c_i ,$$
$$a_i \equiv 0(p) ,$$
$$b_{i-1} \equiv 0(p) ,$$
$$\cdots\cdots\cdots\cdots$$
$$b_0 \equiv 0(p) ,$$

also

$$b_i c_0 \equiv 0(p) ,$$
$$c_0 \not\equiv 0(p) ,$$
$$b_i \equiv 0(p) ,$$

entgegen der Voraussetzung.

Also ist $f(x)$ bis auf konstante Faktoren irreduzibel.

Beispiel 1. $x^m - p\,(p\ \text{prim})$ ist im ganzzahligen (und somit auch im rationalzahligen) Polynombereich irreduzibel. Also ist $\sqrt[m]{p}\,(m > 1,\ p\ \text{prim})$ stets irrational.

Beispiel 2. $f(x) = x^{p-1} + x^{p-2} + \cdots + 1$ ist, wenn p Primzahl ist, die linke Seite einer „Kreisteilungsgleichung". Wir fragen wieder nach ganzzahliger (oder, was auf dasselbe hinauskommt, rationalzahliger) Irreduzibilität. Das Eisensteinsche Kriterium ist nicht direkt anwendbar; aber man kann folgendermaßen schließen. Wäre $f(x)$ reduzibel, so wäre $f(x + 1)$ es auch. Nun ist

$$f(x + 1) = \frac{(x + 1)^p - 1}{(x + 1) - 1} = \frac{x^p + \binom{p}{1} x^{p-1} + \cdots + \binom{p}{p-1} x}{x}$$
$$= x^{p-1} + \binom{p}{1} x^{p-2} + \cdots + \binom{p}{p-1} .$$

Alle Koeffizienten außer dem von x^{p-1} sind durch p teilbar; denn in der Formel für die Binomialkoeffizienten

$$\binom{p}{i} = \frac{p(p - 1)\ldots(p - i + 1)}{i!}$$

ist für $i < p$ der Zähler durch p teilbar, der Nenner aber nicht. Außerdem ist das konstante Glied $\binom{p}{p-1} = p$ nicht durch p^2 teilbar. Also ist $f(x + 1)$ irreduzibel, also $f(x)$ irreduzibel.

Beispiel 3. Dieselbe Transformation führt auch für $f(x) = x^2 + 1$ zur Entscheidung, da

$$f(x + 1) = x^2 + 2x + 2$$

ist.

Aufgaben. 1. Man zeige die Irrationalität von $\sqrt[m]{p_1 p_2 \ldots p_r}$, wo $p_1, \ldots, p_r$ verschiedene Primzahlen sind und $m > 1$ ist.

2. Man zeige die Irreduzibilität von

$$x^2 + y^2 - 1$$

in $\mathsf{P}([x, y]$, wo P irgend ein Körper ist, in welchem $+ 1 \neq - 1$ ist.

3. Man zeige die Irreduzibilität der Polynome

$$x^4 + 1; \quad x^6 + x^3 + 1,$$

im ganzzahligen Polynombereich.

Im Grunde beruht der Eisensteinsche Satz darauf, daß man die Gleichung

$$f(x) = g(x) \cdot h(x)$$

in eine Kongruenz nach p^2 verwandelt:

$$f(x) \equiv g(x) \cdot h(x),$$

und diese ad absurdum führt. In sehr vielen anderen Fällen ist es ebenfalls möglich, Irreduzibilitätsbeweise dadurch zu führen, daß man die Gleichungen in Kongruenzen modulo irgendeiner Größe q des Bereichs $\mathfrak{S}$ verwandelt und untersucht, ob das vorgelegte Polynom $f(x)$ modulo q zerfällt. Ist insbesondere $\mathfrak{S}$ der Bereich der ganzen Zahlen $\mathbb{Z}$, so gibt es im Restklassenbereich nach q nur endlichviele Polynome von gegebenem Grad; also hat man modulo q immer nur endlichviele Möglichkeiten der Zerfällung von $f(x)$ zu untersuchen. Stellt es sich heraus, daß $f(x)$ modulo q irreduzibel ist, so war $f(x)$ auch in $\mathbb{Z}[x]$ irreduzibel, und auch im anderen Fall kann man unter Umständen Schlüsse aus der gefundenen Zerlegung mod q ziehen, wobei man sich im Falle $q = $ Primzahl auf den Satz von der eindeutigen Primfaktorzerlegung der Polynome mod q (§ 18, Aufgabe 3) stützen kann.

Beispiel 4. $\mathfrak{S} = \mathbb{Z}; f(x) = x^5 - x^2 + 1$. Wenn $f(x)$ mod 2 zerlegbar ist, so muß einer der Faktoren linear oder quadratisch sein. Nun gibt es mod 2 bloß zwei lineare Polynome:

$$x, x + 1,$$

und bloß ein irreduzibles quadratisches Polynom:

$$x^2 + x + 1.$$

Ausführung der Division lehrt, daß $x^5 - x^2 + 1$ durch alle diese Polynome nicht teilbar ist (mod 2). Man sieht das auch direkt aus

$$x^5 - x^2 + 1 = x^2(x^3 - 1) + 1 \equiv x^2(x + 1)(x^2 + x + 1) + 1.$$

Also ist $f(x)$ irreduzibel.

§ 32. Die Durchführung der Faktorzerlegung in endlichvielen Schritten

Wir haben zwar die theoretische Möglichkeit eingesehen, bei gegebenem Körper Σ jedes Polynom aus $\Sigma[x_1, \ldots, x_n]$ in Primfaktoren zu zerlegen, und in einigen Fällen auch die Mittel aufgezeigt, die Zerlegung wirklich anzugeben bzw. die Unmöglichkeit einer Zerlegung darzutun; aber eine allgemeine Methode, die Zerlegung in jedem Fall in endlichvielen Schritten durchzuführen, besitzen wir noch nicht. Eine solche Methode wollen wir wenigstens für den Fall, daß Σ der Körper der rationalen Zahlen ist, angeben.

Man kann nach § 30 jedes rationalzahlige Polynom ganzzahlig voraussetzen und seine Zerlegung im ganzzahligen Polynombereich vornehmen. Im Ring $\mathbb{Z}$ der ganzen Zahlen selbst ist jede Primfaktorzerlegung offenbar durch endliches Ausprobieren durchführbar; außerdem gibt es dort nur endlichviele Einheiten ($+ 1$ und $- 1$), also nur endlichviele mögliche Zerlegungen. Auch im Polynombereich $\mathbb{Z}[x_1, \ldots, x_n]$ gibt es nur die Einheiten $+1$, -1. Durch vollständige Induktion nach der Variablenzahl n wird nun alles auf das folgende Problem zurückgeführt:

In $\mathfrak{S}$ sei jede Faktorzerlegung in endlichvielen Schritten ausführbar; außerdem gebe es in $\mathfrak{S}$ nur endlichviele Einheiten. Gesucht wird eine Methode, jedes Polynom aus $\mathfrak{S}[x]$ in Primfaktoren zu zerlegen.

Die Lösung ist von KRONECKER gegeben worden.

Es sei $f(x)$ ein Polynom n-ten Grades in $\mathfrak{S}[x]$. Wenn $f(x)$ zerlegbar ist, so hat einer der Faktoren einen Grad $\leqq n/2$; ist also s die größte ganze Zahl $\leqq n/2$, dann haben wir zu untersuchen, ob $f(x)$ einen Faktor $g(x)$ vom Grade $\leqq s$ hat.

Wir bilden die Funktionswerte $f(a_0), f(a_1), \ldots, f(a_s)$ an $s+1$ beliebig gewählten ganzzahligen Stellen $a_0, a_1, \ldots, a_s$. Soll nun $f(x)$ durch $g(x)$ teilbar sein, so muß $f(a_0)$ durch $g(a_0)$, $f(a_1)$ durch $g(a_1)$ usw. teilbar sein. Da aber jedes $f(a_i)$ in $\mathfrak{S}$ nur endlichviele Teiler besitzt, so kommen für jedes $g(a_i)$ nur endlichviele Möglichkeiten in Betracht, die man nach Voraussetzung alle aufzufinden imstande ist. Zu jeder möglichen Kombination von Werten $g(a_0)$, $g(a_1), \ldots, g(a_s)$ gibt es nach den Sätzen von § 29 genau ein Polynom $g(x)$, welches man jeweils explizite aufstellen kann. Damit hat man endlichviele Polynome $g(x)$ gefunden, die als Teiler in Betracht kommen. Von jedem dieser Polynome $g(x)$ kann man nun durch den Divisionsalgorithmus feststellen, ob es wirklich ein Teiler von $f(x)$ ist. Ist keines der möglichen $g(x)$, abgesehen von den Einheiten, Teiler von $f(x)$, so ist $f(x)$ unzerlegbar; im anderen Fall hat man eine Zerlegung gefunden und kann auf die beiden Faktoren dasselbe Verfahren anwenden, usw.

Im ganzzahligen Fall ($\mathfrak{S} = \mathbb{Z}$) kann man das Verfahren oft ganz erheblich abkürzen. Zunächst läßt sich durch Zerlegung des gegebenen Polynoms modulo 2 und eventuell noch modulo 3 eine Übersicht darüber gewinnen, welche Gradzahlen die möglichen Faktorpolynome $g(x)$ haben können und welchen Restklassen die Koeffizienten modulo 2 und 3 angehören. Das schränkt die Anzahl der möglichen $g(x)$ schon erheblich ein. Sodann kann man bei Anwendung der Newtonschen Interpolationsformel beachten, daß der letzte Koeffizient λ_s ein Teiler des höchsten Koeffizienten von $f(x)$ sein muß, was wieder eine Einschränkung der Möglichkeiten bedeutet. Schließlich benutzt man oft mit Vorteil mehr als $s+1$ Stellen a_i. Man verwendet dann zur Bestimmung der möglichen $g(a_i)$ diejenigen $f(a_i)$, welche am wenigsten Primfaktoren enthalten; die übrigen Stellen können nachher benutzt werden um die Anzahl, der Möglichkeiten noch weiter einzuschränken, indem man für jedes errechnete $g(x)$ erst prüft, ob es an den noch nicht berücksichtigten Stellen a_i Werte annimmt, die Teiler des jeweiligen $f(a_i)$ sind.

Aufgaben. 1. Man zerlege
$$f(x) = x^5 + x^4 + x^2 + x + 2$$
in $\mathbb{Z}[x]$.

2. Man zerlege
$$f(x, y, z) = -x^3 - y^3 - z^3 + x^2(y+z) + y^2(x+z) + z^2(x+y) - 2xyz$$
in $\mathbb{Z}[x, y, z]$.

§ 33. Symmetrische Funktionen

Es sei $\mathfrak{o}$ ein Ring mit Einselement.

Ein Polynom aus $\mathfrak{o}[x_1, \ldots, x_n]$, das bei jeder beliebigen Permutation der Unbestimmten $x_1, \ldots, x_n$ in sich übergeht, heißt eine (ganze rationale) *symmetrische Funktion* der Variablen $x_1, \ldots, x_n$.

Beispiele: Summe, Produkt, Potenzsumme $s_\varrho = \sum_{\nu=1}^{n} x_\nu^\varrho$.

Setzt man mit einer neuen Unbestimmten z

$$(1) \quad \begin{cases} f(z) = (z - x_1)(z - x_2) \ldots (z - x_n) \\ \qquad = z^n - \sigma_1 z^{n-1} + \sigma_2 z^{n-2} - \cdots + (-1)^n \sigma_n, \end{cases}$$

so sind die Koeffizienten der Potenzen von z:

$$\sigma_1 = x_1 + x_2 + \cdots + x_n,$$
$$\sigma_2 = x_1 x_2 + x_1 x_3 + \cdots + x_2 x_3 + \cdots + x_{n-1} x_n,$$
$$\sigma_3 = x_1 x_2 x_3 + x_1 x_2 x_4 + \cdots + x_{n-2} x_{n-1} x_n,$$
$$\cdots\cdots\cdots\cdots\cdots\cdots\cdots\cdots\cdots\cdots$$
$$\sigma_n = x_1 x_2 \ldots x_n,$$

offenbar symmetrische Funktionen, weil die linke Seite von (1) und somit auch die rechte bei allen Permutationen der x_i ungeändert bleibt. Man nennt $\sigma_1, \ldots, \sigma_n$ die *elementarsymmetrischen Funktionen* von $x_1, \ldots, x_n$.

Jedes Polynom $\varphi(\sigma_1, \ldots, \sigma_n)$ ergibt, wenn man die σ durch ihre Ausdrücke in den x ersetzt, eine symmetrische Funktion der $x_1, \ldots, x_n$. Und zwar ergibt ein Glied $c\,\sigma_1^{\mu_1} \ldots \sigma_n^{\mu_n}$ von $\varphi(\sigma_1, \ldots, \sigma_n)$ ein homogenes Polynom in den x_i vom Grade $\mu_1 + 2\mu_2 + \cdots + n\mu_n$, da jedes σ_i ein homogenes Polynom i-ten Grades ist. Wir nennen die Summe $\mu_1 + 2\mu_2 + \cdots + n\mu_n$ das *Gewicht* des Gliedes $c\,\sigma_1^{\mu_1} \ldots \sigma_n^{\mu_n}$ und verstehen unter dem Gewicht eines Polynoms $\varphi(\sigma_1, \ldots, \sigma_n)$ das höchste Gewicht, das unter seinen Gliedern vorkommt. Polynome $\varphi(\sigma_1, \ldots, \sigma_n)$ vom Gewicht k ergeben demnach symmetrische Polynome der x_i vom Grade $\leq k$.

Der sog. *Hauptsatz über die symmetrischen Funktionen* besagt nun:
Jede ganze rationale symmetrische Funktion aus $\mathfrak{o}[x_1, \ldots, x_n]$ *läßt sich als Polynom* $\varphi(\sigma_1, \ldots, \sigma_n)$ *schreiben.*

Beweis. Man ordne das gegebene symmetrische Polynom „*lexikographisch*" (wie im Lexikon), d.h. so, daß ein Glied $x_1^{\alpha_1} \ldots x_n^{\alpha_n}$ einem anderen $x_1^{\beta_1} \ldots x_n^{\beta_n}$ vorangeht, wenn die erste nichtverschwindende Differenz $\alpha_i - \beta_i$ positiv ist. Mit einem Glied $a\,x_1^{\alpha_1} \ldots x_n^{\alpha_n}$ kommen auch alle Glieder vor, deren Exponenten eine Permutation der α_i bilden; diese werden nicht alle geschrieben, sondern man schreibt $a \sum x_1^{\alpha_1} \ldots x_n^{\alpha_n}$, indem man nur das lexikographisch früheste Glied der Summe wirklich anschreibt. Für dieses gilt $\alpha_1 \geq \alpha_2 \geq \cdots \geq \alpha_n$.

Der Grad des vorgelegten symmetrischen Polynoms sei k, das lexikographische Anfangsglied sei $a\,x_1^{\alpha_1} \ldots x_n^{\alpha_n}$. Nun bilde man ein Produkt von elementarsymmetrischen Funktionen, welches (ausmultipliziert und lexikographisch geordnet) dasselbe Anfangsglied $a\,x_1^{\alpha_1} \ldots x_n^{\alpha_n}$ besitzt. Dieses ist leicht zu finden, nämlich:

$$a\,\sigma_1^{\alpha_1 - \alpha_2}\,\sigma_2^{\alpha_2 - \alpha_3} \ldots \sigma_n^{\alpha_n}.$$

Dieses Produkt subtrahiert man vom gegebenen Polynom, ordnet wieder lexikographisch, sucht das Anfangsglied usw.

Das Verfahren kommt sicher einmal zu einem Ende. Das abgezogene Produkt hat nämlich das Gewicht

$$\alpha_1 - \alpha_2 + 2\alpha_2 - 2\alpha_3 + 3\alpha_3 - \cdots - (n-1)\alpha_n + n\alpha_n$$
$$= \alpha_1 + \alpha_2 + \alpha_3 + \cdots + \alpha_n \leq k,$$

also hat es, als Polynom in den x geschrieben, einen Grad $\leq k$. Der Grad der vorgelegten symmetrischen Funktion wird also durch die Subtraktion nicht erhöht. Bei gegebenem Grad k sind aber nur endlichviele Potenzprodukte $x_1^{\alpha_1} \ldots x_n^{\alpha_n}$ möglich. Da nun bei jeder Subtraktion ein solches Potenzprodukt verschwindet und nur lexikographisch spätere übrigbleiben, muß das Verfahren nach endlich vielen Schritten dadurch abbrechen, daß nichts mehr übrig bleibt.

Dieser Beweis gibt zugleich ein Mittel, eine vorgelegte symmetrische Funktion wirklich rechnerisch durch die σ_i auszudrücken. Hat die vorgelegte Funktion den Grad k, so wird der gefundene Ausdruck $\varphi(\sigma_1, \ldots, \sigma_n)$ das Gewicht k haben.

Aus dem Beweis folgt noch: Homogene symmetrische Funktionen vom Grade k können durch „isobare" Ausdrücke in den σ_i dargestellt werden, d h. durch solche, deren Glieder alle dasselbe Gewicht k haben.

Wir wollen jetzt zeigen, daß eine symmetrische Funktion sich *nur auf eine Art* durch $\sigma_1, \ldots, \sigma_n$ ganzrational ausdrücken läßt; genauer:

Sind $\varphi_1(y_1, \ldots, y_n)$ und $\varphi_2(y_1, \ldots, y_n)$ zwei Polynome in den Unbestimmten $y_1, \ldots, y_n$ und ist

$$\varphi_1(y_1, \ldots, y_n) \neq \varphi_2(y_1, \ldots, y_n),$$

so ist

$$\varphi_1(\sigma_1, \ldots, \sigma_n) \neq \varphi_2(\sigma_1, \ldots, \sigma_n).$$

Bildet man die Differenz $\varphi_1 - \varphi_2 = \varphi$, so sieht man, daß es genügt, zu beweisen: Aus $\varphi(y_1, \ldots, y_n) \neq 0$ folgt $\varphi(\sigma_1, \ldots, \sigma_n) \neq 0$.

Beweis. Jedes Glied in $\varphi(y_1, \ldots, y_n)$ kann in der Form

$$a\, y_1^{\alpha_1 - \alpha_2} y_2^{\alpha_2 - \alpha_3} \ldots y_n^{\alpha_n}$$

geschrieben werden. Unter allen Systemen $(\alpha_1, \alpha_2, \ldots, \alpha_n)$, die zu Koeffizienten $a \neq 0$ gehören, gibt es ein lexikographisch frühestes. Ersetzt man die y_i durch die σ_i und drückt diese durch die x_i aus, so erhält man als lexikographisch frühestes Glied in $\varphi(\sigma_1, \ldots, \sigma_n)$

$$a\, x_1^{\alpha_1} \ldots x_n^{\alpha_n}.$$

Dieses Glied kann sich nicht wegheben, also in der Tat

$$\varphi(\sigma_1, \ldots, \sigma_n) \neq 0.$$

Damit ist bewiesen:

Jedes symmetrische Polynom aus $\mathfrak{o}[x_1, \ldots, x_n]$ läßt sich auf eine und nur eine Art als Polynom in $\sigma_1, \ldots, \sigma_n$ schreiben; das Gewicht dieses Polynoms ist gleich dem Grad des gegebenen Polynoms.

Alle ganzrationalen Relationen zwischen symmetrischen Funktionen bleiben bestehen, wenn die x_i nicht Unbestimmte sind, sondern

Größen aus $\mathfrak{o}$, etwa die Wurzeln eines in $\mathfrak{o}[z]$ vollständig zerfallenden Polynoms $f(z)$. Aus dem Bewiesenen ergibt sich also, daß jede symmetrische Funktion der Wurzeln von $f(z)$ sich durch die Koeffizienten von $f(z)$ ausdrücken läßt.

Aufgaben. 1. Man drücke für beliebige n die „Potenzsummen" $\sum x_1$, $\sum x_1^2$, $\sum x_1^3$ durch die elementarsymmetrischen Funktionen aus.

2. Es sei $\sum x_1^\varrho = s_\varrho$. Man beweise die Formeln

$$s_\varrho - s_{\varrho-1}\,\sigma_1 + s_{\varrho-2}\,\sigma_2 - \cdots + (-1)^{\varrho-1} s_1\,\sigma_{\varrho-1} + (-1)^\varrho\,\varrho\,\sigma_\varrho = 0 \ \text{für}\ \varrho \leqq n$$
$$s_\varrho - s_{\varrho-1}\,\sigma_1 + \cdots + (-1)^n s_{\varrho-n}\,\sigma_n = 0 \quad \text{für} \quad \varrho > n$$

und drücke mit ihrer Hilfe die Potenzsummen s_1, s_2, s_3, s_4, s_5 durch die elementarsymmetrischen Funktionen aus.

Eine wichtige symmetrische Funktion ist das Quadrat des Differenzenprodukts:

$$D = \prod_{i<k} (x_i - x_k)^2 .$$

Der Ausdruck von D als Polynom in

$$a_1 = -\sigma_1, \quad a_2 = \sigma_2, \ldots, a_n = (-1)^n\,\sigma_n$$

heißt die *Diskriminante* des Polynoms

$$f(z) = z^n + a_1 z^{n-1} + \cdots + a_n ;$$

das Verschwinden der Diskriminante für spezielle $a_1, \ldots, a_n$ gibt an, daß $f(z)$ einen mehrfachen Linearfaktor enthält.

Setzt man das Polynom $f(z)$ allgemeiner mit einem beliebigen Anfangskoeffizienten a_0 an:

$$f(z) = a_0 z^n + a_1 z^{n-1} + \cdots + a_n$$

so wird

$$\sigma_1 = -\frac{a_1}{a_0}, \quad \sigma_2 = \frac{a_2}{a_0}, \ldots, \sigma_n = (-1)^n\,\frac{a_n}{a_0}.$$

Als Diskriminante von $f(z)$ bezeichnet man in diesem Fall das mit a_0^{2n-2} multiplizierte Differenzprodukt:

$$D = a_0^{2n-2} \prod_{i<k} (x_i - x_k)^2 .$$

In § 35 werden wir sehen, daß D ein Polynom in $a_0, a_1, \ldots, a_n$ ist.

Durch Anwendung der oben erklärten allgemeinen Methode findet man für die Diskriminanten

von $a_0 x^2 + a_1 x + a_2$:

$$D = a_1^2 - 4 a_0 a_2 ,$$

von $a_0 x^3 + a_1 x^2 + a_2 x + a_3$:

$$D = a_1^2 a_2^2 - 4 a_0 a_2^3 - 4 a_1^3 a_3 - 27 a_0^2 a_3^2 + 18 a_0 a_1 a_2 a_3 .$$

Aufgabe. 3. Die Diskriminante bleibt bei der Ersetzung aller x_i durch $x_i + h$ invariant. Daraus ist die Differentialbedingung

$$n\,a_0 + (n-1)\,a_1\,\frac{\partial D}{\partial a_2} + \cdots + a_{n-1}\,\frac{\partial D}{\partial a_n} = 0$$

abzuleiten.

§ 34. Die Resultante zweier Polynome

Es sei K ein beliebiger Körper und es seien

$$f(x) = a_0\,x^n + a_1\,x^{n-1} + \cdots + a_n\,,$$
$$g(x) = b_0\,x^m + b_1\,x^{m-1} + \cdots + b_m$$

zwei Polynome in $K[x]$. Wir suchen eine notwendige und hinreichende Bedingung dafür, daß die beiden Polynome einen nichtkonstanten gemeinsamen Faktor $\varphi(x)$ besitzen.

Wir schließen von vornherein die Möglichkeit nicht aus, daß $a_0 = 0$ oder $b_0 = 0$ ausfällt, daß also der Grad von $f(x)$ in Wirklichkeit kleiner als n oder der Grad von $g(x)$ kleiner als m ist. Wenn das Polynom $f(x)$ in der angegebenen Gestalt hingeschrieben wird, anfangend mit einem (eventuell verschwindenden) Gliede $a_0 x^n$, so nennen wir n den *formalen Grad* des Polynoms und a_0 den *formalen Anfangskoeffizienten*. Wir nehmen vorläufig an, daß mindestens einer der beiden Anfangskoeffizienten a_0, b_0 nicht verschwindet.

Unter dieser Annahme zeigen wir nun zunächst: $f(x)$ und $g(x)$ haben dann und nur dann einen nichtkonstanten gemeinsamen Teiler $\varphi(x)$, wenn eine Gleichung der Gestalt

$$(1) \qquad\qquad h(x)\,f(x) = k(x)\,g(x)$$

besteht, wo $h(x)$ höchstens vom Grade $m-1$, $k(x)$ höchstens vom Grade $n-1$ ist und nicht beide Polynome h, k identisch verschwinden.

Ist nämlich (1) erfüllt und zerlegt man die beiden Seiten der Gleichung (1) in Primfaktoren, so muß links und rechts dasselbe herauskommen. Wir können annehmen, daß etwa $f(x)$ wirklich den Grad n hat ($a_0 \neq 0$); andernfalls brauchen wir nur die Rollen von $f(x)$ und $g(x)$ zu vertauschen. Alle Primfaktoren von $f(x)$ müssen auch in der rechten Seite von (1) gleich oft wie in $f(x)$ aufgehen. In $k(x)$ allein können nicht alle so oft vorkommen; denn $k(x)$ hat höchstens den Grad $n-1$. Also kommt ein Primfaktor von $f(x)$ auch in $g(x)$ vor, was wir beweisen wollten.

Ist umgekehrt $\varphi(x)$ ein nichtkonstanter gemeinsamer Faktor von $f(x)$ und $g(x)$, so hat man nur zu setzen

$$f(x) = \varphi(x)\,k(x)\,,$$
$$g(x) = \varphi(x)\,h(x)\,,$$

und die Gleichung (1) ist erfüllt.

Um nun die Gleichung (1) weiter zu untersuchen, setzen wir

$$h(x) = c_0 x^{m-1} + c_1 x^{m-2} + \cdots + c_{m-1},$$
$$k(x) = d_0 x^{n-1} + d_1 x^{n-2} + \cdots + d_{n-1}.$$

Auswertung der Gleichung (1) und Vergleichung der Koeffizienten der Potenzen x^{n+m-1}, x^{n+m-2}, ..., x, 1 links und rechts ergibt das folgende lineare Gleichungssystem für die Koeffizienten c_i und d_j:

$$(2) \quad \begin{cases} c_0 a_0 = d_0 b_0, \\ c_0 a_1 + c_1 a_0 = d_0 b_1 + d_1 b_0, \\ c_0 a_2 + c_1 a_1 + c_2 a_0 = d_0 b_2 + d_1 b_1 + d_2 b_0, \\ \cdots \cdots \cdots \cdots \cdots \cdots \cdots \cdots \\ c_{m-2} a_n + c_{m-1} a_{n-1} = d_{n-2} b_m + d_{n-1} b_{m-1}, \\ c_{m-1} a_n = d_{n-1} b_m. \end{cases}$$

Das sind $n + m$ homogene lineare Gleichungen für die $n + m$ Größen c_i, d_j. Von diesen Größen wird verlangt, daß sie nicht sämtlich verschwinden. Die Bedingung dafür ist, daß die Determinante Null wird. Um Minuszeichen in der Determinante zu vermeiden, kann man, nachdem man die rechten Seiten von (2) nach links gebracht hat, die Größen c_i und $-d_j$ als Unbekannte auffassen. Vertauscht man dann noch Zeilen und Spalten der Determinante (Spiegelung an der Hauptdiagonale), so nimmt sie die Gestalt

$$(3) \quad R = \begin{vmatrix} a_0 a_1 \ldots a_n & & & \\ & a_0 a_1 \ldots a_n & & \\ & & \cdots\cdots\cdots & \\ & & & a_0 a_1 \ldots a_n \\ b_0 b_1 \ldots b_m & & & \\ & b_0 b_1 \ldots b_m & & \\ & & \cdots\cdots\cdots & \\ & & & b_0 b_1 \ldots b_m \end{vmatrix}$$

an. (Überall, wo nichts hingeschrieben ist, sind Nullen zu denken.)

Die angeschriebene Determinante nennt man die *Resultante* der Polynome $f(x), g(x)$. Zu bemerken ist, daß sie homogen vom Grade m in den a_i und homogen vom Grade n in den b_j ist; weiter, daß sie das „Hauptglied" $a_0^m b_m^n$ (Hauptdiagonale) enthält, und schließlich, daß sie nicht nur dann Null wird, wenn die Polynome f, g einen gemeinsamen Faktor haben, sondern auch dann, wenn (entgegen der zu Anfang gemachten Voraussetzung) $a_0 = b_0 = 0$ ist.

Fassen wir zusammen:

Die Resultante zweier Polynome $f(x), g(x)$ ist eine ganze rationale Form in den Koeffizienten von der Gestalt (3). Wird die Resultante Null, *so haben die Polynome f, g entweder einen gemeinsamen nichtkonstanten Faktor oder in beiden verschwindet der Anfangskoeffizient, und umgekehrt.*

Die hier befolgte Eliminationsmethode stammt von EULER; die Gestalt (3) der Resultante wird meist nach SYLVESTER benannt.

Der Ausnahmefall $a_0 = b_0 = 0$ in der Formulierung des Satzes läßt sich vermeiden, indem man von zwei homogenen Formen in zwei Variablen statt von zwei Polynomen in einer Variablen ausgeht:

$$F(x) = a_0 x_1^n + a_1 x_1^{n-1} x_2 + \cdots + a_n x_2^n,$$
$$G(x) = b_0 x_1^m + b_1 x_1^{m-1} x_2 + \cdots + b_m x_2^m.$$

Die ursprünglichen Polynome f, g und die Zahlen m, n bestimmen die Formen F, G eindeutig, und umgekehrt. Jeder Faktorzerlegung von f:

$$f(x) = a_0 x^n + a_1 x^{n-1} + \cdots + a_n$$
$$= (p_0 x^r + \cdots + p_r)(q_0 x^s + \cdots + q_s),$$

entspricht eine Zerlegung von F:

$$F(x) = a_0 x_1^n + \cdots + a_n x_2^n$$
$$= (p_0 x_1^r + \cdots + p_r x_2^r)(q_0 x_1^s + \cdots + q_s x_2^s),$$

und entsprechendes gilt für g und G. Daher entspricht jedem gemeinsamen Faktor von f und g ein gemeinsamer Faktor von F und G. Umgekehrt ergibt jede Zerlegung von F oder G, indem man $x_1 = x$, $x_2 = 1$ setzt, sofort eine Zerlegung von f bzw. g, und jeder gemeinsame Faktor von F und G einen gemeinsamen Faktor von f und g; aber es kann sein, daß jener gemeinsame Faktor von F und G eine reine Potenz von x_2 und der entsprechende gemeinsame Faktor von f und g daher eine Konstante ist. Dieser Fall, in dem F und G beide durch x_2 teilbar sind, ist aber gerade der Fall $a_0 = b_0 = 0$, und so vereinigen sich die beiden im obigen Satz formulierten Fälle zu einer einzigen Aussage: *Wenn die Resultante Null wird, so haben F und G einen nichtkonstanten, homogenen gemeinsamen Faktor, und umgekehrt.*

Wir wollen eine wichtige Identität herleiten. Die Koeffizienten a_μ, b_ν der Polynome $f(x)$, $g(x)$ seien jetzt Unbestimmte. Wir bilden

$$x^{m-1} f(x) = a_0 x^{n+m-1} + a_1 x^{n+m-2} + \cdots + a_n x^{m-1}$$
$$x^{m-2} f(x) = \qquad\qquad a_0 x^{n+m-2} + \cdots \qquad + a_n x^{m-2}$$
$$\cdots\cdots\cdots\cdots\cdots\cdots\cdots\cdots\cdots\cdots\cdots\cdots\cdots\cdots\cdots$$
$$f(x) = \qquad\qquad\qquad\qquad\qquad a_0 x^n + \cdots \qquad + a_n$$
$$x^{n-1} g(x) = b_0 x^{n+m-1} + b_1 x^{n+m-2} + \cdots + b_m x^{n-1}$$
$$x^{n-2} g(x) = \qquad\qquad b_0 x^{n+m-2} + \cdots \qquad + b_m x^{n-2}$$
$$\cdots\cdots\cdots\cdots\cdots\cdots\cdots\cdots\cdots\cdots\cdots\cdots\cdots\cdots\cdots$$
$$g(x) = \qquad\qquad\qquad\qquad\qquad b_0 x^m + \cdots \qquad + b_m$$

Die Determinante dieses Gleichungssystems ist genau R. Eliminiert man rechts $x^{n+m-1}, \ldots, x$, indem man mit den Unterdeterminanten der letzten Spalte multipliziert und addiert, so erhält man eine Identität der Gestalt[1]

$$(4) \qquad A f + B g = R$$

in der A und B ganzzahlige Polynome in den Unbestimmten a_μ, b_ν, x sind.

Aufgaben. 1. Man gebe ein Determinantenkriterium dafür, daß $f(x)$ und $g(x)$ einen Faktor von mindestens dem Grade k gemein haben.

2. Für zwei Polynome zweiten Grades ist

$$4 R = (2 a_0 b_2 - a_1 b_1 + 2 a_2 b_0)^2 - (4 a_0 a_2 - a_1^2)(4 b_0 b_2 - b_1^2).$$

§ 35. Die Resultante als symmetrische Funktion der Wurzeln

Wir nehmen nun an, daß die beiden Polynome $f(x)$ und $g(x)$ vollständig in Linearfaktoren zerfallen:

$$f(x) = a_0 (x - x_1)(x - x_2) \ldots (x - x_n)$$
$$g(x) = b_0 (x - y_1)(x - y_2) \ldots (x - y_m).$$

Die Koeffizienten a_μ von $f(x)$ sind dann Produkte von a_0 mit den elementarsymmetrischen Funktionen der Wurzeln $x_1, \ldots, x_n$; ebenso sind die b_ν Produkte von b_0 mit den symmetrischen Funktionen der y_k. Die Resultante R ist homogen vom Grade m in den a_μ und homogen vom Grade n in den b_ν; also wird R gleich $a_0^m b_0^n$ mal einer symmetrischen Funktion der x_i und der y_k.

Die Wurzeln x_i und y_k seien nun zunächst Unbestimmte. Das Polynom R verschwindet für $x_i = y_k$, da in diesem Fall die Polynome $f(x)$ und $g(x)$ einen Linearfaktor gemeinsam haben. Daher ist R durch $x_i - y_k$ teilbar (§ 28). Da die Linearformen $x_i - y_k$ untereinander teilerfremd sind, muß R durch das Produkt

$$(1) \qquad S = a_0^m b_0^n \prod_i \prod_k (x_i - y_k)$$

teilbar sein. Dieses Produkt kann man nun in zweierlei Weisen umformen. Erstens folgt aus

$$g(x) = b_0 \prod_k (x - y_k)$$

durch die Substitution $x = x_i$ und Produktbildung

$$\prod_i g(x_i) = b_0^n \prod_i \prod_k (x_i - y_k),$$

---

[1] Für die Formen F und G lautet die entsprechende Relation:
$$A F + B G = x_2^{n+m-1} R.$$

mithin

$$(2) \qquad S = a_0^m \prod_i g(x_i).$$

Zweitens folgt aus

$$f(x) = a_0 \prod_i (x - x_i) = (-1)^n a_0 \prod_i (x_i - x)$$

in derselben Weise

$$(3) \qquad S = (-1)^{nm} b_0^n \prod_k f(y_k).$$

Aus (2) sieht man, daß S ganz und homogen vom Grade n in den b ist, und aus (3), daß S ganz und homogen vom Grade m in den a ist. R hat aber dieselben Gradzahlen und ist durch S teilbar; also muß R mit S bis auf einen ganzen Zahlenfaktor übereinstimmen. Der Vergleich derjenigen Glieder, die die höchste Potenz von b_m enthalten, ergibt sowohl in R wie in S ein Glied $+ a_0^m b_m^n$; daher hat der Zahlenfaktor den Wert 1 und es ist

$$R = S.$$

Damit sind für R die drei Darstellungen (1), (2), (3) gefunden. Nach dem Eindeutigkeitssatz von § 33 gilt (2) identisch in den b_ν und (3) identisch in den a_μ; d. h. (2) gilt auch dann, wenn $g(x)$ nicht in Linearfaktoren zerfällt, und (3) gilt auch dann, wenn $f(x)$ nicht in Linearfaktoren zerfällt.

Hieraus ergibt sich leicht auch die *Unzerlegbarkeit der Resultante* als Polynom in den Unbestimmten $a_0, \ldots, b_m$, und zwar nicht nur die Unzerlegbarkeit im ganzzahligen Polynombereich, sondern auch die *absolute Irreduzibilität*, d. h. die Unzerlegbarkeit im Polynombereich derselben Unbestimmten mit einem beliebigen Körper als Koeffizientenbereich. Wäre nämlich R zerlegbar in zwei Faktoren A, B, so könnte man wieder A und B als symmetrische Funktionen der Wurzeln schreiben. Da R durch $x_1 - y_1$ teilbar ist, so muß A oder B, etwa A, es auch sein. Als symmetrische Funktion muß dann aber A auch durch alle anderen $x_i - y_k$, also durch ihr Produkt

$$\prod_i \prod_k (x_i - y_k)$$

teilbar sein. Wegen

$$R = a_0^m b_0^n \prod \prod (x_i - y_k)$$

bleibt für den anderen Faktor B nur die Möglichkeit $B = a_0^p b_0^q$. Aber R ist als Polynom in den a und b weder durch a_0 noch durch b_0 teilbar; also bleibt nur $B = 1$ übrig. Damit ist die Irreduzibilität von R bewiesen.

Ein anderer Beweis findet sich bei F. S. MACAULAY: Algebraic Theory of Modular Systems. § 3. Cambridge 1916.

Es besteht eine interessante Beziehung zwischen der Resultante zweier Polynome und der Diskriminante eines Polynoms. Bildet man nämlich aus dem Polynom

$$f(x) = a_0 x^n + a_1 x^{n-1} + \cdots + a_n = a_0 (x - x_1)(x - x_2) \ldots (x - x_n)$$

und seiner Ableitung $f'(x)$ die Resultante $R(f, f')$, so ist nach (2)

$$(4) \qquad R(f, f') = a_0^{n-1} \prod_i f'(x_i).$$

Nach der Regel für Produktdifferentiation ist aber

$$f'(x) = \sum_i a_0 (x - x_1) \ldots (x - x_{i-1})(x - x_{i+1}) \ldots (x - x_n)$$

$$f'(x_i) = a_0 (x_i - x_1) \ldots (x_i - x_{i-1})(x_i - x_{i+1}) \ldots (x_i - x_n).$$

Setzt man das in (4) ein, so erhält man

$$R(f, f') = a_0^{2n-1} \prod_{i \neq k} (x_i - x_k)$$

oder, wenn D die Diskriminante von $f(x)$ bezeichnet,

$$(5) \qquad R(f, f') = \pm\, a_0 D.$$

Schreibt man $R(f, f')$ als Determinante nach § 34, so kann man aus der ersten Spalte den Faktor a_0 herausheben; somit ist D ein Polynom in $a_0, \ldots, a_n$. (5) gilt natürlich wieder identisch in $a_0, \ldots, a_n$, unabhängig davon, ob $f(x)$ wirklich in Linearfaktoren zerfällt.

Aufgaben. 1. Die Resultante von f und g ist in den Koeffizienten a und b zusammen isobar vom Gewichte mn (vgl. § 33).

2. Wenn $y_1, \ldots, y_{n-1}$ die Nullstellen von $f'(x)$ sind, so ist

$$D = n^n a_0^{n-1} \prod_k f(y_k).$$

3. Dann und nur dann verschwindet die Diskriminante D, wenn $f(x)$ und $f'(x)$ einen Faktor gemeinsam haben. Ist das der Fall, so kommt in der Primfaktorzerlegung von $f(x)$ entweder ein mehrfacher Faktor vor, oder ein solcher Faktor, dessen Ableitung identisch verschwindet.

§ 36. Partialbruchzerlegung der rationalen Funktionen

Die Partialbruchzerlegung der rationalen Funktionen hat ihren Ursprung in dem folgenden Satz über ganze rationale Funktionen: *Sind $g(x)$ und $h(x)$ zwei teilerfremde Polynome über einem Körper K, ist a der Grad von $g(x)$, b der von $h(x)$ und ist $f(x)$ ein beliebiges Polynom, dessen Grad kleiner als $a + b$ ist, so gilt eine Identität*

$$(1) \qquad f(x) = r(x) g(x) + s(x) h(x),$$

in der $r(x)$ einen Grad $< b$ und $s(x)$ einen Grad $< a$ hat.

Beweis. Nach Voraussetzung ist der größte gemeinsame Teiler von $g(x)$ und $h(x)$ gleich Eins; daher gilt eine Identität

$$1 = c(x) g(x) + d(x) h(x).$$

Multipliziert man diese mit $f(x)$, so erhält man

$$(2) \qquad f(x) = f(x)\,c(x)\,g(x) + f(x)\,d(x)\,h(x)\,.$$

Um den Grad von $f(x)\,c(x)$ auf einen Wert $< b$ zu bringen, dividieren wir dieses Polynom durch $h(x)$:

$$(3) \qquad f(x)\,c(x) = q(x)\,h(x) + r(x)\,,$$

wobei der Grad von $r(x)$ kleiner als der von $h(x)$ also kleiner als b ist. Setzt man (3) in (2) ein, so folgt

$$f(x) = r(x)\,g(x) + \{f(x)\,d(x) + q(x)\,g(x)\}\,h(x) = r(x)\,g(x) + s(x)\,h(x).$$

Dabei haben die linke Seite und das erste Glied rechts einen Grad $< a + b$, also hat auch das letzte Glied rechts einen Grad $< a + b$, somit ist der Grad von $s(x)$ kleiner als a. Damit ist der obige Satz bewiesen.

Dividiert man die Identität (1) auf beiden Seiten durch $g(x)\,h(x)$. so erhält man die Zerlegung des Bruches $\dfrac{f(x)}{g(x)\,h(x)}$ in zwei Partialbrüche

$$\frac{f(x)}{g(x)\,h(x)} = \frac{r(x)}{h(x)} + \frac{s(x)}{g(x)}.$$

Auf der linken Seite ist der Grad des Zählers nach Voraussetzung kleiner als der des Nenners. Bei den beiden Partialbrüchen rechts ist das gleiche der Fall. Falls in einem dieser Brüche der Nenner sich weiter in zwei teilerfremde Faktoren zerlegen läßt, so kann man diesen Bruch wieder in zwei Partialbrüche zerlegen. So kann man fortfahren, bis die Nenner Potenzen von Primpolynomen geworden sind. Auf diese Weise ergibt sich der *Satz von der Partialbruchzerlegung* in der folgenden Fassung:

Jeder Bruch $f(x)/k(x)$, dessen Zähler einen kleineren Grad hat als der Nenner, ist als Summe von Partialbrüchen darstellbar, deren Nenner diejenigen Potenzen von Primpolynomen sind, in welche der Nenner $k(x)$ zerfällt.

Die so erhaltenen Partialbrüche $r(x)/q(x)$ mit dem Nenner $q(x) = p(x)^t$ lassen sich nun noch weiter aufspalten. Hat nämlich das Primpolynom $p(x)$ den Grad l, also $q(x)$ den Grad lt, so kann man den Zähler $r(x)$, dessen Grad $< lt$ ist, zunächst durch $p(x)^{t-1}$ dividieren mit einem Rest vom Grade $< l(t-1)$, dann diesen Rest durch $p(x)^{t-2}$ dividieren mit einem Rest von einem Grad $< l(t-2)$ usw.

$$r(x) = s_1(x)\,p(x)^{t-1} + r_1(x)$$
$$r_1(x) = s_2(x)\,p(x)^{t-2} + r_2(x)$$
$$\cdots\cdots\cdots\cdots$$
$$r_{t-2}(x) = s_{t-1}(x)\,p(x) + r_{t-1}(x)$$
$$r_{t-1}(x) = s_t(x)\,.$$

Dabei haben die Quotienten $s_1, \ldots, s_t$ alle einen Grad $< l$. Aus allen diesen Gleichungen zusammen folgt

$$r(x) = s_1(x)\, p(x)^{t-1} + s_2(x)\, p(x)^{t-2} + \cdots + s_{t-1}(x)\, p(x) + s_t(x)$$

$$(4) \qquad \frac{r(x)}{p(x)^t} = \frac{s_1(x)}{p(x)} + \frac{s_2(x)}{p(x)^2} + \cdots + \frac{s_{t-1}(x)}{p(x)^{t-1}} + \frac{s_t(x)}{p(x)^t}.$$

So ergibt sich die zweite Fassung des Satzes von der Partialbruchzerlegung.

Jeder Bruch $f(x)/k(x)$, dessen Zähler einen kleineren Grad hat als der Nenner und dessen Nenner die Primfaktorzerlegung

$$k(x) = p_1(x)^{t_1}\, p_2(x)^{t_2} \ldots p_h(x)^{t_h}$$

hat, ist Summe von Partialbrüchen, deren Nenner Potenzen $p_\nu(x)^{\mu_\nu}$ sind ($\mu_\nu \leqq t_\nu$) und deren Zähler einen kleineren Grad als das jeweils im Nenner vorkommende Primpolynom $p_\nu(x)$ haben.

Sind insbesondere die Primfaktoren $p_\nu(x)$ alle linear, so sind die Zähler der Partialbrüche Konstante. In diesem wichtigen Spezialfall läßt sich die Partialbruchzerlegung nach einem sehr einfachen Verfahren herstellen, indem man immer einen Partialbruch mit höchstmöglichem Nennerexponenten abspaltet und dadurch den Grad des Nenners immer erniedrigt. Schreibt man nämlich den Nenner in der Gestalt $k(x) = (x - a)^t g(x)$, wo $g(x)$ den Faktor $x - a$ nicht mehr enthält, so hat man

$$(5) \qquad \frac{f(x)}{k(x)} = \frac{f(x)}{(x-a)^t g(x)} = \frac{b}{(x-a)^t} + \frac{f(x) - b\,g(x)}{(x-a)^t g(x)},$$

wobei die Konstante b immer so bestimmt werden kann, daß der Zähler des zweiten Bruches für $x = a$ Null wird und folglich durch $x - a$ teilbar ist:

$$f(a) - b\,g(a) = 0$$
$$f(x) - b \cdot g(x) = (x - a)\,f_1(x).$$

In dem zweiten Bruch in (5) kann man jetzt den Faktor $x - a$ kürzen und dann mit diesem Bruch in der gleichen Weise verfahren bis zur vollständigen Zerlegung in Partialbrüche.

Sechstes Kapitel

Körpertheorie

Ziel dieses Kapitels ist, über die Struktur der kommutativen Körper, über ihre einfachsten Unterkörper und Erweiterungskörper eine erste Übersicht zu gewinnen. Indessen gelten einige der folgenden Untersuchungen auch für Schiefkörper.

§ 37. Unterkörper. Primkörper

Σ sei ein Schiefkörper.

Wenn eine Untermenge Δ von Σ wieder ein Schiefkörper ist, so heißt sie *Unterkörper* von Σ. Dazu ist notwendig und hinreichend, daß Δ erstens ein Unterring ist (d. h. mit a und b auch $a - b$ und $a \cdot b$ enthält), zweitens das Einselement und zu jedem $a \neq 0$ auch das Inverse a^{-1} enthält. Statt dessen kann man auch verlangen, daß Δ ein von Null verschiedenes Element und mit a und b auch $a - b$ und ab^{-1} enthält.

Klar ist:

Der Durchschnitt beliebig vieler Unterkörper von Σ ist wieder ein Unterkörper von Σ.

Ein *Primkörper* ist ein Schiefkörper, der keinen echten Unterkörper enthält. Wir werden nachher sehen, daß alle Primkörper kommutativ sind.

In jedem Schiefkörper Σ gibt es einen und nur einen Primkörper.

Beweis. Der Durchschnitt *aller* Unterkörper von Σ ist ein Schiefkörper, der offenbar keinen echten Unterkörper mehr hat.

Gäbe es zwei verschiedene Primkörper, so wäre ihr Durchschnitt wieder Unterkörper von beiden, also mit beiden identisch; die beiden wären also doch nicht verschieden.

Typen von Primkörpern. Π sei der in Σ enthaltene Primkörper. Er enthält die Null und die Einheit e, also auch alle ganzzahligen Vielfachen $n \cdot e = \pm \Sigma e$.

Die Addition und Multiplikation dieser Elemente ne geschieht nach den Regeln:

$$ne + me = (n + m)e,$$
$$ne \cdot me = nm \cdot e^2 = nm \cdot e.$$

Die ganzzahligen Vielfachen ne bilden also einen kommutativen Ring $\mathfrak{P}$. Weiter ist durch $n \to ne$ eine homomorphe Abbildung des Ringes $\mathbb{Z}$ der ganzen Zahlen auf den Ring $\mathfrak{P}$ gegeben. Nach dem Homomorphiesatz (§ 15) ist daher $\mathfrak{P}$ isomorph einem Restklassenring $\mathbb{Z}/\mathfrak{p}$, wo $\mathfrak{p}$ das Ideal derjenigen ganzen Zahlen n ist, denen die Null zugeordnet wird, also für die $ne = 0$ gilt.

Da $\mathfrak{P}$ keine Nullteiler hat, kann $\mathbb{Z}/\mathfrak{p}$ auch keine haben; also muß $\mathfrak{p}$ ein Primideal sein. Weiter kann $\mathfrak{p}$ nicht das Einheitsideal sein; denn sonst wäre schon $1 \cdot e = 0$. Es gibt also zwei Möglichkeiten:

1. $\mathfrak{p} = (p)$, wo p eine Primzahl ist. p ist dann die kleinste positive Zahl mit der Eigenschaft $pe = 0$. Es folgt

$$\mathfrak{P} \cong \mathbb{Z}/(p).$$

$\mathbb{Z}/(p)$ ist ein Körper; also ist auch der Ring $\mathfrak{P}$ ein Körper, stellt somit den gesuchten Primkörper dar. *In diesem Fall ist also der Prim-körper Π isomorph dem Restklassenring nach einer Primzahl im Ring der ganzen Zahlen: mit den Elementen $n \cdot e$ wird gerechnet wie mit den Restklassen der Zahlen $n \bmod p$.*

2. $\mathfrak{p} = (0)$. Die Homomorphie $\mathbb{Z} \to \mathfrak{P}$ wird eine Isomorphie. Die Vielfachen ne sind in diesem Falle alle verschieden: aus $ne = 0$ folgt $n = 0$. In diesem Falle ist der Ring $\mathfrak{P}$ noch kein Körper; denn der Ring der ganzen Zahlen ist keiner. Der Primkörper Π muß nicht nur die Elemente von $\mathfrak{P}$, sondern auch deren Quotienten enthalten. Nun wissen wir aus § 13, daß die isomorphen Integritätsbereiche $\mathfrak{P}$, $\mathbb{Z}$ auch isomorphe Quotientenkörper haben müssen, mithin ist in diesem Falle *der Primkörper Π isomorph dem Körper $\mathbb{Q}$ der rationalen Zahlen.*

Demnach ist allgemein die Struktur des in Σ enthaltenen Prim-körpers völlig bestimmt durch Angabe der Zahl p oder 0, welche das Ideal $\mathfrak{p}$ erzeugt. ($\mathfrak{p}$ besteht, wie gesagt, aus den Zahlen n mit der Eigenschaft $ne = 0$.) Die Zahl p bzw. 0 heißt die *Charakteristik* des Schiefkörpers Σ oder des Primkörpers Π.

Alle gewöhnlichen Zahl- und Funktionenkörper, welche den Kör-per der rationalen Zahlen umfassen, haben die Charakteristik Null.

Die Definition der Charakteristik führt sofort zu folgendem Satz:

Es sei $a \neq 0$ ein Element von Σ, und k sei die Charakteristik von Σ. Dann folgt aus $na = ma$ stets $n \equiv m\,(k)$ und umgekehrt.

Beweis. Multipliziert man die Gleichung $na = ma$ mit a^{-1}, so folgt $ne = me$ und daraus nach Definition der Charakteristik $n \equiv m\,(k)$. Der Schluß ist umkehrbar.

Ebenso beweist man, daß aus $na = nb$ und $n \not\equiv 0\,(k)$ folgt $a = b$.

Eine wichtige Rechnungsregel sei noch hergeleitet:

In kommutativen Körpern der Charakteristik p ist

$$(a + b)^p = a^p + b^p,$$
$$(a - b)^p = a^p - b^p.$$

Beweis. Es gilt der Binomialsatz (§ 11, Aufgabe 5):

$$(a + b)^p = a^p + \binom{p}{1} a^{p-1} b + \cdots + \binom{p}{p-1} a\, b^{p-1} + b^p.$$

Nun ist aber für $0 < i < p$:

$$\binom{p}{i} = \frac{p(p-1)\ldots(p-i+1)}{1 \cdot 2 \ldots i} \equiv 0\,(p),$$

weil der Zähler den Faktor p enthält, der sich nicht wegkürzen kann. Also bleiben nur die Glieder a^p und b^p stehen:

$$(a + b)^p = a^p + b^p.$$

Setzt man hier $a + b = c$, so kommt

$$c^p = (c - b)^p + b^p,$$
$$(c - b)^p = c^p - b^p,$$

womit beide Behauptungen bewiesen sind.

Aufgaben. 1. Man beweise für Charakteristik p durch Induktion nach f:

$$(a + b)^{p^f} = a^{p^f} + b^{p^f},$$
$$(a - b)^{p^f} = a^{p^f} - b^{p^f}.$$

2. Ebenso:

$$(a_1 + a_2 + \cdots + a_n)^p = a_1^p + a_2^p + \cdots + a_n^p.$$

3. Man wende Aufgabe 2 auf eine Summe $1 + 1 + \cdots + 1$ modulo p an.

4. Man beweise für Charakteristik p:

$$(a - b)^{p-1} = \sum_{j=0}^{p-1} a^j b^{p-1-j}.$$

§ 38. Adjunktion

Ist $\varDelta$ ein Unterkörper eines Körpers $\varOmega$, so heißt $\varOmega$ ein *Erweiterungskörper* oder *Oberkörper* von $\varDelta$. Unser Ziel ist, eine Übersicht über alle möglichen Erweiterungen eines vorgegebenen Körpers $\varDelta$ zu erhalten. Damit würde zugleich eine Übersicht über alle überhaupt möglichen Körper gewonnen sein, da ja jeder Körper als Erweiterung des darin enthaltenen Primkörpers aufgefaßt werden kann.

Zunächst sei $\varOmega$ ein vorgelegter Erweiterungskörper von $\varDelta$, und $\mathfrak{S}$ sei eine beliebige Menge von Elementen aus $\varOmega$. Es gibt Körper, die $\varDelta$ und $\mathfrak{S}$ umfassen; denn $\varOmega$ ist ein solcher. Der Durchschnitt aller Körper, die $\varDelta$ und $\mathfrak{S}$ umfassen, ist selbst ein Körper, der $\varDelta$ und $\mathfrak{S}$ umfaßt, und wird mit $\varDelta(\mathfrak{S})$ bezeichnet. Er ist der kleinste Körper, der $\varDelta$ und $\mathfrak{S}$ umfaßt. Wir sagen, daß $\varDelta(\mathfrak{S})$ aus $\varDelta$ durch *Adjunktion* (und zwar Körperadjunktion) der Menge $\mathfrak{S}$ hervorgeht. Es ist

$$\varDelta \subseteqq \varDelta(\mathfrak{S}) \subseteqq \varOmega,$$

und die beiden Extremfälle sind: $\varDelta(\mathfrak{S}) = \varDelta$, $\varDelta(\mathfrak{S}) = \varOmega$.

Zu $\varDelta(\mathfrak{S})$ gehören alle Elemente von $\varDelta$ und alle von $\mathfrak{S}$, also auch alle die Elemente, die durch Addition, Subtraktion, Multiplikation und Division aus Elementen von $\varDelta$ und $\mathfrak{S}$ hervorgehen. Diese Elemente zusammen bilden aber schon einen Körper, der folglich mit $\varDelta(\mathfrak{S})$ identisch sein muß. Mithin: $\varDelta(\mathfrak{S})$ *besteht aus allen rationalen Verbindungen der Elemente von $\mathfrak{S}$ mit denen von $\varDelta$.* Im kommutativen Fall lassen sich diese Verbindungen einfach schreiben als Quotienten ganzer rationaler Funktionen der Elemente von $\mathfrak{S}$ mit Koeffizienten aus $\varDelta$.

Ist $\mathfrak{S}$ eine endliche Menge: $\mathfrak{S} = \{u_1, \ldots, u_n\}$, so schreibt man für $\varDelta(\mathfrak{S})$ auch $\varDelta(u_1, \ldots, u_n)$. Man spricht dann auch von Adjunktion der Elemente $u_1, \ldots, u_n$ zu $\varDelta$. Die runden Klammern bedeuten demnach immer Körperadjunktion, während eckige Klammern, z. B. $\varDelta[x]$, die Ringadjunktion (Bildung aller *ganzen* rationalen Verbindungen) bezeichnen.

In dem rationalen Ausdruck eines Elements von $\varDelta(\mathfrak{S})$ durch Elemente von $\varDelta$ und von $\mathfrak{S}$ kommen auf jeden Fall nur endlichviele Elemente von $\mathfrak{S}$ vor. Jedes Element des Körpers $\varDelta(\mathfrak{S})$ liegt also schon in einem Körper $\varDelta(\mathfrak{T})$, wo $\mathfrak{T}$ eine endliche Untermenge von $\mathfrak{S}$ ist. *Demnach ist $\varDelta(\mathfrak{S})$ die Vereinigungsmenge aller Körper $\varDelta(\mathfrak{T})$, wo $\mathfrak{T}$ jeweils eine endliche Untermenge von $\mathfrak{S}$ ist.* Die Adjunktion einer beliebigen Menge ist damit zurückgeführt auf Adjunktionen endlicher Mengen und Bildung einer Vereinigungsmenge.

Ist $\mathfrak{S}$ die Vereinigungsmenge von $\mathfrak{S}_1$ und $\mathfrak{S}_2$, so ist offenbar

$$\varDelta(\mathfrak{S}) = \varDelta(\mathfrak{S}_1)(\mathfrak{S}_2).$$

Denn $\varDelta(\mathfrak{S}_1)(\mathfrak{S}_2)$ umfaßt $\varDelta(\mathfrak{S}_1)$ und $\mathfrak{S}_2$, folglich $\varDelta$, $\mathfrak{S}_1$ und $\mathfrak{S}_2$, folglich $\varDelta$ und $\mathfrak{S}$, also $\varDelta(\mathfrak{S})$, und umgekehrt umfaßt $\varDelta(\mathfrak{S})$ sicher $\varDelta$, $\mathfrak{S}_1$ und $\mathfrak{S}_2$, also $\varDelta(\mathfrak{S}_1)$ und $\mathfrak{S}_2$, also $\varDelta(\mathfrak{S}_1)(\mathfrak{S}_2)$.

Die Adjunktion einer endlichen Menge ist demnach zurückführbar auf endlichviele sukzessive Adjunktionen eines einzigen Elements. Erweiterungen durch Adjunktion eines einzigen Elements nennt man *einfache Körpererweiterungen.* Solche wollen wir im nächsten Paragraphen studieren.

§ 39. Einfache Körpererweiterungen

Alle in diesem Paragraphen zu betrachtenden Körper sollen kommutativ sein. Es sei wieder $\varDelta \subseteq \varOmega$, und ϑ sei ein beliebiges Element von $\varOmega$; wir untersuchen den einfachen Erweiterungskörper $\varDelta(\vartheta)$.

Dieser Körper umfaßt zunächst den Ring $\mathfrak{S}$ aller Polynome $\sum a_k \vartheta^k$ $(a_k \in \varDelta)$. Wir vergleichen $\mathfrak{S}$ mit dem Polynombereich $\varDelta[x]$ einer Unbestimmten x.

Durch die Abbildung $f(x) \to f(\vartheta)$, genauer:

$$\sum a_k x^k \to \sum a_k \vartheta^k$$

ist $\varDelta[x]$ homomorph auf $\mathfrak{S}$ abgebildet[1]. Nach dem Homomorphiesatz ist also $\mathfrak{S}$ isomorph einem Restklassenring:

$$\mathfrak{S} \cong \varDelta[x]/\mathfrak{p},$$

---

[1] Im nichtkommutativen Fall ist dies falsch, weil die Variable x immer als mit dem Koeffizienten c_k vertauschbar angenommen wurde, die Größe ϑ es aber nicht zu sein braucht. Nur wenn speziell ϑ mit allen Elementen von $\varDelta$ vertauschbar ist, gelten alle Betrachtungen dieses Paragraphen.

wo $\mathfrak{p}$ das Ideal derjenigen Polynome $f(x)$ ist, welche die Nullstelle ϑ besitzen, d. h. für welche $f(\vartheta) = 0$ ist.

Da $\mathfrak{S}$ keine Nullteiler hat, so muß auch $\varDelta[x]/\mathfrak{p}$ nullteilerfrei, mithin das Ideal $\mathfrak{p}$ prim sein. Weiter kann $\mathfrak{p}$ nicht das Einheitsideal sein, da dem Einselement e bei der Homomorphie nicht die Null, sondern e selbst zugeordnet wird. Da in $\varDelta[x]$ jedes Ideal Hauptideal ist, so bleiben nur zwei Möglichkeiten:

1. $\mathfrak{p} = (\varphi(x))$, wo $\varphi(x)$ ein in $\varDelta[x]$ unzerlegbares Polynom ist[1]. $\varphi(x)$ ist ein Polynom niedrigsten Grades mit der Eigenschaft $\varphi(\vartheta)=0$. Es folgt:

$$\mathfrak{S} \cong \varDelta[x]/(\varphi(x)).$$

Der Restklassenring rechts ist ein Körper (§ 16); also ist auch der Ring $\mathfrak{S}$ ein Körper. Demnach ist $\mathfrak{S}$ der gesuchte einfache Erweiterungskörper $\varDelta(\vartheta)$.

2. $\mathfrak{p} = (0)$. Der Homomorphismus $\varDelta[x] \to \mathfrak{S}$ wird zu einem Isomorphismus. Es gibt außer der Null kein Polynom $f(x)$ mit der Eigenschaft $f(\vartheta) = 0$, und mit den Ausdrücken $f(\vartheta)$ wird gerechnet, als ob ϑ eine Unbestimmte x wäre. Der Ring $\mathfrak{S} \cong \varDelta[x]$ ist in diesem Fall noch kein Körper; aber aus der Isomorphie dieser Ringe folgt die Isomorphie ihrer Quotientenkörper: *Der Körper* $\varDelta(\vartheta)$, *Quotientenkörper von* $\mathfrak{S}$, *ist isomorph dem Körper der rationalen Funktionen einer Unbestimmten* x.

Im ersten Fall, wo ϑ einer algebraischen Gleichung $\varphi(\vartheta) = 0$ in $\varDelta$ genügt, heißt ϑ *algebraisch in bezug auf* $\varDelta$ und der Körper $\varDelta(\vartheta)$ eine *einfache algebraische Erweiterung* von $\varDelta$; im zweiten Fall, wo aus $f(\vartheta) = 0$ folgt $f(x) = 0$, heißt ϑ *transzendent in bezug auf* $\varDelta$ und der Körper $\varDelta(\vartheta)$ eine *einfache transzendente Erweiterung* von $\varDelta$. Mit einer Transzendenten wird nach dem Obigen gerechnet wie mit einer Unbestimmten; es ist $\varDelta(\vartheta) \cong \varDelta(x)$. Im algebraischen Fall dagegen gilt nach dem Obigen:

$$\varDelta(\vartheta) = \mathfrak{S} \cong \varDelta[x]/(\varphi(x)),$$

wo $\varphi(x)$ das (unzerlegbare) Polynom niedrigsten Grades mit der Nullstelle ϑ ist.

Aus der letzten Relation ergeben sich im algebraischen Fall folgende Tatsachen:

a) Jede rationale Funktion von ϑ ist auch als Polynom $\sum a_k \vartheta^k$ zu schreiben. (Denn $\mathfrak{S}$ war definiert als die Gesamtheit dieser Polynome.)

b) Mit diesen Polynomen wird gerechnet wie mit Restklassen modulo $\varphi(x)$ im Polynombereich $\varDelta[x]$.

---

[1] Für „Unzerlegbar in $\varDelta[x]$" sagt man gelegentlich auch: „Unzerlegbar im Körper $\varDelta$". Besser wäre vielleicht: „Unzerlegbar über dem Körper $\varDelta$."

c) Eine Gleichung

$$f(\vartheta) = 0$$

läßt sich in eine Kongruenz

$$f(x) \equiv 0\,(\varphi(x))$$

verwandeln und umgekehrt.

d) Da jedes Polynom $f(x)$ modulo $\varphi(x)$ auf ein Polynom vom Grade $< n$ reduzierbar ist, wo n der Grad von $\varphi(x)$ ist, so lassen sich alle Größen von $\Delta(\vartheta)$ in der Gestalt $\beta = \sum\limits_{k=0}^{n-1} a_k \vartheta^k$ schreiben.

e) Da ϑ keiner Gleichung von niedrigerem als n-tem Grade genügt, so ist die Darstellung

$$\beta = \sum_{k=0}^{n-1} a_k \vartheta^k$$

der Elemente von $\Delta(\vartheta)$ eindeutig.

Die irreduzible Gleichung $\varphi(x) = 0$, deren Lösung oder *Wurzel* ϑ ist, heißt die *definierende Gleichung* des Körpers $\Delta(\vartheta)$. Der Grad des Polynoms $\varphi(x)$ heißt der *Grad* der algebraischen Größe ϑ in bezug auf Δ.

Der Grad ist gleich 1, wenn ϑ eine Lösung einer *linearen* Gleichung in Δ ist, also selbst dem Körper Δ angehört. Man kann dann $\varphi(x) = x - \vartheta$ wählen. Der obige Satz c) ergibt somit von neuem die schon früher bewiesene Tatsache:

Jedes Polynom $f(x)$ mit der Nullstelle ϑ ist durch $x - \vartheta$ teilbar.

Aufgaben. 1. Man beweise für den Fall einer einfachen algebraischen Erweiterung die Irreduzibilität des Minimalpolynoms $\varphi(x)$ sowie die Tatsachen a) bis e) direkt, d. h. ohne Benutzung des Homomorphiesatzes und der Körpereigenschaft von $\Delta[x]/(\varphi(x))$. [Reihenfolge der Behauptungen: Irreduzibilität, c), b), a), d), e). Bei a) benutze man c).]

2. Man zeige weiter, daß $\varphi(x)$ bis auf konstante Faktoren das einzige in $\Delta[x]$ irreduzible Polynom mit der Nullstelle ϑ ist.

3. Was sind der Grad eines erzeugenden Elements und die definierende Gleichung

a) des Körpers der komplexen in bezug auf den der reellen Zahlen;

b) des Körpers $\mathbb{Q}\left(\sqrt[5]{3}\right)$ in bezug auf den Körper der rationalen Zahlen;

c) des Körpers $\mathbb{Q}\left(e^{\frac{2\pi i}{5}}\right)$ in bezug auf den Körper $\mathbb{Q}$ der rationalen Zahlen;

d) des Körpers $\mathbb{Z}[i]/(7)$ in bezug auf den darin enthaltenen Primkörper? ($\mathbb{Z}[i]$ ist der Ring der ganzen Gaußschen Zahlen.)

4. Es sei Γ ein kommutativer Grundkörper, z eine Unbestimmte, $\Sigma = \Gamma(z)$, $\Delta = \Gamma\left(\dfrac{z^3}{z+1}\right)$. Man zeige, daß Σ eine einfache algebraische Erweiterung von Δ ist. Welche ist die in Δ irreduzible Gleichung, der das Element z genügt?

Zwei Erweiterungen Σ, Σ' eines Körpers Δ heißen *äquivalent* (in bezug auf Δ), wenn es einen Isomorphismus $\Sigma \cong \Sigma'$ gibt, der jedes Element von Δ in sich selbst überführt (fest läßt).

Je zwei einfache transzendente Erweiterungen eines Körpers Δ sind äquivalent.

Denn vermöge $f(x)/g(x) \to f(\vartheta)/g(\vartheta)$ ist jede einfache transzendente Erweiterung $\Delta(\vartheta)$ äquivalent dem Körper der rationalen Funktionen der Unbestimmten x.

Je zwei einfache algebraische Erweiterungen $\Delta(\alpha)$, $\Delta(\beta)$ sind äquivalent, sobald α und β Nullstellen desselben in $\Delta[x]$ irreduziblen Polynoms $\varphi(x)$ sind, und zwar gibt es dann einen solchen Isomorphismus, welcher die Elemente von Δ fest läßt und α in β überführt.

Beweis. Die Elemente von $\Delta(\alpha)$ haben die Gestalt $\sum\limits_{0}^{n-1} a_k \alpha^k$ und die von $\Delta(\beta)$ die Gestalt $\sum\limits_{0}^{n-1} a_k \beta^k$. Mit diesen Elementen wird beide Male gerechnet wie mit Polynomen modulo $\varphi(x)$. Die Zuordnung

$$\sum a_k \alpha^k \to \sum a_k \beta^k$$

ist also ein Isomorphismus von der gesuchten Art.

Ein in Δ irreduzibles Polynom $\varphi(x)$ braucht in einem Erweiterungskörper Ω nicht irreduzibel zu bleiben. Hat es in Ω eine Nullstelle ϑ, so spaltet es mindestens einen Linearfaktor $x - \vartheta$ ab. Möglicherweise zerfällt es in Ω noch weiter in lineare und nichtlineare Faktoren:

$$\varphi(x) = (x - \vartheta)(x - \vartheta_2) \ldots (x - \vartheta_j)\, \varphi_1(x) \ldots \varphi_k(x).$$

Nach dem oben Bewiesenen sind in diesem Fall die Körper $\Delta(\vartheta)$, $\Delta(\vartheta_2), \ldots, \Delta(\vartheta_j)$ alle äquivalent, und bei den Isomorphismen

$$\Delta(\vartheta) \cong \Delta(\vartheta_2) \cong \cdots \cong \Delta(\vartheta_j)$$

geht ϑ in $\vartheta_2, \ldots, \vartheta_j$ über.

Äquivalente Erweiterungen [wie $\Delta(\vartheta)$, $\Delta(\vartheta_2), \ldots, \Delta(\vartheta_j)$], die einem gemeinsamen Oberkörper Ω angehören, nennt man untereinander *konjugiert* (in bezug auf Δ), und die Größen ϑ, $\vartheta_2, \ldots$, die bei den betreffenden Isomorphismen ineinander übergehen, heißen *konjugierte Größen*[1]. Aus dem Bewiesenen folgt: *Alle Nullstellen in Ω eines in $\Delta[x]$ irreduziblen Polynoms $\varphi(x)$ sind untereinander konjugiert in bezug auf Δ.* Umgekehrt sind konjugierte Größen, wenn sie algebraisch sind, stets Nullstellen desselben irreduziblen Polynoms $\varphi(x)$; denn aus $\varphi(\vartheta_1) = 0$ folgt, wenn ϑ_1 durch eine Isomorphie in ϑ_2 übergeht, vermöge eben dieser Isomorphie $\varphi(\vartheta_2) = 0$.

---

[1] Die Bezeichnung wird hauptsächlich auf algebraische Größen ϑ angewandt. Transzendente Größen desselben Körpers sind *stets* untereinander konjugiert.

Die Existenz der einfachen Erweiterungen. Bis jetzt war immer Ω ein vorgegebener Oberkörper, und es wurde die Struktur der einfachen Erweiterungen $\Delta(\vartheta)$ innerhalb Ω studiert. Jetzt aber soll das Problem anders gestellt werden: Gegeben sei ein Körper Δ; gesucht ist eine Erweiterung $\Delta(\vartheta)$, wobei von ϑ außerdem verlangt wird, entweder, daß ϑ transzendent oder daß ϑ Nullstelle eines vorgegebenen Primpolynoms in $\Delta[x]$ sein soll.

Soll ϑ transzendent sein, so ist die Lösung leicht: Man nehme für ϑ eine Unbestimmte:

$$\vartheta = x,$$

bilde den Polynombereich $\Delta[x]$ und dessen Quotientenkörper $\Delta(x)$, den Körper der rationalen Funktionen der Unbestimmten x. Wie wir sahen, ist $\Delta(x)$ bis auf äquivalente Erweiterungen die einzige einfache transzendente Erweiterung; mithin:

Es gibt eine und bis auf äquivalente Erweiterungen nur eine einfache transzendente Erweiterung $\Delta(\vartheta)$ eines vorgegebenen Körpers Δ.

Soll zweitens ϑ algebraisch sein, und zwar Nullstelle des in $\Delta[x]$ irreduziblen Polynoms $\varphi(x)$, so können wir zunächst annehmen, daß φ nicht linear ist, da sonst $\Delta(\vartheta) = \Delta$ genommen werden kann.

Der gesuchte Körper $\Delta(\vartheta)$ muß nach dem Vorigen isomorph dem Körper der Restklassen

$$\Sigma' = \Delta[x]/(\varphi(x))$$

sein. Nun ist jedem Polynom f aus $\Delta[x]$ eine Restklasse $\bar{f}$ in Σ' zugeordnet und die Abbildung ist homomorph. Insbesondere entspricht jeder Konstanten a aus Δ eine Restklasse $\bar{a}$ und diese Abbildung von Δ ist nicht nur homomorph, sondern sogar isomorph, da die Null die einzige Konstante ist, die $\equiv 0 \bmod \varphi(x)$ ist. Also können wir nach § 12, Schluß, im Körper Σ' die Restklassen $\bar{a}$ durch die ihnen entsprechenden Elemente a von Δ ersetzen; dadurch geht Σ' über in einen Körper Σ, der Δ umfaßt und $\simeq \Sigma'$ ist.

Dem Polynom x ist eine Restklasse zugeordnet, welche ϑ heißen möge. Wir können also in Σ den Körper $\Delta(\vartheta)$ bilden. (Übrigens ist $\Sigma = \Delta(\vartheta)$, wie leicht zu sehen.) Aus

$$\varphi(x) = \sum_0^n a_k x^k \equiv 0\,(\varphi(x))$$

folgt vermöge der Homomorphie

$$\sum_0^n \bar{a}_k \vartheta^k = 0 \quad \text{(in } \Sigma')$$

und daraus, wenn die $\bar{a}_k$ durch die a_k ersetzt werden:

$$\varphi(\vartheta) = \sum_0^n a_k \vartheta^k = 0.$$

Also ist ϑ Nullstelle von $\varphi(x)$.

Damit ist bewiesen:

Zu einem vorgegebenen Körper Δ gibt es eine (und bis auf äquivalente Erweiterungen nur eine) einfache algebraische Erweiterung $\Delta(\vartheta)$ von der Beschaffenheit, daß ϑ einer vorgegebenen Gleichung $\varphi(\vartheta) = 0$ genügt, wobei $\varphi(x)$ ein Primpolynom in $\Delta[x]$ ist.

Der beim Beweis benutzte Prozeß der „*symbolischen Adjunktion*" mit Hilfe des Restklassenringes und des Symbols ϑ steht in einem gewissen Gegensatz zur unsymbolischen Adjunktion, die möglich ist, wenn man von vornherein über einen umfassenden Körper Ω verfügt, in dem eine Größe ϑ mit den verlangten Eigenschaften schon vorhanden ist. Ist Δ z.B. der Körper der rationalen Zahlen, so kann man die unsymbolische Adjunktion einer algebraischen Zahl, d. h. einer Wurzel einer algebraischen Gleichung, dadurch erreichen, daß man von dem auf transzendentem Wege konstruierten Körper der komplexen Zahlen Ω ausgeht, in dem nach dem „Fundamentalsatz der Algebra" jede Gleichung mit rationalen Zahlenkoeffizienten tatsächlich lösbar ist. Die obige symbolische Adjunktion vermeidet diesen transzendenten Umweg, indem sie direkt die algebraische Zahl als Symbol einer Restklasse einführt und Rechnungsregeln für sie definiert. Dabei werden keine Größenrelationen ($>$, $<$) oder Realitätseigenschaften eingeführt. Trotzdem entsteht auf dem symbolischen und auf dem unsymbolisch-transzendenten Wege stets (algebraisch gesprochen) derselbe Körper $\Delta(\vartheta)$; denn nach dem zu Anfang Bewiesenen sind alle möglichen Erweiterungen $\Delta(\vartheta)$, deren ϑ derselben irreduziblen Gleichung genügen, äquivalent.

Genaueres über das Verhältnis von Größenbeziehungen zu algebraischen Relationen findet sich in Kapitel 10 und 11.

Aufgaben. 5. Das Polynom $x^4 + 1$ ist im Körper $\mathbb{Q}$ der rationalen Zahlen irreduzibel (§ 31, Aufgabe 3). Man adjungiere eine Nullstelle ϑ und zerlege das Polynom im erweiterten Körper $\mathbb{Q}(\vartheta)$ in Primfaktoren.

6. Es sei Π der Primkörper der Charakteristik p, x eine Unbestimmte, $\Delta = \Pi(x)$. Man adjungiere an Δ eine Nullstelle $\zeta = x^{1/p}$ des irreduziblen Polynoms $z^p - x$ und zerlege das Polynom $z^p - x$ im erweiterten Körper $\Pi(\zeta)$.

7. Aus dem Primkörper der Charakteristik 2 konstruiere man durch Adjunktion einer Nullstelle einer irreduziblen quadratischen Gleichung einen Körper mit vier Elementen.

§ 40. Endliche Körpererweiterungen

Ein Schiefkörper Ω heißt eine *endliche Erweiterung* eines Unterkörpers Δ oder kurz *endlich über* Δ, wenn alle Elemente von Ω Linearkombinationen von endlich vielen $u_1, \ldots, u_n$ mit Koeffizienten aus Δ sind:

$$(1) \qquad w = \delta_1 u_1 + \cdots + \delta_n u_n.$$

Der Schiefkörper Ω ist dann ein endlich-dimensionaler Links-Vektorraum über Δ. Die Dimension, also die Anzahl der Elemente einer linear-unabhängigen *Basis* von Ω über Δ, heißt der *Körpergrad* $(\Omega : \Delta)$ oder der *Grad von Ω über Δ*.

Beispiel. Der Körper Ω sei eine einfache algebraische Erweiterung von Δ:

$$\Omega = \Delta(\vartheta)$$

wobei ϑ ein Element vom Grade n über Δ, d. h. eine Nullstelle eines Primpolynoms vom Grade n in $\Delta[x]$ ist. Die Elemente

$$1, \vartheta, \vartheta^2, \ldots, \vartheta^{n-1}$$

bilden eine linear-unabhängige Basis von $\Delta(\vartheta)$ über Δ, also ist $\Delta(\vartheta)$ endlich vom Grade n über Δ.

Σ sei ein Zwischenkörper zwischen Δ und Ω, d.h. es sei $\Delta \subseteq \Sigma \subseteq \Omega$. Dann gilt der folgende

Gradsatz. *Ist Ω endlich über Δ, so ist auch Σ endlich über Δ und Ω endlich über Σ. Ist umgekehrt Σ endlich über Δ und Ω endlich über Σ, so ist Ω endlich über Δ und es gilt die Gradrelation*

$$(2) \qquad\qquad (\Omega : \Delta) = (\Omega : \Sigma)(\Sigma : \Delta).$$

Beweis. Ist Ω über Δ endlich, so ist der Unterraum Σ des Vektorraums Ω nach § 20 auch endlich über Δ. Daß Ω über Σ endlich ist, ist klar, denn Ω ist sogar über Δ endlich. Nun seien umgekehrt $(\Sigma : \Delta)$ und $(\Omega : \Sigma)$ endlich und es sei $\{u_1, \ldots, u_r\}$ eine Basis von Σ in bezug auf Δ und ebenso $\{v_1, \ldots, v_s\}$ eine Basis von Ω in bezug auf Σ. Dann ist jedes Element von Ω darstellbar in der Gestalt

$$\begin{aligned} w &= \sum_i \sigma_i v_i & (\sigma_i \in \Sigma) \\ &= \sum_i \left(\sum_k \delta_{ik} u_k \right) v_i & (\delta_{ik} \in \Delta) \\ &= \sum_i \sum_k \delta_{ik}(u_k v_i). \end{aligned}$$

Jedes Element von Ω hängt also von den rs Größen $u_k v_i$ linear ab. Diese Größen sind untereinander in bezug auf Δ linear-unabhängig; denn aus

$$\sum_i \sum_k \delta_{ik} u_k v_i = 0 \qquad\qquad (\delta_{ik} \in \Delta)$$

folgt wegen der linearen Unabhängigkeit der v in bezug auf Σ:

$$\sum_k \delta_{ik} u_k = 0,$$

also wegen der Unabhängigkeit der u in bezug auf Δ:

$$\delta_{ik} = 0.$$

Also ist rs der Grad von Ω in bezug auf Δ, q.e.d.

Folgerungen aus (2).

a) Ist $\Delta \subseteq \Sigma \subseteq \Omega$ und $(\Omega : \Delta) = (\Sigma : \Delta)$, so ist $\Omega = \Sigma$. Aus (2) folgt dann nämlich $(\Omega : \Sigma) = 1$. — Ebenso:

b) Ist $\Delta \subseteq \Sigma \subseteq \Omega$ und $(\Omega : \Sigma) = (\Omega : \Delta)$, so ist $\Sigma = \Delta$.

c) Ist $\Delta \subseteq \Sigma \subseteq \Omega$, so ist der Grad $(\Sigma : \Delta)$ ein Teiler des Grades $(\Omega : \Delta)$.

Aufgaben. 1. Welchen Grad hat der Körper $\mathbb{Q}(i, \sqrt{2})$ in bezug auf den Körper $\mathbb{Q}$ der rationalen Zahlen?

2. Alle Elemente eines endlichen kommutativen Erweiterungskörpers Ω eines Körpers Δ sind algebraisch in bezug auf Δ, und ihre Grade sind Teiler des Körpergrades $(\Omega : \Delta)$.

3. Aus wie vielen Elementen besteht ein Körper von der Charakteristik p, der in bezug auf den darin enthaltenen Primkörper den Grad n hat?

§ 41. Algebraische Körpererweiterungen

Ein Erweiterungskörper Σ von Δ heißt *algebraisch über* Δ, wenn jedes Element von Σ algebraisch über Δ ist.

Satz. *Jede endliche Erweiterung Σ von Δ ist algebraisch und läßt sich aus Δ durch Adjunktion endlichvieler algebraischer Elemente gewinnen.*

Beweis. Ist n der Grad der endlichen Erweiterung Σ und $a \in \Sigma$, so gibt es unter den Potenzen $1, \alpha, \alpha^2, \ldots, \alpha^n$ eines Elements α höchstens n linear-unabhängige. Es muß also eine Relation $\sum\limits_{0}^{n} c_k \alpha^k = 0$ bestehen, d. h. α ist algebraisch; demnach ist der Körper Σ algebraisch. Als Erzeugende der Erweiterung Σ (d. h. als adjungierte Menge) kann man eine Körperbasis von Σ wählen.

Infolge dieses Satzes kann man statt „endliche Erweiterung" auch „endliche algebraische Erweiterung" sagen.

Umkehrung. *Jede Erweiterung eines Körpers Δ, die durch Adjunktion endlichvieler algebraischer Größen zu Δ entsteht, ist endlich (und folglich algebraisch).*

Beweis. Adjunktion einer algebraischen Größe ϑ vom Grade n ergibt eine endliche Erweiterung mit der Basis $1, \vartheta, \ldots, \vartheta^{n-1}$. Sukzessive Bildung endlicher Erweiterungen ergibt nach dem Satz aus § 40 stets wieder eine endliche Erweiterung.

Folgerung. *Summe, Differenz, Produkt und Quotient algebraischer Größen sind wieder algebraische Größen.*

Satz. *Ist α algebraisch in bezug auf Σ und Σ algebraisch in bezug auf Δ, so ist α algebraisch in bezug auf Δ.*

Beweis. In der algebraischen Gleichung für α mit Koeffizienten aus Σ können nur endlichviele Elemente $\beta, \gamma, \ldots$ von Σ als Koeffizienten vorkommen. Der Körper $\Sigma' = \Delta(\beta, \gamma, \ldots)$ ist endlich in bezug auf Δ und der Körper $\Sigma'(\alpha)$ ist wieder endlich in bezug auf Σ'; also ist $\Sigma'(\alpha)$ auch endlich in bezug auf Δ, also α algebraisch in bezug auf Δ.

Zerfällungskörper. Unter den endlichen algebraischen Erweiterungen sind besonders wichtig die „*Zerfällungskörper*" eines Polynoms $f(x)$, die durch „*Adjunktion aller Wurzeln einer Gleichung $f(x) = 0$*" entstehen. Darunter versteht man solche Körper

$$\Delta(\alpha_1, \ldots, \alpha_n),$$

in denen das Polynom $f(x)$ aus $\Delta[x]$ vollständig in Linearfaktoren zerfällt[1]:

$$f(x) = (x - \alpha_1) \ldots (x - \alpha_n),$$

und die durch Adjunktion der Wurzeln α_i dieser Linearfunktionen zu Δ entstehen. Über diese Körper gelten die folgenden Sätze:

Zu jedem Polynom $f(x)$ aus $\Delta[x]$ gibt es einen Zerfällungskörper.

Beweis. In $\Delta[x]$ möge $f(x)$ folgendermaßen in unzerlegbare Faktoren zerfallen:

$$f(x) = \varphi_1(x)\,\varphi_2(x) \ldots \varphi_r(x).$$

Wir adjungieren nun zunächst eine Nullstelle α_1 des irreduziblen Polynoms $\varphi_1(x)$ und erhalten dadurch einen Körper $\Delta(\alpha_1)$, in dem $\varphi_1(x)$, also auch $f(x)$, einen Linearfaktor $x - \alpha_1$ abspaltet.

Gesetzt nun, man habe schon einen Körper $\Delta_k = \Delta(\alpha_1, \ldots, \alpha_k)$ $(k < n)$ konstruiert, in dem das Polynom $f(x)$ die (gleichen oder verschiedenen) Faktoren $x - \alpha_1, \ldots, x - \alpha_k$ abspaltet. In dem Körper Δ_k möge $f(x)$ folgendermaßen zerfallen:

$$f(x) = (x - \alpha_1) \ldots (x - \alpha_k) \cdot \psi_{k+1}(x) \ldots \psi_l(x).$$

Wir adjungieren nun zu Δ_k eine Nullstelle α_{k+1} von $\psi_{k+1}(x)$. Im so erweiterten Körper $\Delta_k(\alpha_{k+1}) = \Delta(\alpha_1, \ldots, \alpha_{k+1})$ spaltet $f(x)$ die Faktoren $x - \alpha_1, \ldots, x - \alpha_{k+1}$ ab. Vielleicht spaltet sogar $f(x)$ nach der Adjunktion noch mehr also diese $k + 1$ Linearfaktoren ab.

In dieser Art schrittweise weitergehend, findet man schließlich den gesuchten Körper $\Delta_n = \Delta(\alpha_1, \ldots, \alpha_n)$.[2]

Wir werden nun weiter zeigen, daß der Zerfällungskörper eines gegebenen Polynoms $f(x)$ bis auf äquivalente Erweiterungen eindeutig bestimmt ist. Dazu benötigen wir den Begriff der *Fortsetzung eines Isomorphismus.*

---

[1] Den höchsten Koeffizienten von $f(x)$ wollen wir hier und im folgenden gleich 1 annehmen, was offenbar nichts ausmacht.

[2] Der hier gegebene Existenzbeweis des Zerfällungskörpers impliziert nicht die effektive Konstruierbarkeit in endlich vielen Schritten. Siehe über diese Fragen G. HERMANN, Math. Ann. Bd. 95 (1926) S. 736—788 und B. L. v. D. WAERDEN, Math. Ann. Bd. 102 (1930), S. 738.

Es sei $\varDelta \subseteq \varSigma$ und $\overline{\varDelta} \subseteq \overline{\varSigma}$, und es sei ein Isomorphismus $\varDelta \simeq \overline{\varDelta}$ gegeben. Ein Isomorphismus $\varSigma \simeq \overline{\varSigma}$ heißt nun eine *Fortsetzung* des gegebenen Isomorphismus $\varDelta \simeq \overline{\varDelta}$, wenn jede Größe a von $\varDelta$, die beim alten Isomorphismus $\varDelta \simeq \overline{\varDelta}$ das Bild $\bar{a}$ hat, beim neuen Isomorphismus $\varSigma \simeq \overline{\varSigma}$ dasselbe Bild $\bar{a}$ aus $\overline{\varDelta}$ hat.

Alle Sätze über Fortsetzungen von Isomorphismen bei algebraischen Erweiterungen beruhen auf dem folgenden Satz:

Geht bei einem Isomorphismus $\varDelta \simeq \overline{\varDelta}$ ein irreduzibles Polynom $\varphi(x)$ aus $\varDelta[x]$ in das (natürlich ebenfalls irreduzible) Polynom $\overline{\varphi}(x)$ aus $\overline{\varDelta}[x]$ über, ist weiter α eine Nullstelle von $\varphi(x)$ in einem Erweiterungskörper von $\varDelta$ und $\overline{\alpha}$ eine Nullstelle von $\overline{\varphi}(x)$ in einem Erweiterungskörper von $\overline{\varDelta}$, so läßt sich der gegebene Isomorphismus $\varDelta \simeq \overline{\varDelta}$ zu einem Isomorphismus $\varDelta(\alpha) \simeq \overline{\varDelta}(\overline{\alpha})$, der α in $\overline{\alpha}$ überführt, fortsetzen.

Beweis. Die Elemente von $\varDelta(\alpha)$ haben die Gestalt $\sum c_k \alpha^k \,(c_k \in \varDelta)$, und mit ihnen wird gerechnet wie mit Polynomen modulo $\varphi(x)$. Ebenso haben die Elemente von $\overline{\varDelta}(\overline{\alpha})$ die Gestalt $\sum \bar{c}_k \overline{\alpha}^k \,(\bar{c}_k \in \overline{\varDelta})$, und mit ihnen wird gerechnet wie mit Polynomen modulo $\overline{\varphi}(x)$, also genau so, nur mit Querstrichen. Also ist die Zuordnung

$$\sum c_k \alpha^k \rightarrow \sum \bar{c}_k \overline{\alpha}^k$$

(wobei die $\bar{c}_k$ die entsprechenden Elemente zu den c_k im Isomorphismus $\varDelta \simeq \overline{\varDelta}$ sind) ein Isomorphismus, der die verlangten Eigenschaften besitzt.

Ist speziell $\varDelta = \overline{\varDelta}$ und bildet der gegebene Isomorphismus jedes Element von $\varDelta$ auf sich ab, so erhält man den früheren Satz zurück, daß alle Erweiterungen $\varDelta(\alpha)$, $\varDelta(\overline{\alpha})$, ..., die durch Adjunktion je einer Wurzel derselben irreduziblen Gleichung entstehen, äquivalent sind und daß jede Wurzel durch die betreffenden Isomorphismen in jede andere übergeführt werden kann.

Ein entsprechender Satz gilt nun bei Adjunktion aller Wurzeln eines Polynoms statt einer einzigen:

Geht bei einem Isomorphismus $\varDelta \simeq \overline{\varDelta}$ ein beliebiges Polynom $f(x)$ aus $\varDelta[x]$ in ein Polynom $\bar{f}(x)$ aus $\overline{\varDelta}[x]$ über, so läßt sich der Isomorphismus zu einem Isomorphismus eines beliebigen Zerfällungskörpers $\varDelta(\alpha_1, ..., \alpha_n)$ von $f(x)$ mit einem beliebigen Zerfällungskörper $\overline{\varDelta}(\beta_1, ..., \beta_n)$ von $\bar{f}(x)$ fortsetzen, wobei $\alpha_1, ..., \alpha_n$ in einer gewissen Reihenfolge in $\beta_1, ..., \beta_n$ übergehen.

Beweis. Gesetzt, man habe (eventuell nach Abänderung der Reihenfolge der Wurzeln) den Isomorphismus $\varDelta \simeq \overline{\varDelta}$ schon fortgesetzt zu einem Isomorphismus $\varDelta(\alpha_1, ..., \alpha_k) \simeq \overline{\varDelta}(\beta_1, ..., \beta_k)$, wobei jedes α_i in β_i übergeht. (Für $k = 0$ ist das tatsächlich der Fall.) In $\varDelta(\alpha_1, ..., \alpha_k)$ möge $f(x)$ so zerfallen:

$$f(x) = (x - \alpha_1) ... (x - \alpha_k) \cdot \varphi_{k+1}(x) ... \varphi_h(x).$$

Entsprechend zerfällt dann, vermöge des Isomorphismus, $\bar{f}(x)$ in $\bar{\Delta}(\beta_1, \ldots, \beta_k)$ folgendermaßen:

$$\bar{f}(x) = (x - \beta_1) \ldots (x - \beta_k) \cdot \psi_{k+1}(x) \ldots \psi_h(x).$$

In $\bar{\Delta}(\alpha_1, \ldots, \alpha_n)$ bzw. $\bar{\Delta}(\beta_1, \ldots, \beta_n)$ zerlegen sich die Faktoren φ_ν und ψ_ν weiter in $(x - \alpha_{k+1}) \ldots (x - \alpha_n)$ bzw. $(x - \beta_{k+1}) \ldots (x - \beta_n)$. Die $\alpha_{k+1}, \ldots, \alpha_n$ und $\beta_{k+1}, \ldots, \beta_n$ mögen so umgeordnet werden, daß α_{k+1} Wurzel von $\varphi_{k+1}(x)$ und β_{k+1} Wurzel von $\psi_{k+1}(x)$ wird. Nach dem vorigen Satz läßt sich dann der Isomorphismus

$$\Delta(\alpha_1, \ldots, \alpha_k) \cong \bar{\Delta}(\beta_1, \ldots, \beta_k)$$

zu einem ebensolchen

$$\Delta(\alpha_1, \ldots, \alpha_{k+1}) \cong \bar{\Delta}(\beta_1, \ldots, \beta_{k+1})$$

fortsetzen, wobei α_{k+1} in β_{k+1} übergeht.

In dieser Weise Schritt für Schritt von $k = 0$ aus weitergehend, kommt man schließlich zum gesuchten Isomorphismus

$$\Delta(\alpha_1, \ldots, \alpha_n) \cong \bar{\Delta}(\beta_1, \ldots, \beta_n),$$

wobei laut Konstruktion jedes a_i in β_i übergeht.

Ist jetzt insbesondere $\Delta = \bar{\Delta}$ und läßt der gegebene Isomorphismus $\Delta \cong \bar{\Delta}$ jedes Element von Δ fest, so wird $\bar{f} = f$, und der erweiterte Isomorphismus

$$\Delta(\alpha_1, \ldots, \alpha_n) \cong \Delta(\beta_1, \ldots, \beta_n)$$

läßt ebenfalls alle Elemente von Δ fest, d. h. die beiden Zerfällungskörper von $f(x)$ sind *äquivalent. Mithin ist der Zerfällungskörper eines Polynoms $f(x)$ bis auf äquivalente Erweiterungen eindeutig bestimmt.*

Daraus folgt, daß alle algebraischen Eigenschaften der Wurzeln unabhängig von der Art der Konstruktion des Zerfällungskörpers sind. Zum Beispiel: Ob man ein Polynom im Körper der komplexen Zahlen oder mittels symbolischer Adjunktion zerfällt, man wird „im wesentlichen", d. h. bis auf Äquivalenz, stets dasselbe finden.

Insbesondere hat jede Wurzel oder Nullstelle von $f(x)$ eine bestimmte *Vielfachheit*, in der sie bei der Zerlegung

$$f(x) = (x - \alpha_1) \ldots (x - \alpha_n)$$

vorkommt.

Vielfache Wurzeln sind dann und nur dann vorhanden, wenn $f(x)$ und $f'(x)$ über dem Zerfällungskörper einen gemeinsamen Teiler haben, der keine Konstante ist (§ 28). Der größte gemeinsame Teiler von $f(x)$ und $f'(x)$ über irgendeinem Erweiterungskörper ist aber derselbe wie der größte gemeinsame Teiler im Grundbereich $\Delta[x]$ (§ 17, Aufgabe 1). Demnach kann man durch Bildung des größten gemeinsamen Teilers von $f(x)$ und $f'(x)$ in $\varDelta[x]$ schon erkennen, ob $f(x)$ in seinem Zerfällungskörper vielfache Nullstellen besitzt.

Zwei Zerfällungskörper eines und desselben Polynoms, die in einem gemeinsamen Umfassungskörper $\varOmega$ enthalten sind, sind nicht nur äquivalent, sondern sogar *gleich*. Denn wenn in $\varOmega$ zwei Zerlegungen

$$f(x) = (x - \alpha_1) \ldots (x - \alpha_n),$$
$$f(x) = (x - \beta_1) \ldots (x - \beta_n)$$

stattfinden, so stimmen nach dem Satz von der eindeutigen Faktorzerlegung in $\varOmega[x]$ die Faktoren bis auf die Reihenfolge überein.

Normale Erweiterungskörper. Ein Körper $\varSigma$ heißt *normal oder galoissch* über $\varDelta$, wenn er erstens algebraisch in bezug auf $\varDelta$ ist und zweitens jedes in $\varDelta[x]$ irreduzible Polynom $g(x)$, das in $\varSigma$ *eine* Nullstelle α hat, in $\varSigma[x]$ ganz in Linearfaktoren zerfällt.

Unsere früher konstruierten Zerfällungskörper sind normal nach folgendem Satz:

Ein Körper, der aus $\varDelta$ durch Adjunktion aller Nullstellen eines oder mehrerer oder sogar unendlichvieler Polynome aus $\varDelta[x]$ entsteht, ist normal.

Zunächst können wir den Fall unendlichvieler Polynome auf den endlichvieler zurückführen; denn jedes Element α des Körpers hängt doch nur von den Wurzeln endlichvieler unserer Polynome ab, und wir können uns für die Zerfällung des irreduziblen Polynoms, welches α zur Nullstelle hat, ganz auf den von diesen endlichvielen Wurzeln erzeugten Körper beschränken.

Sodann können wir den Fall endlichvieler Polynome auf den eines einzigen zurückführen, indem wir sie alle miteinander multiplizieren und die Nullstellen des Produkts adjungieren; das sind ja dieselben Größen wie die Nullstellen aller Faktoren zusammen genommen.

Es sei also $\varSigma = \varDelta(\alpha_1, \ldots, \alpha_n)$,wo die α_ν die Wurzeln eines Polynoms $f(x)$ sind, und das irreduzible Polynom $g(x)$ aus $\varDelta[x]$ habe eine Nullstelle β in $\varSigma$. Wenn $g(x)$ in $\varSigma$ nicht ganz zerfällt, können wir $\varSigma$ durch Adjunktion einer weiteren Nullstelle β' von $g(x)$ zu einem Körper $\varSigma(\beta')$ erweitern; dann ist, da β und β' konjugiert sind,

$$\varDelta(\beta) \cong \varDelta(\beta').$$

Bei dieser Isomorphie gehen die Elemente von $\varDelta$ und somit auch die Koeffizienten des Polynoms $f(x)$ in sich über. Adjungieren wir nun links und rechts alle Nullstellen von $f(x)$, so läßt sich die Isomorphie fortsetzen:

$$\varDelta(\beta, \alpha_1, \ldots, \alpha_n) \cong \varDelta(\beta', \alpha_1, \ldots, \alpha_n),$$

wobei die α_i wieder in die α_j, vielleicht in anderer Reihenfolge übergehen. Nun ist β eine rationale Funktion von $\alpha_1, \ldots, \alpha_n$ mit Koeffizienten aus Δ:

$$\beta = r(\alpha_1, \ldots, \alpha_n)$$

und diese rationale Beziehung bleibt bei jedem Isomorphismus erhalten. Mithin ist auch β' eine rationale Funktion von $\alpha_1, \ldots, \alpha_n$, gehört also ebenfalls dem Körper Σ an, entgegen unserer Annahme.

Umkehrung. *Ein Normalkörper Σ über Δ entsteht durch Adjunktion aller Nullstellen einer Menge von Polynomen und, wenn er endlich ist, sogar durch Adjunktion aller Nullstellen eines einzigen Polynoms.*

Beweis. Der Körper Σ entstehe durch Adjunktion einer Menge $\mathfrak{M}$ von algebraischen Größen. (Im allgemeinen Fall kann man etwa $\mathfrak{M} = \Sigma$ wählen; im endlichen Fall ist $\mathfrak{M}$ endlich.) Jedes Element von $\mathfrak{M}$ genügt einer algebraischen Gleichung $f(x) = 0$ mit Koeffizienten aus Δ, die in Σ ganz zerfällt. Die Adjunktion aller Nullstellen aller dieser Polynome $f(x)$ (bzw., wenn es nur endlichviele sind, aller Nullstellen ihres Produktes) ergibt mindestens so viel wie die Adjunktion von $\mathfrak{M}$ allein, d. h. sie ergibt den ganzen Körper Σ, q. e. d.

Eine irreduzible Gleichung $f(x) = 0$ heißt *normal*, wenn der durch Adjunktion *einer* Wurzel entstehende Körper schon normal ist, d. h. wenn in ihm $f(x)$ völlig zerfällt.

Aufgaben. 1. Ist $\Delta \subseteq \Sigma \subseteq \Omega$ und Ω normal über Δ, so ist Ω normal über Σ.

2. Man konstruiere den Zerfällungskörper von $x^3 - 2$ in bezug auf den rationalen Grundkörper $\mathbb{Q}$. Man zeige: Ist α eine Wurzel, so ist $\mathbb{Q}(\alpha)$ nicht normal.

3. Ist $f(x) = x^n + \ldots$ im Körper K irreduzibel, so zerfällt $f(x)$ in einem normalen Erweiterungskörper in lauter Faktoren gleichen Grades, die in bezug auf K konjugiert sind.

4. Jeder in bezug auf Δ quadratische Körper ist normal in bezug auf Δ.

§ 42. Einheitswurzeln

Wir haben im vorangehenden die allgemeinen Grundlagen der Körpertheorie dargestellt. Bevor wir die allgemeine Theorie weiter entwickeln, wenden wir die erhaltenen Sätze auf einige ganz spezielle Gleichungen und spezielle Körper an.

Es sei n eine natürliche Zahl. Die Nullstelllen des Polynoms $x^n - 1$ in irgend einem Körper K heißen *n-te Einheitswurzeln*. Für eine n-te Einheitswurzel ζ gilt also

$$\zeta^n = 1.$$

Ist K der Körper der komplexen Zahlen, so kann man die n-ten Einheitswurzeln geometrisch deuten als Punkte auf dem Einheitskreis

$$\zeta = e^{i\alpha} = \cos\alpha + i\sin\alpha,$$

wobei der Winkel α die Bedingung

$$n\alpha = k \cdot 2\pi$$

zu erfüllen hat, aus der

$$\alpha = k \cdot \frac{2\pi}{n}$$

folgt. Setzt man für k die Werte $0, 1, 2, \ldots, n-1$ ein, so erhält man n Punkte

$$1, \eta, \eta^2, \ldots, \eta^{n-1} \quad (\eta^n = 1),$$

die den Kreis in n gleiche Kreisbogen teilen. Das Polynom $x^n - 1$ hat also im Körper der komplexen Zahlen genau n verschiedene Nullstellen, die sich als Potenzen einer einzigen *primitiven n-ten Einheitswurzel* η darstellen lassen.

Wir untersuchen nun die Einheitswurzeln in einem beliebigen Körper K. Zunächst gilt:

Die n-ten Einheitswurzeln in K bilden bei der Multiplikation eine abelsche Gruppe.

Aus $a^n = 1$ und $b^n = 1$ folgt nämlich $(ab)^n = 1$ und $(a^{-1})^n = 1$. Daß die Gruppe abelsch ist, ist klar.

Wir beweisen nun einen *Hilfssatz über abelsche Gruppen.* Es seien $b_1, \ldots, b_m$ Elemente einer abelschen Gruppe, deren Ordnungen $r_1, \ldots, r_m$ paarweise teilerfremd sind. Dann hat das Produkt

$$b = b_1 b_2 \ldots b_m$$

genau die Ordnung

$$r = r_1 r_2 \ldots r_m.$$

Beweis. Wegen $b^r = b_1^r b_2^r \ldots b_m^r = 1$ ist die Ordnung von b jedenfalls ein Teiler von r. Ist nun q eine in r aufgehende Primzahl, so geht q in einem bestimmten Faktor r_i auf, und r/q ist durch die übrigen r_j, aber nicht durch r_i teilbar. Daher ist

$$b^{r/q} = b_1^{r/q} \ldots b_m^{r/q} = b_i^{r/q} \neq 1.$$

Weil das für jede in r aufgehende Primzahl q gilt, ist die Ordnung von b genau r.

Ist nun K ein Körper der Charakteristik p, so setzen wir $n = p^m h$, wobei h nicht durch p teilbar ist. Für jede n-te Einheitswurzel ζ gilt dann nach § 37, Aufgabe 1

$$(\zeta^h - 1)^{p^m} = \zeta^{hp^m} - 1 = \zeta^n - 1 = 0,$$

also

$$\zeta^h - 1 = 0.$$

Die n-ten Einheitswurzeln sind also gleichzeitig h-te Einheitswurzeln, wobei h nicht durch die Charakteristik des Körpers teilbar ist. Im Fall der Charakteristik Null kann man von vornherein $h = n$ setzen. In beiden Fällen hat man dann

$$\zeta^h = 1,$$

wobei h nicht durch die Charakteristik des Körpers teilbar ist.

Wir gehen vom Primkörper Π der Charakteristik 0 oder p aus und adjungieren an Π alle Nullstellen des Polynoms

$$f(x) = x^h - 1 \, .$$

Der so entstehende Zerfällungskörper Σ heißt *Kreisteilungskörper* oder *Körper der h-ten Einheitswurzeln über dem Primkörper Π*. Das Polynom $f(x)$ zerfällt in lauter *verschiedene* Linearfaktoren; denn die Ableitung

$$f'(x) = h \, x^{h-1}$$

verschwindet, da h nicht durch die Charakteristik teilbar ist, nur für $x = 0$, hat also keine Nullstelle mit $f(x)$ gemein. *Es gibt also in Σ genau h h-te Einheitswurzeln.*

Wir zerlegen nun h in Primzahlpotenzen:

$$h = \prod_{i=1}^{m} q_i^{\nu_i} = \prod_{1}^{m} r_i \quad (r_i = q_i^{\nu_i}) \, .$$

In der Gruppe der h-ten Einheitswurzeln gibt es höchstens h/q_i Elemente a, für die $a^{h/q_i} = 1$ ist; denn das Polynom $x^{h/q_i} - 1$ hat höchstens h/q_i Nullstellen. Also gibt es in der Gruppe ein a_i mit

$$a_i^{h/q_i} \neq 1 \, .$$

Das Gruppenelement

$$b_i = a_i^{h/r_i}$$

hat die Ordnung r_i. Denn seine r_i-te Potenz ist 1, seine Ordnung also ein Teiler von r_i; aber seine (r_i/q_i)-te Potenz ist von 1 verschieden, seine Ordnung also kein echter Teiler von r_i. Das Produkt

$$\zeta = \prod_{1}^{m} b_i$$

hat nun, als Produkt von Elementen der teilerfremden Ordnungen $r_1, \ldots, r_m$ genau die Ordnung

$$\prod_{1}^{m} r_i = h \, .$$

Eine solche Einheitswurzel, deren Ordnung genau h ist, nennen wir eine *primitive h-te Einheitswurzel.*

Die Potenzen $1, \zeta, \zeta^2, \ldots, \zeta^{h-1}$ einer primitiven Einheitswurzel sind alle verschieden; da aber die Gruppe im ganzen nur h Elemente hat, so sind alle ihre Elemente Potenzen von ζ. Mithin:

Die Gruppe der h-ten Einheitswurzeln ist zyklisch und wird von jeder primitiven Einheitwurzel ζ erzeugt.

Die Anzahl der primitiven h-ten Einheitswurzeln ist nun leicht zu bestimmen. Wir geben sie zunächst mit $\varphi(h)$ an. $\varphi(h)$ ist die *Anzahl*

der Elemente der Ordnung h in einer zyklischen Gruppe der Ordnung h. [1]
Ist zunächst h eine Primzahlpotenz, $h = q^\nu$, so sind alle q^ν Potenzen
von ζ, mit Ausnahme der $q^{\nu-1}$ Potenzen von ζ^q, Elemente h-ter
Ordnung; mithin ist

$$(1) \qquad \varphi(q^\nu) = q^\nu - q^{\nu-1} = q^{\nu-1}(q-1) = q^\nu\left(1 - \frac{1}{q}\right).$$

Ist zweitens h in zwei teilerfremde Faktoren zerlegt: $h = rs$, so ist
jedes Element h-ter Ordnung eindeutig als Produkt eines Elements
r-ter Ordnung und eines Elements s-ter Ordnung darstellbar (§ 17,
Aufgabe 2) und umgekehrt jedes solche Produkt ein Element h-ter
Ordnung. Die Elemente r-ter Ordnung gehören der von ζ^s erzeugten
zyklischen Gruppe r-ter Ordnung an; ihre Anzahl ist demnach $\varphi(r)$.
Ebenso ist die Anzahl der Elemente s-ter Ordnung $\varphi(s)$; für die
Anzahl der Produkte hat man also

$$\varphi(h) = \varphi(r)\,\varphi(s).$$

Aus dieser Formel folgt durch wiederholte Anwendung, wenn wie
bisher

$$h = \prod_1^m r_i$$

die Zerlegung von h in teilerfremde Primzahlpotenzen ist,

$$\varphi(h) = \varphi(r_1)\,\varphi(r_2)\ldots\varphi(r_m),$$

also nach (1)

$$\varphi(h) = q_1^{\nu_1-1}(q_1-1)\,q_2^{\nu_2-1}(q_2-1)\ldots q_m^{\nu_m-1}(q_m-1)$$
$$= h\left(1 - \frac{1}{q_1}\right)\left(1 - \frac{1}{q_2}\right)\ldots\left(1 - \frac{1}{q_m}\right).$$

Mithin:
Die Anzahl der primitiven h-ten Einheitswurzeln ist

$$\varphi(h) = h \prod_1^m \left(1 - \frac{1}{q_i}\right).$$

Wir setzen $g = \varphi(h)$. Die primitiven h-ten Einheitswurzeln seien
$\zeta_1, \ldots, \zeta_g$. Sie sind die Nullstellen des Polynoms

$$(x - \zeta_1)(x - \zeta_2)\ldots(x - \zeta_g) = \Phi_h(x).$$

Es ist

$$(2) \qquad x^h - 1 = \prod_{d\mid h} \Phi_d(x),$$

---

[1] Nach § 17, Aufgabe 3 ist $\varphi(h)$ zugleich die Anzahl der zu h teilerfremden
natürlichen Zahlen $\leqq h$. Man nennt $\varphi(h)$ die Eulersche φ-Funktion.

wo d die positiven Teiler von h durchläuft[1]; denn jede h-te Einheitswurzel ist primitive d-te Einheitswurzel für einen und nur einen positiven Teiler d von h, und daher kommt jeder Linearfaktor von $x^h - 1$ in einem und nur einem der Polynome $\Phi_d(x)$ vor.

Die Formel (2) bestimmt $\Phi_h(x)$ eindeutig. Denn aus ihr folgt zunächst

$$\Phi_1(x) = x - 1\,,$$

und wenn Φ_d für alle positiven $d < h$ bekannt ist, so bestimmt sich Φ_h durch Division aus (2).

Da diese Divisionen sich nach dem Algorithmus im ganzzahligen Polynombereich der Variablen x ausführen lassen, so folgt:

Jedes $\Phi_h(x)$ ist ein ganzzahliges Polynom und unabhängig von der Charakteristik des Körpers Π (solange nur h nicht durch sie teilbar ist).

Die Polynome $\Phi_h(x)$ heißen Kreisteilungspolynome.

Beispiele. Für jede Primzahl q gilt

$$x^q - 1 = (x - 1)(x^{q-1} + x^{q-2} + \cdots + x + 1),$$

also

$$\Phi_q(x) = x^{q-1} + x^{q-2} + \cdots + x + 1\,,$$

allgemeiner

$$\Phi_{q^\nu}(x) = x^{(q-1)q^\nu} + x^{(q-2)q^\nu} + \cdots + x^{q^\nu} + 1\,.$$

Ebenso gilt

$$x^6 - 1 = (x - 1)(x^2 + x + 1)(x + 1)(x^2 - x + 1),$$

also

$$\Phi_6(x) = x^2 - x + 1\,.$$

Das Polynom $\Phi_h(x)$ kann sehr wohl zerlegbar sein; z. B. hat man in jedem Körper von der Charakteristik 3 die Zerlegung

$$\Phi_4(x) = x^4 + 1 = (x^2 - x - 1)(x^2 + x - 1)\,.$$

Wir werden jedoch später (§ 60) sehen, daß im Primkörper der Charakteristik Null das Polynom $\Phi_h(x)$ irreduzibel, mithin alle primitiven h-ten Einheitswurzeln konjugiert sind. In § 31 haben wir auf Grund des Eisensteinschen Satzes schon erkannt, daß dies für alle Primzahlen h der Fall ist; für $\Phi_8 = x^4 + 1$ und $\Phi_{12} = x^4 - x^2 + 1$ war es der Inhalt von Aufgabe 3, § 31 und Aufgabe 5, § 30.

Ein oft benutzter Satz ist der folgende:

Ist ζ eine h-te Einheitswurzel, so ist

$$1 + \zeta + \zeta^2 + \cdots + \zeta^{h-1} = \begin{cases} h\,(\zeta = 1) \\ 0\,(\zeta \neq 1). \end{cases}$$

---

[1] $a|b$ (sprich: a teilt b) bedeutet: a ist Teiler von b.

Der Beweis ergibt sich unmittelbar aus der Summenformel der geometrischen Reihe: Für $\zeta \neq 1$ erhält man

$$\frac{1 - \zeta^h}{1 - \zeta} = 0 \,.$$

Aufgaben. 1. Der Körper der h-ten Einheitswurzeln ist für ungerades h zugleich Körper der $2h$-ten Einheitswurzeln.

2. Die Körper der dritten und vierten Einheitswurzeln über dem Körper der rationalen Zahlen sind quadratisch. Man drücke diese Einheitswurzeln durch Quadratwurzeln aus.

3. Der Körper der achten Einheitswurzeln ist quadratisch in bezug auf den Gaußschen Zahlkörper $\mathbb{Q}(i)$. Man drücke eine primitive achte Einheitswurzel mit Hilfe einer Quadratwurzel aus einem Element von $\mathbb{Q}(i)$ aus.

4. Die n-ten Einheitswurzeln in irgend einem Körper K bilden eine zyklische Gruppe, deren Ordnung ein Teiler von n ist.

§ 43. Galois-Felder (endliche kommutative Körper)

Wir haben in den Primkörpern der Charakteristik p schon Körper mit endlichvielen Elementen kennengelernt. Die endlichen Körper heißen nach ihrem Erforscher GALOIS auch *Galois-Felder*. Wir untersuchen zunächst ihre allgemeinen Eigenschaften.

Es sei $\varDelta$ ein Galois-Feld und q die Anzahl seiner Elemente.

Die Charakteristik von $\varDelta$ kann nicht Null sein; denn sonst würde der in $\varDelta$ liegende Primkörper $\varPi$ schon unendlich viele Elemente haben. Es sei p die Charakteristik. Der Primkörper $\varPi$ ist dann isomorph dem ganzzahligen Restklassenring modulo p und hat p Elemente.

Da es in $\varDelta$ überhaupt nur endlichviele Elemente gibt, so gibt es auch in $\varDelta$ ein größtes System von linear-unabhängigen Elementen $\alpha_1, \ldots, \alpha_n$ in bezug auf $\varPi$. n ist der Körpergrad $(\varDelta : \varPi)$, und jedes Element von $\varDelta$ hat die Gestalt

$$(1) \qquad\qquad c_1 \alpha_1 + \cdots + c_n \alpha_n$$

mit eindeutig bestimmten Koeffizienten c_i aus $\varPi$.

Für jeden Koeffizienten c_i sind p Werte möglich; es gibt also genau p^n Ausdrücke von der Gestalt (1). Da diese die sämtlichen Körperelemente darstellen, so folgt

$$q = p^n \,.$$

Damit ist bewiesen: *Die Anzahl der Elemente eines Galois-Feldes ist eine Potenz der Charakteristik p; der Exponent gibt den Körpergrad $(\varDelta : \varPi)$ an.*

Jeder Schiefkörper ist nach Weglassung des Nullelements eine multiplikative Gruppe. Im Fall des Galois-Feldes ist die Gruppe abelsch und ihre Ordnung $q - 1$. Die Ordnung eines beliebigen Elements α muß ein Teiler von $q - 1$ sein; daraus folgt:

$$\alpha^{q-1} = 1, \qquad\qquad \text{für jedes } \alpha \neq 0 \,.$$

Die hieraus folgende Gleichung

$$\alpha^q - \alpha = 0$$

gilt auch für $\alpha = 0$. Alle Körperelemente sind also Nullstellen der Funktion $x^q - x$. Sind $\alpha_1, \ldots, \alpha_q$ die Körperelemente, so muß $x^q - x$ teilbar sein durch

$$\prod_1^q (x - \alpha_i).$$

Wegen der Gradzahlen ist also

$$x^q - x = \prod_1^q (x - \alpha_i).$$

Δ entsteht demnach aus Π durch Adjunktion aller Nullstellen einer einzigen Funktion $x^q - x$. Durch diese Angabe ist aber Δ bis auf Isomorphie eindeutig bestimmt (§ 40); also:

Bei gegebenem p und n sind alle kommutativen Körper mit p^n Elementen isomorph.

Wir wollen nun zeigen, daß es zu jedem $n > 0$ und jedem p auch wirklich einen Körper mit $q = p^n$ Elementen gibt.

Man gehe vom Primkörper Π der Charakteristik p aus und bilde über Π einen Körper, in dem $x^q - x$ vollständig in Linearfaktoren zerfällt. In diesem Körper betrachte man die Menge der Nullstellen von $x^q - x$. Diese Menge ist ein Körper; denn aus $x^{p^n} = x$ und $y^{p^n} = y$ folgt nach § 41, Aufgabe 1:

$$(x - y)^{p^n} = x^{p^n} - y^{p^n},$$

und im Falle $y \neq 0$:

$$\left(\frac{x}{y}\right)^{p^n} = \frac{x^{p^n}}{y^{p^n}},$$

wonach Differenz und Quotient zweier Nullstellen wieder Nullstellen sind.

Das Polynom $x^q - x$ hat lauter einfache Nullstellen; denn seine Ableitung ist wegen $q \equiv 0\,(p)$

$$q\,x^{q-1} - 1 = -1,$$

und -1 wird nie Null. Die Menge seiner Nullstellen ist also ein Körper mit q Elementen.

Damit ist bewiesen:

Zu jeder Primzahlpotenz $q = p^n\,(n > 0)$ gibt es ein und bis auf Isomorphie nur ein Galois-Feld mit genau q Elementen. Die Elemente sind die Nullstellen von $x^q - x$.

Das Galois-Feld mit genau p^n Elementen sei im folgenden mit $GF(p^n)$ bezeichnet.

Wir setzen $q - 1 = h$ und bemerken, daß alle von Null verschiedenen Elemente des Galois-Feldes Nullstellen von $x^h - 1$, also h-te Einheitswurzeln sind. Da h zu p teilerfremd ist, so gilt für diese Einheitswurzeln alles im vorigen Paragraphen Gesagte:

Alle von Null verschiedenen Körperelemente sind Potenzen einer einzigen primitiven h-ten Einheitswurzel. Oder: *Die multiplikative Gruppe des Galois-Feldes ist zyklisch.*

Ist ζ eine primitive h-te Einheitswurzel in $\varDelta = GF(p^n)$, so sind alle Elemente $\neq 0$ von $\varDelta$ Potenzen von ζ. Daraus folgt $\varDelta = \Pi(\zeta)$, also ist $\varDelta$ eine einfache Erweiterung von Π. Der Grad von ζ über Π ist natürlich gleich dem Körpergrad n.

Durch diese Theoreme ist die Struktur der endlichen kommutativen Körper vollständig aufgedeckt.

Im nächsten Paragraphen werden wir den folgenden Satz brauchen:

Ein Galois-Feld der Charakteristik p enthält zu jedem Element a genau eine p-te Wurzel.

Beweis. Zu jedem Element x existiert im Körper eine p-te Potenz x^p. Verschiedene Elemente haben verschiedene p-te Potenzen wegen

$$x^p - y^p = (x - y)^p.$$

Also gibt es im Körper genau so viele p-te Potenzen wie Elemente. Alle Elemente sind also p-te Potenzen.

Wir wollen schließlich noch die Automorphismen des Körpers $\varSigma = GF(p^n)$ bestimmen.

Zunächst ist $\alpha \to \alpha^p$ ein Automorphismus. Denn einerseits ist die Zuordnung nach dem vorigen Satz umkehrbar eindeutig, und andererseits ist

$$(\alpha + \beta)^p = \alpha^p + \beta^p,$$
$$(\alpha\beta)^p = \alpha^p\beta^p.$$

Die Potenzen dieses Automorphismus führen α über in $\alpha^p, \alpha^{p^2}, \ldots,$ $\alpha^{p^n} = \alpha$. Damit haben wir n Automorphismen gefunden.

Andererseits kann es nicht mehr als n Automorphismen geben. Ein Automorphismus muß nämlich das primitive Element ζ in ein konjugiertes Element, also in eine Nullstelle des gleichen Primpolynoms, von dem ζ Nullstelle ist, überführen. Ein Polynom vom Grade n hat aber nicht mehr als n Nullstellen. Die oben bestimmten n Automorphismen $\alpha \to \alpha^{p^\nu}$ sind also die *einzigen*.

Die für $GF(p^n)$ gültigen Sätze ergeben, für $n = 1$ spezialisiert und auf den Restklassenring $\mathbb{Z}/(p)$ angewandt, bekannte Sätze der elementaren Zahlentheorie, nämlich:

1. Eine Kongruenz nach p hat höchstens so viel Wurzeln mod p, wie ihr Grad beträgt.

2. Der Fermatsche Satz

$$a^{p-1} \equiv 1\,(p) \quad \text{für} \quad a \not\equiv 0\,(p).$$

3. Es gibt eine „Primitivzahl ζ modulo p", so daß jede zu p teilerfremde Zahl b einer Potenz von ζ mod p kongruent ist. (Oder: Die Gruppe der Restklassen mod p mit Ausschluß der Nullklasse ist zyklisch.)

4. Das Produkt aller von Null verschiedenen Elemente $a_1, a_2, \ldots, a_h$ eines $GF(p^n)$ ist -1 wegen

$$x^h - 1 = \prod_1^h (x - a_\nu).$$

Für $n = 1$ ergibt das den „Wilsonschen Satz":

$$(p-1)! \equiv -1\,(p).$$

Aufgaben. 1. Jeder Unterkörper von $GF(p^n)$ ist ein $GF(p^m)$, wobei der Grad m ein Teiler von n ist. Zu jedem Teiler m von n gibt es genau einen Unterkörper $GF(p^m)$ in $GF(p^n)$, dessen Elemente a durch

$$a^{p^m} = a$$

gekennzeichnet sind.

2. Ist r teilerfremd zu $p^n - 1$, so ist jedes Element von $GF(p^n)$ eine r-te Potenz. Ist r Teiler von $p^n - 1$, so sind die und nur die Elemente α von $GF(p^n)$ r-te Potenzen, die der Gleichung

$$\alpha^{(p^n - 1)/r} = 1$$

genügen. Zahlentheoretische Spezialisierung („r-te Potenzreste")!

3. Wenn ein Primideal $\mathfrak{p}$ in einem kommutativen Ring $\mathfrak{o}$ nur endlichviele Restklassen besitzt, so ist $\mathfrak{o}/\mathfrak{p}$ ein Galois-Feld.

4. Man untersuche insbesondere die Restklassenringe nach den Primidealen $(1 + i)$, (3), $(2 + i)$, (7) im Ring der ganzen Gaußschen Zahlen.

5. Man gebe die in $GF(3)$ irreduzible Gleichung für eine primitive achte Einheitswurzel in $GF(9)$ an, ebenso die in $GF(2)$ irreduzible Gleichung für eine primitive siebente Einheitswurzel in $GF(8)$.

6. Es gibt zu jedem p und m ganzzahlige Polynome $f(x)$ vom m-ten Grad, die mod p irreduzibel sind. Alle diese sind (mod p) Teiler von $x^{p^m} - x$.

Eine interessante Eigenschaft der Galois-Felder hat C. Chevalley bewiesen: Abh. math. Sem. Hamburg Bd. 11 (1935), S. 73.

§ 44. Separable und inseparable Erweiterungen

$\varDelta$ sei wieder ein kommutativer Körper.

Wir fragen: Kann ein in $\varDelta[x]$ irreduzibles Polynom in einem Erweiterungskörper mehrfache Nullstellen haben?

Damit $f(x)$ mehrfache Nullstellen besitzt, müssen $f(x)$ und $f'(x)$ einen nichtkonstanten Faktor gemein haben, der sich nach § 41 schon in $\varDelta[x]$ berechnen läßt. Ist $f(x)$ irreduzibel, so kann $f(x)$ mit einem Polynom niedrigeren Grades keinen nichtkonstanten Faktor gemein haben; es muß also $f'(x) = 0$ sein.

Wir setzen

$$f(x) = \sum_0^n a_\nu x^\nu,$$

$$f'(x) = \sum_1^n \nu a_\nu x^{\nu-1}.$$

Soll $f'(x) = 0$ sein, so muß jeder Koeffizient verschwinden:

$$\nu a_\nu = 0 \qquad\qquad (\nu = 1, 2, \ldots).$$

Im Fall der Charakteristik Null folgt daraus $a_\nu = 0$ für alle $\nu \neq 0$. Ein nichtkonstantes Polynom kann also keine mehrfache Nullstelle haben. — Im Fall der Charakteristik p ist $\nu a_\nu = 0$ auch für $a_\nu \neq 0$ möglich; dann muß aber

$$\nu \equiv 0\,(p)$$

sein. Damit $f(x)$ eine mehrfache Nullstelle hat, müssen also alle Glieder verschwinden mit Ausnahme der Glieder $a_\nu x^\nu$ mit $\nu \equiv 0\,(p)$; mithin hat $f(x)$ die Gestalt

$$f(x) = a_0 + a_p x^p + a_{2p} x^{2p} + \cdots.$$

Umgekehrt: wenn $f(x)$ diese Gestalt hat, so ist $f'(x) = 0$.

Wir können in diesem Fall schreiben:

$$f(x) = \varphi(x^p).$$

Damit ist bewiesen: *Für Charakteristik Null hat ein in $\Delta[x]$ irreduzibles Polynom $f(x)$ nur einfache Nullstellen; für Charakteristik p hat $f(x)$ (wofern es nichtkonstant ist) dann und nur dann vielfache Nullstellen, wenn $f(x)$ sich als Funktion von x^p schreiben läßt.*

Im letzteren Fall kann es sein, daß $\varphi(x)$ seinerseits Funktion von x^p ist. Dann ist $f(x)$ Funktion von x^{p^2}. Es sei $f(x)$ Funktion von x^{p^e}:

$$f(x) = \psi(x^{p^e}),$$

aber nicht Funktion von $x^{p^{e+1}}$. Natürlich ist $\psi(y)$ irreduzibel. Weiterhin ist $\psi'(y) \neq 0$; sonst wäre nämlich $\psi(y) = \chi(y^p)$, also $f(x) = \chi(x^{p^{e+1}})$, entgegen der Voraussetzung. — Also hat $\psi(y)$ lauter einfache Nullstellen.

Wir zerlegen $\psi(y)$ in einem Erweiterungskörper in Linearfaktoren:

$$\psi(y) = \prod_1^m (y - \beta_i).$$

Daraus folgt:

$$f(x) = \prod_1^m (x^{p^e} - \beta_i).$$

Es sei α_i eine Nullstelle von $x^{p^e} - \beta_i$. Dann ist

$$\alpha_i^{p^e} = \beta_i,$$

$$x^{p^e} - \beta_i = x^{p^e} - \alpha_i^{p^e} = (x - \alpha_i)^{p^e}.$$

Also ist α_i eine p^e-fache Nullstelle von $x^{p^e} - \beta_i$, und es ist

$$f(x) = \prod_1^m (x - \alpha_i)^{p^e}.$$

Alle Nullstellen von $f(x)$ haben also die gleiche Vielfachheit p^e.

Der Grad m des Polynoms ψ heißt der *reduzierte Grad* von $f(x)$ (oder von α_i); e heißt der *Exponent* von $f(x)$ (oder von α_i) in bezug auf Δ. Zwischen dem Grad, dem reduzierten Grad und dem Exponenten besteht die Beziehung

$$n = m\, p^e.$$

m ist zugleich die Anzahl der verschiedenen Nullstellen von $f(x)$.

Ist ϑ Nullstelle eines in $\Delta[x]$ irreduziblen Polynoms mit lauter getrennten (einfachen) Nullstellen, so heißt ϑ *separabel* oder *von erster Art*[1] in bezug auf Δ. Auch das irreduzible Polynom $f(x)$, dessen Nullstellen alle separabel sind, heißt *separabel*. Im entgegengesetzten Fall heißen das algebraische Element ϑ und das irreduzible Polynom $f(x)$ *inseparabel* oder *von zweiter Art*. Schließlich heißt ein algebraischer Oberkörper Σ, dessen Elemente sämtlich separabel in bezug auf Δ sind, *separabel* in bezug auf Δ und jeder andere algebraische Oberkörper *inseparabel*.

Im Fall der Charakteristik Null ist nach dem Vorigen jedes irreduzible Polynom (mithin auch jeder algebraische Erweiterungskörper) separabel. Wir werden später noch sehen, daß die meisten wichtigen und interessanten Körpererweiterungen separabel sind, und daß es ausgedehnte Klassen von Körpern gibt, die keiner inseparablen Erweiterungen fähig sind (sog. ,,vollkommene Körper''). Aus diesem Grunde sind im folgenden alle Untersuchungen, die sich insbesondere mit inseparablen Erweiterungen beschäftigen, mit kleinen Typen gedruckt.

Wir betrachten nun den algebraischen Körper $\Sigma = \Delta(\vartheta)$. Während der Grad n der definierenden Gleichung $f(x) = 0$ zugleich den Körpergrad $(\Sigma : \Delta)$ angibt, gibt der reduzierte Grad m zugleich die *Anzahl der Isomorphismen* des Körpers Σ an, in folgendem präzisierten Sinne: Wir betrachten nur solche Isomorphismen $\Sigma \simeq \Sigma'$, welche alle Elemente des Unterkörpers Δ fest lassen, mithin Σ in äquivalente Körper Σ' überführen *(,,relative Isomorphismen von Σ in*

---

[1] Der Ausdruck ,,von erster Art'' stammt von STEINITZ. Ich schlage das Wort ,,separabel'' vor, das in mehr suggestiver Weise zum Ausdruck bringen soll, daß alle Nullstellen von $f(x)$ getrennt liegen.

bezug auf Δ"), und weiter nur solche, bei denen der Bildkörper Σ' mit Σ zusammen innerhalb eines passend gewählten Oberkörpers Ω liegt. Dann gilt der Satz:

Bei passender Wahl des Oberkörpers Ω hat $\Sigma = \Delta(\vartheta)$ genau m relative Isomorphismen, und bei keiner Wahl von Ω hat Σ mehr als m solche Isomorphismen.

Beweis. Jeder relative Isomorphismus muß ϑ in eine konjugierte Größe ϑ' in Ω überführen. Wählt man nun Ω so, daß $f(x)$ in Ω ganz in Linearfaktoren zerfällt, so hat ϑ tatsächlich m Konjugierte $\vartheta, \vartheta', \ldots$ Wie man aber auch Ω wählt, niemals hat ϑ mehr als m Konjugierte. Man beachte nun, daß ein relativer Isomorphismus $\Delta(\vartheta) \cong \Delta(\vartheta')$ vollständig durch die Angabe $\vartheta \to \vartheta'$ bestimmt ist. Soll nämlich ϑ in ϑ' übergehen und jede Größe aus Δ fest bleiben, so muß

$$\sum a_k \vartheta^k \qquad\qquad (a_k \in \Delta)$$

in

$$\sum a_k \vartheta'^k$$

übergehen, und das bestimmt den Isomorphismus. —

Ist speziell ϑ separabel, so ist $m = n$, mithin die Anzahl der relativen Isomorphismen gleich dem Körpergrad.

Wenn man einen festen Oberkörper zur Verfügung hat, in dem *jede* Gleichung $f(x) = 0$ ganz in Linearfaktoren zerfällt (wie im Körper der komplexen Zahlen), so kann man für Ω ein für allemal diesen festen Oberkörper wählen und den Zusatz „in Ω" bei Aussagen über Isomorphismen immer weglassen. So wird es in der Theorie der Zahlkörper immer getan. Wir werden später sehen, daß man sich auch bei abstrakten Körpern ein solches Ω verschaffen kann.

Aufgaben. 1. Ist Π ein Körper von der Charakteristik p und x eine Unbestimmte, so ist die Gleichung $z^p - x = 0$ in $\Pi(x)\,[z]$ irreduzibel und der durch die Gleichung definierte Körper $\Pi(x^{1/p})$ inseparabel über $\Pi(x)$.

2. Man konstruiere die relativen Isomorphismen in bezug auf den rationalen Grundkörper $\mathbb{Q}$:

a) des Körpers der fünften Einheitswurzeln,

b) des Körpers $\mathbb{Q}\left(\sqrt[3]{2}\right)$

Eine Verallgemeinerung des obigen Satzes ist der folgende:

Wenn ein Oberkörper Σ aus Δ entsteht durch sukzessive Adjunktion von m algebraischen Größen $\alpha_1, \ldots, \alpha_m$ und wenn jedes α_i Wurzel einer in $\Delta(\alpha_1, \ldots, \alpha_{i-1})$ irreduziblen Gleichung vom reduzierten Grad n'_i ist, so hat Σ in einem passenden Oberkörper Ω genau $\prod\limits_1^m n'_i$ relative Isomorphismen in bezug auf Δ, und in keinem Oberkörper gibt es mehr als $\prod\limits_1^m n'_i$ solche Isomorphismen von Σ.

Beweis. Der Satz wurde für $m = 1$ eben bewiesen. Er möge also für $\Sigma_1 = \Delta(\alpha_1, \ldots, \alpha_{m-1})$ schon als richtig erkannt sein: es gebe in einem passenden Ω_1 genau $\prod\limits_1^{m-1} n'_i$ relative Isomorphismen von Σ_1 und niemals mehr. Einer dieser

$\prod\limits_{1}^{m-1} n_i'$ Isomorphismen sei $\Sigma_1 \to \bar{\Sigma}_1$. Wir behaupten nun, daß dieser Isomorphismus sich in einem passenden Ω auf genau n_m' Weisen zu einem Isomorphismus $\Sigma = \Sigma_1(\alpha_m) \cong \bar{\Sigma} = \bar{\Sigma}_1(\bar{\alpha}_m)$ fortsetzen läßt und niemals auf mehr als n_m' Arten.

α_m genügt in Σ_1 einer Gleichung $f_1(x) = 0$ mit genau n_m' verschiedenen Wurzeln. Durch die Isomorphie $\Sigma_1 \to \bar{\Sigma}_1$ möge $f_1(x)$ in $\bar{f}_1(x)$ übergehen. Dann hat $\bar{f}_1(x)$ in einem passenden Erweiterungskörper wieder n_m' verschiedene Wurzeln und niemals mehr. Eine dieser Wurzeln sei $\bar{\alpha}_m$. Nach Wahl von $\bar{\alpha}_m$ läßt sich der Isomorphismus $\Sigma_1 \cong \bar{\Sigma}_1$ in einer und nur einer Weise zu einem Isomorphismus $\Sigma_1(\alpha_m) \cong \bar{\Sigma}_1(\bar{\alpha}_m)$ mit $\alpha_m \to \bar{\alpha}_m$ fortsetzen: diese Fortsetzung ist nämlich gegeben durch die Formel

$$\Sigma c_k \alpha_m^k \to \Sigma \bar{c}_k \bar{\alpha}_m^k.$$

Da man die Wahl von α_m auf n_m' Arten treffen kann, so gibt es n_m' solche Fortsetzungen zu jedem gewählten Isomorphismus $\Sigma_1 \to \bar{\Sigma}_1$. Da man diesen Isomorphismus seinerseits auf $\prod\limits_{1}^{m-1} n_i'$ Arten wählen kann, so gibt es im ganzen (in einem solchen Oberkörper Ω, in dem alle in Betracht kommenden Gleichungen vollständig zerfallen)

$$\prod\limits_{1}^{m-1} n_i' \cdot n_m' = \prod\limits_{1}^{m} n_i'.$$

relative Isomorphismen für Σ und niemals mehr, q.e.d.

Ist n_i der volle (nichtreduzierte) Grad von α_i in bezug auf $\Delta(\alpha_1, \ldots, \alpha_{i-1})$, so ist n_i zugleich der Körpergrad von $\Delta(\alpha_1, \ldots, \alpha_i)$ in bezug auf $\Delta(\alpha_1, \ldots, \alpha_{i-1})$; mithin ist der Körpergrad $(\Sigma : \Delta)$ gleich $\prod\limits_{1}^{m} n_i$. Vergleichen wir diese Anzahl mit der Isomorphismenzahl $\prod\limits_{1}^{m} n_i'$, so folgt:

Die Anzahl der relativen Isomorphismen eines endlichen Erweiterungskörpers $\Sigma = \Delta(\alpha_1, \ldots, \alpha_m)$ in bezug auf Δ (in einem passenden Erweiterungskörper Ω) ist dann und nur dann gleich dem Körpergrad $(\Sigma : \Delta)$, wenn jedes α_i separabel in bezug auf das zugehörige $\Delta(\alpha_1, \ldots, \alpha_{i-1})$ ist. Ist dagegen auch nur ein α_i inseparabel, so ist die Isomorphismenzahl kleiner als der Körpergrad.

Aus diesem Satz fließen sofort eine Anzahl wichtige Folgerungen. Der Satz besagt zunächst, daß die Eigenschaft, daß jedes α_i separabel in bezug auf den Körper der vorangehenden ist, eine Eigenschaft des Körpers Σ darstellt, unabhängig von der Wahl der Erzeugenden α_i. Da man jede beliebige Größe β des Körpers als erste Erzeugende wählen kann, so folgt sofort, daß jede Größe β des Körpers Σ separabel ist, sobald alle α_i es im angegebenen Sinne sind. Mithin:

Adjungiert man zu Δ sukzessive die Größen $\alpha_1, \ldots, \alpha_n$ und ist jedes α_i separabel in bezug auf den Körper der vorangehenden, so ist der entstehende Körper

$$\Sigma = \Delta(\alpha_1, \ldots, a_n)$$

separabel über Δ.

Insbesondere: *Summe, Differenz, Produkt und Quotient separabler Größen sind separabel.*

Weiter: *Ist β separabel in bezug auf Σ und Σ separabel in bezug auf Δ, so ist β separabel in bezug auf Δ.* Denn β genügt einer Gleichung mit endlichvielen Koeffizienten $\alpha_1, \ldots, \alpha_m$ aus Σ, ist also separabel in bezug auf $\Delta(\alpha_1, \ldots, \alpha_m)$. Daher ist auch

$$\Delta(a_1, \ldots, a_m, \beta)$$

separabel.

Schließlich haben wir: *Die Anzahl der relativen Isomorphismen eines separablen endlichen Erweiterungskörpers Σ von Δ ist gleich dem Körpergrad $(\Sigma:\Delta)$.*

Da nach dem Vorigen alle rationalen Operationen, ausgeübt auf separable Elemente, wieder separable Elemente ergeben, so bilden in einem beliebigen Oberkörper Ω von Δ die separablen Größen für sich einen Körper Ω_0. Man kann Ω_0 auch beschreiben als die größte separable Erweiterung von Δ, die in Ω liegt.

Ist Ω algebraisch in bezug auf Δ, aber nicht notwendig separabel, so liegt von jedem Element α von Ω die p^e-te Potenz in Ω_0, wenn e der Exponent des betreffenden Elements ist. Aus den Betrachtungen zu Anfang dieses Paragraphen folgt nämlich unmittelbar, daß α^{p^e} einer Gleichung mit lauter verschiedenen Wurzeln genügt. Also:

Ω entsteht aus Ω_0 durch Ausziehung von lauter p^e-ten Wurzeln.

Ist Ω insbesondere endlich in bezug auf Δ, so sind die Exponenten e natürlich beschränkt. Der größte unter ihnen, der wieder mit e bezeichnet werden soll, heißt der *Exponent* von Ω. Der Grad von Ω_0 über Δ heißt der *reduzierte Grad von Ω* über Δ.

Man kann natürlich die Ausziehung der p^e-ten Wurzeln auch durch sukzessive Ausziehung von p-ten Wurzeln erreichen. Bei Ausziehung einer p-ten Wurzel, die nicht schon im Körper vorhanden war (also bei Adjunktion einer Wurzel einer irreduziblen Gleichung $z^p - \beta = 0$), multipliziert sich der Körpergrad mit p. Also wird schließlich, wenn man insgesamt f-mal eine p-te Wurzel ausgezogen hat,

$$(\Omega:\Delta) = (\Omega_0:\Delta) \cdot p^f$$

oder

$$\text{Grad} = \text{reduzierter Grad} \cdot p^f,$$

wie bei einfachen inseparablen Erweiterungen.

Aufgabe. 3. Sind für eine endliche inseparable Erweiterung e und f wie oben definiert, so ist $e \leq f$. Bei einer einfachen Erweiterung ist $e = f$.

§ 45. Vollkommene und unvollkommene Körper

Ein Körper Δ heißt *vollkommen*, wenn jedes in $\Delta[x]$ irreduzible Polynom $f(x)$ separabel ist. Jeder andere Körper heißt *unvollkommen*.

Wann ein Körper vollkommen ist, kommt in den folgenden beiden Sätzen zum Ausdruck:

I. *Körper von der Charakteristik Null sind immer vollkommen.*

Beweis. Siehe § 44.

II. *Ein Körper von der Charakteristik p ist dann und nur dann vollkommen, wenn es zu jedem Element im Körper eine p-te Wurzel gibt.*

Beweis. Wenn es zu jedem Element eine p-te Wurzel im Körper gibt, so ist jedes Polynom $f(x)$, das nur Potenzen von x^p enthält, eine p-te Potenz, wegen:

$$f(x) = \sum_k a_k (x^p)^k = \sum_k \left\{ \sqrt[p]{a_k}\, x^k \right\}^p = \left\{ \sum_k \sqrt[p]{a_k}\, x^k \right\}^p ;$$

d. h. jedes irreduzible Polynom ist in diesem Fall separabel, mithin der Körper vollkommen.

Andererseits: Gibt es ein Element α im Körper, das keine p-te Potenz ist, so betrachten wir das Polynom

$$f(x) = x^p - \alpha.$$

Ein unzerlegbarer Faktor von $f(x)$ sei $\varphi(x)$. Nach Adjunktion von $\sqrt[p]{\alpha} = \beta$ zerfällt $f(x)$ in lauter gleiche Linearfaktoren $(x - \beta)$, also ist $\varphi(x)$, als Teiler von $f(x)$, ebenfalls eine Potenz von $(x - \beta)$. Wäre $\varphi(x)$ linear, also $\varphi(x) = x - \beta$, so würde β zum Körper $\varDelta$ gehören, entgegen der Voraussetzung. Somit ist $\varphi(x) = (x - \beta)^k$ mit $k > 1$ ein inseparables irreduzibles Polynom über $\varDelta$, folglich $\varDelta$ ein unvollkommener Körper. Übrigens ist der Grad von $\varphi(x)$ nach § 44 notwendig durch p teilbar, also in diesem Fall gleich p, d. h. es ist $\varphi(x) = f(x)$.

Aus II und dem letzten Satz von § 43 folgt unmittelbar:

Alle Galois-Felder sind vollkommen.

Ein Körper $\varOmega$ heißt *algebraisch abgeschlossen*, wenn in $\varOmega[x]$ jedes Polynom in *Linearfaktoren zerfällt* In einem solchen Körper ist jedes irreduzible Polynom linear; mithin:

Alle algebraisch-abgeschlossenen Körper sind vollkommen.

Aus der Definition des vollkommenen Körpers folgen unmittelbar die beiden Sätze:

Jede algebraische Erweiterung eines vollkommenen Körpers ist in bezug auf diesen separabel.

Zu einem unvollkommenen Körper gibt es inseparable Erweiterungen.

Diese inseparablen Erweiterungen erhält man nämlich, indem man irgendeine Nullstelle einer Primfunktion zweiter Art adjungiert.

Die beim Beweis von II gemachte Bemerkung, daß in einem vollkommenen Körper von der Charakteristik p jedes Polynom $f(x)$, das nur von x^p abhängt, eine p-te Potenz ist, gilt kraft ihres Beweises auch für Polynome in mehreren Veränderlichen $f(x, y, z, \ldots)$, die zugleich Polynome in $x^p, y^p, z^p, \ldots$ sind. Auch dies ist eine oft verwendete Eigenschaft der vollkommenen Körper von der Charakteristik p.

Aufgabe. 1. Jede algebraische Erweiterung eines vollkommenen Körpers ist vollkommen.

§ 46. Einfachheit von algebraischen Erweiterungen. Der Satz vom primitiven Element

Wir wollen untersuchen, in welchen Fällen eine kommutative endliche Erweiterung $\varSigma$ eines Körpers $\varDelta$ einfach ist, d. h. durch Adjunktion eines einzigen erzeugenden oder „*primitiven*" Elements entsteht. Auf diese Frage gibt der folgende *Satz vom primitiven Element* in einer weiten Klasse von Fällen Antwort. Er lautet:

Es sei $\Delta(\alpha_1, \ldots, \alpha_h)$ ein endlicher algebraischer Erweiterungskörper von Δ und $\alpha_2, \ldots, \alpha_h$ separable Elemente [1]. *Dann ist $\Delta(\alpha_1, \ldots, \alpha_h)$ eine einfache Erweiterung:*

$$\Delta(\alpha_1, \ldots, \alpha_h) = \Delta(\vartheta).$$

Beweis. Wir beweisen den Satz zunächst für zwei Elemente α, β, von denen zumindest β separabel sein soll. Es sei $f(x) = 0$ die irreduzible Gleichung für α, $g(x) = 0$ die für β. Wir gehen in einen Körper, in dem $f(x)$ und $g(x)$ vollständig zerfallen. Die verschiedenen Nullstellen von $f(x)$ seien $\alpha_1, \ldots, \alpha_r$; die von $g(x)$ seien $\beta_1, \ldots, \beta_s$; es sei etwa $\alpha_1 = \alpha$, $\beta_1 = \beta$.

Wir können voraussetzen, daß Δ unendlichviele Elemente hat; denn andernfalls hat auch $\Delta(\alpha, \beta)$ nur endlichviele, und für endliche Körper wurde die Existenz eines primitiven Elements (sogar einer primitiven Einheitswurzel, von der alle Körperelemente außer der Null Potenzen sind) bereits in § 43 bewiesen.

Für $k \neq 1$ ist $\beta_k \neq \beta_1$, also hat die Gleichung

$$\alpha_i + x\beta_k = \alpha_1 + x\beta_1$$

für jedes i und jedes $k \neq 1$ höchstens eine Wurzel x in Δ. Wählt man nun c verschieden von den Wurzeln aller dieser linearen Gleichungen, so ist für jedes i und $k \neq 1$:

$$\alpha_i + c\beta_k \neq \alpha_1 + c\beta_1.$$

Wir setzen

$$\vartheta = \alpha_1 + c\beta_1 = \alpha + c\beta.$$

Dann ist ϑ Element von $\Delta(\alpha, \beta)$. Ich behaupte, daß ϑ schon die Eigenschaft des gesuchten primitiven Elements hat: $\Delta(\alpha, \beta) = \Delta(\vartheta)$.

Das Element β genügt den Gleichungen

$$g(\beta) = 0,$$
$$f(\vartheta - c\beta) = f(\alpha) = 0,$$

deren Koeffizienten in $\Delta(\vartheta)$ liegen. Die Polynome $g(x)$, $f(\vartheta - cx)$ haben auch nur die Wurzel β gemein; denn für die weiteren Wurzeln $\beta_k (k \neq 1)$ der ersten Gleichung ist

$$\vartheta - c\beta_k \neq \alpha_i \qquad\qquad (i = 1, \ldots, r),$$

also

$$f(\vartheta - c\beta_k) \neq 0.$$

β ist eine einfache Wurzel von $g(x)$; demnach haben $g(x)$ und $f(\vartheta - cx)$ nur einen Linearfaktor $x - \beta$ gemein. Die Koeffizienten dieses größten gemeinsamen Teilers müssen schon in $\Delta(\vartheta)$ liegen;

---

[1] Ob auch α_1 und damit der ganze Körper separabel ist, ist gleichgültig.

β liegt also in $\varDelta(\vartheta)$. Aus $\alpha = \vartheta - c\beta$ folgt dasselbe für α, mithin ist in der Tat $\varDelta(\alpha, \beta) = \varDelta(\vartheta)$.

Damit ist unser Satz für $h = 2$ bewiesen. Ist er für $h - 1$ schon bewiesen, so hat man

$$\varDelta(\alpha_1, \ldots, \alpha_{h-1}) = \varDelta(\eta),$$

also

$$\varDelta(\alpha_1, \ldots, \alpha_h) = \varDelta(\eta, \alpha_h) = \varDelta(\vartheta),$$

nach dem schon bewiesenen Teil des Satzes; mithin folgt der Satz für h.

Folgerung. *Jede separable endliche Erweiterung ist einfach.*

Dieser Satz vereinfacht die Untersuchung der endlichen separablen Erweiterungen sehr, da wir Struktur und Isomorphismen dieser Erweiterungen vermöge der übersichtlichen Basisdarstellung

$$\sum_0^{n-1} a_k \vartheta^k$$

leicht beherrschen. Zum Beispiel ergibt sich jetzt ein neuer Beweis für die in § 44 (kleine Typen) mittels sukzessiver Fortsetzung von Isomorphismen bewiesene Tatsache, daß *eine endliche separable Erweiterung $\varSigma$ von $\varDelta$ so viele Isomorphismen relativ zu $\varDelta$ besitzt, wie der Grad $(\varSigma : \varDelta)$ angibt.* Denn für einfache separable Erweiterungen wurde diese Behauptung schon vorher in § 44 bewiesen, und jede endliche separable Erweiterung ist, wie wir jetzt wissen, eine einfache.

§ 47. Normen und Spuren

Es sei $\varSigma$ ein endlicher Erweiterungskörper von $\varDelta$ oder allgemeiner ein Ring, der gleichzeitig ein Vektorraum endlichen Ranges über dem Körper $\varDelta$ ist. Die Ringelemente lassen sich dann durch n Basiselemente $u_1, \ldots, u_n$ mit Koeffizienten aus $\varDelta$ ausdrücken:

$$u = u_1 c_1 + \cdots + u_n c_n.$$

Für beliebige t, u, v aus $\varSigma$ gilt

$$t(u + v) = tu + tv,$$
$$t(uc) = (tu)c \qquad\qquad (c \in \varDelta).$$

Also ist die Linksmultiplikation mit t eine lineare Transformation von $\varSigma$ in sich. Die Matrix T dieser Transformation in bezug auf die Basis $u_1, \ldots, u_n$ wird durch

$$(1) \qquad\qquad t u_k = \sum u_i t_{ik}$$

definiert. Die Determinante $D(T)$ dieser Matrix, die nach § 25 von der Wahl der Basis unabhängig ist, heißt die *reguläre Norm* oder kurz *Norm* von t in Σ über Δ:

$$(2) \qquad N(t) = D(T) = \mathrm{Det}\,(t_{ik}).$$

Man kann die Norm wegen (1) auch als Determinante der Vektoren $t u_k$ in bezug auf die Basis $u_1, \ldots, u_n$ definieren:

$$(3) \qquad N(t) = D(t u_1, \ldots, t u_n).$$

Die Spur $S(T)$ der Matrix T ist nach § 26 ebenfalls von der Basiswahl unabhängig; sie heißt die *reguläre Spur* oder kurz *Spur* von t in Σ über Δ:

$$(4) \qquad S(t) = S(T) = \Sigma\, t_{kk}.$$

Ist dem Element t die Matrix T und dem Element t' die Matrix T' zugeordnet, so ist dem Produkt tt' die Produktmatrix TT' und der Summe $t + t'$ die Summe $T + T'$ zugeordnet. Daraus folgt:

$$(5) \qquad N(tt') = N(t)\,N(t'),$$

$$(6) \qquad S(t + t') = S(t) + S(t').$$

Von jetzt an setzen wir voraus, daß Σ ein Schiefkörper ist, der den Unterkörper Δ im Zentrum enthält:

$$c\,u = u\,c \qquad\qquad \text{für}\quad c \in \Delta,\; u \in \Sigma.$$

Jedes Element t von Σ ist in einem kommutativen Körper $\Delta(t)$ enthalten und es gibt ein Minimalpolynom

$$\varphi(z) = z^m + a_1 z^{m-1} + \cdots + a_m$$

mit der Eigenschaft $\varphi(t) = 0$. Die Struktur des einfachen Erweiterungskörpers $\Delta(t)$ ist durch das Minimalpolynom vollständig bestimmt, also muß es möglich sein, Norm und Spur von t in $\Delta(t)$ aus den Koeffizienten des Minimalpolynoms zu berechnen.

Als Basis $u_1, \ldots, u_m$ für $\Delta(t)$ wählen wir

$$(7) \qquad 1, t, t^2, \ldots, t^{m-1}.$$

Multipliziert man die Basisvektoren mit t, so erhält man

$$(8) \qquad t, t^2, t^3, \ldots, t^m.$$

Drückt man nun, wie es in (1) verlangt wird, die Vektoren (8) durch die Basisvektoren (7) aus, so erhält man

$$
\begin{aligned}
t &= t\\
t^2 &= t^2\\
&\;\;\vdots\\
t^{m-1} &= t^{m-1}\\
t^m &= -\,a_m\,1 - a_{m-1}\,t - \cdots - a_1\,t^{m-1}.
\end{aligned}
$$

Die Summe der Diagonalelemente der Transformationsmatrix ist
$-a_1$, also ist die Spur von t in $\varDelta(t)$

$$(9) \qquad\qquad s(t) = -a_1.$$

Die Norm von t in $\varDelta(t)$ ist die Determinante der Vektoren (8):

$$n(t) = D(t, t^2, \ldots, t^m).$$

Wir werten diese Determinante nach den Regeln der Determinanten-
rechnung aus. Zunächst vertauschen wir die Vektoren:

$$(10) \qquad\qquad n(t) = (-1)^{m-1} D(t^m, t, t^2, \ldots, t^{m-1}).$$

Sodann drücken wir t^m durch $1, t, \ldots, t^{m-1}$ aus:

$$(11) \qquad t^m = -a_m 1 - a_{m-1} t - a_{m-2} t^2 - \cdots - a_1 t^{m-1}.$$

Eine Determinante mit zwei gleichen Spaltenvektoren ist Null, also
brauchen wir von allen Gliedern rechts in (11) nur das erste zu be-
rücksichtigen und erhalten

$$n(t) = (-1)^{m-1} D(-a_m 1, t, t^2, \ldots, t^{m-1})$$
$$= (-1)^m a_m D(1, t, t^2, \ldots, t^{m-1})$$

oder, da die Determinante aus den Basisvektoren gleich Eins ist,

$$(12) \qquad\qquad n(t) = (-1)^m a_m.$$

Spur und Norm von t in $\varDelta(t)$ sind also bis auf das Vorzeichen
gleich dem zweiten und dem letzten Koeffizienten des Minimalpolynoms $\varphi(z)$.

In einem geeigneten Erweiterungskörper von $\varDelta(t)$ zerfällt das
Minimalpolynom $\varphi(z)$ ganz in Linearfaktoren:

$$(13) \qquad\qquad \varphi(z) = (z - t_1) \ldots (z - t_m) \qquad\qquad (t_1 = t).$$

Man hat dann

$$(14) \qquad\qquad n(t) = (-1)^m a_m = t_1 t_2 \ldots t_m,$$
$$(15) \qquad\qquad s(t) = -a_1 = t_1 + t_2 + \cdots + t_m.$$

Die Norm und die Spur von t in $\varDelta(t)$ über $\varDelta$ sind also gleich dem
Produkt und der Summe der zu t konjugierten Elemente $t_1, \ldots, t_m$
im Zerfällungskörper von $\varphi(z)$, wobei jede Konjugierte t_i so oft zu
nehmen ist als der entsprechende Faktor t_i in der Zerlegung (13)
vorkommt. Ist t separabel über $\varDelta$, so ist jede Konjugierte nur einmal
zu nehmen.

Mit derselben Methode, nur mit etwas mehr Rechnung können
wir nun die Norm $N(t)$ und die Spur $S(t)$ von t in $\varSigma$ berechnen. Ist
wieder m der Grad von $\varDelta(t)$ über $\varDelta$ und g der Grad von $\varSigma$ über $\varDelta(t)$,
so ist $n = mg$ der Grad von $\varSigma$ über $\varDelta$. Eine Basis von $\varDelta(t)$ über $\varDelta$

wird von den Potenzen (6) gebildet. Eine Basis von Σ über $\Delta(t)$ sei $v_1, \ldots, v_g$. Dann bilden die Produkte

$$1\,v_1, t\,v_1, \ldots, t^{m-1}v_1; 1\,v_2, \ldots; \quad 1\,v_g, \ldots, t^{m-1}v_g$$

eine Basis für Σ über Δ. Multipliziert man die Basiselemente von links mit t und drückt die Produkte wieder durch die Basis aus, so ergibt sich als Summe der Diagonalelemente

$$S(t) = (-a_1) + \cdots + (-a_1) = g \cdot (-a_1)$$

oder

(16) $$S(t) = g \cdot s(t).$$

Die Determinante der mit t multiplizierten Basiselemente ist

$$N(t) = D(t\,v_1, t^2\,v_1, \ldots, t^m\,v_1; \ldots; t\,v_g, \ldots, t^m\,v_g)$$
$$= (-1)^{g\,(m-1)} D(t^m\,v_1, t\,v_1, t^2\,v_1, \ldots; \ldots; t^m\,v_g, t\,v_g, \ldots, t^{m-1}\,v_g).$$

Drückt man wieder t^m durch $1, t, \ldots, t^{m-1}$ aus und wendet die Determinantensätze an, so erhält man

$$N(t) = (-1)^{g^m}\, a_m{}^g = \{(-1)^m\,a_m\}^g$$

oder

(17) $$N(t) = n(t)^g,$$

also:

Die Norm in Σ ist die g-te Potenz der Norm in $\Delta(t)$ und die Spur ist das g-fache der Spur in $\Delta(t)$.

Wegen (14) und (15) kann man diese Ergebnisse auch so schreiben:

(18) $$N(t) = (t_1 t_2 \ldots t_m)^g,$$

(19) $$S(t) = g(t_1 + t_2 + \cdots + t_m).$$

Aufgaben. 1. Die Norm einer komplexen Zahl $a + bi$ ist

$$N(a + bi) = a^2 + b^2$$

und die Spur ist

$$S(a + bi) = 2a.$$

2. Die Norm von $a + b\sqrt{d}$ im quadratischen Körper $\Delta(\sqrt{d})$ ist zu berechnen.

3. Die Norm einer Matrix

$$A = \begin{pmatrix} a & b \\ c & d \end{pmatrix}$$

im Ring aller zweireihigen quadratischen Matrices über dem Grundkörper Δ ist das Quadrat der Determinante:

$$N(A) = (ad - bc)^2.$$

Siebentes Kapitel

Fortsetzung der Gruppentheorie

Inhalt. In den §§ 48 und 49 wird eine Erweiterung des Gruppenbegriffs besprochen. §§ 50 bis 52 enthalten wichtige allgemeine Sätze über Normalteiler und „Kompositionsreihen", während §§ 53 und 54 speziellere Sätze über Permutationsgruppen enthalten, die nur in der Theorie von GALOIS nachher gebraucht werden.

§ 48. Gruppen mit Operatoren

In diesem Paragraphen soll der Gruppenbegriff erweitert werden, wodurch alle folgenden Untersuchungen eine größere Allgemeinheit erhalten, die für spätere Anwendungen (Kap. 17 bis 19) nötig ist. Derjenige Leser, der sich im Augenblick nur für die Galoissche Theorie interessiert, kann diesen und den nächsten Paragraphen ruhig übergehen; er möge bei den folgenden Paragraphen an (etwa endliche) Gruppen im bisher betrachteten Sinn denken.

Es sei gegeben: *erstens* eine Gruppe (im gewöhnlichen Sinn) $\mathfrak{G}$, mit Elementen a, b, ...; *zweitens* eine Menge Ω von neuen Dingen η, Θ, ..., die wir *Operatoren* nennen. Zu jedem Θ und jedem a sei ein Produkt Θa („der Operator Θ angewandt auf das Gruppenelement a") definiert; dieses Produkt gehöre wieder der Gruppe $\mathfrak{G}$ an. Weiter wird angenommen, daß jeder einzelne Operator Θ „distributiv" ist, d. h. daß

$$(1) \qquad \Theta(ab) = \Theta a \cdot \Theta b$$

ist. Anders ausgedrückt: Die „Multiplikation" mit dem Operator Θ soll ein Endomorphismus der Gruppe $\mathfrak{G}$ sein[1]. Sind alle diese Bedingungen erfüllt, so nennt man $\mathfrak{G}$ eine *Gruppe mit Operatoren*, Ω den *Operatorenbereich*.

Eine *zulässige Untergruppe* von $\mathfrak{G}$ (in bezug auf den Operatorenbereich Ω) soll eine solche Untergruppe $\mathfrak{H}$ sein, die wieder die Operatoren von Ω gestattet; d. h.: wenn a zu $\mathfrak{H}$ gehört, so soll auch jedes Θa zu $\mathfrak{H}$ gehören. Ist die zulässige Untergruppe zugleich Normalteiler, so spricht man von einem zulässigen Normalteiler.

Beispiele. 1. Die Operatoren seien die inneren Automorphismen von $\mathfrak{G}$:

$$\Theta a = c\,a\,c^{-1}.$$

Zulässig sind diejenigen Untergruppen, die mit jedem a auch jedes $c\,a\,c^{-1}$ enthalten, d. h. die Normalteiler.

---

[1] Daraus folgt, daß bei der „Multiplikation" mit Θ das Einselement in das Einselement, Inverses in Inverses übergeht.

2. Die Operatoren seien die sämtlichen Automorphismen von $\mathfrak{G}$. Zulässig sind diejenigen Untergruppen, die bei jedem Automorphismus in sich übergehen; man nennt sie *charakteristische Untergruppen*.

3. $\mathfrak{G}$ sei ein Ring, aufgefaßt als Gruppe gegenüber der Addition. Der Operatorenbereich Ω sei derselbe Ring; das Produkt Θa sei einfach das Ringprodukt. Alsdann ist (1) das gewöhnliche Distributivgesetz:

$$r(a + b) = ra + rb.$$

Zulässige Untergruppen sind die *Linksideale*, d.h. diejenigen Untergruppen, die mit jedem a auch alle ra enthalten.

4. Es kann unter Umständen von Vorteil sein, die Operatoren Θ rechts von den Gruppenelementen zu schreiben, also $a\Theta$ statt Θa zu schreiben. Dann lautet (1):

$$(ab)\Theta = a\Theta \cdot b\Theta.$$

Faßt man z.B. die Elemente eines (als additive Gruppe gedachten) Ringes als derartige Rechtsoperatoren auf, wobei $a\Theta$ wiederum das Ringprodukt sein soll, so erhält man als zulässige Untergruppen die *Rechtsideale*.

5. Schließlich kann man einen Teil der Operatoren links, einen anderen Teil rechts schreiben. Nimmt man z. B. zu einem Ring als Operatoren sowohl die als Linksmultiplikatoren betrachteten Elemente des Ringes als auch dieselben Elemente als Rechtsmultiplikatoren, so erhält man als zulässige Untergruppen die *zweiseitigen Ideale*.

6. Als *Modul* bezeichnet man, wie gesagt, jede additiv geschriebene abelsche Gruppe. Auch ein Modul kann einen Operatorenbereich haben; dieser heißt hier auch *Multiplikatorenbereich*. Es gilt dann

$$\Theta(a + b) = \Theta a + \Theta b.$$

Meist nimmt man an, der Multiplikatorenbereich sei ein *Ring* und es sei

$$(2) \qquad \begin{cases} (\eta + \Theta)a = \eta a + \Theta a, \\ \quad (\eta\Theta)a = \eta(\Theta a) \end{cases}$$

[bzw., wenn die Multiplikatoren rechts geschrieben werden, $a(\eta\Theta) = (a\eta)\Theta$]. Es folgt dann $(\eta - \Theta)a = \eta a - \Theta a$ und $0 \cdot a = 0$ (die erste Null ist das Nullelement des Ringes, die zweite das Nullelement des Moduls). Ist $\mathfrak{o}$ der Ring, so spricht man von $\mathfrak{o}$-*Moduln* oder *Moduln in bezug auf den Ring* $\mathfrak{o}$. Wenn der Ring ein Einselement ε hat, so nimmt man sehr oft an, das Einselement sei zugleich, „Einheitsoperator"; d. h. es sei $\varepsilon \cdot a = a$ für alle a aus $\mathfrak{G}$.

7. Jeder (Rechts- oder Links-)Vektorraum über K ist ein K-Modul.

8. Die Gesamtheit aller Endomorphismen einer abelschen Gruppe (d.h. aller homomorphen Abbildungen auf sich selbst oder auf echte

Teilmengen) ist ein Operatorenbereich, der zu einem Ring wird, wenn man die Summe und das Produkt zweier Homomorphismen durch die Formeln (2) (in denen das Pluszeichen rechts die Verknüpfung der Gruppenelemente andeutet) definiert. Dieser Ring heißt der *Endomorphismenring* der abelschen Gruppe.

Aus diesen Beispielen ist ersichtlich, wie weit das Anwendungsgebiet der Gruppen mit Operatoren reicht.

Aufgaben. 1. Der Durchschnitt zweier zulässiger Untergruppen ist wieder eine zulässige Untergruppe. Dasselbe gilt für zulässige Normalteiler.

2. Das Produkt $\mathfrak{A}\mathfrak{B}$ von zwei miteinander vertauschbaren zulässigen Untergruppen ist wieder eine zulässige Untergruppe. Speziell für Moduln: Die Summe $(\mathfrak{A}, \mathfrak{B})$ von zwei zulässigen Untermoduln ist wieder ein zulässiger Untermodul.

§ 49. Operatorisomorphismen und -homomorphismen

Sind $\mathfrak{G}$ und $\overline{\mathfrak{G}}$ Gruppen mit demselben Operatorenbereich Ω und ist eine Abbildung von $\mathfrak{G}$ in $\overline{\mathfrak{G}}$ gegeben, wobei jedem a ein $\bar{a}$ entspricht und wobei einem Produkt ab das Produkt $\bar{a}\bar{b}$ und einem Θa das zugehörige $\Theta\bar{a}$ entspricht, so heißt die Abbildung ein *Operatorhomomorphismus*. Ist die Bildmenge die ganze Gruppe $\overline{\mathfrak{G}}$, d. h. gehört jedes Element von $\overline{\mathfrak{G}}$ zu mindestens einem Element von $\mathfrak{G}$, so hat man eine homomorphe Abbildung von $\mathfrak{G}$ *auf* $\overline{\mathfrak{G}}$. Entspricht jedem $\bar{a}$ genau ein a, so hat man einen *Operatorisomorphismus* und man schreibt $\mathfrak{G} \simeq \overline{\mathfrak{G}}$.

Ist $\mathfrak{N}$ ein zulässiger Normalteiler von $\mathfrak{G}$, so gehen die Elemente ab einer Nebenklasse $\bar{a} = a\mathfrak{N}$ bei Anwendung des Operators Θ in $\Theta a \cdot \Theta b$, also in Elemente der Nebenklasse $\Theta a \cdot \mathfrak{N}$ über. Diese Nebenklasse $\overline{\Theta a}$ nennen wir das Produkt des Operators Θ mit der Nebenklasse $\bar{a}$. *Dadurch wird die Faktorgruppe $\mathfrak{G}/\mathfrak{N}$ zu einer Gruppe mit demselben Operatorenbereich Ω, und zwar ist die Zuordnung $a \rightarrow \bar{a}$ ein Operatorhomomorphismus.*

Gehen wir umgekehrt von einem Operatorhomomorphismus aus, so erhalten wir wie in § 10 den *Homomorphiesatz*:

Ist $\mathfrak{G}$ operatorhomomorph auf $\overline{\mathfrak{G}}$ abgebildet, so ist die Menge $\mathfrak{N}$ der Elemente von $\mathfrak{G}$, denen das Einheitselement von $\overline{\mathfrak{G}}$ entspricht, ein zulässiger Normalteiler in $\mathfrak{G}$, und den Nebenklassen von $\mathfrak{N}$ entsprechen eineindeutig und operatorisomorph die Elemente von $\overline{\mathfrak{G}}$:

$$\mathfrak{G}/\mathfrak{N} \simeq \overline{\mathfrak{G}}.$$

Daß $\mathfrak{N}$ ein Normalteiler ist, wissen wir schon aus § 10. Daß $\mathfrak{N}$ zulässig ist, ist klar; denn wenn a auf das Einselement $\bar{e}$ abgebildet wird, wird Θa auf $\Theta\bar{e} = \bar{e}$ abgebildet, d. h. mit a gehört auch Θa zu $\mathfrak{N}$. Daß die Zuordnung der Nebenklassen zu den Elementen von $\overline{\mathfrak{G}}$ eineindeutig ist, wissen wir schon; daß sie ein Operatorisomorphismus ist, folgt daraus, daß die gegebene Zuordnung $\mathfrak{G} \to \bar{\mathfrak{G}}$ ein Operatorhomomorphismus war.

Bei additiv geschriebenen Gruppen mit Operatorenbereich $\mathfrak{o}$ ($\mathfrak{o}$-Moduln, speziell Ideale in $\mathfrak{o}$) heißt der Operatorhomomorphismus auch *Modulhomomorphismus*. Man beachte, daß bei einem solchen wieder Θa in $\Theta \bar{a}$ übergeht, also daß Θ untransformiert bleibt; das ist der Unterschied zwischen dem Modulhomomorphismus und dem Ringhomomorphismus, bei dem ab in $\bar{a}\bar{b}$ übergeht. Nehmen wir ein Beispiel: Zwei Linksideale aus einem Ring $\mathfrak{o}$ können als $\mathfrak{o}$-Moduln aufgefaßt werden; ein Operatorhomomorphismus ordnet dann jedem a ein $\bar{a}$ und dem Produkt ra das Produkt $r\bar{a}$ zu (für r aus $\mathfrak{o}$). Sie können aber auch als Ringe aufgefaßt werden; ein Ringhomomorphismus ordnet dem Produkt ra (r im Ideal) nicht $r\bar{a}$, sondern $\bar{r}\bar{a}$ zu.

Wo immer im folgenden von „Gruppen" schlechthin die Rede ist, sind auch Gruppen mit Operatoren einbegriffen. Mit „Untergruppen" und „Normalteiler" sind dann stillschweigend immer zulässige Untergruppen und Normalteiler, mit „Iso-" und „Homomorphismen" immer Operatoriso- und -homomorphismen gemeint.

Aufgaben. 1. Die Ideale (1) und (2) im Ring der ganzen Zahlen sind modulisomorph, aber nicht ringisomorph.

2. Im Ring der Zahlenpaare (a_1, a_2) (§ 11, Aufgabe 1) sind die durch (1, 0) und (0, 1) erzeugten Ideale ringisomorph, aber nicht operatorisomorph.

§ 50. Die beiden Isomorphiesätze

Der natürliche Homomorphismus, der $\mathfrak{G}$ auf $\bar{\mathfrak{G}} = \mathfrak{G}/\mathfrak{N}$ abbildet, bildet jede Untergruppe $\mathfrak{H}$ von $\mathfrak{G}$ auf eine Untergruppe $\bar{\mathfrak{H}}$ von $\bar{\mathfrak{G}}$ homomorph ab. Geht man nun von $\bar{\mathfrak{H}}$ wieder zurück und sucht in $\mathfrak{G}$ die Gesamtheit $\mathfrak{K}$ derjenigen Elemente, deren Bildelemente (oder Nebenklassen) zu $\bar{\mathfrak{H}}$ gehören, so kann $\mathfrak{K}$ unter Umständen mehr Elemente als die von $\mathfrak{H}$ umfassen. Denn $\mathfrak{K}$ enthält neben jedem a aus $\mathfrak{H}$ auch alle Elemente der Nebenklasse $a\mathfrak{N}$. Bezeichnet man mit $\mathfrak{H}\mathfrak{N}$ die Gruppe, die besteht aus allen Produkten ab von einem a aus $\mathfrak{H}$ mit einem b aus $\mathfrak{N}$ (vgl. Aufgabe 2, § 48), so folgt $\mathfrak{K} = \mathfrak{H}\mathfrak{N}$ und weiter $\bar{\mathfrak{H}} = \mathfrak{H}\mathfrak{N}/\mathfrak{N}$. Andererseits ist $\mathfrak{H}$ auf $\bar{\mathfrak{H}}$ homomorph abgebildet, also $\bar{\mathfrak{H}}$ isomorph der Faktorgruppe von $\mathfrak{H}$ nach einem Normalteiler von $\mathfrak{H}$, der aus denjenigen Elementen von $\mathfrak{H}$ besteht, denen das Einheitselement entspricht, d. h. aus denjenigen Elementen von $\mathfrak{H}$, die zugleich zu $\mathfrak{N}$ gehören. Daraus ergibt sich der *erste Isomorphiesatz*:

Ist $\mathfrak{N}$ Normalteiler in $\mathfrak{G}$ und ist $\mathfrak{H}$ Untergruppe von $\mathfrak{G}$, so ist der Durchschnitt $\mathfrak{H} \cap \mathfrak{N}$ Normalteiler in $\mathfrak{H}$, und es ist[1]

$$\mathfrak{H}\mathfrak{N}/\mathfrak{N} \cong \mathfrak{H}/(\mathfrak{H} \cap \mathfrak{N}).$$

---

[1] Bei Moduln hat man natürlich $(\mathfrak{H}, \mathfrak{N})$ statt $\mathfrak{H}\mathfrak{N}$ zu schreiben.

Dann und nur dann wird die Gesamtheit der Elemente, die in $\overline{\mathfrak{H}}$ abgebildet werden, wieder genau $\mathfrak{H}$ sein, wenn $\mathfrak{H}$ zu jedem a auch die ganze Nebenklasse $a\mathfrak{N}$ enthält, d. h. wenn

$$\mathfrak{H} \supseteq \mathfrak{N}.$$

Diesen Gruppen $\mathfrak{H} \supseteq \mathfrak{N}$ entsprechen mithin eineindeutig gewisse Gruppen $\overline{\mathfrak{H}} = \mathfrak{H}/\mathfrak{N}$ in $\overline{\mathfrak{G}}$. Auch ergibt *jede* Untergruppe $\overline{\mathfrak{H}}$ von $\overline{\mathfrak{G}}$ eine Untergruppe $\mathfrak{H} \supseteq \mathfrak{N}$, bestehend aus allen Elementen aller in $\overline{\mathfrak{H}}$ vorkommenden Nebenklassen von $\mathfrak{N}$. Schließlich entsprechen den Rechts- und Linksnebenklassen von $\overline{\mathfrak{H}}$ in $\overline{\mathfrak{G}}$ die Rechts- bzw. Linksnebenklassen von $\mathfrak{H}$ in $\mathfrak{G}$. Ist also $\overline{\mathfrak{H}}$ Normalteiler in $\overline{\mathfrak{G}}$, so ist auch $\mathfrak{H}$ Normalteiler in $\mathfrak{G}$ und umgekehrt. Dieses ergibt sich auf anderem Wege auch beim Beweis des *zweiten Isomorphiesatzes*:

Ist $\overline{\mathfrak{G}} = \mathfrak{G}/\mathfrak{N}$, $\overline{\mathfrak{H}}$ Normalteiler in $\overline{\mathfrak{G}}$, so ist die zugehörige Untergruppe $\mathfrak{H}$ Normalteiler in $\mathfrak{G}$, und es ist

$$(1) \qquad \mathfrak{G}/\mathfrak{H} \simeq \overline{\mathfrak{G}}/\overline{\mathfrak{H}}.$$

Beweis. $\mathfrak{G}$ ist auf $\overline{\mathfrak{G}}$ homomorph abgebildet und $\overline{\mathfrak{G}}$ wiederum auf $\overline{\mathfrak{G}}/\overline{\mathfrak{H}}$, also ist $\mathfrak{G}$ auf $\overline{\mathfrak{G}}/\overline{\mathfrak{H}}$ homomorph abgebildet. Daher ist $\overline{\mathfrak{G}}/\overline{\mathfrak{H}}$ isomorph der Faktorgruppe von $\mathfrak{G}$ nach dem Normalteiler, der aus denjenigen Elementen von $\mathfrak{G}$ besteht, denen beim Homomorphismus $\mathfrak{G} \to \overline{\mathfrak{G}}/\overline{\mathfrak{H}}$ das Einheitselement, d. h. beim ersten Homomorphismus $\mathfrak{G} \to \overline{\mathfrak{G}}$ ein Element von $\overline{\mathfrak{H}}$ zugeordnet wird. Dieser Normalteiler ist $\mathfrak{H}$. q. e. d.

Die Isomorphie (1) läßt sich auch so schreiben:

$$\mathfrak{G}/\mathfrak{H} \simeq (\mathfrak{G}/\mathfrak{N})/(\mathfrak{H}/\mathfrak{N}).$$

Aufgaben. 1. Man zeige mit Hilfe des ersten Isomorphiesatzes, daß die Faktorgruppe der symmetrischen Gruppe $\mathfrak{S}_4$ nach der Vierergruppe $\mathfrak{V}_4$ (§ 9, Aufgabe 4) isomorph der symmetrischen Gruppe $\mathfrak{S}_3$ ist.

2. Ebenso, daß in jeder Permutationsgruppe, die nicht aus lauter geraden Permutationen besteht, die geraden Permutationen einen Normalteiler vom Index 2 bilden.

3. Ebenso, daß die Faktorgruppe der ebenen euklidischen Bewegungsgruppe nach dem Normalteiler der Translationen isomorph der Gruppe der Drehungen um einen Punkt ist.

§ 51. Normalreihen und Kompositionsreihen

Eine Gruppe $\mathfrak{G}$ heißt *einfach*, wenn sie außer sich selbst und der Einheitsgruppe keinen Normalteiler besitzt.

Beispiele. Die Gruppen von Primzahlordnung sind einfach, weil die Ordnung einer Untergruppe ein Teiler der Ordnung der Gesamtgruppe sein müßte, so daß außer dieser und der Einheitsgruppe überhaupt keine Untergruppe, also auch kein Normalteiler existiert. Es wird später gezeigt werden, daß die alternierende Gruppe $\mathfrak{A}_n$ für $n > 4$ einfach ist (§ 53). Jeder eindimensionale Vektorraum ist einfach; denn jeder echte Teilraum hat die Dimension Null und besteht nur aus dem Nullvektor.

Eine endliche Reihe von Untergruppen einer Gruppe $\mathfrak{G}$:

$$(1) \qquad \{\mathfrak{G} = \mathfrak{G}_0 \supseteq \mathfrak{G}_1 \supseteq \cdots \supseteq \mathfrak{G}_l = \mathfrak{E}\}$$

heißt *Normalreihe*, wenn für $\nu = 1, \ldots, l$ jedes $\mathfrak{G}_\nu$ Normalteiler in $\mathfrak{G}_{\nu-1}$ ist. Die Zahl l heißt die *Länge* der Normalreihe; die Faktorgruppen $\mathfrak{G}_{\nu-1}/\mathfrak{G}_\nu$ heißen die *Faktoren* der Normalreihe. Zu beachten: Die Länge ist nicht die Anzahl der Glieder der Reihe (1), sondern die Anzahl der Faktoren $\mathfrak{G}_{\nu-1}/\mathfrak{G}_\nu$.

Eine zweite Normalreihe

$$(2) \qquad \{\mathfrak{G} \supseteq \mathfrak{H}_1 \supseteq \cdots \supseteq \mathfrak{H}_m = \mathfrak{E}\}$$

heißt eine *Verfeinerung* der ersten, wenn alle $\mathfrak{G}_i$ aus (1) auch in (2) auftreten. Zum Beispiel ist für die Gruppe $\mathfrak{S}_4$ (§ 6) die Reihe

$$\{\mathfrak{S}_4 \supset \mathfrak{A}_4 \supset \mathfrak{V}_4 \supset \mathfrak{E}\}$$

(vgl. § 9, Aufgabe 4) eine Verfeinerung von

$$\{\mathfrak{S}_4 \supset \mathfrak{V}_4 \supset \mathfrak{E}\}.$$

In einer Normalreihe kann ein Glied beliebig oft wiederholt werden: $\mathfrak{G}_i = \mathfrak{G}_{i+1} = \cdots = \mathfrak{G}_k$. Kommt das nicht vor, so spricht man von einer Reihe *ohne Wiederholungen*. Eine Reihe ohne Wiederholungen, die sich ohne Wiederholungen nicht mehr verfeinern läßt, heißt eine *Kompositionsreihe*. Zum Beispiel ist in der symmetrischen Gruppe $\mathfrak{S}_3$ die Reihe

$$\{\mathfrak{S}_3 \supset \mathfrak{A}_3 \supset \mathfrak{E}\}$$

eine Kompositionsreihe, ebenso in $\mathfrak{S}_4$ die Reihe

$$\left\{ \mathfrak{S}_4 \supset \mathfrak{A}_4 \supset \mathfrak{V}_4 \supset \{1, (1\,2)\,(3\,4)\} \supset \mathfrak{E} \right\}.$$

In beiden Fällen schließt man die Unmöglichkeit einer weiteren Verfeinerung daraus, daß die Indices der aufeinanderfolgenden Normalteiler in den jeweils vorangehenden sämtlich Primzahlen sind. Es gibt aber andere Gruppen, in denen jede Normalreihe sich weiter verfeinern läßt; solche Gruppen besitzen also keine Kompositionsreihe. Ein Beispiel bildet jede unendliche zyklische Gruppe; denn wenn in einer solchen eine Normalreihe ohne Wiederholungen

$$\{\mathfrak{G} \supset \mathfrak{G}_1 \supset \cdots \supset \mathfrak{G}_{l-1} \supset \mathfrak{E}\}$$

gegeben ist und $\mathfrak{G}_{l-1}$ etwa den Index m hat, also $\mathfrak{G}_{l-1} = \{a^m\}$ ist, so gibt es zwischen $\mathfrak{G}_{l-1}$ und $\mathfrak{E}$ immer noch eine Untergruppe $\{a^{2m}\}$ vom Index $2m$.

Eine Normalreihe ist dann und nur dann Kompositionsreihe, wenn sich zwischen je zwei aufeinanderfolgende Glieder $\mathfrak{G}_{\nu-1}$ und $\mathfrak{G}_\nu$ kein von diesen verschiedener Normalteiler von $\mathfrak{G}_{\nu-1}$ mehr einschieben läßt oder, was nach § 50 auf dasselbe hinauskommt, wenn $\mathfrak{G}_{\nu-1}/\mathfrak{G}_\nu$ einfach ist. Die einfachen Faktoren $\mathfrak{G}_{\nu-1}/\mathfrak{G}_\nu$ einer Kompositionsreihe heißen *Kompositionsfaktoren*. In den beiden oben angeführten Kompositionsreihen sind alle Kompositionsfaktoren zyklische Gruppen der Ordnungen 2, 3; bzw. 2, 3, 2, 2.

Zwei Normalreihen heißen *isomorph*, wenn alle Faktoren $\mathfrak{G}_{\nu-1}/\mathfrak{G}_\nu$ der einen Reihe in irgendeiner Reihenfolge den Faktoren der zweiten Reihe isomorph sind. Zum Beispiel sind in einer zyklischen Gruppe $\{a\}$ von der Ordnung 6 die beiden Reihen

$$\big\{ \{a\},\ \{a^2\},\ \mathfrak{E} \big\},$$
$$\big\{ \{a\},\ \{a^3\},\ \mathfrak{E} \big\}$$

isomorph; denn die Faktoren der ersten Reihe sind zyklisch von den Ordnungen 2, 3, die der zweiten Reihe zyklisch von den Ordnungen 3, 2. — Für die Isomorphie von Normalreihen werden wir im folgenden der Bequemlichkeit halber ebenfalls das Zeichen $\simeq$ verwenden.

Endigt eine Kette von Normalteilern

$$\{\mathfrak{G} \supseteq \mathfrak{G}_1 \supseteq \cdots\}$$

mit irgendeinem Normalteiler $\mathfrak{A}$ von $\mathfrak{G}$, der nicht gleich $\mathfrak{E}$ zu sein braucht, so spricht man von einer *Normalreihe von $\mathfrak{G}$ nach $\mathfrak{A}$*; einer solchen entspricht eine Normalreihe

$$\{\mathfrak{G}/\mathfrak{A} \supseteq \mathfrak{G}_1/\mathfrak{A} \supseteq \cdots \supseteq \mathfrak{A}/\mathfrak{A} = \mathfrak{E}\}$$

der Faktorgruppe $\mathfrak{G}/\mathfrak{A}$ und umgekehrt. Die Faktoren der zweiten Reihe sind nach dem zweiten Isomorphiesatz isomorph denen der ersten.

Sind zwei Normalreihen

$$\{\mathfrak{G} \supseteq \mathfrak{G}_1 \supseteq \cdots \supseteq \mathfrak{G}_r = \mathfrak{E}\}$$

und

$$\{\mathfrak{G} \supseteq \mathfrak{H}_1 \supseteq \cdots \supseteq \mathfrak{H}_r = \mathfrak{E}\}$$

isomorph, so kann man zu jeder Verfeinerung der ersten eine dazu isomorphe Verfeinerung der zweiten finden. Denn jeder Faktor $\mathfrak{G}_{\nu-1}/\mathfrak{G}_\nu$ ist isomorph einem ganz bestimmten Faktor $\mathfrak{H}_{\mu-1}/\mathfrak{H}_\mu$; somit entspricht jeder Normalreihe für $\mathfrak{G}_{\nu-1}/\mathfrak{G}_\nu$ eine isomorphe Normalreihe für $\mathfrak{H}_{\mu-1}/\mathfrak{H}_\mu$ und daher auch jeder Normalreihe von $\mathfrak{G}_{\nu-1}$ nach $\mathfrak{G}_\nu$ eine isomorphe Reihe von $\mathfrak{H}_{\mu-1}$ nach $\mathfrak{H}_\mu$.

Wir können nun den folgenden, von O. Schreier herrührenden *Hauptsatz über Normalreihen* beweisen: *Zwei beliebige Normalreihen einer beliebigen Gruppe* $\mathfrak{G}$:

$$\{\mathfrak{G} \supseteq \mathfrak{G}_1 \supseteq \mathfrak{G}_2 \supseteq \cdots \supseteq \mathfrak{G}_r = \mathfrak{E}\},$$
$$\{\mathfrak{G} \supseteq \mathfrak{H}_1 \supseteq \mathfrak{H}_2 \supseteq \cdots \supseteq \mathfrak{H}_s = \mathfrak{E}\}$$

besitzen isomorphe Verfeinerungen:

$$\{\mathfrak{G} \supseteq \cdots \supseteq \mathfrak{G}_1 \supseteq \cdots \supseteq \mathfrak{G}_2 \supseteq \cdots \supseteq \mathfrak{E}\}$$
$$\cong \{\mathfrak{G} \supseteq \cdots \supseteq \mathfrak{H}_1 \supseteq \cdots \supseteq \mathfrak{H}_2 \supseteq \cdots \supseteq \mathfrak{E}\}.$$

Beweis. Für $r = 1$ oder $s = 1$ ist der Satz klar; denn dann lautet eine der Reihen $\{\mathfrak{G} \supseteq \mathfrak{E}\}$, und die andere ist ganz von selbst eine Verfeinerung davon.

Wir beweisen den Satz zunächst für $s = 2$ durch vollständige Induktion nach r, sodann für beliebige s durch vollständige Induktion nach s.

Für $s = 2$ lautet die zweite Reihe

$$\{\mathfrak{G} \supseteq \mathfrak{H} \supseteq \mathfrak{E}\}.$$

Wir setzen $\mathfrak{D} = \mathfrak{G}_1 \cap \mathfrak{H}$ und $\mathfrak{P} = \mathfrak{G}_1 \mathfrak{H}$; dann sind $\mathfrak{P}$ und $\mathfrak{D}$ Normalteiler in $\mathfrak{G}$. Es kann natürlich $\mathfrak{P} = \mathfrak{G}$ oder $\mathfrak{D} = \mathfrak{E}$ sein. Nach der Induktionsvoraussetzung besitzen nun die Reihen von den Längen $r - 1$ und 2

$$\{\mathfrak{G}_1 \supseteq \mathfrak{G}_2 \supseteq \cdots \supseteq \mathfrak{G}_r = \mathfrak{E}\} \quad \text{und} \quad \{\mathfrak{G}_1 \supseteq \mathfrak{D} \supseteq \mathfrak{E}\}$$

isomorphe Verfeinerungen

$$(3) \qquad \{\mathfrak{G}_1 \supseteq \cdots \supseteq \mathfrak{G}_2 \supseteq \cdots \supseteq \mathfrak{E}\} \cong \{\mathfrak{G}_1 \supseteq \cdots \supseteq \mathfrak{D} \supseteq \cdots \supseteq \mathfrak{E}\}.$$

Auf Grund des ersten Isomorphiesatzes ist weiter

$$\mathfrak{P}/\mathfrak{H} \cong \mathfrak{G}_1/\mathfrak{D} \quad \text{und} \quad \mathfrak{P}/\mathfrak{G}_1 \cong \mathfrak{H}/\mathfrak{D},$$

mithin

$$(4) \qquad \{\mathfrak{P} \supseteq \mathfrak{G}_1 \supseteq \mathfrak{D} \supseteq \mathfrak{E}\} \cong \{\mathfrak{P} \supseteq \mathfrak{H} \supseteq \mathfrak{D} \supseteq \mathfrak{E}\}.$$

Die rechte Seite von (3) ergibt eine Verfeinerung der linken Seite von (4), zu der man eine isomorphe Verfeinerung der rechten Seite finden kann:

$$(5) \quad \{\mathfrak{P} \supseteq \mathfrak{G}_1 \supseteq \cdots \supseteq \mathfrak{D} \supseteq \cdots \supseteq \mathfrak{E}\} \cong \{\mathfrak{P} \supseteq \cdots \supseteq \mathfrak{H} \supseteq \mathfrak{D} \supseteq \cdots \supseteq \mathfrak{E}\}.$$

Aus (3) und (5) folgt:

$$\{\mathfrak{G} \supseteq \mathfrak{P} \supseteq \mathfrak{G}_1 \supseteq \cdots \supseteq \mathfrak{G}_2 \supseteq \cdots \supseteq \mathfrak{E}\} \cong \{\mathfrak{G} \supseteq \mathfrak{P} \supseteq \cdots \supseteq \mathfrak{H} \supseteq \mathfrak{D} \supseteq \cdots \supseteq \mathfrak{E}\},$$

womit der Satz im Falle $s = 2$ bewiesen ist.

Für beliebige s können wir nach dem eben Bewiesenen die erste Reihe $\{\mathfrak{G} \supseteq \mathfrak{G}_1 \supseteq \cdots\}$ so verfeinern, daß sie einer Verfeinerung von $\{\mathfrak{G} \supseteq \mathfrak{H}_1 \supseteq \mathfrak{E}\}$ isomorph wird:

$$(6) \quad \{\mathfrak{G} \supseteq \cdots \supseteq \mathfrak{G}_1 \supseteq \cdots \supseteq \mathfrak{G}_2 \supseteq \cdots \supseteq \mathfrak{E}\} \cong \{\mathfrak{G} \supseteq \cdots \supseteq \mathfrak{H}_1 \supseteq \cdots \supseteq \mathfrak{E}\}.$$

Die rechts als Teilstück vorkommende Reihe $\{\mathfrak{H}_1 \supseteq \cdots \supseteq \mathfrak{E}\}$ und die Reihe $\{\mathfrak{H}_1 \supseteq \mathfrak{H}_2 \supseteq \cdots \supseteq \mathfrak{H}_s = \mathfrak{E}\}$ besitzen nach der Induktionsvoraussetzung isomorphe Verfeinerungen:

$$(7) \qquad \{\mathfrak{H}_1 \supseteq \cdots \supseteq \mathfrak{E}\} \simeq \{\mathfrak{H}_1 \supseteq \cdots \supseteq \mathfrak{H}_2 \cdots \supseteq \mathfrak{E}\}.$$

Die linke Seite von (7) ergibt eine Verfeinerung der rechten Seite von (6), zu der man eine isomorphe Verfeinerung der linken Seite von (6) finden kann. Also:

$$\{\mathfrak{G} \supseteq \cdots \supseteq \mathfrak{G}_1 \supseteq \cdots \supseteq \mathfrak{G}_2 \supseteq \cdots \supseteq \mathfrak{E}\}$$
$$\simeq \{\mathfrak{G} \supseteq \cdots \supseteq \mathfrak{H}_1 \supseteq \cdots \supseteq \mathfrak{E}\}$$
$$[\text{nach (7)}] \qquad \simeq \{\mathfrak{G} \supseteq \cdots \supseteq \mathfrak{H}_1 \supseteq \cdots \supseteq \mathfrak{H}_2 \supseteq \cdots \supseteq \mathfrak{E}\}.$$

Damit ist der Satz allgemein bewiesen[1].

Streicht man aus zwei isomorphen Reihen alle Wiederholungen weg, so bleiben sie isomorph. Man kann also die im Hauptsatz gemeinten Verfeinerungen immer als solche ohne Wiederholungen annehmen.

Aus dem Hauptsatz über Normalreihen ergeben sich für Gruppen, die eine Kompositionsreihe besitzen, unmittelbar die folgenden beiden Sätze.

1. Satz von JORDAN und HÖLDER. *Je zwei Kompositionsreihen einer und derselben Gruppe $\mathfrak{G}$ sind isomorph.*

Denn diese Reihen sind mit ihren wiederholungsfreien Verfeinerungen identisch.

2. *Besitzt $\mathfrak{G}$ eine Kompositionsreihe, so läßt sich jede Normalreihe von $\mathfrak{G}$ zu einer Kompositionsreihe verfeinern; insbesondere gibt es also durch jeden Normalteiler eine Kompositionsreihe.*

Eine Gruppe heißt *auflösbar*, wenn sie eine Normalreihe besitzt, in der alle Faktoren abelsch sind. (Beispiele: die Gruppen $\mathfrak{S}_3$ und $\mathfrak{S}_4$, s. oben.)

Aus dem Hauptsatz folgt, daß bei einer auflösbaren Gruppe jede Normalreihe sich zu einer solchen mit abelschen Faktoren verfeinern läßt. Hat die Gruppe insbesondere eine Kompositionsreihe, so sind alle Kompositionsfaktoren einfache abelsche Gruppen.

Aufgaben. 1. Jede endliche Gruppe besitzt eine Kompositionsreihe.

2. Man bilde alle Kompositionsreihen einer zyklischen Gruppe der Ordnung 20.

3. Eine abelsche Gruppe (ohne Operatoren) ist nur dann einfach, wenn sie zyklisch von Primzahlordnung ist.

4. In jeder Kompositionsreihe einer endlichen auflösbaren Gruppe sind die Kompositionsfaktoren zyklisch von Primzahlordnung.

---

[1] Einen anderen Beweis hat H. ZASSENHAUS gegeben: Abh. math. Sem. Hamburg Bd. 10 (1934), S. 106.

§ 52. Gruppen von der Ordnung p^n

Unter dem *Zentrum* einer Gruppe $\mathfrak{G}$ oder eines Ringes $\mathfrak{R}$ versteht man die Menge der Elemente z der Gruppe oder des Ringes, die mit allen Elementen vertauschbar sind:

$$zg = gz \quad \text{für alle } g \text{ in } \mathfrak{G} \text{ oder } \mathfrak{R}.$$

Das Zentrum einer Gruppe $\mathfrak{G}$ ist eine Gruppe, und zwar ein Normalteiler von $\mathfrak{G}$. Das Zentrum eines Ringes ist ein Unterring.

Nun sei p eine Primzahl, n eine natürliche Zahl und $\mathfrak{G}$ eine Gruppe von der Ordnung p^n. Wir wollen zeigen, daß das Zentrum von $\mathfrak{G}$ nicht nur aus dem Einselement bestehen kann.

Wir betrachten die Einteilung der Gruppe $\mathfrak{G}$ in *Klassen*, d. h. Klassen konjugierter Gruppenelemente (§ 9, Aufgabe 7). Was ist die Anzahl der Elemente in einer solchen Klasse?

Es sei a ein Gruppenelement. Zwei zu a konjugierte Elemente bab^{-1} und cac^{-1} sind nur dann gleich, wenn $b^{-1}c$ mit a vertauschbar ist:

$$\text{aus} \quad bab^{-1} = cac^{-1} \quad \text{folgt} \quad a(b^{-1}c) = (b^{-1}c)a.$$

Die mit a vertauschbaren Gruppenelemente bilden eine Gruppe $\mathfrak{H}$, die man den *Normalisator* von a nennt. Wenn $b^{-1}c$ in $\mathfrak{H}$ liegt, so liegt c in der Nebenklasse $b\mathfrak{H}$. Umgekehrt: wenn c in $b\mathfrak{H}$ liegt, so kann man $c = bh$ setzen und hat dann

$$cac^{-1} = bha(bh)^{-1} = bahh^{-1}b^{-1} = bab^{-1}.$$

Zu jeder Nebenklasse $b\mathfrak{H}$ gehört also ein konjugiertes Element bab^{-1} und umgekehrt. Die Anzahl der verschiedenen konjugierten Elemente ist gleich der Anzahl der Nebenklassen, d. h. gleich dem Index von $\mathfrak{H}$ in $\mathfrak{G}$. Der Index ist immer ein Teiler der Gruppenordnung. Ist speziell a ein Zentrumselement, so ist $\mathfrak{H} = \mathfrak{E}$ und die Klasse besteht nur aus dem einen Element a. In allen anderen Fällen ist die Anzahl der Elemente der Klasse größer als Eins.

Nun sei speziell $\mathfrak{G}$ eine *p-Gruppe*, d. h. eine Gruppe von der Ordnung p^n. Dann ist die Anzahl der Elemente in einer Klasse ein Teiler von p^n, also eine Potenz von p. Die Ordnung von $\mathfrak{G}$ ist die Summe der Anzahlen der Elemente der einzelnen Klassen, also eine Summe von Potenzen von p:

$$(1) \qquad p^h = 1 + p^i + p^j + \cdots + p^m.$$

Wäre die Eins das einzige Zentrumselement, so würde in der Summe rechts nur ein Glied 1 vorkommen, alle anderen Glieder wären durch p teilbar. Die linke Seite von (1) wäre dann durch p teilbar, die rechte nicht, was unmöglich ist. *Also kann das Zentrum einer p-Gruppe nicht nur aus der Eins bestehen.*

Es kann sein, daß das Zentrum $\mathfrak{Z}_1$ die ganze Gruppe ist; dann ist $\mathfrak{G}$ abelsch. Andernfalls bilde man die Faktorgruppe $\overline{\mathfrak{G}} = \mathfrak{G}/\mathfrak{Z}_1$. Sie ist wieder eine p-Gruppe, hat also ein Zentrum $\overline{\mathfrak{Z}} = \mathfrak{Z}_2/\mathfrak{Z}_1$. So fortfahrend, erhält man die *aufsteigende Zentrumsreihe*

$$\mathfrak{E} \subset \mathfrak{Z}_1 \subset \mathfrak{Z}_2 \ldots$$

Da jedes folgende Glied dieser Reihe eine größere Ordnung hat als das vorhergehende, muß die Reihe nach endlich vielen Gliedern mit $\mathfrak{Z}_n = \mathfrak{G}$ abbrechen. Die Faktorgruppen $\mathfrak{Z}_k/\mathfrak{Z}_{k-1}$ sind alle abelsch, also folgt:

Jede Gruppe der Ordnung p^n ist auflösbar.

§ 53. Direkte Produkte

Die Gruppe $\mathfrak{G}$ heißt *direktes Produkt* der Untergruppen $\mathfrak{A}$ und $\mathfrak{B}$, wenn folgende Bedingungen erfüllt sind:

A1. $\mathfrak{A}$ und $\mathfrak{B}$ sind Normalteiler in $\mathfrak{G}$;
A2. $\mathfrak{G} = \mathfrak{A}\,\mathfrak{B}$;
A3. $\mathfrak{A} \cap \mathfrak{B} = \mathfrak{E}$.

Äquivalent damit ist:
B1. Jedes Element von $\mathfrak{G}$ ist als Produkt

$$(1) \qquad\qquad g = ab, \quad a \in \mathfrak{A}, \quad b \in \mathfrak{B}$$

darstellbar;

B2. die Faktoren a und b sind durch g eindeutig bestimmt;
B3. jedes Element von $\mathfrak{A}$ ist mit jedem von $\mathfrak{B}$ vertauschbar.

Aus A folgt B. Nämlich B1 folgt aus A2. B2 folgt so: Ist

$$g = a_1 b_1 = a_2 b_2, \quad \text{so wird} \quad a_2^{-1} a_1 = b_2 b_1^{-1};$$

dieses Element $a_2^{-1} a_1$ muß sowohl zu $\mathfrak{A}$ als auch zu $\mathfrak{B}$ gehören, mithin nach A3 gleich dem Einselement sein; daraus folgt

$$a_1 = a_2, \quad b_1 = b_2,$$

also die Eindeutigkeit. B3 folgt daraus, daß $aba^{-1}b^{-1}$ wegen A1 sowohl zu $\mathfrak{A}$ als auch zu $\mathfrak{B}$ gehört, mithin wegen A3 das Einselement ist.

Aus B folgt A. Die Normalteilereigenschaft von $\mathfrak{A}$ folgt so:

$$g\mathfrak{A}g^{-1} = ab\mathfrak{A}b^{-1}a^{-1} = a\mathfrak{A}a^{-1} = \mathfrak{A} \qquad \text{[wegen B3]}.$$

A2 folgt aus B1. A3 ergibt sich so: Ist c ein Element von $\mathfrak{A} \cap \mathfrak{B}$, so ist c auf zwei Arten als Produkt eines Elements von $\mathfrak{A}$ und eines Elements von $\mathfrak{B}$ darzustellen:

$$c = c \cdot 1 = 1 \cdot c.$$

Wegen der Eindeutigkeit [B2] muß $c = 1$ sein. Damit ist A3 bewiesen.

Das Produkt $\mathfrak{A}\,\mathfrak{B}$ wird, wenn es direkt ist, auch mit $\mathfrak{A} \times \mathfrak{B}$ bezeichnet. Bei additiven Gruppen (Moduln) schreibt man $(\mathfrak{A}, \mathfrak{B})$ für die Summe, $\mathfrak{A} + \mathfrak{B}$ für die direkte Summe.

Kennt man die Struktur von $\mathfrak{A}$ und $\mathfrak{B}$, so ist auch die Struktur von $\mathfrak{G}$ bekannt; denn je zwei Elemente $g_1 = a_1 b_1$ und $g_2 = a_2 b_2$ werden multipliziert, indem man ihre Faktoren multipliziert:

$$g_1 g_2 = a_1 a_2 \cdot b_1 b_2.$$

Die Gruppe $\mathfrak{G}$ heißt *direktes Produkt von mehreren Untergruppen,* $\mathfrak{G} = \mathfrak{A}_1 \times \mathfrak{A}_2 \times \cdots \times \mathfrak{A}_n$, wenn folgende Bedingungen erfüllt sind:

A'1. Alle $\mathfrak{A}_\nu$ sind Normalteiler in $\mathfrak{G}$;

2. $\mathfrak{A}_1 \mathfrak{A}_2 \ldots \mathfrak{A}_n = \mathfrak{G}$;

3. $(\mathfrak{A}_1 \mathfrak{A}_2 \ldots \mathfrak{A}_{\nu-1}) \cap \mathfrak{A}_\nu = \mathfrak{E}$ $\hspace{2cm}$ $(\nu = 2, 3, \ldots, n).$

Sind diese erfüllt, so sind die Gruppen $\mathfrak{A}_1, \ldots, \mathfrak{A}_{n-1}$ auch Normalteiler in ihrem Produkt $\mathfrak{A}_1 \mathfrak{A}_2 \ldots \mathfrak{A}_{n-1}$, also ist dieses Produkt nach derselben Definition direkt; weiter ist $\mathfrak{A}_1 \mathfrak{A}_2 \ldots \mathfrak{A}_{n-1}$ als Produkt von Normalteilern wieder Normalteiler in $\mathfrak{G}$ und es ist

$$(\mathfrak{A}_1 \mathfrak{A}_2 \ldots \mathfrak{A}_{n-1}) \cap \mathfrak{A}_n = \mathfrak{E},$$

also

(2) $\hspace{2cm}$ $\mathfrak{G} = (\mathfrak{A}_1 \mathfrak{A}_2 \ldots \mathfrak{A}_{n-1}) \times \mathfrak{A}_n = \mathfrak{B}_n \times \mathfrak{A}_n$

mit

$$\mathfrak{B}_n = \mathfrak{A}_1 \mathfrak{A}_2 \ldots \mathfrak{A}_{n-1} = \mathfrak{A}_1 \times \mathfrak{A}_2 \times \cdots \times \mathfrak{A}_{n-1}.$$

Durch (2) kann man das direkte Produkt von n Faktoren auch rekursiv definieren. Wendet man auf $\mathfrak{G} = \mathfrak{B}_n \times \mathfrak{A}_n$ die Definition B an, so folgt durch vollständige Induktion nach n ohne weiteres:

B'. *Jedes Element g von $\mathfrak{G}$ ist eindeutig als Produkt*

$$g = a_1 a_2 \ldots a_n \hspace{2cm} (a_\nu \in \mathfrak{A}_\nu)$$

darstellbar und jedes Element von $\mathfrak{A}_\mu$ ist mit jedem von $\mathfrak{A}_\nu (\mu \neq \nu)$ vertauschbar.

Aus B' folgt rückwärts A'. Setzt man nämlich

$$\mathfrak{A}_1 \mathfrak{A}_2 \ldots \mathfrak{A}_{\nu-1} \mathfrak{A}_{\nu+1} \ldots \mathfrak{A}_n = \mathfrak{B}_\nu,$$

so folgt aus B' für jedes ν

(3) $\hspace{2cm}$ $\mathfrak{G} = \mathfrak{A}_\nu \times \mathfrak{B}_\nu,$

mithin ist jedes $\mathfrak{A}_\nu$ Normalteiler in $\mathfrak{G}$ und

$$\mathfrak{A}_\nu \cap \mathfrak{B}_\nu = \mathfrak{E}.$$

Die letztere Aussage besagt noch etwas mehr als die Bedingung A'3.

Aus (3) folgt nach dem ersten Isomorphiesatz

$$\mathfrak{G}/\mathfrak{A}_\nu \cong \mathfrak{B}_\nu; \quad \mathfrak{G}/\mathfrak{B}_\nu \cong \mathfrak{A}_\nu.$$

Die Gruppen

$$(4) \quad \begin{cases} \mathfrak{G} \quad\; = \mathfrak{A}_1 \times \mathfrak{A}_2 \times \cdots \times \mathfrak{A}_n \\ \mathfrak{G}_1 \quad = \mathfrak{A}_1 \times \mathfrak{A}_2 \times \cdots \times \mathfrak{A}_{n-1} \\ \cdots\cdots\cdots\cdots\cdots\cdots\cdots\cdots \\ \mathfrak{G}_{n-1} = \mathfrak{A}_1 \\ \mathfrak{G}_n \quad = \mathfrak{E} \end{cases}$$

bilden eine Normalreihe von $\mathfrak{G}$ mit den Faktoren $\mathfrak{G}_{\nu-1}/\mathfrak{G}_\nu \cong \mathfrak{A}_{n-\nu+1}$. Besitzen die Gruppen $\mathfrak{A}_\nu$ Kompositionsreihen, so besitzt auch $\mathfrak{G}$ eine Kompositionsreihe, deren Länge die Summe der Längen der einzelnen Faktoren ist.

Aufgaben. 1. Ist $\mathfrak{G} = \mathfrak{A} \times \mathfrak{B}$, $\mathfrak{G}'$ eine Untergruppe von $\mathfrak{G}$ und $\mathfrak{G}' \supseteq \mathfrak{A}$, so ist $\mathfrak{G}' = \mathfrak{A} \times \mathfrak{B}'$, wo $\mathfrak{B}'$ den Durchschnitt von $\mathfrak{G}'$ und $\mathfrak{B}$ darstellt.

2. Eine zyklische Gruppe der Ordnung $n = r \cdot s$ mit $(r, s) = 1$ ist das direkte Produkt ihrer Untergruppen der Ordnungen s und r.

3. Eine endliche zyklische Gruppe ist das direkte Produkt ihrer Untergruppen von den höchstmöglichen Primzahlpotenzordnungen.

Eine Gruppe $\mathfrak{G}$ heißt *vollständig reduzibel*, wenn sie ein direktes Produkt von einfachen Gruppen ist. In diesem Fall ist die zugehörige Normalreihe (4) schon eine Kompositionsreihe. Nach dem Jordan-Hölderschen Satz sind die Kompositionsfaktoren $\mathfrak{G}_{\nu-1}/\mathfrak{G}_\nu \cong \mathfrak{A}_{n-\nu+1}$ bis auf Isomorphie und bis auf die Reihenfolge eindeutig bestimmt.

Satz. *In einer vollständig reduziblen Gruppe $\mathfrak{G}$ ist jeder Normalteiler direkter Faktor; d. h. zu jedem Normalteiler $\mathfrak{H}$ gibt es eine Zerlegung $\mathfrak{G} = \mathfrak{H} \times \mathfrak{B}$.*

Beweis. Aus $\mathfrak{G} = \mathfrak{A}_1 \times \mathfrak{A}_2 \times \cdots \times \mathfrak{A}_n$ folgt

$$(5) \qquad\qquad \mathfrak{G} = \mathfrak{H} \cdot \mathfrak{G} = \mathfrak{H} \cdot \mathfrak{A}_1 \cdot \mathfrak{A}_2 \ldots \mathfrak{A}_n.$$

Mit jedem der Faktoren $\mathfrak{A}_1, \ldots, \mathfrak{A}_n$ kann man nun hierin eine Operation vornehmen, die darin besteht, daß man den betreffenden Faktor entweder wegstreicht oder das vor ihm stehende Zeichen $\cdot$ in das Zeichen $\times$ für direktes Produkt verwandelt. Nämlich der Durchschnitt des jeweils betrachteten $\mathfrak{A}_k$ mit dem vorangehenden Produkt $\Pi = \mathfrak{H} \cdot \mathfrak{A}_1 \ldots \mathfrak{A}_{k-1}$ ist Normalteiler in $\mathfrak{A}_k$, also entweder $= \mathfrak{A}_k$ oder $= \mathfrak{E}$. Im ersten Fall: $\Pi \cap \mathfrak{A}_k = \mathfrak{A}_k$, ist $\mathfrak{A}_k \subseteq \Pi$, also der Faktor $\mathfrak{A}_k$ im Produkt $\Pi \mathfrak{A}_k$ überflüssig. Im anderen Fall ist das Produkt $\Pi \cdot \mathfrak{A}_k$ direkt: $\Pi \cdot \mathfrak{A}_k = \Pi \times \mathfrak{A}_k$.

Nach dem eben Bewiesenen erhält das Produkt (5) nach Streichung aller überflüssigen $\mathfrak{A}$ die Form eines direkten Produktes:

$$\mathfrak{G} = \mathfrak{H} \times \mathfrak{A}_i \times \mathfrak{A}_j \times \cdots \times \mathfrak{A}_k.$$

Daraus folgt die Behauptung.

§ 54. Gruppencharaktere

Es sei $\mathfrak{G}$ eine Gruppe und K ein Körper. Unter einem *Charakter* von $\mathfrak{G}$ in K versteht man eine homomorphe Abbildung von $\mathfrak{G}$ in die multiplikative Gruppe von K. Mit anderen Worten: Ein Charakter σ von $\mathfrak{G}$ in K ist eine Funktion der Elemente von $\mathfrak{G}$ mit Werten $\neq 0$ in K und mit der Eigenschaft

$$(1) \qquad \sigma(xy) = \sigma(x)\,\sigma(y)\,.$$

Aus (1) folgt wie immer

$$\sigma(x_1 \ldots x_n) = \sigma(x_1) \ldots \sigma(x_n)$$
$$\sigma(x^n) = \sigma(x)^n$$
$$\sigma(e) = 1$$
$$\sigma(x^{-1}) = \sigma(x)^{-1}\,.$$

Sind σ und τ Charaktere, so ist das durch

$$\sigma\tau(x) = \sigma(x)\,\tau(x)$$

definierte Produkt $\sigma\tau$ wieder ein Charakter. Die Charaktere von $\mathfrak{G}$ in K bilden bei dieser Multiplikation eine abelsche Gruppe $\mathfrak{G}'$: die *Charakterengruppe* von $\mathfrak{G}$ in K.

Unabhängigkeitssatz. *Verschiedene Charaktere $\sigma_1, \ldots, \sigma_n$ von $\mathfrak{G}$ in K sind immer linear unabhängig, d. h. wenn in K eine Gleichung*

$$(2) \qquad c_1\,\sigma_1(x) + \cdots + c_n\,\sigma_n(x) = 0$$

für alle x aus $\mathfrak{G}$ gilt, so sind die c_i alle Null.

Beweis. (Nach ARTIN, Galoissche Theorie, Leipzig 1959, S. 28):
Für $n = 1$ folgt aus $c_1\sigma_1(x) = 0$ sofort $c_1 = 0$. Wir können also Induktion nach n anwenden und die Behauptung für $n - 1$ Charaktere als richtig annehmen.

Ersetzt man in (2) x durch ax, wo a irgend ein Element von $\mathfrak{G}$ ist, so erhält man

$$(3) \qquad c_1\,\sigma_1(a)\,\sigma_1(x) + \cdots + c_n\,\sigma_n(a)\,\sigma_n(x) = 0\,.$$

Davon subtrahieren wir die mit $\sigma_n(a)$ multiplizierte Gleichung (2) und erhalten

$$(4) \quad c_1\{\sigma_1(a) - \sigma_n(a)\}\,\sigma_1(x) + \cdots$$
$$+ c_{n-1}\{\sigma_{n-1}(a) - \sigma_n(a)\}\,\sigma_{n-1}(x) = 0\,.$$

Nach der Induktionsvoraussetzung sind $\sigma_1, \ldots, \sigma_{n-1}'$ linear unabhängig, also müssen die Koeffizienten in (4) alle Null sein:

$$(5) \qquad c_i\{\sigma_i(a) - \sigma_n(a)\} = 0 \qquad \text{für} \quad i = 1, \ldots, n-1\,.$$

Da σ_i und σ_n verschiedene Charaktere sind, kann man für jedes feste i ein a so wählen, daß

$$\sigma_i(a) \neq \sigma_n(a)$$

wird. Dann folgt aus (5)

$$c_i = 0 \quad \text{für} \quad i = 1, \ldots, n-1.$$

Setzt man das in (2) ein, so folgt $c_n = 0$, womit alles bewiesen ist.

Folgerung. Sind $\sigma_1, \ldots, \sigma_n$ verschiedene isomorphe Abbildungen eines Körpers K' in einen Körper K, so sind sie linear unabhängig. Man kann $\sigma_1, \ldots, \sigma_n$ nämlich als Charaktere der multiplikativen Gruppe von K' in K auffassen.

Besonders wichtig sind die Charaktere abelscher Gruppen.

Beispiel 1. $\mathfrak{G}$ sei eine zyklische Gruppe der Ordnung n. Wir wollen alle Charaktere von $\mathfrak{G}$ in K bestimmen.

Ist a das erzeugende Element von $\mathfrak{G}$ und χ irgend ein Charakter, so setzen wir

$$(6) \qquad \chi(a) = \zeta.$$

Ein beliebiges Element von $\mathfrak{G}$ ist eine Potenz

$$x = a^z \quad (z = 0, 1, \ldots, n-1).$$

Aus (6) folgt

$$(7) \qquad \chi(x) = \chi(a^z) = \zeta^z.$$

Ferner ist $a^n = e$, also $\chi(a^n) = \zeta^n = 1$, also ist ζ eine n-te Einheitswurzel. Umgekehrt gehört zu jeder n-ten Einheitswurzel ζ in K ein Charakter χ, der durch (7) definiert ist.

Die n-ten Einheitswurzeln in K bilden nach § 42, Aufgabe 4 eine zyklische Gruppe, deren Ordnung n' ein Teiler von n ist. Also bilden die Charaktere χ eine zyklische Gruppe der Ordnung n' mit $n' \mid n$.

Nehmen wir an, daß K alle n-ten Einheitswurzeln enthält und daß n nicht durch die Charakteristik von K teilbar ist, so ist $n' = n$, also ist die Charaktergruppe $\mathfrak{G}'$ von $\mathfrak{G}$ isomorph zu $\mathfrak{G}$ selbst. Es sei etwa η eine primitive n-te Einheitswurzel in K. Dann ist durch

$$\sigma(a^z) = \eta^z$$

ein Charakter σ definiert, und alle Charaktere χ_k sind Potenzen von σ:

$$\chi_k = \sigma^k \qquad (k = 0, 1, \ldots, n-1)$$

also

$$(8) \qquad \chi_k(a^z) = \eta^{kz}.$$

Man kann η^{kz} bei festem k als Funktion von z, aber auch bei festem z als Funktion von k auffassen. So erhält man alle Charaktere von $\mathfrak{G}'$. *Die Charakterengruppe von $\mathfrak{G}'$ ist also wieder $\mathfrak{G}$.*

Am Schluß von § 42 wurde bewiesen:

$$1 + \zeta + \cdots + \zeta^{n-1} = \begin{cases} n & (\zeta = 1) \\ 0 & (\zeta \neq 1) \end{cases}$$

für jede n-te Einheitswurzel ζ. Daraus folgt nach (8)

$$(9) \qquad \sum_k \chi_k(a^z) = \begin{cases} n & (z=0) \\ 0 & (z \neq 0) \end{cases}$$

und

$$(10) \qquad \sum_z \chi_k(a^z) = \begin{cases} n & (k=0) \\ 0 & (k \neq 0) \end{cases}$$

oder anders geschrieben

$$(11) \qquad \sum_\chi \chi(x) = \begin{cases} n & x=e \\ 0 & x \neq e \end{cases}$$

$$(12) \qquad \sum_x \chi(x) = \begin{cases} n & \chi=1 \\ 0 & \chi \neq 1 \end{cases} \cdot$$

Aus (11) folgt, wenn man x durch xy ersetzt

$$(13) \qquad \sum_\chi \chi(x)\,\chi(y) = n, \quad \text{wenn} \quad y = x^{-1}, \\ = 0 \quad \text{sonst.}$$

Ebenso folgt aus (12)

$$(14) \qquad \sum_x \chi'(x)\,\chi(x) = n, \quad \text{wenn} \quad \chi' = \chi^{-1}, \\ = 0 \quad \text{sonst.}$$

Führt man eine Matrix A mit Elementen

$$(15) \qquad a_{zk} = \chi_k(a^z) \qquad\qquad (z, k = 0, 1, \ldots, n-1)$$

und eine Matrix B mit Elementen

$$(16) \qquad b_{kz} = \frac{1}{n}\,\chi_k(a^{-z})$$

ein, so kann man die Gleichung (13) als

$$A\,B = 1$$

und die Gleichung (14) als

$$B\,A = 1$$

schreiben. Beide Gleichungen besagen also, daß B die inverse Matrix zu A ist.

Die Funktionen $f(x)$, die $\mathfrak{G}$ in K abbilden, sind durch je n Funktionswerte

$$f(e),\ f(a),\ f(a^2),\ \ldots, f(a^{n-1})$$

bestimmt und bilden daher einen n-dimensionalen Vektorraum über K. Nach dem Unabhängigkeitssatz sind die n Charaktere $\chi_k(x)$ linear unabhängig. Es muß also möglich sein, jede Funktion $f(x)$

durch die $\chi_k(x)$ auszudrücken:

$$(17) \qquad f(x) = \sum_k c_k \chi_k(x).$$

Setzt man $f(x) = f(a^z) = g(z)$, so kann man statt (17) schreiben

$$(18) \qquad g(z) = \sum_k c_k a_{zk} = \sum_k c_k \eta^{kz}.$$

Die Lösung dieses Gleichungssystems lautet, weil B die inverse Matrix zu A ist,

$$(19) \qquad c_k = \sum_z b_{kz} g(z) = \frac{1}{n} \sum_z \eta^{-kz} g(z).$$

Nimmt man speziell für K den Körper der komplexen Zahlen und setzt

$$\eta = e^{\frac{2\pi i}{n}}$$

so wird (18) eine endliche Fourier-Reihe:

$$(20) \qquad g(z) = \sum_{k=0}^{n-1} c_k e^{2\pi i \frac{k}{n} z}$$

mit

$$(21) \qquad c_k = \frac{1}{n} \sum_{z=0}^{n-1} e^{-2\pi i \frac{k}{n} z} g(z).$$

Beispiel 2. $\mathfrak{G}$ sei ein direktes Produkt von zyklischen Gruppen $\mathfrak{Z}_1, \ldots, \mathfrak{Z}_r$ der Ordnungen $n_1, \ldots, n_r$. Das kleinste gemeinsame Vielfache v der Ordnungen $n_1, \ldots, n_r$ sei nicht durch die Charakteristik von K teilbar, und K enthalte die v-ten Einheitswurzeln. Wir wollen alle Charaktere von $\mathfrak{G}$ in K bestimmen.

Es seien $a_1, \ldots, a_r$ erzeugende Elemente von $\mathfrak{Z}_1, \ldots, \mathfrak{Z}_r$, und $\eta_i (i = 1, \ldots, r)$ seien primitive n_i-te Einheitswurzeln. Ist dann χ ein Charakter von $\mathfrak{G}$, so ist $\chi(a_i)$ für jedes i eine n_i-te Einheitswurzel, also gilt

$$\chi(a_i) = \eta_i^{k_i}.$$

Jedes Element x von $\mathfrak{G}$ ist eindeutig als Produkt

$$x = a_1^{z_1} a_2^{z_2} \ldots a_r^{z_r}$$

darstellbar und man hat

$$\chi(x) = \chi(a_1)^{z_1} \ldots \chi(a_r)^{z_r}$$
$$= \eta_1^{k_1 z_1} \eta_2^{k_2 z_2} \ldots \eta_r^{k_r z_r}.$$

Für k_i kann man irgend eine der Zahlen $0, 1, \ldots, n_i - 1$ wählen; es gibt also $n = n_1 \ldots n_r$ Charaktere. Wählt man ein k_i gleich 1 und alle anderen gleich 0, so erhält man einen Charakter σ_i. Der allgemeinste Charakter ist

$$\chi_{k_1,\ldots,k_r} = \sigma_1^{k_1} \sigma_2^{k_2} \ldots \sigma_r^{k_r}.$$

Die Charakterengruppe $\mathfrak{G}'$ ist also ein direktes Produkt von zyklischen Gruppen der Ordnungen $n_1, \ldots, n_r$, d. h. sie ist isomorph zu $\mathfrak{G}$. Die Charakterengruppe von $\mathfrak{G}'$ ist wieder $\mathfrak{G}$.

Genau wie früher beweist man die Gleichungen (11) und (12) und die daraus folgenden (13) bis (19). In (15) muß man natürlich statt a^z schreiben

$$a_1^{z_1} \ldots a_r^{z_r},$$

ebenso in (18) statt η^{kz}

$$\eta_1^{k_1 z_1} \ldots \eta_r^{k_r z_r}.$$

In Band II werden wir den *Hauptsatz über abelsche Gruppen* beweisen, der besagt, daß jede abelsche Gruppe mit endlich vielen Erzeugenden, also insbesondere jede endliche abelsche Gruppe, ein direktes Produkt von zyklischen Gruppen ist. Die eben bewiesenen Formeln gelten also für beliebige endliche abelsche Gruppen.

Die Charakterentheorie kann auch auf unendliche abelsche Gruppen übertragen werden. Die Dualität zwischen $\mathfrak{G}$ und $\mathfrak{G}'$ ist ein wichtiges Hilfsmittel bei der Untersuchung der unendlichen abelschen Gruppen. Siehe L. PONTRJAGIN: Annals of Math. **35**, 361 (1934) und E. R. VAN KAMPEN: Annals of Math. **36**, 448 (1935).

§ 55. Die Einfachheit der alternierenden Gruppe

In § 51 haben wir gesehen, daß die symmetrischen Gruppen $\mathfrak{S}_3$ und $\mathfrak{S}_4$ auflösbar sind. Im Gegensatz dazu sind alle weiteren symmetrischen Gruppen $\mathfrak{S}_n$ nicht auflösbar. Sie haben zwar immer einen Normalteiler vom Index 2, nämlich die alternierende Gruppe $\mathfrak{A}_n$; aber die Kompositionsreihe geht von $\mathfrak{A}_n$ gleich auf $\mathfrak{E}$ nach dem folgenden

Satz. *Die alternierende Gruppe $\mathfrak{A}_n\,(n > 4)$ ist einfach.*

Wir brauchen einen

Hilfssatz. *Wenn ein Normalteiler $\mathfrak{N}$ der Gruppe $\mathfrak{A}_n\,(n > 2)$ einen Dreierzyklus enthält, so ist $\mathfrak{N} = \mathfrak{A}_n$.*

Beweis des Hilfssatzes. $\mathfrak{N}$ enthalte etwa den Zyklus (1 2 3). Dann muß $\mathfrak{N}$ auch das Quadrat (2 1 3) sowie alle Transformierten

$$\sigma \cdot (2\ 1\ 3) \cdot \sigma^{-1} \qquad\qquad (\sigma \in \mathfrak{A}_n)$$

enthalten. Wählt man $\sigma = (1\ 2)\,(3\ k)$, wo $k > 3$ ist, so wird

$$\sigma \cdot (2\ 1\ 3) \cdot \sigma^{-1} = (1\ 2\ k);$$

also enthält $\mathfrak{N}$ alle Zyklen von der Gestalt $(1\,2\,k)$. Diese erzeugen aber die Gruppe $\mathfrak{A}_n$ (§ 10, Aufgabe 4); also muß $\mathfrak{N} = \mathfrak{A}_n$ sein.

Beweis des Satzes. Es sei $\mathfrak{N}$ ein von $\mathfrak{E}$ verschiedener Normalteiler in $\mathfrak{A}_n$. Wir wollen zeigen, daß $\mathfrak{N} = \mathfrak{A}_n$ ist.

Wir wählen eine Permutation τ in $\mathfrak{N}$, die, ohne $= 1$ zu sein, möglichst viele Nummern fest läßt. Wir wollen zeigen, daß τ genau 3 Nummern verrückt und die übrigen fest läßt.

Gesetzt erstens, τ verrücke genau 4 Nummern. Dann ist τ ein Produkt von zwei Transpositionen; denn eine andere Möglichkeit, eine gerade Permutation zu bilden, die genau 4 Nummern verrückt, gibt es nicht. Es sei also

$$\tau = (1\,2)\,(3\,4).$$

Nach Voraussetzung ist $n > 4$. Wir können also τ transformieren mit $\sigma = (3\,4\,5)$ und erhalten

$$\tau_1 = \sigma\,\tau\,\sigma^{-1} = (1\,2)\,(4\,5).$$

Das Produkt $\tau\tau_1$ ist der Dreierzyklus $(3\,4\,5)$, verrückt also weniger Nummern als τ, entgegen der Definition von τ.

Gesetzt zweitens, τ verrücke mehr als 4 Nummern. Wir schreiben wieder τ als Produkt von Zykeln, wobei wir mit dem längsten Zykel anfangen, etwa:

$$\tau = (1\,2\,3\,4\ldots)\ldots$$

oder, wenn der längste Zykel ein Dreierzykel ist,

$$\tau = (1\,2\,3)\,(4\,5\ldots)\ldots$$

oder, wenn nur Zweierzykeln vorkommen,

$$\tau = (1\,2)\,(3\,4)\,(5\,6)\ldots.$$

Wir transformieren nun τ mit

$$\sigma = (2\,3\,4)$$

und erhalten als Transformiertes

$$\tau_1 = \sigma\,\tau\,\sigma^{-1}$$

in den genannten drei Fällen

$$\tau_1 = (1\,3\,4\,2\ldots)\ldots$$
$$\tau_1 = (1\,3\,4)\,(2\,5\ldots)\ldots$$
$$\tau_1 = (1\,3)\,(4\,2)\,(5\,6)\ldots.$$

In allen diesen Fällen ist $\tau_1 \neq \tau$, also $\tau^{-1}\tau_1 \neq 1$. Die Permutation $\tau^{-1}\tau_1$ läßt im ersten und dritten Fall alle Nummern $k > 4$ invariant, denn für diese ist $\tau_1 k = \tau k$. Im zweiten Fall

$$\tau = (1\,2\,3)\,(4\,5\ldots)$$

läßt $\tau^{-1}\tau_1$ alle Nummern außer 1, 2, 3, 4 und 5 invariant; sie verrückt also nur 5 Nummern, während τ selbst mehr als 5 Nummern verrückt.

In allen Fällen verrückt also $\tau^{-1}\tau_1$ weniger Nummern als τ selbst, entgegen der Definition von τ. Also kann τ nur 3 Nummern verrücken. Dann ist aber τ ein Dreierzyklus und nach dem Hilfssatz wird $\mathfrak{N} = \mathfrak{A}_n$. Damit ist alles bewiesen.

Aufgabe. Man beweise, daß für $n \neq 4$ die alternierende Gruppe $\mathfrak{A}_n$ der einzige Normalteiler der symmetrischen Gruppe $\mathfrak{S}_n$ außer ihr selbst und $\mathfrak{E}$ ist.

§ 56. Transitivität und Primitivität

Eine Gruppe von Permutationen einer Menge $\mathfrak{M}$ heißt *transitiv über* $\mathfrak{M}$, wenn ein Element a von $\mathfrak{M}$ durch die Permutationen der Gruppe in alle Elemente x von $\mathfrak{M}$ übergeführt wird.

Ist diese Bedingung erfüllt, so gibt es auch zu je zwei Elementen x, y eine Operation der Gruppe, die x in y überführt. Denn aus

$$\varrho a = x, \quad \sigma a = y$$

folgt $$(\sigma \varrho^{-1}) x = y.$$

Es ist also für die Frage nach der Transitivität gleichgültig, von welchem Element a man ausgeht.

Ist die Gruppe $\mathfrak{G}$ nicht transitiv über $\mathfrak{M}$ *(intransitive Gruppe)*, so zerfällt die Menge $\mathfrak{M}$ in „*Transitivitätsgebiete*", d. h. Teilmengen, die durch die Gruppe in sich transformiert werden und über welchen die Gruppe transitiv ist. Zu dieser Einteilung in Teilmengen gelangt man nach folgendem Prinzip: Zwei Elemente a, b von $\mathfrak{M}$ sollen dann und nur dann in dieselbe Teilmenge aufgenommen werden, wenn es in $\mathfrak{G}$ eine Operation σ gibt, die a in b überführt.

Diese Eigenschaft ist 1. reflexiv, 2. symmetrisch und 3. transitiv; denn es gilt:

1. $\sigma a = a$ für $\sigma = 1$.
2. Aus $\sigma a = b$ folgt $\sigma^{-1} b = a$.
3. Aus $\sigma a = b$, $\tau b = c$ folgt $(\tau \sigma) a = c$.

Also ist dadurch tatsächlich eine Klasseneinteilung der Menge $\mathfrak{M}$ definiert.

Ist eine Gruppe $\mathfrak{G}$ transitiv über $\mathfrak{M}$ und ist $\mathfrak{G}_a$ die Untergruppe derjenigen Elemente von $\mathfrak{G}$, welche das Element a von $\mathfrak{M}$ fest lassen, so führt jede linksseitige Nebenklasse $\tau \mathfrak{G}_a$ von $\mathfrak{G}_a$ das Element a in das einzige Element τa über. Den linksseitigen Nebenklassen entsprechen in dieser Weise eineindeutig die Elemente von $\mathfrak{M}$. Die Anzahl der Nebenklassen (der Index von $\mathfrak{G}_a$) ist also gleich der Anzahl der Elemente von $\mathfrak{M}$. Die Gruppe derjenigen Elemente von $\mathfrak{G}$, die

τa invariant lassen, ist durch

$$\mathfrak{G}_{\tau a} = \tau\,\mathfrak{G}_a\,\tau^{-1}$$

gegeben.

Eine transitive Gruppe von Permutationen einer Menge $\mathfrak{M}$ heißt *imprimitiv*, wenn es möglich ist, $\mathfrak{M}$ in mindestens zwei fremde Teilmengen $\mathfrak{M}_1$, $\mathfrak{M}_2$, ... zu zerlegen, die nicht alle aus nur einem Element bestehen, derart, daß die Transformationen der Gruppe jede Menge $\mathfrak{M}_\mu$ in eine Menge $\mathfrak{M}_\nu$ überführen. Die Mengen $\mathfrak{M}_1$, $\mathfrak{M}_2$, ... heißen dann *Imprimitivitätsgebiete*. Ist eine solche Zerlegung

$$\mathfrak{M} = \mathfrak{M}_1 \vee \mathfrak{M}_2 \vee \cdots$$

unmöglich, so heißt die Gruppe *primitiv*.

Beispiele. Die Kleinsche Vierergruppe ist imprimitiv, mit den Teilmengen

$$\{1, 2\}, \quad \{3, 4\}$$

als Imprimitivitätsgebieten. (Es sind übrigens noch zwei andere Zerlegungen in Imprimitivitätsgebiete möglich.) Dagegen ist die volle Permutationsgruppe (und ebenso die alternierende Gruppe) von n Dingen stets primitiv; denn bei jeder Zerlegung der Menge $\mathfrak{M}$ in Teilmengen, etwa:

$$\mathfrak{M} = \{1, 2, \ldots, k\} \vee \{\ldots\} \vee \cdots \qquad (1 < k < n),$$

gibt es eine Permutation, die $\{1, 2, \ldots, k\}$ in $\{1, 2, \ldots, k - 1, k + 1\}$ überführt, also in eine Menge, die weder zu $\{1, 2, \ldots, k\}$ fremd noch damit identisch ist.

Bei einer Zerlegung $\mathfrak{M} = \{\mathfrak{M}_1, \ldots, \mathfrak{M}_r\}$ von der obigen Eigenschaft, wobei also die Gruppe $\mathfrak{G}$ die Mengen $\mathfrak{M}_\nu$ untereinander permutiert, gibt es für jedes ν eine zur Gruppe gehörige Permutation, welche $\mathfrak{M}_1$ in $\mathfrak{M}_\nu$ überführt. Man braucht nämlich nur auf Grund der Transitivität eine Permutation zu suchen, welche ein beliebig gewähltes Element von $\mathfrak{M}_1$ in ein Element von $\mathfrak{M}_\nu$ überführt; diese Permutation kann dann $\mathfrak{M}_1$ nur in $\mathfrak{M}_\nu$ überführen. Daraus folgt insbesondere, daß die Mengen $\mathfrak{M}_1$, $\mathfrak{M}_2$, ... alle aus gleich vielen Elementen bestehen.

Für beliebige transitive Permutationsgruppen $\mathfrak{G}$ einer Menge $\mathfrak{M}$ gilt der folgende Satz:

Es sei $\mathfrak{g}$ die Untergruppe aus denjenigen Elementen von $\mathfrak{G}$, welche ein Element a von $\mathfrak{M}$ invariant lassen. Wenn die Gruppe $\mathfrak{G}$ imprimitiv ist, so existiert eine von $\mathfrak{g}$ und $\mathfrak{G}$ verschiedene Gruppe $\mathfrak{h}$ mit

$$\mathfrak{g} \subset \mathfrak{h} \subset \mathfrak{G},$$

und umgekehrt, wenn eine solche Zwischengruppe $\mathfrak{h}$ existiert, so ist $\mathfrak{G}$ imprimitiv. Die Gruppe $\mathfrak{h}$ läßt ein Imprimitivitätsgebiet $\mathfrak{M}_1$ invariant, *und die linksseitigen Nebenklassen von $\mathfrak{h}$ führen $\mathfrak{M}_1$ in die einzelnen Gebiete $\mathfrak{M}_\nu$ über.*

Beweis. Es sei zunächst $\mathfrak{G}$ imprimitiv und $\mathfrak{M} = \{\mathfrak{M}_1, \mathfrak{M}_2, \ldots\}$ eine Zerlegung in Imprimitivitätsgebiete. $\mathfrak{M}_1$ enthalte das Element a. Es sei $\mathfrak{h}$ die Untergruppe derjenigen Elemente von $\mathfrak{G}$, die $\mathfrak{M}_1$ invariant lassen. Nach der obigen Bemerkung enthält $\mathfrak{h}$ alle die Permutationen von $\mathfrak{G}$, welche a in sich selbst oder in ein anderes Element von $\mathfrak{M}_1$ überführen; daraus folgt $\mathfrak{g} \subset \mathfrak{h}$ und $\mathfrak{h} \neq \mathfrak{g}$. Es gibt aber in $\mathfrak{G}$ auch Permutationen, welche $\mathfrak{M}_1$ etwa in $\mathfrak{M}_2$ überführen; daher ist $\mathfrak{h} \neq \mathfrak{G}$. Ferner: Wenn τ das System $\mathfrak{M}_1$ in $\mathfrak{M}_\nu$ überführt, so führt die ganze Nebenklasse $\tau\,\mathfrak{h}$ ebenfalls $\mathfrak{M}_1$ in $\mathfrak{M}_\nu$ über.

Es sei nun umgekehrt eine von $\mathfrak{g}$ und $\mathfrak{G}$ verschiedene Gruppe $\mathfrak{h}$ mit

$$\mathfrak{g} \subset \mathfrak{h} \subset \mathfrak{G}$$

gegeben. $\mathfrak{G}$ zerfällt ganz in Nebenklassen $\tau\,\mathfrak{h}$, und jede von diesen zerfällt wieder in Nebenklassen $\sigma\,\mathfrak{g}$. Die letzteren Nebenklassen führen a je in ein weiteres Element σa über; faßt man sie also zu Nebenklassen $\tau\,\mathfrak{h}$ zusammen, so werden auch die Elemente σa zu mindestens zwei paarweise fremden Mengen $\mathfrak{M}_1, \mathfrak{M}_2, \ldots$ zusammengefaßt, von denen jede aus mindestens zwei Elementen besteht. Die $\mathfrak{M}_\nu$ sind also definiert durch

$$(1) \qquad\qquad \mathfrak{M}_\nu = \tau\,\mathfrak{h}\,a.$$

Jede weitere Substitution σ führt $\mathfrak{M}_\nu = \tau\,\mathfrak{h}\,a$ in $\sigma\tau\,\mathfrak{h}\,a$, also wieder in eine Menge von derselben Art über, womit die Imprimitivität der Gruppe bewiesen ist. Bezeichnet man etwa mit $\mathfrak{M}_1$ die aus (1) für $\tau = 1$ entstehende Menge, so läßt $\mathfrak{h}$ (wegen $\mathfrak{h}\,\mathfrak{M}_1 = \mathfrak{h}\,\mathfrak{h}\,a = \mathfrak{h}\,a = \mathfrak{M}_1$) das Imprimitivitätsgebiet $\mathfrak{M}_1$ fest, und die Nebenklassen $\tau\,\mathfrak{h}$ führen $\mathfrak{M}_1$ (wegen $\tau\,\mathfrak{h}\,\mathfrak{M}_1 = \tau\,\mathfrak{h}\,\mathfrak{h}\,a = \tau\,\mathfrak{h}\,a$) in die übrigen Imprimitivitätsgebiete $\mathfrak{M}_\nu$ über.

Aufgaben. 1. Ist die Anzahl der Elemente der Menge $\mathfrak{M}$ eine Primzahl, so ist jede transitive Gruppe primitiv.

2. Die oben definierte Gruppe $\mathfrak{h}$ ist über $\mathfrak{M}_1$ transitiv.

3. Die Menge $\mathfrak{M}$ sei in drei Imprimitivitätsgebiete zu je zwei Elementen zerlegt; die Ordnung der Gruppe $\mathfrak{G}$ sei 12. Was ist

    a) der Index von $\mathfrak{h}$ in $\mathfrak{G}$,

    b) der Index von $\mathfrak{g}$ in $\mathfrak{h}$,

    c) die Ordnung von $\mathfrak{g}$?

4. Die Ordnung einer transitiven Gruppe aus Permutationen endlichvieler Objekte ist durch die Anzahl dieser Objekte teilbar.

Bemerkung. Die Anzahl der permutierten Objekte nennt man den *Grad* der Permutationsgruppe.

Achtes Kapitel

Die Theorie von Galois

Die Theorie von GALOIS beschäftigt sich mit den endlichen separablen Erweiterungen eines Körpers K und insbesondere mit deren Isomorphismen und Automorphismen. Sie stellt eine Beziehung her zwischen den Erweiterungskörpern von K, welche in einem gegebenen Normalkörper enthalten sind, und den Untergruppen einer gewissen endlichen Gruppe. Durch diese Theorie finden Fragen über die Auflösung algebraischer Gleichungen eine Lösung.

Für eine andere Begründung der Theorie von GALOIS siehe E. ARTIN, Galois-Theory (deutsche Übersetzung: Galoissche Theorie, B. G. Teubner, Leipzig).

Alle in diesem Kapitel vorkommenden Körper sind kommutativ. Der Körper K wird der *Grundkörper* genannt.

§ 57. Die Galoissche Gruppe

Ist der Grundkörper K gegeben, so wird nach § 46 jeder endliche separable Erweiterungskörper Σ von einem „primitiven Element" ϑ erzeugt: $\Sigma = \mathsf{K}(\vartheta)$. Nach § 44 besitzt Σ in einem passenden Erweiterungskörper Ω so viele „relative", d.h. K elementweise festlassende Isomorphismen, wie der Grad n von Σ in bezug auf K beträgt. Für diesen Erweiterungskörper Ω kann man den Zerfällungskörper des irreduziblen Polynoms $f(x)$ wählen, dessen Nullstelle ϑ ist. Dieser Zerfällungskörper ist der kleinste in bezug auf K normale Körper, der Σ umfaßt, oder, wie wir auch sagen werden, *der zu Σ gehörige Normalkörper.* Die relativen Isomorphismen von $\mathsf{K}(\vartheta)$ können dadurch gekennzeichnet werden, daß sie die Größe ϑ in ihre konjugierten Größen $\vartheta_1, \ldots, \vartheta_n$ in Ω überführen. Jedes Körperelement $\varphi(\vartheta)$ $= \sum a_\lambda \vartheta^\lambda (a_\lambda \in \mathsf{K})$ geht dann in $\varphi(\vartheta_\nu) = \sum a_\lambda \vartheta_\nu^\lambda$ über, und man kann daher, statt vom Isomorphismus zu reden, auch reden von der *Substitution* $\vartheta \to \vartheta_\nu$.

Zu beachten ist aber, daß die Größen ϑ und ϑ_ν nur *Hilfsmittel* sind, die Isomorphismen bequem darzustellen, und daß der *Begriff* eines Isomorphismus gänzlich unabhängig von der speziellen Wahl eines ϑ ist.

Ist Σ selbst ein Normalkörper, so fallen alle konjugierten Körper $\mathsf{K}(\vartheta_\nu)$ *mit Σ zusammen.*

Denn erstens sind alle ϑ_ν in diesem Fall in $\mathsf{K}(\vartheta)$ enthalten. Aber die $\mathsf{K}(\vartheta_\nu)$ sind zu $\mathsf{K}(\vartheta)$ äquivalent, also selbst normal; also ist auch umgekehrt ϑ in jedem $\mathsf{K}(\vartheta_\nu)$ enthalten.

Umgekehrt: *Ist Σ mit allen konjugierten Körpern $\mathsf{K}(\vartheta_\nu)$ identisch, so ist Σ normal.*

Denn unter dieser Voraussetzung ist Σ gleich dem Zerfällungskörper $K(\vartheta_1, \ldots, \vartheta_n)$ von $f(x)$, also normal.

Wir nehmen hinfort an, $\Sigma = K(\vartheta)$ sei ein Normalkörper. Unter dieser Voraussetzung werden die Isomorphismen, die Σ in seine konjugierten Körper $K(\vartheta_\nu)$ überführen, *Automorphismen* von Σ. Diese Automorphismen von Σ (die K elementweise festlassen) bilden offensichtlich eine Gruppe von n Elementen, die man *die Galoissche Gruppe von Σ nach K oder in bezug auf K* nennt. Diese Gruppe spielt in unseren weiteren Betrachtungen die Hauptrolle. Wir bezeichnen sie mit $\mathfrak{G}$. Wir konstatieren noch einmal ausdrücklich: *Die Ordnung der Galoisschen Gruppe ist gleich dem Körpergrad $n = (\Sigma : K)$.*

Wenn man, wie es bisweilen geschieht, auch bei nichtnormalen endlichen separablen Erweiterungskörpern Σ' von der Galoisschen Gruppe redet, so ist damit die Gruppe des zugehörigen Normalkörpers $\Sigma \supseteq \Sigma'$ gemeint.

Um die Automorphismen zu finden, braucht man keineswegs zuerst ein primitives Element für den Körper Σ zu suchen. Man kann auch Σ durch mehrere sukzessive Adjunktionen erzeugen, etwa in der Gestalt $\Sigma = K(\alpha_1, \ldots, \alpha_m)$, und dann zuerst die Isomorphismen von $K(\alpha_1)$ aufsuchen, die α_1 in seine konjugierten Größen überführen; sodann diese Isomorphismen fortsetzen zu Isomorphismen von $K(\alpha_1, \alpha_2)$, usw.

Ein wichtiger Fall ist der, daß die $\alpha_1, \ldots, \alpha_m$ die Wurzeln einer doppelwurzelfreien Gleichung $f(x) = 0$ sind. Unter der *Gruppe der Gleichung $f(x) = 0$ oder auch des Polynoms $f(x)$* versteht man die Galoissche Gruppe des Zerfällungskörpers $K(\alpha_1, \ldots, \alpha_m)$ dieser Gleichung. Jeder relative Automorphismus führt das System der Wurzeln in sich selbst über; d. h. jeder Automorphismus permutiert die Wurzeln. Ist diese Permutation bekannt, so ist auch der Automorphismus bekannt; denn wenn etwa $\alpha_1, \ldots, \alpha_m$ der Reihe nach in $\alpha_1', \ldots, \alpha_m'$ übergeführt werden, so muß jedes Element von $K(\alpha_1, \ldots, \alpha_m)$, als rationale Funktion $\varphi(\alpha_1, \ldots, \alpha_m)$, in die entsprechende Funktion $\varphi(\alpha_1', \ldots, \alpha_m')$ übergehen. *Also läßt sich die Gruppe einer Gleichung auch als eine Gruppe von Permutationen der Wurzeln auffassen.* Diese Permutationsgruppe ist immer gemeint, wenn von der Gruppe der Gleichung die Rede ist.

Es sei Δ ein „Zwischenkörper": $K \subseteq \Delta \subseteq \Sigma$. Nach einem Satz von § 41 läßt sich jeder (relative) Isomorphismus von Δ, der Δ in einen konjugierten Körper Δ' innerhalb Σ überführt, fortsetzen zu einem Isomorphismus von Σ, also zu einem Element der Galoisschen Gruppe. Daraus folgt:

Zwei Zwischenkörper Δ, Δ' sind dann und nur dann konjugiert in bezug auf K, wenn sie durch eine Substitution der Galoisschen Gruppe ineinander übergeführt werden können.

Setzt man $\Delta = K(\alpha)$, so folgt ebenso:

Zwei Elemente α, α' von Σ sind dann und nur dann konjugiert in bezug auf K, *wenn sie durch eine Substitution der Galoisschen Gruppe von Σ ineinander übergeführt werden können.*

Ist die Gleichung $f(x) = 0$ irreduzibel, so sind alle ihre Wurzeln konjugiert, und umgekehrt. Daraus folgt:

Die Gruppe einer Gleichung $f(x) = 0$ ist dann und nur dann transitiv, wenn die Gleichung im Grundkörper irreduzibel ist.

Die Anzahl der verschiedenen Konjugierten einer Größe α in Σ ist gleich dem Grad der irreduziblen Gleichung für α. Ist diese Anzahl gleich 1, so ist α Wurzel einer linearen Gleichung, also in K enthalten. Daraus folgt:

Wenn ein Element α von Σ alle Substitutionen der Galoisschen Gruppe von Σ „gestattet", d. h. bei allen diesen Substitutionen in sich übergeht, so gehört α dem Grundkörper K *an.*

Aus allen diesen Sätzen ersieht man schon die große Bedeutung, die die Automorphismengruppe für das Studium der Eigenschaften des Körpers hat. Diese Sätze wurden der Bequemlichkeit halber für endliche Erweiterungskörper ausgesprochen, sind aber durch „transfinite Induktion" unschwer auf unendliche Erweiterungen zu übertragen. Sie gelten sogar noch für inseparable Erweiterungen, wenn man nur den Körpergrad durch den reduzierten Körpergrad ersetzt und die Behauptung des letzten Satzes abändert in: „so gehört eine Potenz α^{p^r}, wo p die Charakteristik ist, dem Grundkörper K an". Dagegen gilt der im nächsten Paragraphen aufzustellende „Hauptsatz der Galoisschen Theorie" nur für endliche, separable Erweiterungen.

Man nennt den Erweiterungskörper Σ über K *abelsch*, wenn die Galoissche Gruppe abelsch, *zyklisch*, wenn die Gruppe zyklisch ist, usw. Ebenso heißt eine Gleichung *abelsch, zyklisch, primitiv*, wenn ihre Galoissche Gruppe abelsch, zyklisch oder (als Permutationsgruppe der Wurzeln) primitiv ist.

Ein besonders einfaches *Beispiel* für die Galoissche Gruppe liefern die Galois-Felder $GF(p^m)$ (§ 43), wenn man den darin enthaltenen Primkörper Π als Grundkörper betrachtet. Der in § 43 betrachtete Automorphismus $s\,(\alpha \to \alpha^p)$ und dessen Potenzen $s^2, s^3, \ldots, s^m = 1$ lassen alle Elemente von Π fest und gehören daher zur Galoisschen Gruppe; da aber der Körpergrad auch m ist, bilden sie die ganze Gruppe. Diese ist also zyklisch von der Ordnung m.

Aufgaben. 1. Jede rationale Funktion der Wurzeln einer Gleichung, die bei den Permutationen der Galoisschen Gruppe in sich übergeht, gehört dem Grundkörper an, und umgekehrt.

2. Welche Möglichkeiten für die Gruppe einer irreduziblen Gleichung dritten Grades gibt es?

3. Die Gruppe einer Gleichung besteht dann und nur dann aus lauter geraden Permutationen, wenn die Quadratwurzel aus der Diskriminante im Grundkörper enthalten ist (Charakteristik $\neq 2$ vorausgesetzt).

4. Mit Hilfe der Aufgaben 2 und 3 bilde man die Gruppe der Gleichung

$$x^3 + 2x + 1 = 0,$$

über dem rationalen Grundkörper. (Untersuche zunächst die Transitivität!)

5. Man löse die Gleichungen

$$x^3 - 2 = 0$$
$$x^4 - 5x^2 + 6 = 0$$

durch Quadrat- und Kubikwurzeln und bilde daraufhin ihre Gruppen. Dasselbe für die „Kreisteilungsgleichungen"

$$x^4 + x^2 + 1 = 0,$$
$$x^4 + 1 = 0$$

(alles in bezug auf den rationalen Grundkörper).

§ 58. Der Hauptsatz der Galoisschen Theorie

Der „Hauptsatz" lautet:

1. Zu jedem Zwischenkörper Δ, $\mathsf{K} \subseteq \Delta \subseteq \Sigma$, gehört eine Untergruppe $\mathfrak{g}$ der Galoisschen Gruppe $\mathfrak{G}$, nämlich die Gesamtheit derjenigen Automorphismen von Σ, die alle Elemente von Δ festlassen. 2. Δ ist durch $\mathfrak{g}$ eindeutig bestimmt; Δ ist nämlich die Gesamtheit derjenigen Elemente von Σ, welche die Substitutionen von $\mathfrak{g}$ „gestatten", d. h. bei ihnen invariant bleiben. 3. Zu jeder Untergruppe $\mathfrak{g}$ von $\mathfrak{G}$ kann man einen Körper Δ finden, der zu $\mathfrak{g}$ in der erwähnten Beziehung steht. 4. Die Ordnung von $\mathfrak{g}$ ist gleich dem Grad von Σ in bezug auf Δ; der Index von $\mathfrak{g}$ in $\mathfrak{G}$ ist gleich dem Grad von Δ in bezug auf K.

Beweis. Die Gesamtheit der Automorphismen von Σ, welche alle Elemente von Δ festlassen, ist die Galoissche Gruppe von Σ nach Δ, hat also jedenfalls die Gruppeneigenschaft. Damit ist die Behauptung 1. bewiesen, während 2. folgt aus dem letzten Satz von § 57, angewandt auf Σ als Oberkörper und Δ als Grundkörper. Etwas schwieriger ist die Behauptung 3.

Es sei wieder $\Sigma = \mathsf{K}(\vartheta)$ und es sei $\mathfrak{g}$ eine gegebene Untergruppe von $\mathfrak{G}$. Wir bezeichnen mit Δ die Gesamtheit der Elemente von Σ, die bei den Substitutionen σ von $\mathfrak{g}$ in sich übergehen. Dieses Δ ist offenbar ein Körper; denn wenn α und β bei den Substitutionen σ festbleiben, so gilt dasselbe für $\alpha + \beta$, $\alpha - \beta$, $\alpha \cdot \beta$ und im Falle $\beta \neq 0$ für $\alpha : \beta$. Weiter gilt $\mathsf{K} \subseteq \Delta \subseteq \Sigma$. Die Galoissche Gruppe von Σ in bezug auf Δ umfaßt die Gruppe $\mathfrak{g}$, da die Substitutionen von $\mathfrak{g}$ sicher die Eigenschaft haben, die Elemente von Δ fest zu lassen. Würde die Galoissche Gruppe von Σ nach Δ mehr Elemente als die von $\mathfrak{g}$ allein enthalten, so wäre auch der Grad $(\Sigma : \Delta)$ größer als die Ordnung von $\mathfrak{g}$. Dieser Grad $(\Sigma : \Delta)$ ist gleich dem Grad von ϑ in bezug auf Δ, da ja $\Sigma = \Delta(\vartheta)$ ist. Sind $\sigma_1, \ldots, \sigma_h$ die Substitutionen von $\mathfrak{g}$, so ist ϑ nun eine Wurzel der Gleichung h-ten Grades

$$(1) \qquad (x - \sigma_1 \vartheta)(x - \sigma_2 \vartheta) \ldots (x - \sigma_h \vartheta) = 0,$$

deren Koeffizienten bei der Gruppe $\mathfrak{g}$ invariant bleiben, also zu Δ gehören. Daher ist der Grad von ϑ in bezug auf Δ nicht größer als die Ordnung von $\mathfrak{g}$.

Es bleibt also nur die Möglichkeit übrig, daß $\mathfrak{g}$ genau die Galoissche Gruppe von Σ nach Δ ist. Damit ist 3. bewiesen.

Ist schließlich n die Ordnung von $\mathfrak{G}$, h wiederum die von $\mathfrak{g}$, j der Index, so ist

$$n = (\Sigma : \mathsf{K}), \quad h = (\Sigma : \Delta), \quad n = h \cdot j,$$
$$(\Sigma : \mathsf{K}) = (\Sigma : \Delta) \cdot (\Delta : \mathsf{K}),$$

mithin

$$(\Delta : \mathsf{K}) = j.$$

Damit ist auch 4. bewiesen.

Nach dem nunmehr bewiesenen Hauptsatz ist die Beziehung zwischen den Untergruppen $\mathfrak{g}$ und den Zwischenkörpern Δ eine umkehrbare eindeutige. Es entsteht die Frage: Wie findet man $\mathfrak{g}$, wenn man Δ hat, oder Δ, wenn man $\mathfrak{g}$ hat?

Das erstere ist leicht. Wir nehmen an, wir hätten die zu ϑ konjugierten Größen $\vartheta_1, \ldots, \vartheta_n$, ausgedrückt durch ϑ, schon gefunden; dann haben wir auch die Automorphismen $\vartheta \to \vartheta_\nu$, welche die Gruppe $\mathfrak{G}$ ausmachen. Ist nun ein Unterkörper $\Delta = \mathsf{K}(\beta_1, \ldots, \beta_k)$ gegeben, wo $\beta_1, \ldots, \beta_k$ bekannte Ausdrücke in ϑ sind, so besteht $\mathfrak{g}$ einfach aus denjenigen Substitutionen von $\mathfrak{G}$, welche $\beta_1, \ldots, \beta_k$ invariant lassen; denn diese lassen auch alle rationalen Funktionen von $\beta_1, \ldots, \beta_k$ invariant.

Ist umgekehrt $\mathfrak{g}$ gegeben, so bilde man das zugehörige Produkt

$$(x - \sigma_1 \vartheta)(x - \sigma_2 \vartheta) \ldots (x - \sigma_h \vartheta).$$

Die Koeffizienten dieses Polynoms müssen, dem Beweis des Hauptsatzes zufolge, in Δ liegen und sogar Δ erzeugen; denn sie erzeugen einen Körper, in bezug auf den das Element ϑ, als Wurzel der Gleichung (1), schon den Grad h hat und der daher kein echter Unterkörper von Δ sein kann. Die Erzeugenden von Δ sind also einfach die elementar-symmetrischen Funktionen von $\sigma_1 \vartheta, \ldots, \sigma_h \vartheta$.

Eine andere Methode besteht darin, daß man sich eine Größe $\chi(\vartheta)$ zu verschaffen sucht, die bei den Substitutionen von $\mathfrak{g}$ invariant bleibt, aber keine weiteren Substitutionen von $\mathfrak{G}$ gestattet. Die Größe $\chi(\vartheta)$ wird dann dem Körper Δ, aber keinem echten Unterkörper von Δ angehören, mithin Δ erzeugen.

Durch den Hauptsatz der Galoisschen Theorie erhält man, wenn man einmal die Galoissche Gruppe kennt, eine vollständige Übersicht über alle Zwischenkörper von K und Σ. Ihre Anzahl ist offenbar endlich; denn eine endliche Gruppe hat nur endlichviele Untergruppen. Auch wie die verschiedenen Körper ineinander geschachtelt sind, ist aus den Gruppen zu erkennen; denn es gilt der Satz:

Ist Δ_1 Unterkörper von Δ_2, so ist die zu Δ_1 gehörige Gruppe $\mathfrak{g}_1$ Obergruppe der zu Δ_2 gehörigen Gruppe $\mathfrak{g}_2$, und umgekehrt.

Beweis. Es sei erstens $\Delta_1 \subseteq \Delta_2$. Dann wird jede Substitution, die alle Elemente von Δ_2 festläßt, auch alle Elemente von Δ_1 festlassen.

Es sei zweitens $\mathfrak{g}_1 \supseteq \mathfrak{g}_2$. Dann wird jedes Körperelement, das alle Substitutionen von $\mathfrak{g}_1$ gestattet, auch alle Substitutionen von $\mathfrak{g}_2$ gestatten.

Wir wollen zum Schluß noch die Frage stellen: Was geschieht mit der Galoisschen Gruppe von $\mathsf{K}(\vartheta)$ in bezug auf K, wenn man den Grundkörper K zu einem Körper Λ und dementsprechend auch den Oberkörper $\mathsf{K}(\vartheta)$ zu $\Lambda(\vartheta)$ erweitert? (Wir setzen natürlich voraus, daß $\Lambda(\vartheta)$ einen Sinn hat, d. h. daß Λ und ϑ in einem gemeinsamen Oberkörper Ω enthalten sind.)

Die Substitutionen $\vartheta \to \vartheta_\nu$, die nach der Erweiterung Automorphismen von $\Lambda(\vartheta)$ ergeben, ergeben auch Isomorphismen von $\mathsf{K}(\vartheta)$, mithin, da $\mathsf{K}(\vartheta)$ normal ist, Automorphismen von $\mathsf{K}(\vartheta)$. *Daher ist die Substitutionsgruppe nach der Erweiterung des Grundkörpers eine Untergruppe der ursprünglichen.* Daß die Untergruppe eine echte sein kann, sieht man sofort, wenn man Λ speziell als Zwischenkörper von K und $\mathsf{K}(\vartheta)$ wählt. Die Untergruppe kann aber auch mit der ursprünglichen zusammenfallen; dann sagt man, daß die Erweiterung des Grundkörpers die Gruppe von $\mathsf{K}(\vartheta)$ *nicht reduziert.*

Aufgaben. 1. Zum Durchschnitt zweier Untergruppen der Galoisschen Gruppe $\mathfrak{G}$ gehört der Vereinigungskörper der zu diesen Untergruppen gehörigen Körper, und zur Vereinigungsgruppe gehört der Durchschnittskörper[1].

2. Ist der Körper Σ in bezug auf K zyklisch vom Grade n, so gibt es zu jedem Teiler d von n genau einen Zwischenkörper Δ vom Grade d, und zwei solche Zwischenkörper sind dann und nur dann ineinander enthalten, wenn der Grad des einen durch den des anderen teilbar ist.

3. Mit Hilfe der Galoisschen Theorie bestimme man von neuem die Unterkörper der $GF(p^n)$ (§ 43).

4. Es sei $\mathsf{K} \subseteq \Lambda$, und $\mathsf{K}(\vartheta)$ normal über K. Man zeige, daß die Gruppe von $\mathsf{K}(\vartheta)$ nach K dann und nur dann gleich der von $\Lambda(\vartheta)$ nach Λ ist, wenn $\mathsf{K}(\vartheta) \cap \Lambda = \mathsf{K}$ ist.

5. Mit Hilfe des Satzes von § 56 zeige man:

Der Körper $\mathsf{K}(\alpha_1)$, der durch Adjunktion einer Wurzel einer irreduziblen algebraischen Gleichung entsteht, besitzt dann und nur dann einen Unterkörper Δ, so daß

$$\mathsf{K} \subset \Delta \subset \mathsf{K}(\alpha_1),$$

wenn die Galoissche Gruppe der Gleichung, als Permutationsgruppe der Wurzeln aufgefaßt, imprimitiv ist. Insbesondere kann dann Δ so bestimmt werden, daß der Körpergrad (Δ/K) gleich der Anzahl der Imprimitivitätsgebiete ist.

6. Man zeige, daß der Hauptsatz auch für inseparable Erweiterungen (Charakteristik p) gilt mit folgenden Modifikationen. Behauptung 2 wird: Die Gesamtheit der Elemente von Σ, welche die Substitutionen von $\mathfrak{g}$ gestatten, ist

---

[1] Die Vereinigungsgruppe zweier Untergruppen bedeutet die durch die Vereinigungsmenge erzeugte Gruppe. Entsprechend definiert man den Begriff Vereinigungskörper.

der „Wurzelkörper von $\varDelta$ in $\varSigma$", d. h. die Gesamtheit der Elemente von $\varSigma$, von denen eine p^f-te Potenz zu $\varDelta$ gehört. Behauptung 3 wird: Zu jeder Untergruppe von $\mathfrak{g}$ kann man genau einen Körper $\varDelta$ finden, der gegenüber der Operation des Ausziehens der p-ten Wurzel invariant ist und die Substitutionen von $\mathfrak{g}$ und nur diese gestattet. Behauptung 4 gilt für die reduzierten Grade.

§ 59. Konjugierte Gruppen, Körper und Körperelemente

Es sei wieder $\mathfrak{G}$ die Galoissche Gruppe von $\varSigma$ nach K, und es sei β ein Element von $\varSigma$. Die Untergruppe $\mathfrak{g}$, die zum Zwischenkörper $\mathsf{K}(\beta)$ gehört, besteht aus den Substitutionen, die β invariant lassen. Die übrigen Substitutionen von $\mathfrak{G}$ transformieren β in die dazu konjugierten Größen und jede konjugierte Größe kann so erhalten werden (§ 57). Wir behaupten nun weiter:

Die Substitutionen von $\mathfrak{G}$, die β in ein vorgegebenes konjugiertes Element transformieren, bilden eine Nebenklasse $\tau\,\mathfrak{g}$ von $\mathfrak{g}$, und jede Nebenklasse transformiert β in ein einziges konjugiertes Element.

Beweis. Sind ϱ und τ Substitutionen, die β in dasselbe konjugierte Element überführen:

$$\varrho(\beta) = \tau(\beta),$$

so folgt

$$\tau^{-1}\varrho(\beta) = \tau^{-1}\tau(\beta) = \beta;$$

also ist $\tau^{-1}\varrho = \sigma$ ein Element von $\mathfrak{g}$, und es folgt $\varrho = \tau\sigma$; mithin liegen ϱ und τ in derselben Nebenklasse $\tau\,\mathfrak{g}$. Liegen umgekehrt ϱ und τ in derselben Nebenklasse, also beide in $\tau\,\mathfrak{g}$, so ist $\varrho = \tau\sigma$, wobei σ in $\mathfrak{g}$ liegt; mithin ist

$$\varrho(\beta) = \tau\sigma(\beta) = \tau(\sigma(\beta)) = \tau(\beta).$$

Aus diesem Satz folgt von neuem, daß der Grad von β ($=$ Anzahl der Konjugierten) gleich dem Index von $\mathfrak{g}$ ($=$ Anzahl der Nebenklassen) ist.

Ein Automorphismus τ, der β in $\tau\beta$ überführt, führt $\mathsf{K}(\beta)$ in den konjugierten Körper $\mathsf{K}(\tau\beta)$ über. Wir behaupten: *Der Körper* $\mathsf{K}(\tau\beta)$ *gehört zur Untergruppe* $\tau\,\mathfrak{g}\,\tau^{-1}$.

Denn die zu $\mathsf{K}(\tau\beta)$ gehörige Untergruppe besteht aus den Substitutionen σ', welche $\tau\beta$ invariant lassen, für die also gilt

$$\sigma'\tau\beta = \tau\beta$$

oder

$$\tau^{-1}\sigma'\tau\beta = \beta$$

oder

$$\tau^{-1}\sigma'\tau = \sigma \qquad \text{in } \mathfrak{g}$$

oder

$$\sigma' = \tau\sigma\tau^{-1},$$

d. h. es ist genau die Gruppe $\tau\,\mathfrak{g}\,\tau^{-1}$.

Zu konjugierten Körpern gehören demnach konjugierte Gruppen.

Nach § 57 ist ein Körper Δ über K dann und nur dann normal, wenn er mit allen seinen konjugierten Körpern identisch ist. Daraus folgt nunmehr:

Ein Körper Δ, $K \subseteq \Delta \subseteq \Sigma$, ist dann und nur dann normal, wenn die zugehörige Gruppe $\mathfrak{g}$ mit allen ihren Konjugierten $\tau\,\mathfrak{g}\,\tau^{-1}$ in $\mathfrak{G}$ identisch, d.h. Normalteiler in $\mathfrak{G}$ ist.

Wenn nun Δ normal ist, so drängt sich die Frage auf: Welches ist die Gruppe von Δ in bezug auf K?

Jeder Automorphismus aus $\mathfrak{G}$ transformiert Δ in sich selbst und bewirkt also einen Automorphismus der gesuchten Gruppe von Δ über K. Dem Produkt zweier Automorphismen aus $\mathfrak{G}$ entspricht dabei wieder das Produkt der entsprechenden Automorphismen von Δ, also ist $\mathfrak{G}$ auf die Gruppe von Δ homomorph abgebildet. Die Elemente aus $\mathfrak{G}$, denen die Einheitssubstitution von Δ entspricht, sind gerade die von $\mathfrak{g}$; daraus folgt nach dem Homomorphiesatz (§ 10), daß die gesuchte Gruppe isomorph zur Faktorgruppe $\mathfrak{G}/\mathfrak{g}$ ist. Mithin:

Die Galoissche Gruppe von Δ in bezug auf K ist isomorph zur Faktorgruppe $\mathfrak{G}/\mathfrak{g}$.

Aufgaben. 1. Alle Unterkörper eines abelschen Körpers sind normal und selbst wieder abelsch. Alle Unterkörper eines zyklischen Körpers sind wieder zyklisch.

2. Ist $K \subseteq \Delta \subseteq \Sigma$, und Λ der kleinste Δ umfassende Normalkörper in bezug auf K, so ist die zu Λ gehörige Gruppe der Durchschnitt der zu Δ gehörigen Gruppe mit ihren konjugierten Gruppen.

3. Welches sind die Unterkörper des Körpers $\mathbb{Q}\left(\varrho, \sqrt[3]{2}\right)$, wo $\mathbb{Q}$ der rationale Grundkörper, $\varrho = \dfrac{-1-\sqrt{-3}}{2}$ eine primitive dritte Einheitswurzel ist? Welches sind die Körpergrade? Welche Unterkörper sind konjugiert, welche normal?

4. Dieselben Fragen für den Körper $\mathbb{Q}\left(\sqrt{2}, \sqrt{5}\right)$.

§ 60. Kreisteilungskörper

Es sei $\mathbb{Q}$ der Körper der rationalen Zahlen, also der Primkörper von der Charakteristik Null. Die Gleichung, die genau die primitiven h-ten Einheitswurzeln, jede einmal gezählt, zu Wurzeln hat:

$$(1) \qquad\qquad \Phi_h(x) = 0$$

(vgl. § 42), heißt *Kreisteilungsgleichung*, und der Körper der h-ten Einheitswurzeln heißt *Kreisteilungskörper* oder *Kreiskörper*. Wir haben ja in § 42 schon gesehen, daß die h-ten Einheitswurzeln im Körper der komplexen Zahlen den Einheitskreis in h gleiche Bogen teilen.

Wir zeigen nun, daß die Gleichung (1) in $\mathbb{Q}$ irreduzibel ist.

Die irreduzible Gleichung, der eine beliebig gewählte primitive Einheitswurzel ζ genügt, sei $f(\zeta) = 0$. Dabei kann $f(x)$ als ganzzahliges primitives Polynom angenommen werden. Zu zeigen ist $f(x) = \Phi_h(x)$.

Es sei p eine Primzahl, die nicht in h aufgeht. Dann ist mit ζ auch ζ^p eine primitive h-te Einheitswurzel und genügt einer ganzzahligen primitiven irreduziblen Gleichung $g(\zeta^p) = 0$. Wir zeigen zunächst: $f(x) = \varepsilon g(x)$, wo $\varepsilon = \pm 1$ eine Einheit im Ring der ganzen Zahlen ist.

Das Polynom $x^h - 1$ hat mit $f(x)$ die Nullstelle ζ und mit $g(x)$ die Nullstelle ζ^p gemeinsam, es ist daher sowohl durch $f(x)$ als auch durch $g(x)$ teilbar. Wenn $f(x)$ und $g(x)$ wesentlich verschieden wären (d. h. sich nicht nur um eine Einheit als Faktor unterscheiden würden), so müßte $x^h - 1$ durch $f(x) g(x)$ teilbar sein:

$$(2) \qquad\qquad x^h - 1 = f(x) g(x) h(x),$$

wobei $h(x)$ nach § 30 wieder ein ganzzahliges Polynom ist. Weiter hat das Polynom $g(x^p)$ die Nullstelle ζ, muß also durch $f(x)$ teilbar sein:

$$(3) \qquad\qquad g(x^p) = f(x) k(x);$$

wiederum ist $k(x)$ ein ganzzahliges Polynom.

Wir fassen jetzt (2) und (3) als Kongruenzen modulo p auf. Es gilt modulo p

$$g(x^p) \equiv \{g(x)\}^p.$$

Denn wenn man die Potenzierung rechts auf die Weise wirklich ausführt, daß man zunächst $g(x)$ als Summe von x-Potenzen ohne Koeffizienten schreibt (indem man etwa $2x^3$ durch $x^3 + x^3$ ersetzt) und dann nach der Rechenregel von § 37 $\{g(x)\}^p$ durch Erhebung jedes einzelnen Gliedes in die p-te Potenz bildet, so erhält man gerade $g(x^p)$. Aus (3) folgt daher

$$(4) \qquad\qquad \{g(x)\}^p \equiv f(x) k(x) \qquad\qquad (\mathrm{mod}\ p).$$

Wir denken uns nun beide Seiten von (4) in unzerlegbare Faktoren (mod p) zerlegt. Auf Grund des Satzes von der eindeutigen Faktorzerlegung für Polynome mit Koeffizienten aus dem Körper $\mathbb{Z}/(p)$ (vgl. § 18) muß ein beliebiger Primfaktor $\varphi(x)$ von $f(x)$ auch in $\{g(x)\}^p$, also in $g(x)$ vorkommen. Die rechte Seite von (2) ist demnach modulo p durch $\varphi(x)^2$ teilbar, also müssen die linke Seite $x^h - 1$ und ihre Ableitung hx^{h-1} beide modulo p durch $\varphi(x)$ teilbar sein. hx^{h-1} hat aber wegen $h \not\equiv 0 \ (\mathrm{mod}\ p)$ nur Primfaktoren x, welche in $x^h - 1$ nicht aufgehen. Wir sind damit auf einen Widerspruch gestoßen.

Also ist in der Tat $f(x) = \pm g(x)$ und ζ^p Nullstelle von $f(x)$.

Wir wollen nun weiter zeigen: Alle primitiven Einheitswurzeln sind Nullstellen von $f(x)$. Es sei ζ^ν eine primitive Einheitswurzel und

$$\nu = p_1 \ldots p_n,$$

wo die p_i gleiche oder verschiedene Primfaktoren, aber sicher zu h teilerfremd sind.

Da ζ der Gleichung $f(x) = 0$ genügt, so muß nach dem eben Bewiesenen auch ζ^{p_1} es tun. Wiederholung des Schlusses für die Primzahl p_2 lehrt, daß auch $\zeta^{p_1 p_2}$ es tut. So weiterschließend, finden wir, daß ζ^ν der Gleichung $f(x) = 0$ genügt.

Alle Nullstellen von $\Phi_h(x)$ genügen also der Gleichung $f(x) = 0$; da $f(x)$ irreduzibel war und $\Phi_h(x)$ keine mehrfachen Faktoren hat, so folgt

$$\Phi_h(x) = f(x) .$$

Damit ist die *Irreduzibilität der Kreisteilungsgleichung* bewiesen[1].

Auf Grund dieser Tatsache können wir die Galoissche Gruppe des Kreisteilungskörpers $\mathbb{Q}(\zeta)$ mühelos konstruieren.

Zunächst ist der Körpergrad gleich dem Grad von $\Phi_h(x)$, also gleich $\varphi(h)$ (vgl. § 42). Ein Automorphismus von $\mathbb{Q}(\zeta)$ wird dadurch gegeben, daß ζ in eine andere Nullstelle von $\Phi_h(x)$ übergeht. Nullstellen von $\Phi_h(x)$ sind alle Potenzen ζ^λ, wo λ zu h teilerfremd ist. Es sei σ_λ der Automorphismus, der ζ in ζ^λ überführt. Dann und nur dann ist

$$\sigma_\lambda = \sigma_\mu ,$$

wenn

$$\zeta^\lambda = \zeta^\mu$$

oder

$$\lambda \equiv \mu \,(h)$$

ist. Weiter ist:

$$\sigma_\lambda \sigma_\mu(\zeta) = \sigma_\lambda(\zeta^\mu) = \{\sigma_\lambda(\zeta)\}^\mu = \zeta^{\lambda\mu} ,$$

also

$$\sigma_\lambda \sigma_\mu = \sigma_{\lambda\mu} .$$

Die Automorphismengruppe von $\mathbb{Q}(\zeta)$ *ist demnach isomorph zur Gruppe der zu* h *teilerfremden Restklassen mod* h (vgl. § 18, Aufgabe 6).

Die Gruppe ist insbesondere abelsch. Folglich sind alle Untergruppen Normalteiler und alle Unterkörper normal und abelsch.

Beispiel. Die zwölften Einheitswurzeln. Die zu 12 relativ-primen Restklassen werden repräsentiert durch

$$1,\ 5,\ 7,\ 11 .$$

Die Automorphismen können demnach mit $\sigma_1, \sigma_5, \sigma_7, \sigma_{11}$ bezeichnet werden, wobei ζ durch den Automorphismus σ_λ in ζ^λ übergeführt

---

[1] Für andere einfache Beweise siehe E. LANDAU und unmittelbar darauffolgend I. SCHUR in der Math. Z. Bd. 29 (1929).

wird. Die Multiplikationstafel lautet:

σ_1	σ_5	σ_7	σ_{11}
σ_5	σ_1	σ_{11}	σ_7
σ_7	σ_{11}	σ_1	σ_5
σ_{11}	σ_7	σ_5	σ_1

Jedes Element hat die Ordnung 2. Außer der Gruppe selbst und der Einheitsgruppe gibt es also genau drei Untergruppen

$$1. \quad \{\sigma_1,\ \sigma_5\ \},$$
$$2. \quad \{\sigma_1,\ \sigma_7\ \},$$
$$3. \quad \{\sigma_1,\ \sigma_{11}\}.$$

Zu diesen drei Gruppen gehören quadratische Körper, erzeugt durch Quadratwurzeln. Um diese zu finden, überlegen wir uns folgendes:

Die vierten Einheitswurzeln i, $-i$ sind auch zwölfte Einheitswurzeln, liegen also im Körper. Also ist $\mathbb{Q}(i)$ ein quadratischer Unterkörper.

Ebenso liegen die dritten Einheitswurzeln im Körper. Da

$$\varrho = -\tfrac{1}{2} + \tfrac{1}{2}\sqrt{-3}$$

eine dritte Einheitswurzel ist, so ist $\mathbb{Q}\left(\sqrt{-3}\right)$ ein quadratischer Unterkörper.

Aus den beiden Quadratwurzeln i und $\sqrt{-3}$ erhält man durch Multiplikation $\sqrt{3}$. Also ist $\mathbb{Q}\left(\sqrt{3}\right)$ der dritte Unterkörper.

Wir fragen nun, welche Untergruppen zu diesen drei Körpern gehören.

Wegen $\sigma_5\zeta^3 = \zeta^{15} = \zeta^3$ gestattet $i = \zeta^3$ den Automorphismus σ_5. Also gehört $\mathbb{Q}(i)$ zur Gruppe $\{\sigma_1, \sigma_5\}$.

Wegen $\sigma_7\zeta^4 = \zeta^{28} = \zeta^4$ gestattet $\varrho = \zeta^4$ den Automorphismus σ_7. Somit gehört $\mathbb{Q}\left(\sqrt{-3}\right)$ zur Gruppe $\{\sigma_1, \sigma_7\}$.

Der übrigbleibende Körper $\mathbb{Q}\left(\sqrt{3}\right)$ muß zur Gruppe $\{\sigma_1, \sigma_{11}\}$ gehören.

Je zwei der drei Unterkörper erzeugen den ganzen. Also muß sich die Einheitswurzel ζ durch zwei Quadratwurzeln ausdrücken lassen. In der Tat ist:

$$\zeta = \zeta^{-3}\zeta^4 = i^{-1}\varrho = -i\,\frac{-1 + \sqrt{-3}}{2} = \frac{i - \sqrt{3}}{2}.$$

Aufgaben. 1. Die Größe $\zeta + \zeta^{-1}$ erzeugt für $h > 2$ stets einen Unterkörper vom Grad $\tfrac{1}{2}\varphi(h)$.

2. Man bestimme Gruppe und Unterkörper des Körpers der achten Einheitswurzeln, und drücke diese durch Quadratwurzeln aus.

3. Man bestimme die Gruppe und die Unterkörper des Körpers der siebten Einheitswurzeln. Was ist die definierende Gleichung des Körpers $\mathbb{Q}\left(\zeta + \zeta^{-1}\right)$?

Der Exponent h der betrachteten Einheitswurzeln sei jetzt eine Primzahl q. Die Kreisteilungsgleichung lautet in diesem Fall

$$\Phi_q(x) = \frac{x^q - 1}{x - 1} = x^{q-1} + x^{q-2} + \cdots + x + 1 = 0\,.$$

Sie hat den Grad $n = q - 1$.

Es sei ζ eine primitive q-te Einheitswurzel.

Die Gruppe der zu q teilerfremden Restklassen ist zyklisch (§ 43), besteht also aus den n Restklassen

$$1, g, g^2, \ldots, g^{n-1}\,,$$

wo g eine „Primitivzahl mod q", d. h. ein erzeugendes Element der Restklassengruppe ist. *Die Galoissche Gruppe ist demnach auch zyklisch* und wird erzeugt von demjenigen Automorphismus σ, der ζ in ζ^g überführt. Die primitiven Einheitswurzeln lassen sich folgendermaßen darstellen:

$$\zeta, \zeta^g, \zeta^{g^2}, \ldots, \zeta^{g^{n-1}}, \quad \text{wo} \quad \zeta^{g^n} = \zeta\,.$$

Wir setzen

$$\zeta^{g^\nu} = \zeta_\nu\,,$$

wobei mit den Zahlen ν modulo n gerechnet werden kann wegen

$$\zeta^{g^{\nu+n}} = \zeta^{g^\nu}\,.$$

Es ist

$$\sigma(\zeta_i) = \sigma(\zeta^{g^i}) = \{\sigma(\zeta)\}^{g^i} = (\zeta^g)^{g^i} = \zeta^{g^{i+1}} = \zeta_{i+1}\,.$$

Der Automorphismus σ erhöht also jeden Index um 1. Die ν-fache Wiederholung von σ ergibt

$$\sigma^\nu(\zeta_i) = \zeta_{i+\nu}\,.$$

Der Automorphismus σ^ν erhöht also jeden Index um ν.

Die $\zeta_i (i = 0, 1, \ldots, n - 1)$ bilden eine Körperbasis. Um das zu erkennen, haben wir bloß zu zeigen, daß sie linear-unabhängig sind. In der Tat, die ζ_i stimmen bis auf die Reihenfolge mit den $\zeta, \ldots, \zeta^{q-1}$ überein; eine lineare Relation zwischen ihnen würde also bedeuten:

$$a_1 \zeta + \cdots + a_{q-1} \zeta^{q-1} = 0\,,$$

oder nach Heraushebung eines Faktors ζ:

$$a_1 + a_2 \zeta + \cdots + a_{q-1} \zeta^{q-2} = 0\,.$$

Daraus folgt, da ζ keiner Gleichung vom Grade $\leq q - 2$ genügen kann:

$$a_1 = a_2 = \cdots = a_{q-1} = 0\,;$$

die ζ_i sind also linear-unabhängig.

Die Unterkörper des Kreisteilungskörpers ergeben sich sofort aus den Untergruppen der zyklischen Gruppe (vgl. § 7, Schluß):
Ist

$$ef = n$$

eine Zerlegung von n in zwei positive Faktoren, so existiert eine Untergruppe $\mathfrak{g}$ der Ordnung f, bestehend aus den Elementen

$$\sigma^e, \sigma^{2e}, \ldots, \sigma^{(f-1)e}, \sigma^{fe},$$

wobei σ^{fe} das Einselement ist. Jede Untergruppe kann so erhalten werden.

Zu jeder solchen Untergruppe $\mathfrak{G}$ gehört nach dem Hauptsatz ein Zwischenkörper $\varDelta$, bestehend aus den Elementen, die die Substitution σ^e und damit alle Substitutionen von $\mathfrak{G}$ gestatten. Solche Elemente sind

$$(5) \qquad \eta_\nu = \zeta_\nu + \zeta_{\nu+e} + \zeta_{\nu+2e} + \cdots + \zeta_{\nu+(f-1)e} \qquad (\nu = 0, \ldots, e-1).$$

Die durch (5) definierten Größen $\eta_0, \ldots, \eta_{e-1}$ heißen nach GAUSS die *f-gliedrigen Perioden* des Kreiskörpers.

Jedes η_ν gestattet die Substitution σ^e und ihre Potenzen, aber keine weiteren Substitutionen der Galoisschen Gruppe. Also ist jedes einzelne η_ν ein erzeugendes Element des Zwischenkörpers $\varDelta$. Wählt man z. B. $\nu = 0$, so hat man

$$\varDelta = \mathbb{Q}(\eta_0)$$
$$\eta_0 = \zeta_0 + \zeta_e + \zeta_{2e} + \cdots + \zeta^{(f-1)e}$$
$$= \zeta + \zeta^{g^e} + \zeta^{g^{2e}} + \cdots + \zeta^{g^{(f-1)e}}.$$

Damit sind alle Unterkörper des Kreiskörpers $\mathbb{Q}(\zeta)$ gefunden.

Beispiel. $\mathbb{Q}(\zeta)$ sei der Körper der 17-ten Einheitswurzeln:

$$q = 17; \quad n = 16.$$

Eine Primitivzahl modulo 17 ist $g = 3$, denn alle zu 17 teilerfremden Restklassen sind Potenzen der Restklasse 3 (mod 17). Unsere Basis des Kreiskörpers besteht also aus den 16 Elementen

$$\zeta_0 = \zeta; \quad \zeta_1 = \zeta^3; \quad \zeta_2 = \zeta^9; \quad \ldots$$

Es gibt Unterkörper der Grade 2, 4 und 8. Diese sollen jetzt der Reihe nach bestimmt werden.

Die *8-gliedrigen Perioden* sind

$$\eta_0 = \zeta \ + \zeta^{-8} + \zeta^{-4} + \zeta^{-2} + \zeta^{-1} + \zeta^8 + \zeta^4 \ + \zeta^2,$$
$$\eta_1 = \zeta^3 + \zeta^{-7} + \zeta^5 \ + \zeta^{-6} + \zeta^{-3} + \zeta^7 + \zeta^{-5} + \zeta^6.$$

Wie man leicht nachrechnet, ist

$$\eta_0 + \eta_1 = -1$$
$$\eta_0 \eta_1 = -4.$$

η_0 und η_1 sind also die Wurzeln der Gleichung

$$(6) \qquad y^2 + y - 4 = 0,$$

deren Lösung lautet:

$$\eta = -\tfrac{1}{2} \pm \tfrac{1}{2}\sqrt{17}.$$

Die 4-*gliedrigen Perioden* sind:

$$\begin{aligned}
\xi_0 &= \zeta \;\;+ \zeta^{-4} + \zeta^{-1} + \zeta^4, \\
\xi_1 &= \zeta^3 \;+ \zeta^5 \;+ \zeta^{-3} + \zeta^{-5}, \\
\xi_2 &= \zeta^{-8} + \zeta^{-2} + \zeta^8 \;+ \zeta^2, \\
\xi_3 &= \zeta^{-7} + \zeta^{-6} + \zeta^7 \;+ \zeta^6.
\end{aligned}$$

Es ist

$$\begin{aligned}
\xi_0 + \xi_2 &= \eta_0, & \xi_0\,\xi_2 &= -1, \\
\xi_1 + \xi_3 &= \eta_1, & \xi_1\,\xi_3 &= -1.
\end{aligned}$$

Also genügen ξ_0 und ξ_2 der Gleichung

$$(7) \qquad x^2 - \eta_0 x - 1 = 0.$$

Ebenso genügen ξ_1 und ξ_3 der Gleichung

$$(8) \qquad x^2 - \eta_1 x - 1 = 0.$$

Diese Gleichungen bringen zum Ausdruck, was wir von vornherein wußten, daß $\mathbb{Q}(\xi_0)$ quadratisch in bezug auf $\mathbb{Q}(\eta_0)$ ist.

Zwei 2-*gliedrige Perioden* sind

$$\begin{aligned}
\lambda^{(1)} &= \zeta \;\;+ \zeta^{-1}, \\
\lambda^{(4)} &= \zeta^4 + \zeta^{-4}.
\end{aligned}$$

Addition und Multiplikation ergeben:

$$\begin{aligned}
\lambda^{(1)} + \lambda^{(4)} &= \xi_0, \\
\lambda^{(1)}\,\lambda^{(4)} &= \zeta^5 + \zeta^{-3} + \zeta^3 + \zeta^{-5} = \xi_1.
\end{aligned}$$

Also genügen $\lambda^{(1)}$ und $\lambda^{(4)}$ der Gleichung

$$(9) \qquad \Lambda^2 - \xi_0 \Lambda + \xi_1 = 0.$$

Schließlich genügt ζ selbst der Gleichung

$$\zeta + \zeta^{-1} = \lambda^{(1)}$$

oder

$$\zeta^2 - \lambda^{(1)} \zeta + 1 = 0.$$

Die 17-ten Einheitswurzeln können also durch sukzessive Auflösung von quadratischen Gleichungen berechnet werden.

Aufgaben. 4. Man führe die analoge Untersuchung für den Körper der fünften Einheitswurzeln durch.

5. Zu beweisen, daß $\eta_0, \ldots, \eta_{e-1}$ stets eine Basis des Körpers $\varDelta$ bilden.

6. Man zeige, daß die Lösungen der quadratischen Gleichungen (6) bis (9) reell sind und mit Zirkel und Lineal konstruiert werden können. Daraus ist eine Konstruktion des regelmäßigen Siebzehneckes abzuleiten.

Bisher war der Grundkörper immer der Körper der rationalen Zahlen. Setzt man vom Grundkörper K nur voraus, daß seine Charakteristik nicht in h aufgeht, so gilt immer noch, daß jeder Automorphismus die primitive h-te Einheitswurzel ζ in eine Potenz ζ^λ überführt, wobei λ zu h teilerfremd ist:

$$\sigma_\lambda \zeta = \zeta^\lambda.$$

Auch gilt wie vorhin die Gleichung

$$\sigma_\lambda \sigma_\mu = \sigma_{\lambda\mu}.$$

Daraus folgt: *Die Gruppe von* K(ζ) *ist isomorph einer Untergruppe der Gruppe der zu h teilerfremden Restklassen mod h.*

§ 61. Zyklische Körper und reine Gleichungen

Es sei K ein Grundkörper, der die n-ten Einheitswurzeln enthält und in welchem das n-fache des Einselements nicht die Null ist (d. h. n nicht teilbar durch die Charakteristik). Dann behaupten wir: *Die Gruppe einer „reinen" Gleichung*

$$x^n - a = 0 \qquad\qquad (a \neq 0)$$

in bezug auf K *ist zyklisch.*

Beweis. Ist ϑ eine Wurzel der Gleichung, so sind $\zeta\vartheta,\ \zeta^2\vartheta, \ldots, \zeta^{n-1}\vartheta$ (wo ζ eine primitive n-te Einheitswurzel bedeutet) die übrigen[1]. Daher erzeugt ϑ schon den Körper der Wurzeln, und jede Substitution der Galoisschen Gruppe hat die Gestalt

$$\vartheta \to \zeta^\nu \vartheta.$$

Die Zusammensetzung zweier Substitutionen $\vartheta \to \zeta^\nu\vartheta$ und $\vartheta \to \zeta^\mu\vartheta$ ergibt $\vartheta \to \zeta^{\mu+\nu}\vartheta$. Es entspricht also jeder Substitution eine bestimmte Einheitswurzel ζ^ν und dem Produkt der Substitutionen das Produkt der Einheitswurzeln. Also ist die Galoissche Gruppe isomorph einer Untergruppe der Gruppe der n-ten Einheitswurzeln. Da die letztere Gruppe zyklisch ist, ist auch jede ihrer Untergruppen und damit auch die Galoissche Gruppe zyklisch.

Ist speziell die Gleichung $x^n - a = 0$ irreduzibel, so sind alle Wurzeln $\zeta^\nu\vartheta$ zu ϑ konjugiert und daher die Galoissche Gruppe isomorph der vollen Gruppe der n-ten Einheitswurzeln. Ihre Ordnung ist in diesem Falle n.

---

[1] Offensichtlich sind die Wurzeln alle verschieden, mithin die Gleichung separabel.

Wir wollen nun umgekehrt zeigen, daß jeder zyklische Körper n-ten Grades über K durch Wurzeln reiner Gleichungen $x^n - a = 0$ erzeugt werden kann.

Es sei also Σ ein zyklischer Körper vom Grade n, und es sei σ die erzeugende Substitution der Galoisschen Gruppe, also $\sigma^n = 1$. Wir nehmen wieder an, daß der Grundkörper K die n-ten Einheitswurzeln enthält.

Es sei ζ eine primitive n-te Einheitswurzel in K. Für jedes Element α in Σ können wir die „*Lagrangesche Resolvente*"

$$(1) \qquad (\zeta, \alpha) = \alpha + \zeta \sigma\alpha + \zeta^2 \sigma^2\alpha + \cdots + \zeta^{n-1} \sigma^{n-1}\alpha$$

bilden. Nach dem Unabhängigkeitssatz von § 54 sind die Automorphismen $1, \sigma, \sigma^2, \ldots, \sigma^{n-1}$ linear unabhängig, also kann man α in Σ so wählen, daß $(\zeta, \alpha) \neq 0$ ist. Der Automorphismus σ führt (ζ, α) über in

$$(2) \qquad \begin{aligned} \sigma(\zeta, \alpha) &= \sigma\alpha + \zeta \sigma^2\alpha + \cdots + \zeta^{n-1}\alpha \\ &= \zeta^{-1}(\zeta \sigma\alpha + \zeta^2 \sigma^2\alpha + \cdots + \alpha) \\ &= \zeta^{-1}(\zeta, \alpha). \end{aligned}$$

Daher bleibt die n-te Potenz $(\zeta, \alpha)^n$ bei der Substitution σ ungeändert; d. h. $(\zeta, \alpha)^n$ gehört dem Grundkörper K an.

Aus (2) folgt durch wiederholte Anwendung

$$\sigma^\nu(\zeta, \alpha) = \zeta^{-\nu}(\zeta, \alpha).$$

Die einzige Substitution der Galoisschen Gruppe, die die Resolvente (ζ, α) invariant läßt, ist die Identität. Also erzeugt (ζ, α) den ganzen Körper $K(\alpha)$. Daraus erhalten wir das gesuchte Resultat:

Jeder zyklische Körper n-ten Grades läßt sich, wenn die n-ten Einheitswurzeln schon im Grundkörper liegen und n nicht durch die Charakteristik teilbar ist, durch Adjunktion einer n-ten Wurzel erzeugen.

Enthält der Grundkörper K nicht die n-ten Einheitswurzeln, so haben wir, um die obigen Auflösungsmethoden mittels n-ter Wurzeln anwenden zu können, zunächst die n-ten Einheitswurzeln ζ an K zu adjungieren. Bei dieser Adjunktion bleibt die Galoissche Gruppe zyklisch, da eine Untergruppe einer zyklischen Gruppe stets zyklisch ist.

Wir wollen nun noch einiges über die *Irreduzibilität der reinen Gleichungen vom Primzahlgrad p* beweisen.

Enthält zunächst wieder der Grundkörper K die p-ten Einheitswurzeln, so ist nach dem zu Anfang dieses Paragraphen Bewiesenen die Gruppe eine Untergruppe einer zyklischen Gruppe der Ordnung p und daher entweder die volle Gruppe oder die Einheitsgruppe. Im ersten Fall sind alle Wurzeln konjugiert, daher die Gleichung irreduzibel. Im zweiten Falle sind alle Wurzeln gegenüber den Substitutionen der Galoisschen Gruppe invariant; mithin zerfällt die Gleichung schon im Körper K in Linearfaktoren. Also: *Das Polynom $x^p - a$ zerfällt entweder ganz, oder es ist irreduzibel.*

Enthält K die Einheitswurzeln nicht, so läßt sich nicht so viel behaupten. Es gilt aber der Satz:

Entweder ist $x^p - a$ irreduzibel, oder a ist in K eine p-te Potenz, so daß in K eine Zerlegung

$$\begin{aligned} x^p - a &= x^p - \beta^p \\ &= (x - \beta)(x^{p-1} + \beta\, x^{p-2} + \cdots + \beta^{p-1}) \end{aligned}$$

besteht.

Beweis. Nehmen wir an, $x^p - a$ sei reduzibel:

$$x^p - a = \varphi(x) \cdot \psi(x).$$

In seinem Zerfällungskörper zerfällt $x^p - a$ in folgender Weise:

$$x^p - a = \prod_{\nu=0}^{p-1} (x - \zeta^\nu \vartheta) \qquad\qquad (\vartheta^p = a).$$

Daher muß der eine Faktor $\varphi(x)$ ein Produkt von gewissen Faktoren $x - \zeta^\nu \vartheta$ sein, und das von x unabhängige Glied $\pm b$ von $\varphi(x)$ muß die Form $\pm \zeta' \vartheta^\mu$ haben, wo ζ' eine p-te Einheitswurzel ist:

$$\begin{aligned} b &= \zeta' \vartheta^\mu, \\ b^p &= \vartheta^{p\mu} = a^\mu. \end{aligned}$$

Wegen $0 < \mu < p$ ist $(\mu, p) = 1$, daher mit passenden ganz rationalen Zahlen ϱ und σ:

$$\begin{aligned} \varrho\mu + \sigma p &= 1, \\ a = a^{\varrho\mu} a^{\sigma p} &= b^{\varrho p} a^{\sigma p}; \end{aligned}$$

a ist also eine p-te Potenz.

Interessante Sätze über die Reduzibilität der reinen Gleichungen enthalten die Arbeiten von A. Capelli: Sulla riducibilità dell equazioni algebriche, Rendiconti Napoli 1898, und G. Darbi: Sulla riducibilità dell'equazioni algebriche. Annali di Mat. (4) 4 (1926).

Aufgabe. 1. Wenn nicht vorausgesetzt wird, daß der Grundkörper K die n-ten Einheitswurzeln enthält, so ist die Gruppe der reinen Gleichung $x^n - a = 0$ isomorph einer Gruppe von linearen Substitutionen modulo n:

$$x' \equiv cx + b.$$

[Der zugehörige Normalkörper ist $K(\vartheta, \zeta)$, und für jede Substitution σ der Gruppe ist

$$\begin{aligned} \sigma\zeta &= \zeta^c, \\ \sigma\vartheta &= \zeta^b \vartheta]. \end{aligned}$$

§ 62. Die Auflösung von Gleichungen durch Radikale

Bekanntlich lassen sich die Wurzeln einer Gleichung zweiten, dritten oder vierten Grades aus den Koeffizienten durch rationale

Operationen und Wurzelzeichen $\sqrt{}, \sqrt[3]{}, \ldots$ („Radikale") berechnen (vgl. § 64). Wir fragen nun, welche Gleichungen die Eigenschaft haben, daß ihre Wurzeln sich aus Größen eines Grundkörpers K durch rationale Operationen und Radikale ausdrücken lassen. Dabei können wir uns natürlich auf irreduzible Gleichungen mit Koeffizienten aus K beschränken. Die Aufgabe besteht darin, durch sukzessive Adjunktionen von Größen $\sqrt[n]{a}$ (wo a jeweils dem schon konstruierten Körper angehört) einen Körper über K zu konstruieren, der eine oder alle Wurzeln der vorgelegten Gleichungen enthält.

Die Fragestellung ist aber in einem Punkt noch ungenau. Das Wurzelzeichen $\sqrt[n]{}$ ist in einem Körper im allgemeinen eine mehrdeutige Funktion, und es fragt sich, welche Wurzel jeweils mit $\sqrt[n]{a}$ gemeint ist. Wenn man z. B. eine primitive sechste Einheitswurzel durch Radikale ausdrückt, indem man sie einfach durch $\sqrt[6]{1}$ oder gar durch $\sqrt[12]{1}$ darstellt, wird man das als eine unbefriedigende Lösung anzusehen haben, während die Lösung $\zeta = \frac{1}{2} \pm \frac{1}{2}\sqrt{-3}$ viel befriedigender ist, weil der Ausdruck $\frac{1}{2} \pm \frac{1}{2}\sqrt{-3}$ bei *jeder* Wahl des Wertes von $\sqrt{-3}$ (d. h. einer Lösung der Gleichung $x^2 + 3 = 0$) die beiden primitiven sechsten Einheitswurzeln darstellt.

Die schärfste Forderung, die man in dieser Hinsicht stellen kann, ist die, daß man erstens *alle* Lösungen der fraglichen Gleichung durch Ausdrücke der Gestalt

$$(1) \qquad \sqrt[n]{\cdots \sqrt[m]{\cdots} + \sqrt[r]{\cdots} + \cdots + \cdots}$$

(oder ähnlich) darstellen soll und daß zweitens diese Ausdrücke auch bei *jeder* Wahl der in ihnen vorkommenden Radikale Lösungen der Gleichung darstellen sollen. (Dabei ist natürlich, wenn ein Radikal $\sqrt[m]{a}$ im Ausdruck (1) mehrmals vorkommt, ihm stets derselbe Wert beizulegen.)

Nehmen wir an, die erste Forderung sei erfüllt. Dann wird die zweite auch erfüllt sein, sobald man dafür sorgen kann, daß bei der sukzessiven Adjunktion der Radikale $\sqrt[n]{a}$ im Augenblick einer solchen Adjunktion die jeweilige Gleichung $x^n - a = 0$ stets *irreduzibel* ist. Denn dann werden alle möglichen Wahlen der $\sqrt[n]{a}$ stets konjugierte Größen ergeben, welche sich also durch Isomorphismen ineinander überführen lassen, und diese Isomorphismen lassen sich bei allen weiteren Adjunktionen zu Isomorphismen der Erweiterungskörper fortsetzen (vgl. § 41). Wenn also bei einer Wertbestimmung der Radikale $\sqrt[n]{a}$ der Ausdruck (1) eine Wurzel der fraglichen Gleichung darstellt, so muß er bei jeder Wertbestimmung eine Wurzel der frag-

lichen Gleichung darstellen, da jeder Isomorphismus stets die Nullstellen eines Polynoms aus $K[x]$ wieder in ebensolche Nullstellen
überführt.

Nach diesen Vorbemerkungen sind wir imstande, den Hauptsatz
über die durch Radikale lösbaren Gleichungen zu formulieren:

1. *Wenn auch nur* eine *Wurzel einer in* K *irreduziblen Gleichung*
$f(x) = 0$ *sich durch einen Ausdruck* (1) *darstellen läßt und wenn die
Wurzelexponenten nicht durch die Charakteristik des Körpers* K *teilbar
sind, so ist die Gruppe dieser Gleichung auflösbar.* 2. *Wenn umgekehrt
die Gruppe der Gleichung auflösbar ist, so lassen sich* alle *Wurzeln
durch Ausdrücke* (1) *darstellen, und zwar so, daß bei den sukzessiven
Adjunktionen der* $\sqrt[n]{a}$ *die Exponenten Primzahlen und die Gleichungen*
$x^n - a = 0$ *jeweils irreduzibel sind, vorausgesetzt, daß die Charakteristik des Körpers* K *Null oder größer als die größte Primzahl ist, die
unter den Ordnungen der Kompositionsfaktoren vorkommt* [1].

Der Satz besagt also im wesentlichen, daß die Auflösbarkeit der
Gruppe für die Auflösbarkeit der Gleichung durch Radikale ent-
scheidend ist. Der Begriff der Auflösbarkeit durch Radikale ist im
ersten Teil des Satzes möglichst schwach, im zweiten Teil aber möglichst stark gefaßt, so daß der Satz möglichst viel aussagt.

Beweis. 1. Zunächst kann man alle Wurzelexponenten in (1) zu
Primzahlen machen vermöge

$$\sqrt[rs]{a} = \sqrt[r]{\sqrt[s]{a}}.$$

Sodann adjungieren wir zu K alle p_1-ten, p_2-ten usw. Einheitswurzeln, wo p_1, p_2, ... die als Wurzelexponenten in (1) auftretenden
Primzahlen sind. Das kommt also auf eine Reihe von aufeinanderfolgenden zyklischen normalen Körpererweiterungen hinaus, die wir
noch in Erweiterungen von Primzahlgrad zerlegt denken können.
Sind aber diese Einheitswurzeln einmal vorhanden, so ist auch die
Adjunktion einer $\sqrt[p]{a}$ nach § 61 entweder überhaupt keine Erweiterung oder eine zyklische normale Erweiterung vom Grade p. Wir
adjungieren nun, sobald wir ein $\sqrt[p]{a}$ adjungiert haben, nacheinander
auch alle p-ten Wurzeln aus den zu a konjugierten Größen; das sind
entweder gar keine oder zyklische Erweiterungen von Primzahlgrad,
und durch sie erreichen wir, daß unsere Körper hernach immer
normal in bezug auf K bleiben. So kommen wir schließlich durch eine
Reihe von zyklischen Adjunktionen:

(2) $K \subset \Lambda_1 \subset \Lambda_2 \subset \cdots \subset \Lambda_\omega,$

---

[1] Wenn man außer Radikalen von der beschriebenen Art auch noch Einheitswurzeln in der Auflösungsformel zuläßt, so läßt sich die letztere Bedingung ersetzen durch die schwächere: unter den Ordnungen der Kompositionsfaktoren soll die Charakteristik nicht vorkommen.

zu einem Normalkörper $\Lambda_\omega = \Omega$, der den Ausdruck (1), eine Wurzel von $f(x)$, enthält. Da der Körper Ω normal ist, enthält er alle Wurzeln von $f(x)$, d. h. er enthält den Zerfällungskörper Σ von $f(x)$.

Es sei $\mathfrak{G}$ die Galoissche Gruppe von Ω nach K. Dann entspricht der Körperkette (2) eine Kette von Untergruppen von $\mathfrak{G}$:

$$(3) \qquad \mathfrak{G} \supset \mathfrak{G}_1 \supset \mathfrak{G}_2 \supset \cdots \supset \mathfrak{G}_\omega = \mathfrak{E},$$

und jede dieser Gruppen ist Normalteiler in der vorangehenden, wobei die Faktorgruppe zyklisch von Primzahlordnung ist. Das heißt, die Gruppe $\mathfrak{G}$ ist auflösbar und (3) eine Kompositionsreihe.

Zum Körper Σ gehört eine Untergruppe $\mathfrak{H}$, Normalteiler von $\mathfrak{G}$, und nach § 51 können wir auch durch $\mathfrak{H}$ eine Kompositionsreihe legen, welche dann bis auf Isomorphie dieselben Kompositionsfaktoren hat, eventuell in anderer Reihenfolge:

$$(4) \qquad \mathfrak{G} \supset \mathfrak{H}_1 \supset \mathfrak{H}_2 \supset \cdots \supset \mathfrak{H} \supset \cdots \supset \mathfrak{E},$$

Die Galoissche Gruppe von Σ nach K ist die Gruppe $\mathfrak{G}/\mathfrak{H}$; für sie haben wir jetzt die Kompositionsreihe

$$\mathfrak{G}/\mathfrak{H} \supset \mathfrak{H}_1/\mathfrak{H} \supset \mathfrak{H}_2/\mathfrak{H} \supset \cdots \supset \mathfrak{H}/\mathfrak{H} = \mathfrak{E},$$

deren Faktoren nach dem zweiten Isomorphiesatz (§ 50) zu den entsprechenden Faktoren von (4) 1-isomorph, also wieder zyklisch von Primzahlordnung sind. Damit ist die Behauptung 1 bewiesen.

Zu Behauptung 2 beweisen wir zunächst den

Hilfssatz. *Die q-ten Einheitswurzeln (q prim) sind durch „irreduzible Radikale" (d. h. Wurzeln irreduzibler Gleichungen $x^p - a = 0$) ausdrückbar, vorausgesetzt, daß die Charakteristik von K Null oder größer als q ist.*

Da die Behauptung für $q = 2$ trivial ist (die zweiten Einheitswurzeln ± 1 sind ja rational), können wir sie für alle Primzahlen unterhalb q als bewiesen annehmen. Der Körper der q-ten Einheitswurzeln ist nach § 60 zyklisch und der Körpergrad ein Teiler von $q - 1$. Wenn wir also $q - 1$ in Primfaktoren zerlegen: $q - 1 = p_1^{\varrho_1} \ldots p_\nu^{\varrho_\nu}$, so können wir diesen Körper durch eine Folge zyklischer Erweiterungen von den Graden p_ν aufbauen. Adjungieren wir nun vorher die p_1-ten, $\ldots$, p_r-ten Einheitswurzeln, die nach der Induktionsvoraussetzung ja durch Radikale ausdrückbar sind, so können wir auf die zyklischen Erweiterungen der Grade p_ν den Satz von § 61 anwenden, der die Darstellbarkeit der sukzessiven Körpererzeugenden durch Radikale lehrt. Die betreffenden Gleichungen $x^{p_\nu} - a = 0$ müssen irreduzibel sein, da sonst die Körpergrade nicht gleich den p_ν sein könnten.

Nunmehr können wir die Behauptung 2 beweisen. Es sei Σ der Zerfällungskörper von $f(x)$, und $\mathfrak{G} \supset \mathfrak{G}_1 \supset \cdots \supset \mathfrak{G}_l = \mathfrak{E}$ sei eine

Kompositionsreihe für die Galoissche Gruppe von Σ in bezug auf K.
Zu dieser Reihe von Gruppen gehört eine Reihe von Körpern:

$$\mathsf{K} \subset \Lambda_1 \subset \cdots \subset \Lambda_l = \Sigma,$$

deren jeder normal und zyklisch in bezug auf den vorangehenden ist.
Sind $q_1, q_2, \ldots$ die in der Reihe vorkommenden Relativgrade, so
adjungieren wir an K zunächst die q_1-ten, q_2-ten usw. Einheitswurzeln, was nach dem Hilfssatz durch irreduzible Radikale möglich
ist. Sodann lassen sich nach dem Satz von § 61 die Erzeugenden von
$\Lambda_1, \Lambda_2, \ldots, \Lambda_l$ durch Radikale ausdrücken, wobei die betreffenden
Gleichungen $x^{q_\nu} - a = 0$ jedesmal entweder irreduzibel sind oder
ganz zerfallen (§ 61, Schluß); im letzteren Fall ist die Adjunktion
des betreffenden Radikals überflüssig. Damit ist 2. bewiesen.

Daß die Behauptung 2 wirklich falsch wird, wenn einer der
Grade q_ν gleich der Charakteristik p des Körpers wird, zeigt das
folgende Beispiel: Die „allgemeine Gleichung 2. Grades" $x^2 + ux$
$+ v = 0$ (u, v Unbestimmte, die dem Primkörper der Charakteristik 2 adjungiert werden) ist irreduzibel und separabel und bleibt
irreduzibel bei Adjunktion sämtlicher Einheitswurzeln. Adjunktion
einer Wurzel einer irreduziblen reinen Gleichung von ungeradem
Grade kann die Gleichung nicht zum Zerfall bringen, da eine solche
Adjunktion einen Körper ungeraden Grades erzeugt. Adjunktion
einer Quadratwurzel kann aber die Gleichung ebensowenig zum Zerfall bringen, weil dabei der reduzierte Körpergrad sich nicht ändert.
Die Gleichung ist also in keiner Weise durch Radikale lösbar.

Anwendung. Die symmetrischen Permutationsgruppen von 2, 3
oder 4 Ziffern (und ihre Untergruppen) sind auflösbar; daraus erklärt
sich die Möglichkeit der Auflösungsformeln der Gleichungen 2., 3.
und 4. Grades (Ausführung in § 64). Die symmetrischen Gruppen
von 5 und mehr Ziffern sind aber nicht mehr auflösbar (§ 55), und
wir werden sogleich sehen, daß es Gleichungen von jedem Grade
gibt, deren Gruppe wirklich die symmetrische ist; daher gibt es keine
allgemeine Auflösungsformel für die Gleichungen 5. Grades oder
höherer Grade. Nur gewisse spezielle von diesen Gleichungen (wie
die Kreisteilungsgleichungen) können durch Radikale gelöst werden.

§ 63. Die allgemeine Gleichung n-ten Grades

Unter der *allgemeinen Gleichung n-ten Grades* versteht man die
Gleichung

$$(1) \qquad z^n - u_1 z^{n-1} + u_2 z^{n-2} - + \cdots + (-1)^n u_n = 0,$$

mit *unbestimmten* Koeffizienten $u_1, \ldots, u_n$, die dem Grundkörper K adjungiert werden. Sind ihre Wurzeln $v_1, \ldots, v_n$, so ist

$$\left\{ \begin{aligned} u_1 &= v_1 + \cdots + v_n, \\ u_2 &= v_1 v_2 + v_1 v_3 + \cdots + v_{n-1} v_n, \\ &\cdots\cdots\cdots\cdots\cdots\cdots\cdots \\ u_n &= v_1 v_2 \ldots v_n. \end{aligned} \right.$$

Wir vergleichen die allgemeine Gleichung (1) mit einer anderen Gleichung, deren *Wurzeln* Unbestimmte $x_1, \ldots, x_n$ sind und deren Koeffizienten daher die elementarsymmetrischen Funktionen dieser Unbestimmten sind:

$$(2) \qquad \left\{ \begin{aligned} &z^n - \sigma_1 z^{n-1} + \sigma_2 z^{n-2} - + \cdots + (-1)^n \sigma_n \\ &\quad = (z - x_1)(z - x_2) \ldots (z - x_n) = 0; \end{aligned} \right.$$

$$\left\{ \begin{aligned} \sigma_1 &= x_1 + \cdots + x_n, \\ \sigma_2 &= x_1 x_2 + x_1 x_3 + \cdots + x_{n-1} x_n, \\ &\cdots\cdots\cdots\cdots\cdots\cdots\cdots \\ \sigma_n &= x_1 x_2 \ldots x_n. \end{aligned} \right.$$

Die Gleichung (2) ist separabel und hat als Galoissche Gruppe in bezug auf den Körper $\mathsf{K}(\sigma_1, \ldots, \sigma_n)$ die symmetrische Gruppe aller Permutationen der x_ν; denn jede solche Permutation stellt einen Automorphismus des Körpers $\mathsf{K}(x_1, \ldots, x_n)$ dar, der die symmetrischen Funktionen $\sigma_1, \ldots, \sigma_n$ und somit auch alle Elemente des Körpers $\mathsf{K}(\sigma_1, \ldots, \sigma_n)$ invariant läßt. Jede Funktion der $x_1, \ldots, x_n$, die bei den Permutationen der Gruppe invariant bleibt, gehört also dem Körper $\mathsf{K}(\sigma_1, \ldots, \sigma_n)$ an; d. h. *jede symmetrische Funktion der x_ν ist rational durch $\sigma_1, \ldots, \sigma_n$ ausdrückbar*. Damit haben wir einen Teil des „Hauptsatzes über symmetrische Funktionen" von § 33 mit Hilfe der Galoisschen Theorie neu bewiesen.

Auch den „Eindeutigkeitssatz" von § 33, d.h. die Tatsache, daß *keine Relation $f(\sigma_1, \ldots, \sigma_n) = 0$ bestehen kann, wenn nicht das Polynom f selber identisch verschwindet*, erhalten wir mühelos wieder. Denn gesetzt, es wäre

$$f(\sigma_1, \ldots, \sigma_n) = f\left(\sum x_i, \sum x_i x_k, \ldots, x_1 x_2 \ldots x_n\right) = 0,$$

so würde diese Relation bestehen bleiben bei Substitution der Größen v für die Unbestimmten x_i. Wir hätten also

$$f\left(\sum v_i, \sum v_i v_k, \ldots, v_1 v_2 \ldots v_n\right) = 0$$

oder $f(u_1, \ldots, u_n) = 0$; also würde f identisch verschwinden.

Aus dem Eindeutigkeitssatz folgt, daß die Zuordnung

$$f(u_1, \ldots, u_n) \rightarrow f(\sigma_1, \ldots, \sigma_n)$$

nicht nur ein Homomorphismus, sondern ein Isomorphismus der

Ringe $K[u_1, \ldots, u_n]$ und $K[\sigma_1, \ldots, \sigma_n]$ ist. Sie läßt sich zu einem Isomorphismus der Quotientenkörper $K(u_1, \ldots, u_n)$ und $K(\sigma_1, \ldots, \sigma_n)$ und nach § 41 weiter zu einem Isomorphismus der Nullstellenkörper $K(v_1, \ldots, v_n)$ und $K(x_1, \ldots, x_n)$ erweitern. Die v_i gehen in die x_k in irgendeiner Reihenfolge über; da die x_k aber permutierbar sind, können wir auch jedes v_i in x_i übergehen lassen. Damit ist bewiesen:

Es gibt einen Isomorphismus

$$K(v_1, \ldots, v_n) \cong K(x_1, \ldots, x_n),$$

der jedes v_i in x_i, jedes u_i in σ_i überführt.

Vermöge dieses Isomorphismus können alle Sätze über die Gleichung (2) unmittelbar auf (1) übertragen werden. Insbesondere erhält man:

Die allgemeine Gleichung (1) ist separabel und hat als Galoissche Gruppe in bezug auf ihren Koeffizientenkörper $K(u_1, \ldots, u_n)$ die symmetrische. Der Grad ihres Zerfällungskörpers ist $n!$

Wir setzen

$$\begin{aligned} K(u_1, \ldots, u_n) &= \varDelta, \\ K(v_1, \ldots, v_n) &= \varSigma \end{aligned}$$

und bezeichnen die symmetrische Gruppe mit $\mathfrak{S}_n$. Sie besitzt immer eine Untergruppe vom Index 2: die alternierende Gruppe $\mathfrak{A}_n$. Der zugehörige Zwischenkörper $\varLambda$ hat den Grad 2 und wird von jeder Funktion der v_i erzeugt, welche $\mathfrak{A}_n$, nicht aber $\mathfrak{S}_n$ gestattet. Eine solche Funktion ist, falls die Charakteristik von K von 2 verschieden ist, das *Differenzprodukt*

$$\prod_{i<k} (v_i - v_k) = \sqrt{D},$$

dessen Quadrat die *Diskriminante* der Gleichung (1)

$$D = \prod_{i<k} (v_i - v_k)^2$$

ist. Die Diskriminante ist eine symmetrische Funktion, also ein Polynom in den u. Den Körper $\varLambda$ erhalten wir also in der Form

$$\varLambda = \varDelta\left(\sqrt{D}\right).$$

Für $n > 4$ ist die Gruppe $\mathfrak{A}_n$ einfach (§ 55), daher

$$(3) \qquad\qquad \mathfrak{S}_n \supset \mathfrak{A}_n \supset \mathfrak{E}$$

eine Kompositionsreihe. Die Gruppe $\mathfrak{S}_n$ ist also für $n > 4$ nicht auflösbar, und daraus folgt nach § 62 der berühmte Satz von ABEL:

Die allgemeine Gleichung n-ten Grades ist für $n > 4$ nicht durch Radikale lösbar.

Für $n = 2$ und $n = 3$ sind in (3) die Kompositionsfaktoren zyklisch. Für $n = 2$ ist sogar $\mathfrak{A}_n = \mathfrak{E}$; für $n = 3$ haben die Faktoren die Ordnungen 2 und 3. Für $n = 4$ hat man die Kompositionsreihe

$$\mathfrak{S}_n \supset \mathfrak{A}_n \supset \mathfrak{B}_4 \supset \mathfrak{Z}_2 \supset \mathfrak{E},$$

wo $\mathfrak{B}_4$ die „Kleinsche Vierergruppe"

$$\{1, (1\,2)\,(3\,4),\ (1\,3)\,(2\,4),\ (1\,4)\,(2\,3)\}$$

und $\mathfrak{Z}_2$ irgendeine ihrer Untergruppen der Ordnung 2 ist. Die Ordnungen der Kompositionsfaktoren sind

$$2, 3, 2, 2.$$

Auf diesen Tatsachen beruhen die Auflösungsformeln der Gleichungen 2., 3. und 4. Grades, die wir im nächsten Paragraphen behandeln werden.

§ 64. Gleichungen zweiten, dritten und vierten Grades

Die Auflösung der allgemeinen *Gleichung 2. Grades*

$$x^2 + px + q = 0$$

muß nach der allgemeinen Theorie durch eine Quadratwurzel geschehen können; für diese kann man wählen (vgl. den Schluß des vorigen Paragraphen) das Differenzenprodukt der Wurzeln x_1, x_2:

$$x_1 - x_2 = \sqrt{D}; \quad D = p^2 - 4q.$$

Hieraus und aus

$$x_1 + x_2 = -p$$

erhält man die bekannten Auflösungsformeln

$$x_1 = \frac{-p + \sqrt{D}}{2} \qquad x_2 = \frac{-p - \sqrt{D}}{2}.$$

Voraussetzung ist dabei nur, daß die Charakteristik des Grundkörpers nicht 2 ist.

Die allgemeine *Gleichung 3. Grades*

$$z^3 + a_1 z^2 + a_2 z + a_3 = 0$$

läßt sich zunächst durch die Substitution

$$z = x - \tfrac{1}{3} a_1$$

auf die Gestalt

$$x^3 + px + q = 0$$

bringen[1]. (Entsprechend der allgemeinen Auflösungstheorie des vor-

---

[1] Nur zur Vereinfachung der Formeln. Aus dem Beweis ist ebenso leicht zu entnehmen, wie die Ausführungsformeln für die ursprüngliche Gleichung

$$z^3 + a_1 z^2 + a_2 z + a_3 = 0$$

lauten.

letzten Paragraphen setzen wir voraus, daß die Charakteristik des Grundkörpers von 2 und 3 verschieden sei.)

Gemäß der Kompositionsreihe

$$\mathfrak{S}_3 \supset \mathfrak{A}_3 \supset \mathfrak{E}$$

adjungieren wir zunächst das Differenzprodukt der Wurzeln:

$$(x_1 - x_2)(x_1 - x_3)(x_2 - x_3) = \sqrt{D} = \sqrt{-4p^3 - 27q^2}$$

(vgl. § 33, Schluß, wo wir $a_1 = 0$, $a_2 = p$, $a_3 = -q$ zu setzen haben). Durch diese Adjunktion entsteht ein Körper $\varDelta\left(\sqrt{D}\right)$, in bezug auf den die Gleichung die Gruppe $\mathfrak{A}_3$ hat, also eine zyklische Gruppe 3. Ordnung. Der allgemeinen Theorie von § 62 entsprechend adjungieren wir zunächst die dritten Einheitswurzeln:

$$(1) \qquad \varrho = -\tfrac{1}{2} + \tfrac{1}{2}\sqrt{-3}, \quad \varrho^2 = -\tfrac{1}{2} - \tfrac{1}{2}\sqrt{-3}$$

und betrachten dann die Lagrangeschen Resolventen:

$$(2) \qquad \begin{cases} (1, x_1) = x_1 + x_2 \ \ \ + x_3 = 0, \\ (\varrho, x_1) = x_1 + \varrho\, x_2 \ \ + \varrho^2 x_3, \\ (\varrho^2, x_1) = x_1 + \varrho^2 x_2 + \varrho\, x_3. \end{cases}$$

Die dritte Potenz einer jeden dieser Größen muß sich rational durch $\sqrt{-3}$ und $\sqrt{D}$ ausdrücken. Die Rechnung ergibt:

$$\begin{aligned} (\varrho, x_1)^3 = \ & x_1^3 + x_2^3 + x_3^3 \\ & + 3\varrho\, x_1^2 x_2 + 3\varrho\, x_2^2 x_3 + 3\varrho\, x_3^2 x_1 \\ & + 3\varrho^2 x_1 x_2^2 + 3\varrho^2 x_2 x_3^2 + 3\varrho^2 x_3 x_1^2 \\ & + 6\, x_1 x_2 x_3, \end{aligned}$$

und entsprechend ergibt sich $(\varrho^2, x_1)^3$ durch Vertauschung von ϱ und ϱ^2. Setzen wir hierin (1) ein und beachten

$$\begin{aligned} \sqrt{D} &= (x_1 - x_2)(x_1 - x_3)(x_2 - x_3) \\ &= x_1^2 x_2 + x_2^2 x_3 + x_3^2 x_1 - x_1 x_2^2 - x_2 x_3^2 - x_3 x_1^2, \end{aligned}$$

so folgt:

$$(\varrho, x_1)^3 = \sum x_1^3 - \tfrac{3}{2} \sum x_1^2 x_2 + 6\, x_1 x_2 x_3 + \tfrac{3}{2}\sqrt{-3}\,\sqrt{D}.$$

Die hier auftretenden symmetrischen Funktionen lassen sich nach § 33 leicht durch die elementarsymmetrischen Funktionen $\sigma_1, \sigma_2, \sigma_3$ und damit durch die Koeffizienten unserer Gleichung ausdrücken. Es ist

$$\begin{aligned} \sigma_1^3 &= \sum x_1^3 + 3 \sum x_1^2 x_2 + 6\, x_1 x_2 x_3 = 0 \ \text{wegen}\ \sigma_1 = 0, \\ -\tfrac{9}{2}\,\sigma_1 \sigma_2 &= \qquad\quad -\tfrac{9}{2} \sum x_1^2 x_2 - \tfrac{27}{2}\, x_1 x_2 x_3 = 0 \ \text{wegen}\ \sigma_1 = 0, \\ \tfrac{27}{2}\,\sigma_3 &= \qquad\qquad\qquad\quad \tfrac{27}{2}\, x_1 x_2 x_3 = -\tfrac{27}{2}\, q \end{aligned}$$

$$\rule{8cm}{0.4pt}$$

$$\sum x_1^3 - \tfrac{3}{2} \sum x_1^2 x_2 + 6\, x_1 x_2 x_3 = -\tfrac{27}{2}\, q;$$

daher

$$(\varrho, x_1)^3 = -\frac{27}{2} q + \frac{3}{2}\sqrt{-3}\,\sqrt{D}$$

und ebenso

$$(\varrho^2, x_1)^3 = -\frac{27}{2} q - \frac{3}{2}\sqrt{-3}\,\sqrt{D}\,.$$

Die beiden kubischen Irrationalitäten (ϱ, x_1) und (ϱ^2, x_1) sind nicht unabhängig; sondern es ist

$$\begin{aligned}
(\varrho, x_1)\cdot(\varrho^2, x_1) &= x_1^2 + x_2^2 + x_3^2 + (\varrho + \varrho^2)x_1 x_2 + (\varrho + \varrho^2)x_1 x_3 + \\
&\quad + (\varrho + \varrho^2)x_2 x_3 \\
&= x_1^2 + x_2^2 + x_3^2 - x_1 x_2 - x_1 x_3 - x_2 x_3 \\
&= \sigma_1^2 - 3\,\sigma_2 = -3\,p\,.
\end{aligned}$$

Man hat also die Kubikwurzeln

$$(3)\qquad
\begin{aligned}
(\varrho, x_1) &= \sqrt[3]{-\frac{27}{2} q + \frac{3}{2}\sqrt{-3D}}\,, \\
(\varrho^2, x_1) &= \sqrt[3]{-\frac{27}{2} q - \frac{3}{2}\sqrt{-3D}}
\end{aligned}$$

so zu bestimmen, daß ihr Produkt

$$(4)\qquad\qquad (\varrho, x_1)\cdot(\varrho^2, x_1) = -3\,p$$

wird.

Um die Wurzeln x_1, x_2, x_3 auszurechnen, multiplizieren wir die Gleichungen (2) der Reihe nach mit $1, 1, 1$ bzw. $1, \varrho^2, \varrho$ bzw. $1, \varrho, \varrho^2$ und addieren sie. So erhalten wir:

$$(5)\qquad
\begin{cases}
3\cdot x_1 = \sum_{\zeta}(\zeta, x_1) = (\varrho, x_1) + (\varrho^2, x_1)\,, \\[1ex]
3\cdot x_2 = \sum_{\zeta}\zeta^{-1}(\zeta, x_1) = \varrho^2(\varrho, x_1) + \varrho(\varrho^2, x_1)\,, \\[1ex]
3\cdot x_3 = \sum_{\zeta}\zeta^{-2}(\zeta, x_1) = \varrho(\varrho, x_1) + \varrho^2(\varrho^2, x_1)\,.
\end{cases}$$

Die Formeln (3), (4), (5) sind die „*Auflösungsformeln von* CARDANO". Sie gelten kraft ihrer Herleitung nicht nur für die „allgemeine", sondern auch für jede spezielle kubische Gleichung.

Realitätsfragen. Ist der Grundkörper, dem die Koeffizienten p, q angehören, ein reeller Zahlkörper K, so sind zwei Fälle möglich:

a) Die Gleichung hat eine reelle und zwei konjugiert-komplexe Wurzeln. Dann ist offenbar $(x_1 - x_2)(x_1 - x_3)(x_2 - x_3)$ rein imaginär, mithin $D < 0$. Die Größen $\pm\sqrt{-3D}$ sind reell, und man kann in (3) für (ϱ, x_1) eine reelle dritte Wurzel wählen. Wegen (4) wird dann auch (ϱ^2, x_1) reell, und die erste Formel (5) liefert $3x_1$ als Summe zweier reeller Kubikwurzeln, während x_2 und x_3 als konjugiertkomplexe Größen dargestellt werden.

b) Die Gleichung hat drei reelle Wurzeln. Jetzt ist $\sqrt{D}$ reell, mithin $D \geq 0$. Im Falle $D = 0$ (zwei Wurzeln gleich) geht alles wie bisher; im Falle $D > 0$ aber werden die Größen unter dem Kubikwurzelzeichen in (3) imaginär, und man erhält mithin die drei (reellen) Ausdrücke (5) als Summen *imaginärer* Kubikwurzeln, d. h. nicht in reeller Form.

Dieser Fall ist der sog. „*Casus irreducibilis*" der kubischen Gleichung. Wir zeigen, daß *es in diesem Fall tatsächlich unmöglich ist, die Gleichung*

$$x^3 + px + q = 0$$

durch reelle Radikale aufzulösen, es sei denn, daß die Gleichung schon im Grundkörper K *zerfällt.*

Die Gleichung $x^3 + px + q = 0$ sei also irreduzibel in K und habe drei reelle Wurzeln x_1, x_2, x_3. Wir adjungieren zunächst $\sqrt{D}$. Dadurch zerfällt die Gleichung nicht (denn der höchstens quadratische Körper $K\left(\sqrt{D}\right)$ kann keine Wurzel einer irreduziblen kubischen Gleichung enthalten), und ihre Gruppe wird jetzt $\mathfrak{A}_3$. Wenn es nun möglich ist, die Gleichung durch eine Reihe von Adjunktionen reeller Radikale, deren Wurzelexponenten natürlich als Primzahlen angenommen werden können, zum Zerfall zu bringen, so gibt es unter diesen Adjunktionen eine „kritische" Adjunktion $\sqrt[h]{a}$ (h prim), die gerade den Zerfall bewirkt, während vor der Adjunktion der $\sqrt[h]{a}$, etwa im Körper Λ, die Gleichung noch irreduzibel war. Nach § 61 ist entweder $x^h - a$ irreduzibel in Λ, oder a ist eine h-te Potenz einer Zahl aus Λ. Der letzte Fall scheidet aus, da dann die reelle h-te Wurzel aus a schon in Λ enthalten wäre, also ihre Adjunktion keinen Zerfall bewirken könnte. Also ist $x^h - a$ irreduzibel und der Grad des Körpers $\Lambda\left(\sqrt[h]{a}\right)$ genau h. In $\Lambda\left(\sqrt[h]{a}\right)$ ist nach Voraussetzung eine Wurzel der in Λ noch irreduziblen Gleichung $x^3 + px + q = 0$ enthalten; mithin ist h durch 3 teilbar, also $h = 3$, und etwa $\Lambda\left(\sqrt[3]{a}\right) = \Lambda(x_1)$. Der Zerfällungskörper $\Lambda(x_1, x_2, x_3)$ hat in bezug auf Λ ebenfalls den Grad 3; mithin ist auch $\Lambda\left(\sqrt[3]{a}\right) = \Lambda(x_1, x_2, x_3)$. Der nunmehr als normal erkannte Körper $\Lambda\left(\sqrt[3]{a}\right)$ muß neben $\sqrt[3]{a}$ auch die konjugierten Größen $\varrho\,\sqrt[3]{a}$ und $\varrho^2\,\sqrt[3]{a}$ enthalten, also auch die Einheitswurzeln ϱ und ϱ^2. Damit sind wir auf einen Widerspruch gestoßen; denn der Körper $\Lambda\left(\sqrt[3]{a}\right)$ ist reell und die Zahl ϱ nicht.

Die allgemeine *Gleichung 4. Grades*

$$z^4 + a_1 z^3 + a_2 z^2 + a_3 z + a_4 = 0$$

kann wieder durch die Substitution

$$z = x - \tfrac{1}{4} a_1$$

in

$$x^4 + px^2 + qx + r = 0$$

transformiert werden. Zu der Kompositionsreihe

$$\mathfrak{S}_4 \supset \mathfrak{A}_4 \supset \mathfrak{V}_4 \supset \mathfrak{Z}_2 \supset \mathfrak{E}$$

gehört eine Reihe von Körpern

$$\Lambda \subset \Lambda\left(\sqrt{D}\right) \subset \Lambda_1 \subset \Lambda_2 \subset \Sigma.$$

Die Charakteristik von Λ sei wieder $\neq 2$ und $\neq 3$. Die explizite Bestimmung von D ist, wie wir sehen werden, nicht nötig. Der Körper

Λ_1 wird aus $\Delta\left(\sqrt{D}\right)$ erzeugt durch eine Größe, welche die Substitutionen von $\mathfrak{V}_4$, aber nicht die von $\mathfrak{A}_4$ gestattet; eine solche ist

$$\Theta_1 = (x_1 + x_2)(x_3 + x_4).$$

Diese Größe gestattet, nebenbei bemerkt, außer den Substitutionen von $\mathfrak{V}_4$ noch die folgenden:

$$(1\,2),\ (3\,4),\ (1\,3\,2\,4),\ (1\,4\,2\,3)$$

(die zusammen mit $\mathfrak{V}_4$ eine Gruppe der Ordnung 8 bilden). Sie hat in bezug auf Δ drei verschiedene Konjugierte, in die sie durch die Substitutionen von $\mathfrak{S}_4$ übergeführt wird, nämlich:

$$\Theta_1 = (x_1 + x_2)(x_3 + x_4),$$
$$\Theta_2 = (x_1 + x_3)(x_2 + x_4),$$
$$\Theta_3 = (x_1 + x_4)(x_2 + x_3).$$

Diese Größen sind Wurzeln einer Gleichung 3. Grades

$$(6) \qquad \Theta^3 - b_1\,\Theta^2 + b_2\,\Theta - b_3 = 0,$$

worin die b_i die elementarsymmetrischen Funktionen von $\Theta_1, \Theta_2, \Theta_3$ sind:

$$b_1 = \Theta_1 + \Theta_2 + \Theta_3 = 2 \sum x_1 x_2 = 2p,$$
$$b_2 = \sum \Theta_1 \Theta_2 = \sum x_1^2 x_2^2 + 3 \sum x_1^2 x_2 x_3 + 6 x_1 x_2 x_3 x_4,$$
$$b_3 = \Theta_1 \Theta_2 \Theta_3 = \sum x_1^3 x_2^2 x_3 + 2 \sum x_1^3 x_2 x_3 x_4 +$$
$$+ 2 \sum x_1^2 x_2^2 x_3^2 + 4 \sum x_1^2 x_2^2 x_3 x_4.$$

b_2 und b_3 können durch die elementarsymmetrischen Funktionen $\sigma_1, \sigma_2, \sigma_3, \sigma_4$ der x_i ausgedrückt werden. Es ist (Methode des § 33):

$$\sigma_2^2 = \sum x_1^2 x_2^2 + 2 \sum x_1^2 x_2 x_3 + 6 x_1 x_2 x_3 x_4 = p^2,$$
$$\sigma_1 \sigma_3 = \sum x_1^2 x_2 x_3 + 4 x_1 x_2 x_3 x_4 = 0,$$
$$-4 \sigma_4 = -4 x_1 x_2 x_3 x_4 = -4r$$

$$\overline{b_2 = \sum x_1^2 x_2^2 + 3 \sum x_1^2 x_2 x_3 + 6 x_1 x_2 x_3 x_4 = p^2 - 4r;}$$

$$\sigma_1 \sigma_2 \sigma_3 = \sum x_1^3 x_2^2 x_3 + 3 \sum x_1^3 x_2 x_3 x_4 + 3 \sum x_1^2 x_2^2 x_3^2 + 8 \sum x_1^2 x_2^2 x_3 x_4$$
$$= 0,$$
$$- \sigma_1^2 \sigma_4 = - \sum x_1^3 x_2 x_3 x_4 \qquad - 2 \sum x_1^2 x_2^2 x_3 x_4$$
$$= 0,$$
$$- \sigma_3^2 = - \sum x_1^2 x_2^2 x_3^2 - 2 \sum x_1^2 x_2^2 x_3 x_4$$
$$= -q^2$$

$$\overline{b_3 = \sum x_1^3 x_2^2 x_3 + 2 \sum x_1^3 x_2 x_3 x_4 + 2 \sum x_1^2 x_2^2 x_3^2 + 4 \sum x_1^2 x_2^2 x_3 x_4}$$
$$= -q^2.$$

Damit wird die Gleichung (6) zu:

$$(7) \qquad \Theta^3 - 2p\,\Theta^2 + (p^2 - 4r)\,\Theta + q^2 = 0.$$

Diese Gleichung heißt die *kubische Resolvente* der Gleichung 4. Grades; ihre Wurzeln Θ_1, Θ_2, Θ_3 können nach „CARDANO" durch Radikale ausgedrückt werden. Jedes einzelne Θ gestattet eine Gruppe von acht Permutationen; alle drei gestatten aber nur $\mathfrak{V}_4$, und daher ist

$$\mathsf{K}(\Theta_1, \Theta_2, \Theta_3) = \varLambda_1 .$$

Der Körper $\varLambda_2$ entsteht aus $\varLambda_1$ durch Adjunktion einer Größe, die nicht alle vier Substitutionen von $\mathfrak{V}_4$, sondern nur (etwa) das Einselement und die Substitution $(1\ 2)\ (3\ 4)$ gestattet. Eine solche ist $x_1 + x_2$. Man hat

$$(x_1 + x_2)\ (x_3 + x_4) = \Theta_1 \quad \text{und} \quad (x_1 + x_2) + (x_3 + x_4) = 0,$$

daher etwa

$$x_1 + x_2 = \sqrt{-\Theta_1}; \qquad x_3 + x_4 = -\sqrt{-\Theta_1} .$$

Ebenso hat man

$$x_1 + x_3 = \sqrt{-\Theta_2}; \qquad x_2 + x_4 = -\sqrt{-\Theta_2};$$
$$x_1 + x_4 = \sqrt{-\Theta_3}; \qquad x_2 + x_3 = -\sqrt{-\Theta_3} .$$

Diese drei Irrationalitäten sind aber nicht unabhängig; sondern es ist

$$\sqrt{-\Theta_1} \cdot \sqrt{-\Theta_2} \cdot \sqrt{-\Theta_3} = (x_1 + x_2)\ (x_1 + x_3)\ (x_1 + x_4)$$
$$= x_1^3 + x_1^2(x_2 + x_3 + x_4) + x_1 x_2 x_3 + x_1 x_2 x_4 + x_1 x_3 x_4 + x_2 x_3 x_4$$
$$= x_1^2(x_1 + x_2 + x_3 + x_4) + \sum x_1 x_2 x_3$$
$$= \sum x_1 x_2 x_3$$
$$= -q .$$

Zwei quadratische Irrationalitäten braucht man gerade, um von $\mathfrak{V}_4$ zu $\mathfrak{E}$ hinunter- oder von $\varLambda$ zu $\varSigma$ hinaufzusteigen; denn $\mathfrak{V}_4$ hat die Ordnung 4 und besitzt eine Untergruppe von der Ordnung 2. Und tatsächlich lassen sich durch die drei Größen Θ (die schon von zweien unter ihnen abhängen) die x_i rational bestimmen; denn es ist

$$\begin{cases} 2\,x_1 = \sqrt{-\Theta_1} + \sqrt{-\Theta_2} + \sqrt{-\Theta_3}, \\[4pt] 2\,x_2 = \sqrt{-\Theta_1} - \sqrt{-\Theta_2} - \sqrt{-\Theta_3}, \\[4pt] 2\,x_3 = -\sqrt{-\Theta_1} + \sqrt{-\Theta_2} - \sqrt{-\Theta_3}, \\[4pt] 2\,x_4 = -\sqrt{-\Theta_1} - \sqrt{-\Theta_2} + \sqrt{-\Theta_3}. \end{cases}$$

Das sind die Auflösungsformeln der allgemeinen Gleichung 4. Grades. Sie gelten kraft ihrer Herleitung auch für jede spezielle Gleichung 4. Grades.

Bemerkung. Wegen

$$\Theta_1 - \Theta_2 = -\ (x_1 - x_4)\ (x_2 - x_3),$$
$$\Theta_1 - \Theta_3 = -\ (x_1 - x_3)\ (x_2 - x_4),$$
$$\Theta_2 - \Theta_3 = -\ (x_1 - x_2)\ (x_3 - x_4)$$

ist die Diskriminante der kubischen Resolvente gleich der Diskriminante der ursprünglichen Gleichung. Das gibt ein einfaches Mittel, die Diskriminante der Gleichung 4. Grades zu berechnen, da wir die der kubischen Gleichung schon kennen; man findet:

$$D = 16\,p^4 r - 4\,p^3 q^2 - 128\,p^2 r^2 + 144\,p q^2 r - 27\,q^4 + 256\,r^3.$$

Aufgaben. 1. Die Gruppe der kubischen Resolvente einer bestimmten Gleichung 4. Grades ist die Faktorgruppe der Gruppe der Ausgangsgleichung nach ihrem Durchschnitt mit der Vierergruppe $\mathfrak{V}_4$.

2. Man bestimme die Gruppe der Gleichung

$$x^4 + x^2 + x + 1 = 0.$$

[Vergleiche Aufgabe 3, § 57 und die vorstehende Aufgabe 1.]

§ 65. Konstruktionen mit Zirkel und Lineal

Wir wollen die Frage untersuchen: *Wann ist ein geometrisches Konstruktionsproblem mit Zirkel und Lineal lösbar* [1]?

Gegeben seien einige elementargenometrische Gebilde (Punkte, Gerade oder Kreise). Die Aufgabe laute, daraus andere zu konstruieren, welche gewissen Bedingungen genügen.

Wir denken uns zu den gegebenen Gebilden noch ein kartesisches Koordinatensystem hinzugegeben. Alle gegebenen Gebilde kann man dann durch Zahlen (Koordinaten) repräsentieren, und das gleiche gilt für die zu konstruierenden Gebilde. Wenn es gelingt, die letzteren Zahlen (als Strecken) zu konstruieren, so ist die Aufgabe gelöst. Alles ist demnach auf die Konstruktion von Strecken aus gegebenen Strecken zurückgeführt. Es seien $a, b, \ldots$ die gegebenen Strecken, x eine gesuchte.

Wir können nun zunächst eine *hinreichende* Bedingung für die Konstruierbarkeit angeben:

Immer dann, wenn eine Lösung x des Problems reell ist und sich mittels rationaler Operationen und (nicht notwendig reeller) Quadratwurzeln aus den gegebenen Strecken $a, b, \ldots$ berechnen läßt, ist die Strecke x mit Zirkel und Lineal konstruierbar.

Am bequemsten ist dieser Satz so zu beweisen, daß man alle komplexen Zahlen $p + iq$, die in der Berechnung von x vorkommen, in bekannter Weise durch Punkte in einer Ebene mit rechtwinkligen Koordinaten p, q darstellt und alle vorzunehmenden Rechenoperationen durch geometrische Konstruktionen in dieser Ebene ersetzt. Wie das ausgeführt wird, ist hinreichend bekannt: Die Addition ist die Vektoraddition, die Subtraktion die dazu inverse Operation. Bei der Multiplikation addieren sich die Argumentenwinkel und multi-

---

[1] Zur geschichtlichen Seite des Problems siehe vor allem A. D. STEELE, Die Rolle von Zirkel und Lineal in der griechischen Mathematik, Quellen und Studien Gesch. Math. B 3 (1936), S. 287.

plizieren sich die Beträge; daher hat man, wenn φ_1, φ_2 die Argumente und r_1, r_2 die Beträge der zu multiplizierenden Zahlen sind, die entsprechenden Größen φ, r für das Produkt mit Hilfe der Gleichungen

$$\varphi = \varphi_1 + \varphi_2 \quad \text{und} \quad r = r_1 r_2 \quad \text{oder} \quad 1 : r_1 = r_2 : r$$

zu konstruieren. Die inverse Operation ist wieder die Division. Um schließlich eine Quadratwurzel aus einer Zahl mit dem Betrag r und dem Argument φ zu berechnen, hat man r_1, φ_1 aus

$$\varphi = 2\,\varphi_1 \quad \text{oder} \quad \varphi_1 = \tfrac{1}{2}\,\varphi$$

und

$$r = r_1^2 \quad \text{oder} \quad 1 : r_1 = r_1 : r$$

zu konstruieren. Damit ist alles auf bekannte Konstruktionen mit Zirkel und Lineal zurückgeführt.

Von dem eben bewiesenen Satz gilt nun aber auch die Umkehrung:

Wenn eine Strecke x sich mit Lineal und Zirkel aus gegebenen Strecken $a, b, \ldots$ konstruieren läßt, so läßt sich x mittels rationaler Operationen und Quadratwurzeln durch $a, b, \ldots$ ausdrücken.

Um dies zu beweisen, sehen wir uns genauer die Operationen an, die bei der Konstruktion verwendet werden dürfen. Es sind dies: Annahme eines beliebigen Punktes (innerhalb eines vorgegebenen Gebiets); Konstruktion einer Geraden durch zwei Punkte, eines Kreises aus Mittelpunkt und Radius, endlich eines Schnittpunktes zweier Geraden, einer Geraden und eines Kreises, oder zweier Kreise.

Alle diese Operationen lassen sich mit Hilfe unseres Koordinatensystems algebraisch verfolgen. Wenn ein Punkt innerhalb eines Gebietes beliebig angenommen werden kann, so dürfen wir insbesondere seine Koordinaten als rationale Zahlen annehmen. Alle übrigen Konstruktionen führen auf rationale Operationen, mit Ausnahme der letzten beiden (Schnitt von Kreisen mit Geraden oder mit Kreisen), die auf quadratische Gleichungen, also auf Quadratwurzeln führen. Damit ist die Behauptung bewiesen.

Man hat noch zu beachten, daß es bei einem geometrischen Problem nicht darauf ankommt, für jede *spezielle* Wahl der gegebenen Punkte eine Konstruktion zu finden, sondern daß eine *allgemeine* Konstruktion gefordert wird, die (innerhalb gewisser Schranken) immer die Lösung ergibt. Algebraisch kommt das darauf hinaus, daß eine und dieselbe Formel (sie darf Quadratwurzeln enthalten) für alle Werte von $a, b, \ldots$ innerhalb gewisser Schranken eine sinnvolle Lösung x ergibt, welche den Gleichungen des geometrischen Problems genügt. Oder, wie wir auch sagen können, die Gleichungen, durch die x bestimmt wird, und die Quadratwurzeln usw., durch die wir die Gleichungen lösen, müssen sinnvoll bleiben, wenn die gegebenen Elemente $a, b, \ldots$ durch *Unbestimmte* ersetzt werden. Wenn also z. B. gefragt wird, ob die Dreiteilung des Winkels mit Lineal und Zirkel ausführbar ist — ein Problem, welches vermöge der Beziehung

$$\cos 3\,\varphi = 4\cos^3\varphi - 3\cos\varphi$$

auf die Auflösung der Gleichung

$$(1) \qquad\qquad 4\,x^3 - 3\,x = \alpha \qquad\qquad (\alpha = \cos 3\,\varphi)$$

zurückgeführt werden kann — so ist nicht die Frage gemeint, ob für jeden speziellen Wert von α eine Lösung der Gleichung (1) mit Hilfe von Quadratwurzeln gefunden werden kann, sondern es ist gefragt, ob eine allgemeine Lösungsformel der Gleichung (1) existiert; eine Lösungsformel also, die bei unbestimmtem α sinnvoll bleibt.

Wir haben das geometrische Problem der Konstruierbarkeit mit Zirkel und Lineal jetzt auf das folgende algebraische Problem zurückgeführt: Wann läßt eine Größe x sich mittels rationaler Operationen und Quadratwurzeln durch gegebene Größen $a, b, \ldots$ ausdrücken?

Diese Frage ist nicht schwer zu beantworten. $\Re$ sei der Körper der rationalen Funktionen der gegebenen Größen $a, b, \ldots$ Soll sich dann x mittels rationaler Operationen und Quadratwurzeln durch $a, b, \ldots$ ausdrücken lassen, so muß x jedenfalls einem Körper angehören, der aus $\Re$ durch sukzessive Adjunktion endlichvieler Quadratwurzeln, also durch endlichviele Erweiterungen vom Grade 2 entsteht. Adjungiert man nach jeder Quadratwurzel auch noch die Quadratwurzeln aus den konjugierten Körperelementen, so sind nach wie vor alle Erweiterungen quadratisch, und es entsteht somit ein normaler Erweiterungskörper vom Grade 2^m, in dem x liegt. Also:

Damit die Strecke x mit Zirkel und Lineal konstruierbar ist, ist notwendig, daß die Zahl x einem normalen Erweiterungskörper vom Grade 2^m von $\Re$ angehört.

Diese Bedingung ist aber auch hinreichend. Denn die Galoissche Gruppe eines Körpers vom Grade 2^m ist eine Gruppe der Ordnung 2^m, also, wie jede Gruppe von Primzahlpotenzordnung, eine *auflösbare* Gruppe (siehe § 52). Es gibt also eine Kompositionsreihe, deren Kompositionsfaktoren die Ordnung 2 haben, und ihr entspricht nach dem Hauptsatz der Galoisschen Theorie eine Kette von Körpern, in der jeder folgende in bezug auf den vorigen den Grad 2 hat. Eine Erweiterung vom Grade 2 läßt sich aber immer durch Adjunktion einer Quadratwurzel erzielen; demnach läßt sich die Größe x durch Quadratwurzeln ausdrücken, woraus die Behauptung folgt.

Wir wenden diese allgemeinen Sätze gleich auf einige klassische Probleme an.

Das delische Problem der *Kubusverdoppelung*[1] führt auf die kubische Gleichung

$$x^3 = 2\,,$$

---

[1] Die Geschichte dieses Problems kennen wir aus dem Archimedeskommentar des Eutokios. Siehe B. L. VAN DER WAERDEN, Science Awakening (Noordhoff, Groningen 1963) p. 139, 150, 159, 230, 236 und 268.

die nach dem Eisensteinschen Kriterium irreduzibel ist, so daß jede Wurzel einen Erweiterungskörper vom Grade 3 erzeugt. Ein solcher aber kann niemals Unterkörper eines Körpers vom Grade 2^m sein. *Also ist die Kubusverdoppelung nicht mit Zirkel und Lineal ausführbar.*

Das Problem der *Trisektion des Winkels* führt, wie wir schon sahen, auf die Gleichung

$$4\,x^3 - 3\,x - \alpha = 0\,,$$

wo α eine Unbestimmte ist. Die Irreduzibilität dieser Gleichung im Rationalitätsbereich von α ist leicht nachzuweisen: Hätte die linke Seite einen in α rationalen Faktor, so hätte sie auch einen in α ganzrationalen Faktor; aber ein lineares Polynom in α, dessen Koeffizienten keinen gemeinsamen Teiler haben, ist offenbar irreduzibel. Daraus schließt man wie vorhin, daß die Trisektion des Winkels nicht mit Zirkel und Lineal ausführbar ist.

Eine algebraisch bequemere Form für die Gleichung der Winkeltrisektion erhält man, wenn man zum Rationalitätsbereich von $\alpha = \cos 3\varphi$ noch die Größe

$$i \sin 3\varphi = \sqrt{-(1 - \cos^2 3\,\varphi)}$$

adjungiert und die Gleichung für

$$y = \cos \varphi + i \sin \varphi$$

sucht. Sie lautet

$$(\cos \varphi + i \sin \varphi)^3 = \cos 3\,\varphi + i \sin 3\,\varphi\,,$$

kurz

$$y^3 = \beta\,.$$

Auch aus der geometrischen Deutung der komplexen Zahlen geht leicht hervor, daß die Trisektion des Winkels 3φ auf diese reine Gleichung zurückgeführt werden kann.

Die *Quadratur des Kreises* führt auf die Konstruktion der Zahl π. Ihre Unmöglichkeit wird nachgewiesen sein, wenn gezeigt ist, daß π überhaupt keiner algebraischen Gleichung genügt, mit anderen Worten transzendent ist; denn dann kann π nicht in einem endlichen Erweiterungskörper des Körpers der rationalen Zahlen liegen. Hinsichtlich dieses Beweises, der nicht in die Algebra gehört, siehe etwa das Buch von G. Hessenberg, Transzendenz von e und π.

Die *Konstruktion der regulären Polygone* mit gegebenem Umkreis führt im Falle des h-Ecks auf die Größe

$$2 \cos \frac{2\,\pi}{h} = \zeta + \zeta^{-1}\,,$$

wo ζ die primitive h-te Einheitswurzel $e^{\frac{2\pi i}{h}}$ bedeutet. Da diese Größe nur bei den Substitutionen $\zeta \to \zeta$ und $\zeta \to \zeta^{-1}$ der Galoisschen Gruppe des Kreisteilungskörpers in sich übergeht, also einen reellen Unterkörper vom Grade $\dfrac{\varphi(h)}{2}$ erzeugt, so erhalten wir als Bedingung für ihre Konstruierbarkeit, daß $\dfrac{\varphi(h)}{2}$, also auch $\varphi(h)$, eine Potenz von 2 sein soll. Nun ist für $h = 2^\nu q_1^{\nu_1} \ldots q_r^{\nu_r}$ (q_i ungerade Primzahlen)

$$(2) \qquad \varphi(h) = 2^{\nu-1} q_1^{\nu_1-1} \ldots q_r^{\nu_r-1}(q_1 - 1) \ldots (q_r - 1).$$

(Im Fall $\nu = 0$ fällt der erste Faktor $2^{\nu-1}$ aus.) Die Bedingung besteht also darin, daß die ungeraden Primfaktoren nur in der ersten Potenz in h aufgehen dürfen ($\nu_i = 1$) und außerdem für jede in h aufgehende ungerade Primzahl q_i die Zahl $q_i - 1$ eine Potenz von 2 sein soll; d. h. jedes q_i muß die Form

$$q_i = 2^k + 1$$

haben. Welche sind die Primzahlen von dieser Gestalt?

k kann nicht durch eine ungerade Zahl $\mu > 1$ teilbar sein; denn aus

$$k = \mu\,\nu, \quad \mu \text{ ungerade}, \quad \mu > 1$$

würde folgen, daß $(2^\nu)^\mu + 1$ durch $2^\nu + 1$ teilbar, also nicht prim wäre.

Also muß $k = 2^\lambda$ und

$$q_i = 2^{2^\lambda} + 1$$

sein. Die Werte $\lambda = 0, 1, 2, 3, 4$ geben in der Tat Primzahlen q_i, nämlich

$$3,\ 5,\ 17,\ 257,\ 65537.$$

Für $\lambda = 5$ und einige größere λ (wie weit, ist unbekannt) ist $2^{2^\lambda} + 1$ aber nicht mehr prim; beispielsweise hat $2^{2^5} + 1$ den Teiler 641.

Jedes h-Eck, wo h außer Zweierpotenzen nur die genannten Primzahlen $3, 5, 17, \ldots$ in höchstens erster Potenz enthält, ist demnach konstruierbar (GAUSS). Das Beispiel des 17-Ecks haben wir in § 60 behandelt. Bekannt sind die Konstruktionen des 3-, 4-, 5-, 6-, 8- und 10-Ecks. Die regulären 7- und 9-Ecke sind schon nicht mehr konstruierbar, da sie auf kubische Unterkörper in Kreisteilungskörpern 6. Grades führen.

Aufgabe. Man zeige, daß die kubische Gleichung

$$x^3 + px + q = 0$$

im Casus irreducibilis durch eine Substitution $x = \beta x'$ stets auf die Gestalt der Trisektionsgleichung (1) zu bringen ist und leite daraus für diese kubische Gleichung eine Lösungsformel mit trigonometrischen Funktionen ab.

§ 66. Die Berechnung der Galoisschen Gruppe. Gleichungen mit symmetrischer Gruppe

Eine Methode, mit der man die Gruppe einer Gleichung $f(x) = 0$ in bezug auf einen Körper Λ wirklich aufstellen kann, ist die folgende.

Die Wurzeln der Gleichung seien $\alpha_1, \ldots, \alpha_n$. Man bilde mit Hilfe der Unbestimmten $u_1, \ldots, u_n$ den Ausdruck

$$\vartheta = u_1 \alpha_1 + \cdots + u_n \alpha_n,$$

übe auf ihn alle Permutationen s_u der Unbestimmten u aus, und bilde das Produkt

$$F(z, u) = \prod_s (z - s_u \vartheta).$$

Dieses Produkt ist offensichtlich eine symmetrische Funktion der Wurzeln und kann daher nach § 33 durch die Koeffizienten von $f(x)$ ausgedrückt werden. Nun zerlege man $F(z, u)$ in irreduzible Faktoren in $\Lambda[u, z]$:

$$F(z, u) = F_1(z, u) F_2(z, u) \ldots F_r(z, u).$$

Die Permutationen s_u, die irgendeinen der Faktoren, etwa F_1, in sich überführen, bilden eine Gruppe $\mathfrak{g}$. Nun behaupten wir, *daß $\mathfrak{g}$ genau die Galoissche Gruppe der gegebenen Gleichung ist*.

Beweis. Nach der Adjunktion aller Wurzeln zerfällt F und daher auch F_1 in Linearfaktoren $z - \Sigma u_\nu \alpha_\nu$, mit den Wurzeln α_ν in irgendeiner Anordnung als Koeffizienten. Wir numerieren nun die Wurzeln so, daß F_1 den Faktor $z - (u_1 \alpha_1 + \cdots + u_n \alpha_n)$ enthält. Im folgenden bezeichnet s_u irgendeine Permutation der u und s_α dieselbe Permutation der α. Dann läßt offenbar das Produkt $s_u s_\alpha$ den Ausdruck $\vartheta = u_1 \alpha_1 + \cdots + u_n \alpha_n$ invariant, d. h. es ist

$$s_u s_\alpha \vartheta = \vartheta$$
$$s_\alpha \vartheta = s_u^{-1} \vartheta.$$

Wenn s_u zur Gruppe $\mathfrak{g}$ gehört, d. h. F_1 invariant läßt, so transformiert s_u jeden Linearfaktor von F_1, insbesondere den Faktor $z - \vartheta$, wieder in einen Linearfaktor von F_1. Wenn umgekehrt eine Permutation s_u den Faktor $z - \vartheta$ in einen anderen Linearfaktor von F_1 transformiert, so transformiert sie F_1 in ein in $\Lambda[u, z]$ irreduzibles Polynom, Teiler von $F(z, u)$, also wieder in eins der Polynome F_j, aber in ein solches, das mit F_1 einen Linearfaktor gemein hat, also notwendigerweise in F_1 selbst; mithin gehört dann s_u zu $\mathfrak{g}$. Also besteht $\mathfrak{g}$ aus den Permutationen der u, welche $z - \vartheta$ wieder in einen Linearfaktor von F_1 transformieren.

Die Permutationen s_α der Galoisschen Gruppe von $f(x)$ sind solche Permutationen der α, welche die Größe

$$\vartheta = u_1 \alpha_1 + \cdots + u_n \alpha_n$$

in ihre konjugierten Größen überführen, für die also $s_\alpha \vartheta$ derselben irreduziblen Gleichung wie ϑ genügt, d. h. es sind die Permutationen s_α, die den Linearfaktor $z - \vartheta$ in die anderen Linearfaktoren von F_1 überführen. Wegen $s_\alpha \vartheta = s_u^{-1} \vartheta$ führt dann auch s_u^{-1} den Linearfaktor $z - \vartheta$ wieder in einen Linearfaktor von F_1 über, d. h. s_u^{-1} und damit auch s_u gehört zu $\mathfrak{g}$. Und umgekehrt. Also besteht die Galoissche Gruppe aus genau denselben Permutationen wie die Gruppe $\mathfrak{g}$, nur auf die α statt auf die u angewandt.

Diese Methode zur Bestimmung der Galoisschen Gruppe ist nicht so sehr praktisch von Interesse als wegen einer theoretischen Folgerung, die so lautet:

Es sei $\Re$ ein Integritätsbereich mit Einselement, in dem der Satz von der eindeutigen Primfaktorzerlegung gilt. Es sei $\mathfrak{p}$ ein Primideal in $\Re$, $\overline{\Re} = \Re/\mathfrak{p}$ der Restklassenring. Die Quotientenkörper von $\Re$ und $\overline{\Re}$ seien Δ und $\overline{\Delta}$. Es sei $f(x) = x^n + \cdots$ ein Polynom aus $\Re[x]$, $\overline{f}(x)$ das ihm in der Homomorphie $\Re \to \overline{\Re}$ zugeordnete Polynom, beide als doppelwurzelfrei vorausgesetzt. Dann ist die Gruppe $\overline{\mathfrak{g}}$ der Gleichung $\overline{f} = 0$ in bezug auf $\overline{\Delta}$ (als Permutationsgruppe der passend angeordneten Wurzeln) eine Untergruppe der Gruppe $\mathfrak{g}$ von $f = 0$.

Beweis. Die Zerlegung von

$$F(z, u) = \prod_s (z - s_u \vartheta)$$

in irreduzible Faktoren $F_1 F_2 \ldots F_k$ in $\Delta[z, u]$ kann nach § 30 ganzrational in $\Re[z, u]$ geschehen und überträgt sich dann vermöge des Homomorphismus auf $\overline{\Re}[z, u]$:

$$\overline{F}(z, u) = \overline{F}_1 \overline{F}_2 \ldots \overline{F}_k.$$

Die Faktoren $\overline{F}_1, \ldots$ können eventuell noch weiter zerlegbar sein. Die Permutationen von $\mathfrak{g}$ führen F_1 und daher auch $\overline{F}_1$ in sich, die übrigen Permutationen der u führen $\overline{F}_1$ in $\overline{F}_2, \ldots, \overline{F}_k$ über. Die Permutationen von $\overline{\mathfrak{g}}$ führen einen irreduziblen Faktor von $\overline{F}_1$ in sich über, also können sie $\overline{F}_1$ nicht in $\overline{F}_2, \ldots, \overline{F}_k$ überführen, sondern müssen $\overline{F}_1$ in $\overline{F}_1$ überführen, d. h. $\overline{\mathfrak{g}}$ ist Untergruppe von $\mathfrak{g}$.

Der Satz wird oft angewandt zur Bestimmung der Gruppe $\mathfrak{g}$. Insbesondere wählt man das Ideal $\mathfrak{p}$ oft so, daß das Polynom $f(x)$ mod $\mathfrak{p}$ zerfällt, weil dann die Gruppe $\overline{\mathfrak{g}}$ von $\overline{f}$ leichter zu bestimmen ist. Es sei z. B. $\Re$ der Ring der ganzen Zahlen und $\mathfrak{p} = (p)$, wo p eine Primzahl. Modulo p zerfalle $f(x)$ folgendermaßen:

$$f(x) \equiv \varphi_1(x)\, \varphi_2(x) \ldots \varphi_h(x) \quad (p).$$

Es folgt

$$\overline{f} = \overline{\varphi}_1 \overline{\varphi}_2 \ldots \overline{\varphi}_h.$$

Die Gruppe $\overline{\mathfrak{g}}$ von $\overline{f}(x)$ ist immer zyklisch, da die Automorphismengruppe eines Galois-Feldes stets zyklisch ist (§ 43). Die erzeugende Permutation s von $\overline{\mathfrak{g}}$ sei, in Zyklen zerlegt:

$$(1\ 2 \ldots j)\,(j + 1 \ldots) \ldots.$$

Da die Transitivitätsgebiete der Gruppe $\overline{\mathfrak{g}}$ genau den irreduziblen Faktoren von $\overline{f}$ entsprechen, so müssen die in den Zyklen $(1\ 2 \ldots j)$, $(\ldots)$, $\ldots$ vorkommenden Nummern genau die Wurzeln von $\overline{\varphi}_1$, von $\overline{\varphi}_2$, $\ldots$ angeben. Sobald man also die Grade $j, k, \ldots$ von $\overline{\varphi}_1, \overline{\varphi}_2, \ldots$ kennt, ist der Typus der Substitution s bekannt: s besteht dann aus einem j-gliedrigen, einem k-gliedrigen Zyklus, usw. Da nun nach dem obigen Satz bei passender Anordnung der Wurzeln $\overline{\mathfrak{g}}$ eine Untergruppe von $\mathfrak{g}$ ist, so *muß $\mathfrak{g}$ eine Permutation vom gleichen Typus enthalten.*

Wenn also z. B. eine ganzzahlige Gleichung 5. Grades modulo irgendeiner Primzahl in einen irreduziblen Faktor 2. und einen 3. Grades zerfällt, so enthält die Galoissche Gruppe eine Permutation vom Typus (12) (345).

Beispiel. Vorgelegt sei die ganzzahlige Gleichung

$$x^5 - x - 1 = 0.$$

Modulo 2 ist die linke Seite zerlegbar in

$$(x^2 + x + 1)\,(x^3 + x^2 + 1)$$

und modulo 3 ist sie irreduzibel, denn hätte sie einen linearen oder quadratischen Faktor, so müßte sie mit $x^9 - x$ einen Faktor gemein haben (§ 43, Aufgabe 6), also entweder mit $x^5 - x$ oder mit $x^5 + x$ einen Faktor gemein haben, was offensichtlich nicht der Fall ist. Also enthält ihre Gruppe einen Fünferzyklus und ein Produkt $(ik)(lmn)$. Die 3. Potenz der letzteren Permutation ist (ik); diese, transformiert mit (12345) und dessen Potenzen, ergibt eine Kette von Transpositionen (ik), (kp), (pq), (qr), (ri), die zusammen die symmetrische Gruppe erzeugen. Also ist die Gruppe g die *symmetrische*.

Man kann die erwähnten Tatsachen benutzen zur Konstruktion von Gleichungen beliebigen Grades, deren Gruppe die symmetrische ist, auf Grund des folgenden Satzes: *Eine transitive Permutationsgruppe von n Objekten, die einen Zweierzyklus und einen $(n-1)$-Zyklus enthält, ist die symmetrische Gruppe.*

Beweis. Es sei $(1\,2\ldots n-1)$ der $(n-1)$-Zyklus. Der Zweierzyklus (ij) kann vermöge der Transitivität in (kn) transformiert werden, wo k eine der Ziffern von 1 bis $(n-1)$ ist. Transformation von (kn) mit $(1\,2\ldots n-1)$ und dessen Potenzen ergibt alle Zyklen $(1n)$, $(2n)$, $\ldots$, $(n-1\,n)$, und diese erzeugen zusammen die symmetrische Gruppe.

Um auf Grund dieses Satzes eine Gleichung n-ten Grades ($n > 3$) zu konstruieren, deren Gruppe die symmetrische ist, wähle man zunächst ein mod 2 irreduzibles Polynom n-ten Grades, f_1, sodann ein Polynom f_2, das in einen mod 3 irreduziblen Faktor $(n-1)$-ten Grades und einen Linearfaktor zerfällt, und schließlich ein Polynom f_3 vom Grade n, das sich mod 5 zerlegt in einen quadratischen Faktor und einen oder zwei Faktoren ungeraden Grades (alle irreduzibel mod 5). Das geht alles, weil es modulo jeder Primzahl irreduzible Polynome jedes Grades gibt (§ 43, Aufgabe 6). Schließlich wähle man f so, daß

$$f \equiv f_1 \,(\text{mod } 2)$$
$$f \equiv f_2 \,(\text{mod } 3)$$
$$f \equiv f_3 \,(\text{mod } 5)$$

ist, was immer möglich ist. Es genügt z. B.

$$f = -15f_1 + 10f_2 + 6f_3$$

zu wählen. Die Galoissche Gruppe ist dann transitiv (weil das Polynom mod 2 irreduzibel ist), enthält einen Zyklus vom Typus $(1\,2\ldots n-1)$, und enthält einen Zweierzyklus multipliziert mit Zyklen ungerader Ordnung. Erhebt man dieses Produkt in eine passende ungerade Potenz, so erhält man einen reinen Zweierzyklus und schließt nach dem obigen Satz, daß die Galoissche Gruppe die symmetrische ist.

Mit dieser Methode kann man nicht nur beweisen, daß es Gleichungen mit symmetrischer Gruppe gibt, sondern noch mehr, nämlich daß asymptotisch 100% aller ganzzahligen Gleichungen, deren Koeffizienten eine Schranke N, die gegen ∞ strebt, nicht überschreiten, die symmetrische Gruppe haben. Siehe B. L. v. D. Waerden, Math. Ann. 109 (1931), S. 13.

Ob es Gleichungen mit rationalen Koeffizienten gibt, deren Gruppe eine beliebig vorgegebene Permutationsgruppe ist, ist ein ungelöstes Problem; siehe dazu E. Noether, Gleichungen mit vorgeschriebener Gruppe. Math. Ann 78, S. 221.

Aufgaben. 1. Was ist (in bezug auf den rationalen Zahlkörper) die Gruppe der Gleichung

$$x^4 + 2x^2 + x + 3 = 0?$$

2. Man konstruiere eine Gleichung 6. Grades, deren Gruppe die symmetrische ist.

§ 67. Normalbasen

Unter einer Normalbasis $w_1, \ldots, w_n$ des Körpers Σ über Δ versteht man eine solche Basis, deren Elemente w_k bei der Galoisschen Gruppe $\mathfrak{G}$ untereinander permutiert werden:

$$\sigma w_k = w_i \qquad \text{für jedes} \quad \sigma \in \mathfrak{G}.$$

Man kann beweisen, daß es immer eine Normalbasis gibt. Wir führen den Beweis hier, einer Beweisidee von ARTIN[1] folgend, zunächst für den Fall durch, daß der Grundkörper Δ unendlich ist. Den Fall eines endlichen Körpers werden wir nachher behandeln.

Es sei $\alpha = \alpha_1$ ein primitives Element und $f(x)$ das Minimalpolynom von α:

$$\Sigma = \Delta(\alpha), \quad f(\alpha) = 0.$$

In $\Sigma[x]$ zerfällt $f(x)$ vollständig in Linearfaktoren:

$$(1) \qquad f(x) = (x - \alpha_1) \ldots (x - \alpha_n).$$

Die Elemente $\sigma_1, \ldots, \sigma_n$ der Gruppe $\mathfrak{G}$ führen α in die konjugierten Elemente $\alpha_1, \ldots, \alpha_n$, die alle verschieden sind, über. Bei geeigneter Numerierung der σ_k gilt also

$$(2) \qquad \sigma_k \alpha = \alpha_k \qquad (k = 1, \ldots, n).$$

Aus dem Polynombereich $\Sigma[x]$ bilden wir den Restklassenring modulo $f(x)$:

$$R = \Sigma[x]/(f(x)).$$

Die Elemente von R werden durch Polynome höchstens $(n-1)$-ten Grades mit Koeffizienten aus Σ repräsentiert:

$$(3) \qquad g(x) = g_0 + g_1 x + \cdots + g_{n-1} x^{n-1}.$$

Die konstanten Restklassen g_0 werden wie üblich mit den Elementen von Σ identifiziert. Die durch x repräsentierte Restklasse heiße β. Die durch $g(x)$ repräsentierte Restklasse ist dann

$$(4) \qquad g(\beta) = \sum_k g_k \beta^k = \sum_{i,k} c_{ik} \alpha^i \beta^k$$

wobei über alle i und k von 0 bis $n-1$ zu summieren ist.

In R liegen zwei isomorphe Unterkörper $\Sigma = \Delta(\alpha)$ und $\Sigma' = \Delta(\beta)$. Jedes Element von R ist nach (4) eindeutig darstellbar als Summe von Produkten $\alpha^i \beta^k$ aus Basiselementen α^i von Σ und β^k von Σ' mit Koeffizienten aus Δ. Man nennt R das *direkte Produkt* der Algebren Σ und Σ' über Δ und schreibt

$$R = \Sigma \times \Sigma'.$$

---

[1] E. ARTIN, Galoissche Theorie S. 65.

Wir zeigen nun, daß R als direkte Summe von n isomorphen Körpern $K_1, \ldots, K_n$ darstellbar ist.

Nach der Lagrangeschen Interpolationsformel ist jedes Polynom $g(x)$, dessen Grad höchstens $n - 1$ ist, durch die n Werte $g(\alpha_1), \ldots, g(\alpha_n)$ darstellbar:

$$(5) \qquad g(x) = \sum P_k(x)\, g(\alpha_k).$$

Dabei ist $P_k(x)$ ein Polynom aus $\Sigma[x]$, das an der Stelle α_k den Wert Eins und an allen anderen Stellen α_i den Wert Null annimmt:

$$(6) \qquad P_k(x) = \Big[\prod_{i \neq k}(\alpha_k - \alpha_i)\Big]^{-1} \prod_{i \neq k}(x - \alpha_i).$$

Geht man wieder zu Restklassen nach $f(x)$ über, so erhält man aus (5)

$$(7) \qquad g(\beta) = \sum e_k\, g(\alpha_k)$$

mit

$$(8) \qquad e_k = P_k(\beta).$$

In (7) steht links ein ganz beliebiges Element (4) von R. Die Koeffizienten $g(\alpha_k)$ rechts sind Elemente von Σ. Aus (7) folgt, daß die Elemente $e_1, \ldots, e_n$ eine Basis von R über Σ bilden:

$$(9) \qquad R = e_1 \Sigma + e_2 \Sigma + \cdots + e_n \Sigma.$$

Wählt man in (7) für g das konstante Polynom 1, so erhält man

$$(10) \qquad 1 = \sum_1^n e_k.$$

Das Produkt von zwei Polynomen $P_j(x)$ und $P_k(x)$ ist für $j \neq k$ durch $f(x)$ teilbar. Geht man wieder zu Restklassen modulo $f(x)$ über, so erhält man

$$(11) \qquad e_j e_k = 0 \qquad\qquad (j \neq k).$$

Multipliziert man (10) links und rechts mit e_j, so erhält man

$$(12) \qquad e_j e_j = e_j.$$

Durchläuft γ den Körper Σ, so durchlaufen die Produkte $e_j \gamma$ einen Körper $e_j \Sigma$, der zu Σ isomorph ist, denn die Zuordnung $\gamma \to e_j \gamma$ ist offensichtlich ein Isomorphismus. Das Einselement von $e_j \Sigma$ ist e_j.

Wählt man in (7) für $g(x)$ ein Polynom mit Koeffizienten aus Δ, so erhält man links ein beliebiges Element $g(\beta)$ von Σ'. Multipliziert man noch beide Seiten von (7) mit e_j, so erhält man

$$(13) \qquad e_j\, g(\beta) = e_j\, g(\alpha_j).$$

Wenn $g(\beta)$ alle Elemente von Σ' durchläuft, durchläuft $g(\alpha_j)$ alle Elemente von Σ; also folgt aus (13)

$$(14) \qquad e_j \Sigma' = e_j \Sigma.$$

Die Zerlegung (9) kann man also auch als

$$(15) \qquad R = e_1 \Sigma' + \cdots + e_n \Sigma'$$

schreiben, und es folgt:

Die Elemente $e_1, \ldots, e_n$ bilden eine Basis von R über Σ'.

Die Automorphismen σ von Σ können auf $\Sigma[x]$ ausgedehnt werden durch die Verabredung, daß die Unbestimmte x nicht mit transformiert wird. Ein Automorphismus σ soll also nur auf die Koeffizienten g_k eines Polynoms (3) wirken. Geht man dann wieder zu Restklassen modulo $f(x)$ über, so erhält man Automorphismen $\sigma_1, \ldots, \sigma_n$ von R, die $\alpha_1, \ldots, \alpha_n$ untereinander permutieren, aber Σ' elementweise fest lassen.

Wendet man den Automorphismus σ_k insbesondere auf das durch (6) definierte Polynom $P_1(x)$ an, so findet man

$$(16) \qquad \sigma_k P_1(x) = P_k(x)$$

also

$$\sigma_k e_1 = e_k .$$

Daraus folgt

$$(17) \qquad \sigma\, e_k = \sigma(\sigma_k e_1) = (\sigma\, \sigma_k) e_1 = \sigma_i e_1 = e_i .$$

Also bilden $e_1, \ldots, e_n$ eine Normalbasis von R über Σ'.

Nun sei $u_1, \ldots, u_n$ irgend eine Basis von Σ über Δ. Die Polynome $P_k(x)$ können durch diese Basis ausgedrückt werden:

$$(18) \qquad P_k(x) = \sum u_i\, p_{ik}(x) .$$

Dabei sind die $p_{ik}(x)$ Polynome mit Koeffizienten aus Δ. Geht man wieder zu Restklassen über, so erhält man

$$e_k = \sum u_i\, \pi_{ik} ,$$

wobei π_{ik} die Restklasse von $p_{ik}(x) \bmod f(x)$ ist. Da die e_k eine linear unabhängige Basis von R über Σ' bilden, ist die Determinante der π_{ik} von Null verschieden. Also ist auch die Determinante $D(x)$ der Polynome $p_{ik}(x)$ von Null verschieden.

Weil nun der Grundkörper als unendlich vorausgesetzt wurde, kann man für x einen Wert a aus Δ so einsetzen, daß

$$(19) \qquad D(a) = \mathrm{Det}\,(p_{ik}(a)) \neq 0$$

wird. Setzt man dieses a in (18) ein, so erhält man neue Basiselemente

$$(20) \qquad v_k = P_k(a) = \sum u_i\, p_{ik}(a) ,$$

die wegen (19) eine linear unabhängige Basis für Σ über Δ bilden.

Wendet man auf $v_1 = P_1(a)$ den Automorphismus σ_k an, so erhält man wegen (16)

$$\sigma_k v_1 = v_k ,$$

also bilden $v_1, \ldots, v_n$ eine Normalbasis für Σ über Δ. Damit ist der Fall eines unendlichen Körpers Δ erledigt.

Wenn Δ ein endlicher Körper mit $q = p^m$ Elementen ist, so ist Σ ebenfalls endlich. Die Galoissche Gruppe von Σ über Δ besteht dann aus den Potenzen

$$1, \sigma, \sigma^2, \ldots, \sigma^{n-1} \qquad (\sigma^n = 1)$$

eines Automorphismus σ, der durch

$$\sigma a = a^q$$

definiert ist und die Elemente von Δ fest läßt. Wir haben zu beweisen, daß es in Σ ein solches ζ gibt, daß die Elemente

$$\zeta, \sigma\zeta, \sigma^2\zeta, \ldots, \sigma^{n-1}\zeta$$

über Δ linear unabhängig sind. Diese Elemente bilden dann die gesuchte Normalbasis.

Die Idee des Beweises ist dieselbe wie im Beweis der Existenz einer primitiven h-ten Einheitswurzel. Damals betrachteten wir die multiplikative Gruppe der h-ten Einheitswurzeln, jetzt die additive Gruppe der Elemente von Σ. Dazu nehmen wir als Multiplikatorenbereich den Polynombereich $\Delta[x]$. Das Produkt eines Polynoms

$$g = g(x) = \Sigma c_k x^k$$

mit einem Element ζ von Σ wird durch

$$g\zeta = g(\sigma)\zeta = \Sigma c_k \sigma^k$$

definiert. Ebenso wie damals jedem Element ζ eine ganzzahlige Ordnung g zugeordnet wurde, so hat jetzt jedes ζ ein Minimalpolynom g, definiert als das Polynom kleinsten Grades mit der Eigenschaft $g\zeta = 0$. Damals war m ein Teiler der Gruppenordnung h, jetzt ist das Minimalpolynom g ein Teiler des Polynoms $x^n - 1$, das wegen $\sigma^n = 1$ alle ζ annulliert. So wie damals h in Primfaktoren q_i zerlegt wurde, so wird jetzt das Polynom $h(x) = x^n - 1$ in $\Delta[x]$ in Primfaktoren $q_i(x)$ zerlegt. So wie früher für jedes i ein a_i konstruiert wurde, dessen (h/q_i)-te Potenz $\neq 1$ ist, so gibt es jetzt ein a_i, das von h/q_i nicht annulliert wird. Das Polynom $h/q_i = g_i$ hat nämlich höchstens den Grad $n - 1$, und die Automorphismen $1, \ldots, \sigma^{n-1}$ sind linear unabhängig, also gibt es ein a_i, das von $g_i(x) = c_0 + c_1 x + \cdots + c_{n-1} x^{n-1}$ nicht annulliert wird. Multipliziert man dieses a_i mit h/r_i, so wie früher a_i in die (h/r_i)-te Potenz erhoben wurde, so erhält man ein b_i, dessen annullierendes Polynom genau $r_i = q_i^{\nu_i}$ ist. Damals wurde gezeigt, daß das Produkt aller b_i genau die Ordnung h hat; ebenso hat jetzt die Summe

$$\zeta = \Sigma b_i$$

genau das annullierende Polynom $x^n - 1$. Ein Polynom $g(x)$ von einem Grad $< n$ kann dieses ζ nicht annullieren, also sind $\zeta, \sigma\zeta, \ldots, \sigma^{n-1}\zeta$ linear unabhängig, also gibt es eine Normalbasis.

Aufgaben. 1. Man führe den Beweis durch.

2. Wenn die Gruppenelemente $\sigma_1, \ldots, \sigma_n$ von links mit einem Gruppenelement σ multipliziert werden, so erleiden sie eine Permutation S. Die Darstellung $\sigma \to S$ heißt die *reguläre Darstellung* der Gruppe $\mathfrak{G}$. Wenn andererseits auf die Elemente einer Normalbasis ein Automorphismus σ ausgeübt wird, so erleiden sie eine Permutation S', und $\sigma \to S'$ ist eine Darstellung von $\mathfrak{G}$ durch Permutationen. Zu zeigen, daß es sich um die reguläre Darstellung handelt.

Neuntes Kapitel

Ordnung und Wohlordnung von Mengen

§ 68. Geordnete Mengen

Eine Menge heißt *geordnet* oder *vollständig geordnet*, wenn für ihre Elemente eine Relation $a < b$ definiert ist derart, daß

1. für je zwei Elemente a, b entweder $a < b$ oder $b < a$ oder $a = b$ gilt,

2. die Relationen $a < b$, $b < a$, $a = b$ sich gegenseitig ausschließen,

3. aus $a < b$ und $b < c$ folgt $a < c$.

Wenn nur die Eigenschaften 2. und 3. verlangt werden, so heißt die Menge *teilweise geordnet* oder *halbgeordnet*. Von einer wichtigen Klasse von halbgeordneten Mengen handelt die Theorie der *Verbände*. Man sehe darüber das Buch von G. BIRKHOFF, Lattice Theory (Amer. Math. Soc. Colloq. Publ. Vol. 25, New York 1948).

Ist $a < b$, so nennt man *a früher als b* und *b später als a* und man sagt, daß *a dem b vorangeht*.

Aus der Relation $a < b$ definiert man einige abgeleitete Relationen:

$a > b$ soll heißen $b < a$.

$a \leq b$ soll heißen: $a < b$ oder $a = b$.

$a \geq b$ soll heißen: $a > b$ oder $a = b$.

In einer vollständig geordneten Menge ist $a \leq b$ die Negation von $a > b$, ebenso $a \geq b$ die Negation von $a < b$.

Wenn eine Menge geordnet oder halbgeordnet ist, so ist durch die gleiche Relation auch jede ihrer Untermengen geordnet bzw. halbgeordnet.

Es kann vorkommen, daß eine geordnete oder halbgeordnete Menge M ein „erstes Element" hat, das allen anderen vorangeht. Beispiel: die 1 in der Reihe der natürlichen Zahlen.

Eine geordnete Menge heißt *wohlgeordnet*, falls jede nicht leere Untermenge ein erstes Element besitzt.

Beispiele. 1. Jede geordnete endliche Menge ist wohlgeordnet.

2. Die Reihe der natürlichen Zahlen ist wohlgeordnet; denn in jeder nicht leeren Menge von natürlichen Zahlen gibt es ein erstes Element.

3. Die Menge aller ganzen Zahlen $\ldots, -2, -1, 0, 1, 2, \ldots$ in „natürlicher" Anordnung ist nicht wohlgeordnet; denn sie besitzt kein erstes Element. Man kann sie aber wohlordnen, indem man sie anders anordnet, etwa so:

$$0, 1, -1, 2, -2, \ldots$$

oder so:

$$1, 2, 3, \ldots; \quad 0, -1, -2, -3, \ldots,$$

wo alle positiven Zahlen allen übrigen vorangehen.

Aufgaben. 1. Für die Menge der Paare natürlicher Zahlen (a, b) definiere man eine Ordnungsrelation folgendermaßen: Es sei $(a, b) < (a', b')$, wenn entweder $a < a'$ oder $a = a', b < b'$. Man beweise, daß dadurch eine Wohlordnung definiert ist.

2. In einer wohlgeordneten Menge hat jedes Element a (mit Ausnahme des eventuell vorhandenen letzten Elements der Menge) einen „unmittelbaren Nachfolger" $b > a$, so daß es kein Element x zwischen b und a (d. h. mit $b > x > a$) mehr gibt. Das ist zu beweisen. Hat auch jedes Element mit Ausnahme des ersten einen unmittelbaren Vorgänger?

Es sei M eine Untermenge einer teilweise geordneten Menge E. Wenn alle Elemente x von M die Bedingung $x \leqq s$ erfüllen, so heißt s eine *obere Schranke* von M. Wenn es in E eine kleinste obere Schranke g gibt, so daß alle oberen Schranken $s \geqq g$ sind, so ist g eindeutig bestimmt und heißt die *obere Grenze* von M in E.

Beispiele. 1. die obere Grenze der negativen Zahlen im Körper $\mathbb{Q}$ der rationalen Zahlen ist Null. 2. Die Menge der natürlichen Zahlen hat in $\mathbb{Q}$ keine obere Schranke und erst recht keine obere Grenze. 3. Die Menge M der rationalen Zahlen x mit $x^2 < 2$ hat in $\mathbb{Q}$ eine obere Schranke 2, aber keine obere Grenze. Adjungiert man aber an $\mathbb{Q}$ die reelle Zahl $\sqrt{2}$, so hat die Menge M in $\mathbb{Q}\left(\sqrt{2}\right)$ die obere Grenze $\sqrt{2}$.

§ 69. Auswahlpostulat und Zornsches Lemma

ZERMELO hat zuerst bemerkt, daß vielen mathematischen Untersuchungen eine Annahme zugrunde liegt, die er als erster ausdrücklich formuliert und *Auswahlpostulat* genannt hat. Sie lautet:

Ist eine Menge von nichtleeren Mengen gegeben, so gibt es eine „Auswahlfunktion", d. h. eine Funktion, die jeder dieser Mengen eines ihrer Elemente zuordnet.

Man bemerke, daß jede einzelne Menge als nichtleer vorausgesetzt wurde, daß man also aus jeder dieser Mengen stets ein Element auswählen kann. Das Postulat besagt, daß man aus allen diesen Mengen gleichzeitig durch eine einzige Zuordnung eine Auswahl vornehmen kann.

Wir werden im folgenden immer, wo wir es nötig haben, die Richtigkeit des Auswahlpostulats annehmen.

Wichtige Folgerungen aus dem Auswahlpostulat sind das Lemma von ZORN und der Wohlordnungssatz, der besagt, daß jede Menge wohlgeordnet werden kann. In diesem § 69 werden wir das Zornsche Lemma formulieren und beweisen, im nächsten § 70 den Wohlordnungssatz.

Die Teilmengen $\mathfrak{a}$, $\mathfrak{b}$, ... einer Grundmenge $\mathfrak{g}$ bilden wieder eine Menge: die *Potenzmenge P* von $\mathfrak{g}$. Zwischen zwei Teilmengen $\mathfrak{a}$ und $\mathfrak{b}$ kann die Relation $\mathfrak{a} \subset \mathfrak{b}$ bestehen, die besagt, daß $\mathfrak{a}$ eine echte Teilmenge von $\mathfrak{b}$ ist. Durch diese Relation ist die Potenzmenge P halbgeordnet. Eine vollständig geordnete Untermenge von P heißt nach ZORN eine *Kette*. Für je zwei Elemente $\mathfrak{a}$ und $\mathfrak{b}$ einer Kette K soll also $\mathfrak{a} \subset \mathfrak{b}$ oder $\mathfrak{b} \subset \mathfrak{a}$ oder $\mathfrak{a} = \mathfrak{b}$ gelten.

Eine Untermenge A von P heißt nach ZORN *abgeschlossen*, wenn sie mit jeder Kette auch deren Vereinigungsmenge enthält.

Ein *maximales* Element von A ist eine solche Menge $\mathfrak{m}$ aus A, die nicht in einer anderen Menge von A enthalten ist.

Das *Maximalprinzip* oder *Lemma von* ZORN besagt nun:

Jede abgeschlossene Untermenge A von P enthält mindestens ein maximales Element $\mathfrak{m}$.

Man kann das Lemma nach BOURBAKI etwas allgemeiner formulieren. Statt einer Untermenge A von P kann man irgendeine halbgeordnete Menge M betrachten. Eine Kette K in M wird nach wie vor als eine vollständig geordnete Untermenge von M definiert. Für je zwei Elemente a und b einer Kette soll also $a < b$ oder $b < a$ oder $a = b$ gelten.

Die Menge M heißt *abgeschlossen*, wenn sie mit jeder Kette K auch deren obere Grenze enthält. Das Maximalprinzip besagt nun:

Jede teilweise geordnete, abgeschlossene Menge M enthält ein maximales Element $\mathfrak{m}$.

Nach H. KNESER[1] kann man die Existenz des maximalen Elementes unter noch schwächeren Voraussetzungen beweisen. Statt zu fordern, daß M mit jeder vollständig geordneten Teilmenge K auch deren obere Grenze enthält, genügt es, zu verlangen, daß M mit jeder wohlgeordneten Teilmenge K auch eine obere Schranke von K enthält. Auch das folgende „Fundamentallemma" kann nach KNESER unter dieser schwächeren Voraussetzung bewiesen werden.

Wir zeigen nun, daß das Maximalprinzip aus dem Auswahlpostulat folgt. Zu diesem Zweck beweisen wir zunächst, ohne das Auswahlpostulat zu benutzen, das folgende *Fundamentallemma* von BOURBAKI:

M sei eine teilweise geordnete, abgeschlossene Menge. Eine Abbildung $x \rightarrow fx$ von M in sich habe die Eigenschaft

$$x \leqq fx \qquad \textit{für alle } x \textit{ in } M.$$

Dann gibt es in M ein Element m mit der Eigenschaft $m = fm$.

Eine Teilmenge A einer teilweise geordneten Menge M heißt ein *Anfangsstück* von M, wenn A mit jedem Element y auch alle x aus M, die $< y$ sind, enthält.

Der durch z in M bestimmte Abschnitt M_z besteht aus allen x in M, die $< z$ sind. Jeder solche Abschnitt ist ein Anfangsstück von M. Auch die ganze Menge M ist ein Anfangsstück von M.

Ist insbesondere M wohlgeordnet, so ist jedes Anfangsstück von M entweder ein Abschnitt M_z oder M selbst. Wenn nämlich ein Anfangsstück $A \neq M$

---

[1] H. KNESER: Direkte Ableitung des Zornschen Lemmas aus dem Auswahlaxiom. Math. Z. **53**, S. 110 (1950).

ist und wenn z das erste in A nicht enthaltene Element von M ist, so ist A genau der Abschnitt M_z.

Nun sei M eine teilweise geordnete, *abgeschlossene* Menge. Jede Kette K in M hat dann in M eine obere Grenze $g(K)$. Jeder Abschnitt K_y ist wieder eine Kette und hat daher eine obere Grenze $g(K_y)$. Wenn nun K *wohlgeordnet* ist und wenn für jedes y in K

$$y = fg(K_y)$$

gilt, so heißt K eine *fg-Kette*. Jedes Anfangsstück einer fg-Kette ist wieder eine fg-Kette.

K und L seien fg-Ketten. Wir wollen zeigen: Wenn K nicht Anfangsstück von L ist, so ist L Anfangsstück von K.

Die Anfangsstücke von K sind die Abschnitte K_y und K selbst. Da K durch die Relation $x < y$ wohlgeordnet ist, so folgt, daß die Menge der Anfangsstücke durch die Relation $\subset$ wohlgeordnet ist. Wenn K nicht Anfangsstück von L ist, so gibt es ein erstes Anfangsstück A von K, das nicht Anfangsstück von L ist.

Hätte A kein letztes Element, so gäbe es zu jedem x in A ein y in A mit $x < y$, also wäre A Vereinigung von echten Anfangsstücken A_y. Diese sind aber Anfangsstücke von L, also wäre ihre Vereinigung A auch Anfangsstück von L, entgegen der Voraussetzung.

Wir können also annehmen, daß A ein letztes Element y hat. Das Anfangsstück $A' = A_y$ ist Anfangsstück von L. Ist $L \neq A'$ und ist z das erste Element von L, das nicht zu A' gehört, so gilt

$$K_y = A' = L_z$$

also

$$y = fg(K_y) = fg(L_z) = z.$$

Nun besteht A genau aus A' und y, also ist A ein Anfangsstück von L, entgegen der Voraussetzung. Es bleibt also nur die Möglichkeit $L = A'$, und L ist ein Anfangsstück von K.

Von zwei fg-Ketten ist also immer eine ein Anfangsstück der anderen.

Wir bilden nun die Vereinigungsmenge V aller fg-Ketten. Dann folgt:

1) V ist vollständig geordnet, also eine Kette.

2) V ist wohlgeordnet.

3) In V gilt $y = fg(V_y)$ für jedes y, also ist V eine fg-Kette.

4) Nimmt man zu V noch ein Element w hinzu, so ist die erweiterte Menge $\{V, w\}$ keine fg-Kette mehr.

Nun bilden wir $w = fg(V)$. Wegen $g(V) \leq fg(V) = w$ ist w eine obere Schranke von V. Würde w nicht zu V gehören, so wäre $\{V, w\}$ eine f-Kette, entgegen 4). Also gehört w zu V. Daher ist $w \leq g(V)$.

Andererseits war $g(V) \leq w$, also ist

$$g(V) = w, \quad w = fg(V) = fw,$$

womit das Fundamentallemma bewiesen ist.

Jetzt nehmen wir das Auswahlpostulat hinzu und beweisen das Maximalprinzip.

Es sei M eine teilweise geordnete, abgeschlossene Menge. Ist x in M nicht maximal, so ist die Menge der y mit $y > x$ nicht leer. Nach dem Auswahlprinzip kann man jedem nicht maximalen x ein $fx > x$ zuordnen; für maximale x sei $fx = x$. Nach dem Fundamentallemma gibt es ein w mit der Eigenschaft $fw = w$. Dieses w ist maximal, womit das Maximalprinzip bewiesen ist.

§ 70. Der Wohlordnungssatz

Wohl die wichtigste Konsequenz des Auswahlpostulats ist der Zermelosche *Wohlordnungssatz*:

Jede Menge kann wohlgeordnet werden.

Zermelo hat für den Satz zwei Beweise gegeben[1]. Der erste kann nach H. Kneser etwas vereinfacht und so formuliert werden:

Es sei M eine Menge. Jede echte Teilmenge N von M hat eine nicht leere Komplementärmenge $M - N$. Nach dem Auswahlprinzip gibt es eine Funktion $\varphi(N)$, die jeder echten Teilmenge N ein Element von $M - N$ zuordnet.

Unter einer φ-*Kette* verstehen wir jetzt eine Teilmenge K von M mit einer bestimmten Wohlordnung derart, daß für jedes y in K die Beziehung

$$y = \varphi(K_y)$$

gilt. Dabei ist K_y wieder der Abschnitt von K, der aus allen x besteht, die dem y in der Wohlordnung von K vorangehen.

Jetzt kann man alle Schlüsse anwenden, die in § 69 zum Beweis des Fundamentallemmas angewandt wurden, mit φ-Ketten statt fg-Ketten. Man bildet also die Vereinigung V aller φ-Ketten und zeigt: V ist wohlgeordnet, V ist eine φ-Kette, und wenn man zu V noch ein Element w hinzunimmt, so ist $\{V, w\}$ keine φ-Kette mehr.

Wäre nun $V \neq M$, so könnte man in $M - V$ das ausgezeichnete Element $w = \varphi(V)$ bilden und es als letztes Element zu V hinzufügen. Die erweiterte Menge $\{V, w\}$ wäre dann wieder eine φ-Kette, entgegen dem eben Bemerkten. Somit bleibt nur die Möglichkeit übrig, daß V die ganze Menge M ist. Also hat $M = V$ eine Wohlordnung.

Die Wichtigkeit der Wohlordnung beruht auf der Möglichkeit, die Methode der vollständigen Induktion, die uns von den abzählbaren Mengen her bekannt ist, auf beliebige wohlgeordnete Mengen auszudehnen. Das soll im nächsten Paragraphen geschehen.

§ 71. Die transfinite Induktion

Der Beweis durch transfinite Induktion. Um eine Eigenschaft E für alle Elemente einer wohlgeordneten Menge zu beweisen, kann man so verfahren: Man weist nach, daß die Eigenschaft E einem Element zukommt, sobald sie allen vorangehenden Elementen zukommt (also insbesondere, daß sie dem ersten Element der Menge zukommt). Dann muß die Eigenschaft E überhaupt allen Elementen zukommen. Denn gesetzt, es gäbe Elemente, die die Eigenschaft E nicht hätten, so müßte es auch ein erstes Element e geben, welches die Eigenschaft E nicht hätte. Alle vorangehenden Elemente hätten dann aber die Eigenschaft E, also e auch, was einen Widerspruch ergibt.

Die Konstruktion durch transfinite Induktion. Gesetzt, man will den Elementen x einer wohlgeordneten Menge M irgend welche neuen Objekte $\varphi(x)$ zuordnen, und man gibt, um diese zu bestimmen,

---

[1] Math. Ann. **59**, S. 514 (1904); Math. Ann. **65**, S. 107 (1908).

eine Relation vor, eine „rekursive Bestimmungsrelation", die immer den Funktionswert $\varphi(a)$ mit den Werten $\varphi(b)$ $(b < a)$ verknüpfen soll. Angenommen wird, daß die Relation jeweils $\varphi(a)$ eindeutig bestimmt, sobald alle Werte $\varphi(b)$ $(b < a)$ gegeben sind und untereinander allemal die gegebene Relation erfüllen. Statt einer Relation kann auch ein System von Relationen gegeben sein.

Satz. *Unter den angegebenen Voraussetzungen gibt es eine und nur eine Funktion $\varphi(x)$, deren Werte die gegebene Relation erfüllen.*

Zunächst werde die Eindeutigkeit bewiesen. Gesetzt, es gäbe zwei verschiedene Funktionen $\varphi(x)$, $\psi(x)$, welche die Bestimmungsrelationen erfüllen. Dann muß es ein erstes a geben, für welches $\varphi(a) \neq \psi(a)$ ist. Für alle $b < a$ ist $\varphi(b) = \psi(b)$. Vermöge der Voraussetzung, daß die Relationen den Wert $\varphi(a)$ eindeutig bestimmen sollen, sobald alle $\varphi(b)$ gegeben sind, ist aber doch $\varphi(a) = \psi(a)$, entgegen der Annahme.

Um nun die Existenz zu beweisen, betrachten wir die Abschnitte A der Menge M. (Ein Abschnitt A ist wieder die Menge der Elemente, die einem Element a vorangehen.) Diese bilden (mit der Relation $A \subset B$ als Ordnungsrelation) eine wohlgeordnete Menge; denn jedem Element a entspricht umkehrbar eindeutig ein Abschnitt A, und aus $b < a$ folgt $B \subset A$. Nehmen wir als letzten Abschnitt noch die Menge M selbst hinzu, so bleibt die Menge wohlgeordnet.

Wir wollen nun durch Induktion nach A beweisen, daß es auf jeder der Mengen A eine Funktion $\varphi(x) = \varphi_A(x)$ gibt (definiert für alle x in A), welche den gegebenen Relationen genügt. Diese Existenz sei also für alle Abschnitte, die einem gegebenen Abschnitt A vorangehen, bewiesen. Nun gibt es zwei Fälle:

1. A hat ein letztes Element a. Auf der Menge A', die aus A durch Weglassung von a entsteht, ist eine Funktion $\varphi(x)$ definiert, da A' ein früherer Abschnitt als A ist. Durch die Gesamtheit der Werte $\varphi(b)$ $(b < a)$ ist aber vermöge der Relationen ein Wert $\varphi(a)$ definiert. Nimmt man diesen hinzu, so ist die Funktion φ für alle Elemente von A erklärt und genügt ausnahmslos den Relationen.

2. A hat kein letztes Element. Jedes Element a von A gehört also schon einem früheren Abschnitt B an. Auf jedem früheren Abschnitt B ist eine Funktion φ_B definiert. Wir wollen definieren:

$$\varphi(a) = \varphi_B(a),$$

müssen dann aber zuerst nachweisen, daß die Funktionen $\varphi_B, \varphi_C, \ldots$, die zu verschiedenen Abschnitten gehören, auf jedem gemeinsamen Punkt dieser Abschnitte übereinstimmen. Es seien also B und C verschiedene Abschnitte, und es sei etwa $B \subset C$. Dann sind φ_B und φ_C beide auf B definiert und genügen dort beide den gegebenen Relationen; also stimmen sie (nach dem Eindeutigkeitssatz, der schon bewiesen wurde) überein. Damit erhält also die Definition $\varphi(a)$ $= \varphi_B(a)$ einen eindeutigen Sinn. Daß die so konstruierte Funktion φ den Relationen genügt, ist klar, denn alle Funktionen φ_B tun es ja.

Sowohl im Fall 1 wie im Fall 2 gibt es demnach eine Funktion φ auf A mit den angegebenen Eigenschaften, und damit ist die Existenz der Funktion φ auf jedem Abschnitt bewiesen. Nimmt man für diesen Abschnitt insbesondere die Menge M selbst, so folgt die Behauptung.

Zehntes Kapitel

Unendliche Körpererweiterungen

Jeder Körper entsteht aus seinem Primkörper durch eine endliche oder unendliche Körpererweiterung. In den Kapiteln 6 und 8 haben wir die endlichen Körpererweiterungen studiert; in diesem Kapitel sollen die unendlichen Körpererweiterungen behandelt werden, und zwar zunächst die algebraischen, sodann die transzendenten.

Alle betrachteten Körper sind kommutativ.

§ 72. Die algebraisch-abgeschlossenen Körper

Unter den algebraischen Erweiterungen eines vorgelegten Körpers spielen naturgemäß eine wichtige Rolle die *maximalen* algebraischen Erweiterungen, d. h. die, welche sich nicht mehr algebraisch erweitern lassen. Daß solche existieren, wird in diesem Paragraphen bewiesen werden.

Damit Ω ein solcher maximaler algebraischer Erweiterungskörper ist, ist eine notwendige Bedingung, daß jedes Polynom in $\Omega[x]$ vollständig in Linearfaktoren zerfällt (sonst könnte man nämlich nach § 39 den Körper Ω noch erweitern durch Adjunktion einer Nullstelle eines nicht linearen Primpolynoms). Diese Bedingung reicht aber auch hin. Denn wenn jedes Polynom in $\Omega[x]$ in Linearfaktoren zerfällt, so sind alle Primpolynome in $\Omega[x]$ linear, also ist jedes Element eines algebraischen Erweiterungskörpers Ω' von Ω Nullstelle eines linearen Polynoms $x - a$ in $\Omega[x]$, also gleich einem Element a von Ω.

Wir definieren deshalb:

Ein Körper Ω heißt algebraisch-abgeschlossen, wenn in $\Omega[x]$ jedes Polynom in Linearfaktoren zerfällt.

Eine damit gleichwertige Definition ist: Ω ist algebraisch-abgeschlossen, wenn jedes nicht konstante Polynom aus $\Omega[x]$ mindestens eine Nullstelle in Ω, also einen Linearfaktor in $\Omega[x]$ besitzt.

Ist nämlich diese Bedingung erfüllt, und zerlegt man ein beliebiges Polynom $f(x)$ in Primfaktoren, so können diese nur linear sein.

Der „Fundamentalsatz der Algebra", auf den wir in § 80 zurückkommen, besagt, daß der Körper der komplexen Zahlen algebraisch abgeschlossen ist. Ein weiteres Beispiel eines algebraisch-abgeschlossenen Körpers ist der Körper aller komplexen algebraischen Zahlen, d. h. aller derjenigen komplexen Zahlen, die einer Gleichung mit rationalen Koeffizienten genügen. Die komplexen Wurzeln einer Gleichung mit algebraischen Koeffizienten sind nämlich nicht nur algebraisch in bezug auf den Körper der algebraischen Zahlen, sondern sogar algebraisch in bezug auf den Körper der rationalen Zahlen, also selbst algebraische Zahlen.

Wir werden in diesem Paragraphen lernen, zu jedem Körper P einen algebraisch-abgeschlossenen Erweiterungskörper auf rein algebraischem Wege zu konstruieren. Nach E. STEINITZ gilt der folgende

Hauptsatz. *Zu jedem Körper* P *gibt es einen algebraisch-abgeschlossenen algebraischen Erweiterungskörper* Ω. *Und zwar ist dieser Körper bis auf äquivalente Erweiterungen eindeutig bestimmt: Je zwei algebraisch-abgeschlossene algebraische Erweiterungen* Ω, Ω' *von* P *sind äquivalent.*

Dem Beweis dieses Satzes müssen einige Hilfssätze vorausgeschickt werden:

Hilfssatz 1. *Es sei* Ω *ein algebraischer Erweiterungskörper von* P. *Hinreichend, damit* Ω *algebraisch-abgeschlossen sei, ist die Bedingung, daß alle Polynome aus* $\mathsf{P}[x]$ *in* $\Omega[x]$ *in Linearfaktoren zerfallen.*

Beweis. Es sei $f(x)$ ein Polynom aus $\Omega[x]$. Wenn es nicht in Linearfaktoren zerfiele, so könnte man eine Nullstelle α adjungieren und käme zu einem echten Oberkörper Ω'. α ist algebraisch in bezug auf Ω und Ω algebraisch in bezug auf P, also α algebraisch in bezug auf P. Daher ist α Nullstelle eines Polynoms $g(x)$ in $\mathsf{P}[x]$. Dieses zerfällt aber in $\Omega[x]$ in Linearfaktoren. Also ist α Nullstelle eines Linearfaktors in $\Omega[x]$, liegt also in Ω, entgegen der Voraussetzung.

Hilfssatz 2. *Ist ein Körper* P *wohlgeordnet, so läßt sich der Polynombereich* $\mathsf{P}[x]$ *in einer eindeutig bestimmbaren Weise wohlordnen.* P *ist in dieser Wohlordnung ein Abschnitt.*

Beweis. Wir definieren eine Anordnung der Polynome $f(x)$ aus $\mathsf{P}[x]$ folgendermaßen: Es sei $f(x) < g(x)$ in den folgenden Fällen:

1. Grad von $f(x) <$ Grad von $g(x)$;
2. Grad von $f(x) =$ Grad von $g(x) = n$, also

$$f(x) = a_0 x^n + \cdots + a_n, \quad g(x) = b_0 x^n + \cdots + b_n;$$

außerdem für einen Index k:

$$\begin{cases} a_i = b_i & \text{für } i < k; \\ a_k < b_k & \text{in der Wohlordnung von P.} \end{cases}$$

Dabei wird dem Polynom 0 ausnahmsweise der Grad 0 zugeschrieben. Daß so eine Anordnung erhalten wird, ist klar. Daß es eine Wohlordnung ist, zeigt man folgendermaßen: In jeder nichtleeren Menge von Polynomen liegt die nichtleere Untermenge der Polynome niedrigsten Grades; dieser Grad sei n. Darin liegt die nichtleere Untermenge der Polynome, deren a_0 in der Wohlordnung von P möglichst früh kommt; darin die Untermenge mit möglichst frühem a_1 usw. Die schließlich erhaltene Untermenge mit möglichst frühem a_n kann nur aus einem Polynom bestehen (da $a_0, \ldots, a_n$ durch die sukzessiven Minimalforderungen eindeutig bestimmt werden), und dieses Polynom ist das erste Element der gegebenen Menge.

Hilfssatz 3. *Ist ein Körper P wohlgeordnet und sind außerdem ein Polynom $f(x)$ vom Grad n und n Symbole $\alpha_1, \ldots, \alpha_n$ vorgegeben, so läßt sich ein Körper $P(\alpha_1, \ldots, \alpha_n)$, in dem $f(x)$ vollständig in Linearfaktoren $\prod_1^n (x - \alpha_i)$ zerfällt, eindeutig konstruieren und wohlordnen.*
P ist in dieser Wohlordnung ein Abschnitt.

Beweis. Wir wollen die Wurzeln $\alpha_1, \ldots, \alpha_n$ sukzessive adjungieren, wodurch aus $P = P_0$ sukzessive die Körper $P_1, \ldots, P_n$ entstehen mögen. Nehmen wir an, daß $P_{i-1} = P(\alpha_1, \ldots, \alpha_{i-1})$ schon konstruiert und wohlgeordnet ist und daß P ein Abschnitt von P_{i-1} ist, so wird P_i folgendermaßen konstruiert:

Zunächst werde nach Hilfssatz 2 der Polynombereich $P_{i-1}[x]$ wohlgeordnet. f zerfällt in diesem Bereich in irreduzible Faktoren, unter denen zunächst $x - \alpha_1, \ldots, x - \alpha_{i-1}$ vorkommen; von den übrigen Faktoren sei $f_i(x)$ der in der Wohlordnung dieses Bereiches erste. Mit α_i als Symbol für eine Wurzel von $f_i(x)$ definieren wir nun nach § 39 den Körper $P_i = P_{i-1}(\alpha_i)$ als Gesamtheit aller Summen

$$\sum_0^{h-1} c_\lambda \alpha_i^\lambda,$$

wo h der Grad von $f_i(x)$ ist. Sollte $f_i(x)$ linear sein, so ist natürlich $P_i = P_{i-1}$ zu setzen; das Symbol α_i bleibt dann unbenützt. Der Körper wird wohlgeordnet durch die folgende Festsetzung: Jedem Körperelement $\sum_0^{h-1} c_\lambda \alpha_i^\lambda$ wird ein Polynom $\sum_0^{h-1} c_\lambda x^\lambda$ zugeordnet, und die Körperelemente werden genau so angeordnet wie die ihnen entsprechenden Polynome.

Offenbar ist dann P_{i-1} ein Abschnitt von P_i, also auch P ein Abschnitt von P_i.

Damit sind $P_1, \ldots, P_n$ konstruiert und wohlgeordnet. P_n ist der gesuchte eindeutig definierte Körper $P(\alpha_1, \ldots, \alpha_n)$.

Hilfssatz 4. *Wenn in einer geordneten Menge von Körpern jeder frühere Körper Unterkörper eines jeden späteren ist, so ist ihre Vereinigungsmenge wieder ein Körper.*

Beweis. Zu je zwei Elementen α, β der Vereinigung gibt es zwei Körper Σ_α, Σ_β, welche α und β enthalten und von denen einer den anderen umfaßt. In diesem umfassenden Körper sind $\alpha + \beta$ und $\alpha \cdot \beta$ definiert, und diese Definitionen stimmen für alle Körper der Menge, welche α und β umfassen, überein, da ja von zwei solchen Körpern immer einer ein Unterkörper des anderen ist. Um nun z. B. das Assoziativgesetz

$$\alpha\beta \cdot \gamma = \alpha \cdot \beta\gamma$$

zu beweisen, suche man aus den Körpern Σ_α, Σ_β, Σ_γ wieder den umfassendsten (spätesten); in ihm sind α, β und γ enthalten und in ihm gilt auch das Assoziativgesetz. In derselben Weise werden alle Rechnungsregeln bewiesen.

Der Beweis des Hauptsatzes zerfällt in zwei Teile: die Konstruktion von Ω und den Eindeutigkeitsbeweis. Die Konstruktion und der Beweis geschehen beide durch transfinite Induktion im Sinne von § 71.

Die Konstruktion von Ω. Hilfssatz 1 zeigt, daß man, um einen algebraisch-abgeschlossenen Erweiterungskörper Ω von P zu konstruieren, bloß einen solchen über P algebraischen Körper zu konstruieren hat, in welchem alle Polynome von $P[x]$ vollständig zerfallen.

Man denke sich den Körper P und demnach auch den Polynombereich $P[x]$ wohlgeordnet. Jedem Polynom $f(x)$ seien so viele neue Symbole $\alpha_1, \ldots, \alpha_n$ zugeordnet, wie der Grad des Polynoms beträgt.

Jedem Polynom $f(x)$ sollen nunmehr zwei wohlgeordnete Körper P_f, Σ_f zugeordnet werden, und zwar werden diese definiert durch die folgenden rekursiven Relationen:

1. P_f ist die Vereinigungsmenge von P und allen Σ_g mit $g < f$.
2. Die Wohlordnung von P_f ist so beschaffen, daß P, sowie alle Σ_g mit $g < f$, Abschnitte von P_f sind.
3. Σ_f entsteht aus P_f durch Adjunktion aller Wurzeln von f mit Hilfe der Symbole $\alpha_1, \ldots, \alpha_n$ nach der Konstruktion von Hilfssatz 3.

Zu beweisen ist, daß durch diese Forderungen in der Tat zwei wohlgeordnete Körper P_f, Σ_f eindeutig bestimmt werden, sobald alle früheren P_g, Σ_g gegeben sind und den Forderungen genügen.

Wenn 3. erfüllt ist, so ist zunächst P_f Abschnitt von Σ_f. Daraus und aus 2. folgt, daß P und jedes $\Sigma_g \, (g < f)$ Abschnitte von Σ_f sind.

Nimmt man an, daß die Forderungen für alle früheren Indizes als f bereits erfüllt sind, so ist also

$$\begin{cases} \mathsf{P} & \text{Abschnitt von } \Sigma_h \text{ für } h < f, \\ \Sigma_g & \text{Abschnitt von } \Sigma_h \text{ für } g < h < f. \end{cases}$$

Daraus folgt nun, daß die Körper P und $\Sigma_h (h < f)$ eine Menge von der in Hilfssatz 4 geforderten Art bilden. Also ist die Vereinigungsmenge wieder ein Körper, den wir der Forderung 1 entsprechend P_f zu nennen haben. Die Wohlordnung von P_f ist aber durch die Forderung 2 eindeutig bestimmt. Denn je zwei Elemente a, b von P_f liegen schon in einem der Körper P oder Σ_g und haben darin eine Reihenfolge: $a < b$ oder $a > b$, die in der Wohlordnung von P_f beibehalten werden muß. Diese Reihenfolge ist dieselbe in allen Körpern P oder Σ_g, welche sowohl a wie b umfassen; denn alle diese Körper sind ja Abschnitte voneinander. Also ist eine Ordnung in der Tat definiert. Daß es eine Wohlordnung ist, ist auch klar; denn jede nichtleere Menge $\mathfrak{M}$ in P_f enthält mindestens ein Element aus P oder aus einem Σ_g, also auch ein erstes Element aus P oder dem betreffenden Σ_g. Dieses ist dann zugleich das erste Element von $\mathfrak{M}$.

Also ist der Körper P_f samt seiner Wohlordnung durch 1., 2. eindeutig bestimmt. Da Σ_f durch 3. eindeutig bestimmt wird, so sind die P_f und Σ_f konstruiert.

In Σ_f zerfällt wegen 3. das Polynom $f(x)$ völlig in Linearfaktoren. Weiter zeigt man durch transfinite Induktion, daß Σ_f algebraisch in bezug auf P ist. Angenommen nämlich, alle $\Sigma_g (g < f)$ seien schon algebraisch. Dann ist auch ihre Vereinigungsmenge mit P, also P_f algebraisch. Weiter ist Σ_f nach 3. algebraisch in bezug auf P_f, also algebraisch in bezug auf P.

Bildet man nun die Vereinigung Ω aller Σ_f, so ist sie nach Hilfssatz 4 ein Körper; dieser Körper ist algebraisch in bezug auf P, und in ihm zerfallen alle Polynome f (weil jedes f schon in Σ_f zerfällt). Also ist der Körper Ω algebraisch-abgeschlossen (Hilfssatz 1).

Die Eindeutigkeit von Ω. Es seien Ω und Ω' zwei Körper, beide algebraisch-abgeschlossen und algebraisch in bezug auf P. Wir wollen ihre Äquivalenz beweisen. Zu diesem Zweck werden sie beide als wohlgeordnet vorausgesetzt. Wir wollen zu jedem Abschnitt $\mathfrak{A}$ von Ω (wobei Ω selbst auch zu den Abschnitten gerechnet wird) eine Teilmenge $\mathfrak{A}'$ von Ω' und einen Isomorphismus

$$\mathsf{P}(\mathfrak{A}) \cong \mathsf{P}(\mathfrak{A}')$$

konstruieren. Dieser soll den folgenden rekursiven Bedingungen genügen:

1. Der Isomorphismus $\mathsf{P}(\mathfrak{A}) \cong \mathsf{P}(\mathfrak{A}')$ soll P elementweise festlassen.

2. Der Isomorphismus $\mathsf{P}(\mathfrak{A}) \cong \mathsf{P}(\mathfrak{A}')$ soll für $\mathfrak{B} \subset \mathfrak{A}$ eine Fortsetzung von $\mathsf{P}(\mathfrak{B}) \cong \mathsf{P}(\mathfrak{B}')$ sein.

3. Wenn $\mathfrak{A}$ ein letztes Element a hat, also $\mathfrak{A} = \mathfrak{B} \vee \{a\}$ ist, und wenn a eine Wurzel des in $\mathsf{P}(\mathfrak{B})$ irreduziblen Polynoms $f(x)$ ist, so soll a' die in der Wohlordnung von Ω' erste Wurzel des vermöge $\mathsf{P}(\mathfrak{B}) \cong \mathsf{P}(\mathfrak{B}')$ zugeordneten Polynoms $f'(x)$ sein.

Zu zeigen ist, daß durch diese drei Forderungen in der Tat ein und nur ein Isomorphismus $\mathsf{P}(\mathfrak{A}) \cong \mathsf{P}(\mathfrak{A}')$ bestimmt wird, falls dasselbe schon für alle früheren Abschnitte $\mathfrak{B} \subset \mathfrak{A}$ der Fall ist. Wir haben da zwei Fälle zu unterscheiden.

Erster Fall. $\mathfrak{A}$ hat kein letztes Element. Dann gehört jedes Element a schon einem früheren Abschnitt $\mathfrak{B}$ an; daher ist $\mathfrak{A}$ die Vereinigung der Abschnitte $\mathfrak{B}$, also $\mathsf{P}(\mathfrak{A})$ die Vereinigung der Körper $\mathsf{P}(\mathfrak{B})$ mit $\mathfrak{B} \subset \mathfrak{A}$. Da jeder der Isomorphismen $\mathsf{P}(\mathfrak{B}) \cong \mathsf{P}(\mathfrak{B}')$ Fortsetzung aller früheren ist, so ist jedem Element α in allen diesen Isomorphismen nur ein α' zugeordnet. Es gibt demnach eine und nur eine Zuordnung $\mathsf{P}(\mathfrak{A}) \to \mathsf{P}(\mathfrak{A}')$, welche alle früheren Isomorphismen $\mathsf{P}(\mathfrak{B}) \to \mathsf{P}(\mathfrak{B}')$ umfaßt, nämlich die Zuordnung $\alpha \to \alpha'$. Diese ist offenbar ein Isomorphismus und genügt den Bedingungen 1, 2.

Zweiter Fall. $\mathfrak{A}$ hat ein letztes Element a; es ist also $\mathfrak{A} = \mathfrak{B} \vee \{a\}$. Durch die Bedingung 3 ist das dem a zugeordnete Element a' eindeutig festgelegt. Da a' in bezug auf $\mathsf{P}(\mathfrak{B}')$ (im Sinne des Isomorphismus) „derselben" irreduziblen Gleichung genügt wie a in bezug auf $\mathsf{P}(\mathfrak{B})$, so läßt sich der Isomorphismus $\mathsf{P}(\mathfrak{B}) \to \mathsf{P}(\mathfrak{B}')$ bzw., wenn $\mathfrak{B}$ leer ist, der identische Isomorphismus $\mathsf{P} \to \mathsf{P}$ fortsetzen zu einem Isomorphismus $\mathsf{P}(\mathfrak{B}, a) \to \mathsf{P}(\mathfrak{B}', a')$, wobei a in a' übergeht (§ 41). Und zwar ist dieser Isomorphismus durch jene Bedingung eindeutig bestimmt; denn jede rationale Funktion $\varphi(a)$ mit Koeffizienten aus $\mathfrak{B}$ muß notwendig übergehen in ein $\varphi'(a')$ mit entsprechenden Koeffizienten aus $\mathfrak{B}'$. Daß der so konstruierte Isomorphismus $\mathsf{P}(\mathfrak{A}) \to \mathsf{P}(\mathfrak{A}')$ den Bedingungen 1 und 2 genügt, ist klar.

Damit ist die Konstruktion der Isomorphismen $\mathsf{P}(\mathfrak{A}) \to \mathsf{P}(\mathfrak{A}')$ geleistet. Bezeichnet Ω'' die Vereinigung aller $\mathsf{P}(\mathfrak{A}')$, so existiert also ein Isomorphismus $\mathsf{P}(\Omega) \to \Omega''$ oder $\Omega \to \Omega''$, der P elementweise fest läßt. Da Ω algebraisch-abgeschlossen ist, so muß Ω'' es auch sein, und daher ist notwendig Ω'' schon das ganze Ω'. Daraus folgt die behauptete Äquivalenz von Ω und Ω'.

Die Bedeutung der algebraisch-abgeschlossenen Erweiterungskörper eines gegebenen Körpers liegt darin, daß sie bis auf äquivalente Erweiterungen alle überhaupt möglichen algebraischen Erweiterungen umfassen. Genauer:

Ist Ω ein algebraisch-abgeschlossener algebraischer Erweiterungskörper von P und Σ irgendein algebraischer Erweiterungskörper von P, so gibt es innerhalb Ω einen zu Σ äquivalenten Erweiterungskörper Σ_0.

Beweis. Man erweitere Σ zu einem algebraisch-abgeschlossenen algebraischen Erweiterungskörper Ω'. Dieser ist auch algebraisch in bezug auf **P**, also mit Ω äquivalent. Bei einem Isomorphismus, der Ω' in Ω überführt und **P** elementweise fest läßt, geht insbesondere Σ über in einen äquivalenten Unterkörper Σ_0 von Ω.

Aufgabe. Man beweise die Existenz und Eindeutigkeit eines Erweiterungskörpers von **P**, der durch Adjunktion aller Nullstellen einer vorgegebenen Menge von Polynomen aus **P**$[x]$ entsteht.

Bemerkung. Statt der transfiniten Induktion kann man bei solchen Beweisen, wie sie in diesem Paragraphen dargestellt wurden, auch das Lemma von ZORN verwenden. Siehe M. ZORN, Bull. Amer. Math. Soc. **41**, 667 (1935).

§ 73. Einfache transzendente Erweiterungen

Jede einfache transzendente Erweiterung eines (kommutativen) Körpers Δ ist, wie wir wissen, äquivalent dem Quotientenkörper $\Delta\,(x)$ des Polynombereichs $\Delta\,[x]$. Wir studieren daher diesen Quotientenkörper

$$\Omega = \Delta\,(x)\,.$$

Elemente von Ω sind rationale Funktionen

$$\eta = \frac{f(x)}{g(x)}\,,$$

die in unverkürzbarer Gestalt (f und g teilerfremd) angenommen werden können. Der größte der beiden Grade von $f(x)$ und $g(x)$ heißt der *Grad* der Funktion η.

Satz. *Jedes nichtkonstante η vom Grade n ist transzendent in bezug auf Δ, und $\Delta\,(x)$ ist algebraisch vom Grade n in bezug auf $\Delta\,(\eta)$.*

Beweis. Die Darstellung $\eta = f(x)/g(x)$ sei unverkürzbar. Dann genügt x der Gleichung

$$g(x) \cdot \eta - f(x) = 0$$

mit Koeffizienten aus $\Delta\,(\eta)$. Diese Koeffizienten können nicht alle Null sein. Wären sie es nämlich und wäre a_k ein nichtverschwindender Koeffizient in $g(x)$, b_k der Koeffizient derselben Potenz von x in $f(x)$, so hätte man

$$a_k\,\eta - b_k = 0\,,$$

mithin $\eta = b_k/a_k = $ konst., entgegen der Voraussetzung. Also ist x algebraisch in bezug auf $\Delta\,(\eta)$.

Wäre nun η algebraisch in bezug auf Δ, so wäre auch x algebraisch in bezug auf Δ, was nicht der Fall ist. Mithin ist η transzendent.

x ist Nullstelle des Polynoms in $\Delta\,(\eta)\,[z]$

$$g(z)\,\eta - f(z)$$

vom Grade n. Dieses Polynom ist irreduzibel in $\Delta(\eta)[z]$. Denn sonst wäre es nach § 30 auch in $\Delta[\eta, z]$ reduzibel; da es linear in η ist, müßte ein Faktor von η unabhängig sein und nur von z abhängen; einen solchen Faktor kann es aber nicht geben, da $g(z)$ und $f(z)$ teilerfremd sind.

Mithin ist x algebraisch vom Grade n in bezug auf $\Delta(\eta)$. Daraus folgt die Behauptung $(\Delta(x):\Delta(\eta)) = n$.

Wir merken uns für später noch, daß das Polynom

$$g(z)\,\eta - f(z)$$

keinen von z allein abhängigen (in $\Delta[z]$ liegenden) Faktor hat. Dieser Tatbestand bleibt erhalten, wenn man η durch seinen Wert $f(x)/g(x)$ ersetzt und mit dem Nenner $g(x)$ aufmultipliziert; mithin hat das Polynom in $\Delta[x, z]$

$$g(z)\,f(x) - f(z)\,g(x)$$

keinen von z allein abhängigen Faktor.

Aus dem bewiesenen Satz fließen drei *Folgerungen*.

1. Der Grad einer Funktion $\eta = f(x)/g(x)$ hängt nur von den Körpern $\Delta(\eta)$ und $\Delta(x)$, nicht von der speziellen Wahl der Erzeugenden x des letzteren Körpers ab.

2. Dann und nur dann ist $\Delta(\eta) = \Delta(x)$, wenn η vom Grade 1, also gebrochen-linear ist. Das heißt: *Körpererzeugende sind neben x alle gebrochenen linearen Funktionen von x und nur diese.*

3. Ein Automorphismus von $\Delta(x)$, der die Elemente von Δ fest läßt, muß x wieder in eine Körpererzeugende überführen. Führt man umgekehrt x in eine andere Körpererzeugende $\bar{x} = \dfrac{a\,x + b}{c\,x + d}$ und jedes $\varphi(x)$ in $\varphi(\bar{x})$ über, so entsteht ein Automorphismus, bei dem die Elemente von Δ fest bleiben. Also:

Alle relativen Automorphismen von $\Delta(x)$ in bezug auf Δ sind die gebrochen-linearen Substitutionen.

$$\bar{x} = \frac{a\,x + b}{c\,x + d}\,, \qquad a\,d - b\,c \neq 0\,.$$

Wichtig für gewisse geometrische Untersuchungen ist der folgende

Satz von Lüroth: *Jeder Zwischenkörper Σ mit $\Delta \subset \Sigma \subseteq \Delta(x)$ ist eine einfache transzendente Erweiterung*: $\Sigma = \Delta(\vartheta)$.

Beweis. Das Element x muß algebraisch in bezug auf Σ sein; denn wenn η irgendein nicht in Δ gelegenes Element von Σ ist, so ist x, wie gezeigt, algebraisch in bezug auf $\Delta(\eta)$, also um so mehr in bezug auf Σ. Das im Polynombereich $\Sigma[z]$ irreduzible Polynom mit dem höchsten Koeffizienten 1 und der Nullstelle x sei

$$(1) \qquad f_0(z) = z^n + a_1 z^{n-1} + \cdots + a_n\,.$$

Wir wollen den Bau dieses $f_0(z)$ bestimmen.

Die a_i sind rationale Funktionen von x. Durch Multiplikation mit dem Hauptnenner kann man sie ganzrational machen und außerdem erreichen, daß man ein in bezug auf x primitives Polynom (vgl. § 30) erhält:

$$f(x, z) = b_0(x)\, z^n + b_1(x)\, z^{n-1} + \cdots + b_n(x)\,.$$

Der Grad dieses Polynoms in x sei m, der Grad in z ist n.

Die Koeffizienten $a_i = b_i/b_0$ von (1) können nicht sämtlich von x unabhängig sein, da sonst x algebraisch in bezug auf Δ wäre, es muß also einer unter ihnen, etwa

$$\vartheta = a_i = \frac{b_i(x)}{b_0(x)}$$

oder, unverkürzbar geschrieben

$$\vartheta = \frac{g(x)}{h(x)}$$

von x wirklich abhängen. Die Grade von $g(x)$ und $h(x)$ sind $\leqq m$. Das (nichtverschwindende) Polynom

$$g(z) - \vartheta\, h(z) = g(z) - \frac{g(x)}{h(x)}\, h(z)$$

hat die Nullstelle $z = x$, ist also in $\Sigma[z]$ durch $f_0(z)$ teilbar. Geht man nach § 30 von diesen in x rationalen Polynomen zu ganzrationalen und in x primitiven Polynomen über, so bleibt diese Teilbarkeit bestehen, und man erhält

$$h(x)\, g(z) - g(x)\, h(z) = q(x, z)\, f(x, z)\,.$$

In x hat die linke Seite einen Grad $\leqq m$. Auf der rechten hat aber f schon den Grad m; also folgt, daß der Grad auf der linken Seite genau m ist und daß $q(x, z)$ nicht von x abhängt. Einen von z allein abhängigen Faktor hat aber die linke Seite nicht (s. oben); also ist $q(x, z)$ eine Konstante:

$$h(x)\, g(z) - g(x)\, h(z) = q \cdot f(x, z)\,.$$

Damit ist, da es auf die Konstante q nicht ankommt, der Bau von $f(x, z)$ bestimmt. Der Grad von $f(x, z)$ in x ist m; also ist (aus Symmetriegründen) der Grad in z auch m, mithin $m = n$. Mindestens eine der Gradzahlen von $g(x)$ und $h(x)$ muß den Höchstwert m wirklich erreichen; also hat auch ϑ als Funktion von x genau den Grad m.

Demnach ist einerseits

$$(\Delta(x) : \Delta(\vartheta)) = m\,,$$

andererseits

$$(\Delta(x) : \Sigma) = m\,,$$

mithin, da Σ ja $\Delta(\vartheta)$ umfaßt:

$$(\Sigma : \Delta(\vartheta)) = 1,$$
$$\Sigma = \Delta(\vartheta).$$

Der Lürothsche Satz hat die folgende Bedeutung für die Geometrie:

Eine ebene (irreduzible) algebraische Kurve $F(\xi, \eta) = 0$ heißt *rational*, wenn ihre Punkte bis auf endlichviele dargestellt werden können durch rationale Parametergleichungen:

$$\xi = f(t),$$
$$\eta = g(t).$$

Es kann nun vorkommen, daß jeder Kurvenpunkt (vielleicht mit endlichvielen Ausnahmen) zu mehreren Werten von t gehört. (Beispiel:

$$\xi = t^2,$$
$$\eta = t^2 + 1;$$

zu t und $-t$ gehört der gleiche Punkt.) Zufolge des Lürothschen Satzes kann man das aber immer durch geschickte Parameterwahl vermeiden. Es sei nämlich Δ ein Körper, der die Koeffizienten der Funktionen f, g enthält, und t zunächst eine Unbestimmte. $\Sigma = \Delta(f, g)$ ist ein Unterkörper von $\Delta(t)$. Ist t' ein primitives Element von Σ, so ist etwa

$$f(t) = f_1(t') \quad \text{(rational)},$$
$$g(t) = g_1(t') \quad \text{(rational)},$$
$$t' = \varphi(f, g) = \varphi(\xi, \eta),$$

und man verifiziert leicht, daß die neue Parameterdarstellung

$$\xi = f_1(t'),$$
$$\eta = g_1(t')$$

die gleiche Kurve darstellt, während der Nenner der Funktion $\varphi(x, y)$ nur in endlichvielen Punkten der Kurve verschwindet, so daß zu allen Kurvenpunkten (bis auf endlichviele) nur *ein* t'-Wert gehört.

Aufgabe. Ist der Körper $\Delta(x)$ normal in bezug auf den Unterkörper $\Delta(\eta)$, so zerfällt das Polynom (1) in ihm in Linearfaktoren. Alle diese Linearfaktoren gehen durch gebrochen-lineare Transformationen von x aus einem unter ihnen, etwa aus $z - x$, hervor. Diese linearen Transformationen bilden eine endliche Gruppe, lassen die Funktion $\vartheta = g(x)/h(x)$ invariant und sind dadurch gekennzeichnet.

§ 74. Algebraische Abhängigkeit und Unabhängigkeit

Es sei Ω ein Erweiterungskörper eines festen Körpers P. Ein Element v von Ω heißt *algebraisch abhängig* von $u_1, \ldots, u_n$, wenn v algebraisch in bezug auf den Körper $\mathsf{P}(u_1, \ldots, u_n)$ ist, d. h. wenn v einer algebraischen Gleichung

$$a_0(u) v^g + a_1(u) v^{g-1} + \cdots + a_g(u) = 0$$

genügt, deren Koeffizienten $a_0(u), \ldots, a_g(u)$ Polynome in $u_1, \ldots, u_n$ mit Koeffizienten aus P und nicht sämtlich gleich Null sind.

Die Relation der algebraischen Abhängigkeit hat folgende Grundeigenschaften, die zu den Grundeigenschaften der linearen Abhängigkeit vollkommen analog sind (vgl. § 20):

Grundsatz 1. *Jedes $u_i (i = 1, \ldots, n)$ ist von $u_1, \ldots, u_n$ algebraisch abhängig.*

Grundsatz 2. *Ist v algebraisch abhängig von $u_1, \ldots, u_n$, aber nicht von $u_1, \ldots, u_{n-1}$, so ist u_n algebraisch abhängig von $u_1, \ldots, u_{n-1}, v$.*

Beweis. Wir denken uns $u_1, \ldots, u_{n-1}$ zum Grundkörper adjungiert. Dann ist v algebraisch abhängig von u_n, also gilt eine algebraische Relation

$$(1) \qquad a_0(u_n) v^g + a_1(u_n) v^{g-1} + \cdots + a_g(u_n) = 0.$$

Ordnen wir diese Gleichung nach Potenzen von u_n, so kommt:

$$(2) \qquad b_0(v) u_n^h + b_1(v) u_n^{h-1} + \cdots + b_h(v) = 0.$$

Nach Voraussetzung ist v transzendent in bezug auf den Grundkörper $\mathsf{P}(u_1, \ldots, u_{n-1})$. Die Polynome $b_0(v), \ldots, b_h(v)$ sind also entweder identisch Null in v oder $\neq 0$. Sie können aber nicht alle identisch Null in v sein, da sonst die linke Seite von (1) auch identisch in v gleich Null, d. h. $a_0(u_n) = a_1(u_n) = \cdots = a_g(u_n) = 0$ sein würde, entgegen der Voraussetzung. Also sind in (2) nicht alle Koeffizienten $b_k(v)$ gleich Null; somit ist u_n auf Grund von (2) algebraisch abhängig von v in bezug auf den Grundkörper $\mathsf{P}(u_1, \ldots, u_{n-1})$.

Grundsatz 3. *Ist w algebraisch abhängig von $v_1, \ldots, v_s$ und ist jedes $v_j (j = 1, \ldots, s)$ algebraisch abhängig von $u_1, \ldots, u_n$, so ist w algebraisch abhängig von $u_1, \ldots, u_n$.*

Beweis. Ist w algebraisch über dem Körper $\mathsf{P}(v_1, \ldots, v_s)$, also auch über $\mathsf{P}(u_1, \ldots, u_n, v_1, \ldots, v_s)$, und ist dieser Körper wiederum algebraisch über $\mathsf{P}(u_1, \ldots, u_n)$, so ist nach § 41 auch w algebraisch über $\mathsf{P}(u_1, \ldots, u_n)$, was zu beweisen war.

Da nunmehr die Grundsätze der linearen Abhängigkeit als erfüllt nachgewiesen sind, so gelten auch alle in § 20 aufgestellten Folgesätze, insbesondere der Austauschsatz.

Analog dem Begriff der linearen Unabhängigkeit kann man den Begriff der algebraischen Unabhängigkeit einführen: $u_1, \ldots, u_r$ heißen *algebraisch unabhängig* in bezug auf den Grundkörper P, wenn kein u_i algebraisch von den übrigen abhängt. Es gilt der

Satz. *Die Elemente $u_1, \ldots, u_r$ sind dann und nur dann algebraisch unabhängig, wenn aus*

$$f(u_1, \ldots, u_r) = 0,$$

wo f ein Polynom mit Koeffizienten aus P ist, notwendig das Verschwinden aller Koeffizienten dieses Polynoms folgt.

Beweis. Wenn $f(u_1, \ldots, u_r) = 0$ das identische Verschwinden des Polynoms f zur Folge hat, so ist klar, daß kein u_i algebraisch von den übrigen u_j abhängen kann. Nun seien umgekehrt $u_1, \ldots, u_r$ algebraisch unabhängig. Wenn

$$f(u_1, \ldots, u_r) = 0$$

ist und wenn man das Polynom f nach Potenzen von u_r ordnet, so folgt, daß die Koeffizienten $f_i(u_1, \ldots, u_{r-1})$ dieses Polynoms gleich Null sind. Ordnet man diese nach Potenzen von u_{r-1} und schließt in der gleichen Weise weiter, so folgt schließlich, daß alle Koeffizienten des Polynoms f gleich Null sein müssen.

Nach diesem Satz sind $u_1, \ldots, u_r$, wenn sie algebraisch unabhängig sind, durch keinerlei algebraische Gleichungen miteinander verknüpft. Man nennt sie daher auch *unabhängige Transzendente*.

Sind $u_1, \ldots, u_r$ algebraisch unabhängig und sind $z_1, \ldots, z_r$ Unbestimmte über P, so kann man jedem Polynom $f(z_1, \ldots, z_r)$ mit Koeffizienten aus P eineindeutig ein Polynom $f(u_1, \ldots, u_r)$ zuordnen. Daher ist $P[z_1, \ldots, z_r] \cong P[u_1, \ldots, u_r]$. Aus dem Isomorphismus der Polynomringe folgt auch der Isomorphismus ihrer Quotientenkörper:

$$P(z_1, \ldots, z_r) \cong P(u_1, \ldots, u_r).$$

Die unabhängigen Transzendenten $u_1, \ldots, u_r$ stimmen demnach in allen algebraischen Eigenschaften mit Unbestimmten überein.

Die Begriffe algebraisch abhängig und unabhängig können auch für unendliche Mengen definiert werden. Ein Element v heißt *(algebraisch) abhängig von einer Menge $\mathfrak{M}$ (in bezug auf den Grundkörper P)*, wenn es algebraisch in bezug auf den Körper $P(\mathfrak{M})$ ist, also einer Gleichung genügt, deren Koeffizienten rationale Funktionen der Elemente von $\mathfrak{M}$ mit Koeffizienten aus P sind[1]. In diesem Fall kann man die Gleichung durch Multiplikation mit dem Produkt der Nenner ganz-rational in den Elementen von $\mathfrak{M}$ machen. Da in der Gleichung nur endlichviele Elemente $u_1, \ldots, u_n$ von $\mathfrak{M}$ vorkommen, so folgt:

Wenn v von $\mathfrak{M}$ abhängig ist, so ist v schon von endlichvielen Elementen $u_1, \ldots, u_n$ von $\mathfrak{M}$ abhängig.

Wählt man die endliche Teilmenge $\{u_1, \ldots, u_n\}$ so, daß kein Element von ihr entbehrlich ist, so ist nach Grundsatz 2 jedes u_i von v und den übrigen u_j abhängig.

Grundsatz 3 läßt sich ohne weiteres auf unendliche Mengen ausdehnen:

Ist u abhängig von $\mathfrak{M}$ und jedes Element von $\mathfrak{M}$ abhängig von $\mathfrak{N}$, so ist u abhängig von $\mathfrak{N}$.

Eine Menge $\mathfrak{N}$ heißt *(algebraisch) abhängig* von einer Menge $\mathfrak{M}$, wenn alle Elemente von $\mathfrak{N}$ es sind. Ist $\mathfrak{N}$ abhängig von $\mathfrak{M}$ und $\mathfrak{M}$ abhängig von $\mathfrak{L}$, so ist auch $\mathfrak{N}$ abhängig von $\mathfrak{L}$.

---

[1] Ein Element hängt von der leeren Menge ab, wenn es algebraisch in bezug auf P ist.

Sind zwei Mengen $\mathfrak{M}$ und $\mathfrak{N}$ gegenseitig voneinander abhängig, so heißen sie *äquivalent* (in bezug auf P). Die Äquivalenzrelation ist reflexiv, symmetrisch und transitiv.

Eine Menge $\mathfrak{M}$ heißt *algebraisch unabhängig* (in bezug auf P), wenn kein Element von $\mathfrak{M}$ algebraisch von den übrigen abhängt. Man sagt in diesem Fall auch, die Menge $\mathfrak{M}$ „bestehe aus lauter unabhängigen Transzendenten".

Ist $\mathfrak{M}$ algebraisch unabhängig, so kann eine Relation zwischen Elementen von $\mathfrak{M}$

$$f(u_1, \ldots, u_r) = 0,$$

(wo f ein Polynom mit Koeffizienten aus P ist) nur dann bestehen, wenn f identisch verschwindet:

$$f(x_1, \ldots, x_r) = 0 \qquad \text{(für unbestimmte } x_i).$$

Bildet man nun einen Polynombereich $\mathsf{P}[\mathfrak{X}]$ in so vielen Unbestimmten x_i, wie es Elemente in $\mathfrak{M}$ gibt (endlich oder unendlich vielen), und ordnet man jedem Polynom $f(x_1, \ldots, x_r)$ das Körperelement $f(u_1, \ldots, u_r)$ zu, so entsteht offenbar ein Homomorphismus des Polynombereichs mit der Menge $\mathsf{P}[\mathfrak{M}]$ der Körperelemente $f(u_1, \ldots, u_r)$. Dabei gehen aber, falls $\mathfrak{M}$ algebraisch unabhängig ist, verschiedene Polynome in verschiedene Körperelemente über; man hat also in diesem Fall einen Isomorphismus:

$$\mathsf{P}[\mathfrak{X}] \cong \mathsf{P}[\mathfrak{M}].$$

Aus dem Isomorphismus der Polynomringe folgt wieder der Isomorphismus ihrer Quotientenkörper. Damit ist bewiesen:

Der Körper $\mathsf{P}(\mathfrak{M})$, *der durch Adjunktion einer algebraisch unabhängigen Menge* $\mathfrak{M}$ *an* P *entsteht, ist isomorph dem Körper der rationalen Funktionen einer mit* $\mathfrak{M}$ *gleichmächtigen Menge* $\mathfrak{X}$ *von Unbestimmten* x_i, *d. h. dem Quotientenkörper des Polynombereichs* $\mathsf{P}[\mathfrak{X}]$.

Man nennt jeden Körper $\mathsf{P}(\mathfrak{M})$, der durch Adjunktion einer algebraisch unabhängigen Menge $\mathfrak{M}$ an P entsteht, eine *rein transzendente Erweiterung* von P. Die Struktur der rein transzendenten Erweiterungen ist durch den vorigen Satz vollkommen bestimmt: jede solche ist isomorph dem Quotientenkörper eines Polynombereichs. Die Struktur hängt demnach nur von der Mächtigkeit der Menge $\mathfrak{M}$ ab: diese Mächtigkeit ist der im nächsten Paragraphen zu behandelnde *Transzendenzgrad*.

§ 75. Der Transzendenzgrad

Wir wollen zeigen, daß jede Körpererweiterung in eine rein transzendente und eine darauffolgende algebraische aufgespalten werden kann. Das beruht auf dem folgenden Satz:

Es sei Ω eine Erweiterung von **P**. *Dann ist jede Untermenge $\mathfrak{M}$ von Ω einer algebraisch unabhängigen Untermenge $\mathfrak{M}'$ von $\mathfrak{M}$ äquivalent.*

Beweis. $\mathfrak{M}$ sei wohlgeordnet. Die Untermenge $\mathfrak{M}'$ werde folgendermaßen definiert: Ein Element a von $\mathfrak{M}$ gehört zu $\mathfrak{M}'$, falls a von dem ihm vorangehenden Abschnitt $\mathfrak{A}$ nicht abhängt. Von $\mathfrak{M}'$ gilt nun folgendes:

1. $\mathfrak{M}'$ ist algebraisch unabhängig. Denn hinge ein Element, etwa a_1, von anderen Elementen $a_2, \ldots, a_k$ ab, so könnte man die Menge $\{a_2, \ldots, a_k\}$ minimal wählen, und jedes der a_i hinge dann von den übrigen ab. Insbesondere würde das in der Wohlordnung letzte a_i von den ihm vorangehenden übrigen abhängen. Dann könnte aber (nach Definition von $\mathfrak{M}'$) dieses letzte a_i nicht zu $\mathfrak{M}'$ gehören.

2. $\mathfrak{M}$ hängt von $\mathfrak{M}'$ ab. Denn sonst würde es in $\mathfrak{M}$ ein frühestes Element a geben, das von $\mathfrak{M}'$ nicht abhängt. a gehört nicht zu $\mathfrak{M}'$, hängt also von dem vorangehenden Abschnitt $\mathfrak{A}$ ab, der seinerseits (da a das erste nicht von $\mathfrak{M}'$ abhängige Element war) von $\mathfrak{M}'$ abhängt. Demnach hängt a doch von $\mathfrak{M}'$ ab, entgegen der Voraussetzung.

Zusatz. *Ist $\mathfrak{M} \subseteq \mathfrak{N}$, so läßt sich jedes zu $\mathfrak{M}$ äquivalente algebraisch unabhängige Teilsystem $\mathfrak{M}'$ von $\mathfrak{M}$ zu einem mit $\mathfrak{N}$ äquivalenten algebraisch unabhängigen Teilsystem von $\mathfrak{N}$ erweitern.*

Beweis. Man wähle die Wohlordnung von $\mathfrak{N}$ so, daß die Elemente von $\mathfrak{M}$ vorangehen, und konstruiere $\mathfrak{N}'$ aus $\mathfrak{N}$ wie vorhin $\mathfrak{M}'$ aus $\mathfrak{M}$. Offenbar umfaßt dann $\mathfrak{N}'$ insbesondere die Elemente von $\mathfrak{M}'$.

Aufgabe. 1. Man führe den Beweis des Satzes mit Hilfe des Lemmas von Zorn, angewandt auf die abgeschlossene Menge A aller algebraisch unabhängigen Teilmengen von $\mathfrak{M}$.

Dem obigen Satz zufolge ist jeder Erweiterungskörper Ω von **P** aufzufassen als eine algebraische Erweiterung von **P**$(\mathfrak{S})$, wo $\mathfrak{S}$ ein irreduzibles System und daher **P**$(\mathfrak{S})$ eine rein transzendente Erweiterung von **P** ist. Das heißt also, man erhält Ω aus **P** durch eine rein transzendente und eine nachfolgende rein algebraische Erweiterung.

Das durch die vorigen Sätze konstruierte irreduzible System $\mathfrak{M}'$ ist natürlich nicht eindeutig bestimmt; wohl aber ist seine Mächtigkeit [also auch der Typ der rein transzendenten Erweiterung **P**$(\mathfrak{M}')$] eindeutig bestimmt. Es gilt nämlich der Satz:

Zwei äquivalente, algebraisch unabhängige Systeme $\mathfrak{M}$, $\mathfrak{N}$ sind gleichmächtig.

Für den allgemeinen Beweis dieses Satzes möge auf die Steinitzsche Originalarbeit im Journal f. d. reine u. angew. Math. Bd. 137 verwiesen werden, oder auch auf O. Haupt, Einführung in die Algebra II, Kap. 23, 6. Der wichtigste Spezialfall ist der, daß mindestens eins der beiden Systeme $\mathfrak{M}$, $\mathfrak{N}$ endlich ist. Besteht etwa $\mathfrak{M}$

aus r Elementen $u_1, \ldots, u_r$, so kann es nach Folgesatz 4 (§ 20) in $\mathfrak{N}$ auch nicht mehr als r Elemente geben, also ist $\mathfrak{N}$ ebenfalls endlich, und da $\mathfrak{M}$ aus demselben Grunde auch nicht mehr Elemente haben kann als $\mathfrak{N}$, so sind $\mathfrak{M}$ und $\mathfrak{N}$ gleichmächtig.

Die eindeutig bestimmte Mächtigkeit eines mit Ω äquivalenten algebraisch unabhängigen Systems $\mathfrak{M}'$ heißt der *Transzendenzgrad* des Körpers Ω (in bezug auf P).

Satz. *Eine Erweiterung, die sich aus zwei sukzessiven Erweiterungen von den (endlichen) Transzendenzgraden s und t zusammensetzt, hat den Transzendenzgrad $s + t$* [1].

Beweis. Es sei $\mathsf{P} \subseteq \Sigma \subseteq \Omega$. Es sei $\mathfrak{S}$ ein in bezug auf P algebraisch unabhängiges, mit Σ äquivalentes System in Σ und $\mathfrak{T}$ ein in bezug auf Σ algebraisch unabhängiges, mit Ω äquivalentes System in Ω. Dann hat $\mathfrak{S}$ die Mächtigkeit s, $\mathfrak{T}$ die Mächtigkeit t, und $\mathfrak{S}$ ist zu $\mathfrak{T}$ fremd, also hat die Vereinigung $\mathfrak{S} \vee \mathfrak{T}$ die Mächtigkeit $s + t$. Wenn wir beweisen können, daß $\mathfrak{S} \vee \mathfrak{T}$ in bezug auf P algebraisch unabhängig und mit Ω äquivalent ist, so sind wir fertig.

Ω ist algebraisch in bezug auf $\Sigma(\mathfrak{T})$ und Σ algebraisch in bezug auf $\mathsf{P}(\mathfrak{S})$, also Ω algebraisch in bezug auf $\mathsf{P}(\mathfrak{S}, \mathfrak{T})$, also äquivalent mit $\mathfrak{S} \vee \mathfrak{T}$.

Bestünde eine algebraische Relation zwischen endlichvielen Elementen von $\mathfrak{S} \vee \mathfrak{T}$ mit Koeffizienten aus P, so könnten darin zunächst die Elemente von $\mathfrak{T}$ nicht wirklich vorkommen; denn sonst bestünde eine Relation zwischen diesen mit Koeffizienten aus Σ, was der algebraischen Unabhängigkeit von $\mathfrak{T}$ widerstreitet. Also bestünde eine Relation zwischen den Elementen von $\mathfrak{S}$ allein, was wiederum der algebraischen Unabhängigkeit von $\mathfrak{S}$ widerspricht. $\mathfrak{S} \vee \mathfrak{T}$ ist also algebraisch unabhängig in bezug auf P, womit alles bewiesen ist.

§ 76. Differentiation der algebraischen Funktionen

Die in § 27 gegebene Definition der Ableitung eines Polynoms $f(x)$ läßt sich ohne weiteres auf rationale Funktionen einer Unbestimmten

$$\varphi(x) = \frac{f(x)}{g(x)}$$

mit Koeffizienten aus einem Körper P übertragen. Bildet man nämlich

$$\varphi(x + h) - \varphi(x) = \frac{f(x + h)\, g(x) - f(x)\, g(x + h)}{g(x)\, g(x + h)},$$

so wird der Zähler dieses Bruches Null für $h = 0$, also enthält er den

---

[1] Der Satz gilt zwar auch für unendliche Transzendenzgrade, erfordert dann aber den Begriff der Addition von unendlichen Mächtigkeiten, den wir nicht erklärt haben.

Faktor h. Dividiert man nun beide Seiten durch h, so erhält man

$$(1) \qquad \frac{\varphi(x+h) - \varphi(x)}{h} = \frac{q(x, h)}{g(x)\, g(x+h)}\, .$$

Die rechte Seite ist eine rationale Funktion von h, die für $h = 0$ einen bestimmten Wert hat, da der Nenner nicht verschwindet. Diesen Wert nennen wir den *Differentialquotienten* oder die *Ableitung* $\varphi'(x)$ der rationalen Funktion $\varphi(x)$:

$$(2) \qquad \varphi'(x) = \frac{d\varphi(x)}{dx} = \frac{q(x, 0)}{g(x)^2}\, .$$

Um $q(x, 0)$ wirklich auszurechnen, entwickeln wir den Zähler der rechten Seite von (1) nach aufsteigenden Potenzen von h, dividieren durch h, setzen $h = 0$ und erhalten das Ergebnis

$$q(x, 0) = f'(x)\, g(x) - f(x)\, g'(x)\, ,$$

welches in (2) eingesetzt die bekannte Formel für Differentiation eines Quotienten ergibt:

$$\frac{d}{dx}\, \frac{f(x)}{g(x)} = \frac{f'(x)\, g(x) - f(x)\, g'(x)}{g(x)^2}\, .$$

Es sei $R(u_1, \ldots, u_n)$ eine rationale Funktion; $R_1', \ldots, R_n'$ seien ihre partiellen Ableitungen nach den Unbestimmten $u_1, \ldots, u_n$ und $\varphi_1, \ldots, \varphi_n$ seien rationale Funktionen von x.

Wir wollen die *Regel der totalen Differentiation*

$$(3) \qquad \frac{d}{dx}\, R(\varphi_1, \ldots, \varphi_n) = \sum_1^n R_\nu'(\varphi_1, \ldots, \varphi_n)\, \frac{d\varphi_\nu}{dx}$$

beweisen. Zu diesem Zweck setzen wir, entsprechend der Definition des Differentialquotienten,

$$\varphi_\nu(x+h) - \varphi_\nu(x) = h\, \psi_\nu(x, h)\, , \quad \psi_\nu(x, 0) = \varphi_\nu'(x)$$

und

$$(4) \quad \begin{cases} R(u_1 + h_1, \ldots, u_n + h_n) - R(u_1, \ldots, u_n) \\ = \sum_{\nu=1}^n \{ R(u_1 + h_1, \ldots, u_\nu + h_\nu, u_{\nu+1}, \ldots, u_n) - \\ \qquad\qquad - R(u_1 + h_1, \ldots, u_\nu, u_{\nu+1}, \ldots, u_n) \} \\ = \sum_{\nu=1}^n h_\nu\, S_\nu(u_1 + h_1, \ldots, u_\nu, h_\nu, u_{\nu+1}, \ldots, u_n) \end{cases}$$

mit

$$S_\nu(u_1, \ldots, u_\nu, 0, u_{\nu+1}, \ldots, u_n) = R_\nu'(u_1, \ldots, u_n)\, .$$

Setzen wir in die Identität (4)

$$u_\nu = \varphi_\nu(x)\, , \quad h_\nu = \varphi_\nu(x+h) - \varphi_\nu(x) = h\, \psi_\nu(x, h)$$

ein und dividieren durch h, so folgt

$$\left\{ \begin{aligned} &\frac{R(\varphi_1(x+h),\ldots,\varphi_n(x+h)) - R(\varphi_1(x),\ldots,\varphi_n(x))}{h} \\ &= \sum_{\nu=1}^{n} \psi_\nu(x,h)\, S_\nu(\varphi_1 + h\,\psi_1,\ldots,\varphi_\nu,\, h\,\psi_\nu,\, \varphi_{\nu+1},\ldots,\varphi_n)\,. \end{aligned} \right.$$

Setzt man nun rechts $h = 0$, so folgt

$$\frac{d}{dx}\, R(\varphi_1,\ldots,\varphi_n) = \sum \varphi_\nu'(x)\, R_\nu'(\varphi_1,\ldots,\varphi_n)$$

womit (3) bewiesen ist.

Wir wollen nun versuchen, die Theorie der Differentiation auf algebraische Funktionen einer Veränderlichen x auszudehnen. Unter einer *algebraischen Funktion der Unbestimmten* x verstehen wir ein beliebiges Element η eines algebraischen Erweiterungskörpers von $\mathsf{P}(x)$.

Wir machen nun die Annahme, daß η separabel in bezug auf $\mathsf{P}(x)$ ist. Die algebraische Funktion η sei also eine Nullstelle eines über $\mathsf{P}(x)$ irreduziblen separablen Polynoms $F(x, y)$:

$$F(x, \eta) = 0\,.$$

Die Ableitungen von $F(x, y)$ nach x und y mögen mit F_x' und F_y' bezeichnet werden. Wegen der Separabilität hat $F_y'(x, y)$ keine Nullstelle mit $F(x, y)$ gemeinsam; es ist also

$$F_y'(x, \eta) \neq 0\,.$$

Von einer vernünftigen Definition der Ableitung $d\eta/dx$ ist zu verlangen, daß für das Polynom $F(x, y)$ die Regel von der totalen Differentiation gilt, daß also

$$F_x'(x, \eta) + \frac{d\eta}{dx}\, F_y'(x, \eta) = 0$$

ausfällt. Wir *definieren* also

$$(5) \qquad\qquad \frac{d\eta}{dx} = -\,\frac{F_x'(x, \eta)}{F_y'(x, \eta)}\,.$$

Man sieht sofort, daß die Definition unabhängig von der Wahl des definierenden Polynoms $F(x, y)$ ist, denn wenn man $F(x, y)$ durch $F(x, y) \cdot \psi(x)$ ersetzt, wobei $\psi(x)$ irgendeine rationale Funktion von x ist, so werden $F_x'(x, \eta)$ und $F_y'(x, \eta)$ in (5) durch

$$F_x'(x, \eta) \cdot \psi(x) + F(x, \eta) \cdot \psi'(x) = F_x'(x, \eta) \cdot \psi(x)$$

und

$$F_y'(x, \eta) \cdot \psi(x)$$

ersetzt, wodurch der Quotient (5) sich nicht ändert.

Ist speziell $\eta = c$ eine Konstante aus P, so kommt x in der definierenden Gleichung von η gar nicht vor, mithin wird $dc/dx = 0$.

Nun sei ζ ein Element des Körpers $\mathsf{P}(x, \eta)$, also eine rationale Funktion von x und η, ganz rational in η:

$$\zeta = \varphi(x, \eta).$$

Wir wollen nun für diese Funktion φ die Regel der totalen Differentiation beweisen:

$$(6) \qquad \frac{d\zeta}{dx} = \varphi'_x(x, \eta) + \varphi'_y(x, \eta)\,\frac{d\eta}{dx},$$

wobei φ'_x und φ'_y die Ableitungen von $\varphi(x, y)$ nach x und y bedeuten. Zu diesem Zweck bilden wir die definierende Gleichung von ζ, welche ganzrational in x und ζ angenommen werden kann:

$$G(x, \zeta) = 0,$$

setzen in ihr den Ausdruck $\varphi(x, \eta)$ für ζ ein und ersetzen dann η durch die Unbestimmte y. Das entstehende Polynom in y hat die Nullstelle η und ist daher durch $F(x, y)$ teilbar:

$$G(x, \varphi(x, y)) = Q(x, y)\,F(x, y).$$

Differenziert man diese Identität partiell nach x und y mittels der Regel der totalen Differentiation (3), so erhält man

$$\begin{cases} G'_x(x, \varphi(x, y)) + G'_z(x, \varphi(x, y))\,\varphi'_x(x, y) = Q F'_x + Q'_x F(x, y) \\ \qquad\qquad G'_z(x, \varphi(x, y))\,\varphi'_y(x, y) = Q F'_y + Q'_y F(x, y). \end{cases}$$

Nun ersetze man y wieder durch η, wodurch die Glieder mit $F(x, y)$ verschwinden und setze weiter, der Definition (5) entsprechend

$$F'_x(x, \eta) = -\,F'_y(x, \eta) \cdot \frac{d\eta}{dx}$$

$$G'_x(x, \zeta) = -\,G'_z(x, \zeta) \cdot \frac{d\zeta}{dx}.$$

So erhält man

$$\begin{cases} -\,G'_z(x, \zeta) \cdot \dfrac{d\zeta}{dx} + G'_z(x, \zeta)\,\varphi'_x(x, \eta) = -\,Q(x, \eta)\,F'_y(x, \eta) \cdot \dfrac{d\eta}{dx} \\ \qquad\qquad G'_z(x, \zeta)\,\varphi'_y(x, \eta) = Q(x, \eta)\,F'_y(x, \eta). \end{cases}$$

Multipliziert man die zweite Gleichung mit $d\eta/dx$, addiert sie zu der ersten und dividiert das Ganze durch G'_z, so folgt

$$-\frac{d\zeta}{dx} + \varphi'_x(x, \eta) + \varphi'_y(x, \eta) \cdot \frac{d\eta}{dx} = 0,$$

womit (6) bewiesen ist.

Nachdem durch diese Rechnung der Spezialfall (6) erledigt ist, macht der Beweis der allgemeinen *Regel der totalen Differentiation* keine Mühe mehr. Die Regel heißt: *Sind $\eta_1, \ldots, \eta_n$ separable algebraische Funktionen von x in einem Körper und ist $R(u_1, \ldots, u_n)$ ein Polynom mit den Ableitungen R'_ν, so ist*

$$(7) \qquad \frac{d}{dx} R(\eta_1, \ldots, \eta_n) = \sum_1^n R'_\nu(\eta_1, \ldots, \eta_n) \frac{d\eta_\nu}{dx}.$$

Beweis. Es sei ϑ ein primitives Element des separablen Erweiterungskörpers $\mathsf{P}(x, \eta_1, \ldots, \eta_n)$ von $\mathsf{P}(x)$. Dann sind alle η_ν rational durch x und ϑ ausdrückbar:

$$\eta_\nu = \varphi_\nu(x, \vartheta).$$

Nach (6) ist nun, wenn $\varphi'_{\nu x}$ und $\varphi'_{\nu t}$ die Ableitungen von $\varphi_\nu(x, t)$ nach x und t sind,

$$\frac{d\eta_\nu}{dx} = \varphi'_{\nu x}(x, \vartheta) + \varphi'_{\nu t}(x, \vartheta) \cdot \frac{d\vartheta}{dx}$$

und ebenso, wenn R'_x und R'_t die Ableitungen der Funktion

$$R(\varphi_1(x, t), \ldots, \varphi_n(x, t))$$

sind,

$$\frac{d}{dx} R(\eta_1, \ldots, \eta_n) = \frac{d}{dx} R(\varphi_1(x, \vartheta), \ldots, \varphi_n(x, \vartheta))$$

$$= R'_x(x, \vartheta) + R'_t(x, \vartheta) \cdot \frac{d\vartheta}{dx}.$$

Nach (3) ist aber

$$R'_x(x, t) = \sum_1^n R'_\nu(\varphi_1(x, t), \ldots, \varphi_n(x, t)) \varphi'_{\nu x}(x, t)$$

$$R'_t(x, t) = \sum_1^n R'_\nu(\varphi_1(x, t), \ldots, \varphi_n(x, t)) \varphi'_{\nu t}(x, t)$$

also

$$\frac{d}{dx} R(\eta_1, \ldots, \eta_n) = \sum_1^n R'_\nu(\varphi_1(x, \vartheta), \ldots, \varphi_n(x, \vartheta)) \cdot$$

$$\cdot \left\{ \varphi'_{\nu x}(x, \vartheta) + \varphi'_{\nu t}(x, \vartheta) \cdot \frac{d\vartheta}{dx} \right\} = \sum_1^n R'_\nu(\eta_1, \ldots, \eta_n) \frac{d\eta_\nu}{dx}.$$

Wichtige Spezialfälle der allgemeinen Regel (7) sind:

$$(8) \qquad \frac{d}{dx} (\eta + \zeta) = \frac{d\eta}{dx} + \frac{d\zeta}{dx},$$

$$(9) \qquad \frac{d}{dx} \eta\zeta = \eta \frac{d\zeta}{dx} + \frac{d\eta}{dx} \zeta,$$

$$(10) \qquad \frac{d}{dx} \frac{\eta}{\zeta} = \frac{1}{\zeta^2} \left(\zeta \frac{d\eta}{dx} - \eta \frac{d\zeta}{dx} \right),$$

$$(11) \qquad \frac{d}{dx} \eta^r = r\,\eta^{r-1} \frac{d\eta}{dx}.$$

Die Definition (5) des Differentialquotienten ist selbstverständlich nicht nur dann anwendbar, wenn x eine Unbestimmte ist, sondern immer dann, wenn x ein in bezug auf den Grundkörper P transzendentes Element und η separabel algebraisch über $P(x)$ ist. Wir schreiben dann lieber ξ statt x. In einem Körper vom Transzendenzgrad 1 über P kann man demnach alle Elemente η, soweit sie separabel über $P(\xi)$ sind, nach dem transzendenten Element ξ differenzieren.

Sind η und ζ algebraisch von ξ abhängig, so hat der Körper $P(\xi, \eta, \zeta)$ den Transzendenzgrad 1 über P. Ist nun η transzendent über P, so ist ζ algebraisch abhängig von η. Wir setzen voraus, daß ζ separabel über $P(\eta)$ ist; dann kann man $d\zeta/d\eta$ bilden. Ist

$$(12) \qquad G(\eta, \zeta) = 0$$

die definierende Gleichung von ζ über $P(\eta)$ und sind G_y' und G_z' die partiellen Ableitungen von $G(y, z)$, so ist

$$(13) \qquad G_y'(\eta, \zeta) + G_z'(\eta, \zeta)\, \frac{d\zeta}{d\eta} = 0\,.$$

Differenziert man andererseits (12) nach ξ, so erhält man nach der Regel für totale Differentiation

$$(14) \qquad G_y'(\eta, \zeta)\, \frac{d\eta}{d\xi} + G_z'(\eta, \zeta)\, \frac{d\zeta}{d\xi} = 0\,.$$

Aus (13) und (14) folgt, wenn man (13) mit $d\eta/d\xi$ multipliziert und davon (14) subtrahiert, die *Kettenregel*:

$$(15) \qquad \frac{d\zeta}{d\xi} = \frac{d\zeta}{d\eta}\, \frac{d\eta}{d\xi}\,.$$

Ist insbesondere $\zeta = \xi$, so ergibt (15):

$$(16) \qquad \frac{d\xi}{d\eta} \cdot \frac{d\eta}{d\xi} = 1\,.$$

Damit haben wir alle Regeln der gewöhnlichen Differentialrechnung für algebraische Funktionen einer Veränderlichen rein algebraisch hergeleitet, ohne dabei irgendwelche Limesbetrachtungen zu benutzen.

Elftes Kapitel

Reelle Körper

Beim Studium der algebraischen Zahlkörper spielen außer den algebraischen Eigenschaften ihrer Zahlen gewisse unalgebraische Eigenschaften: *absolute Beträge* $|a|$, *Realität*, *Positivsein*, eine Rolle.

Daß diese Eigenschaften sich nicht mit Hilfe der algebraischen Operationen $+$ und $\cdot$ eindeutig definieren lassen, zeigt sich an folgendem Beispiel.

Es sei $\mathbb{Q}$ der Körper der rationalen Zahlen und w eine reelle, also iw eine rein imaginäre Wurzel der Gleichung $x^4 = 2$. Bei der Isomorphie

$$\mathbb{Q}(w) \cong \mathbb{Q}(iw)$$

bleiben alle algebraischen Eigenschaften erhalten; aber diese Isomorphie führt die reelle Zahl w in die rein imaginäre iw, die positive Zahl $w^2 = \sqrt{2}$ in die negative $(iw)^2 = -\sqrt{2}$ über, während die Zahl $1 + \sqrt{2}$ vom Betrag >1 in die Zahl $1 - \sqrt{2}$ vom Betrag <1 übergeht.

Im Verlauf der Untersuchung wird sich aber zeigen, daß in diesen nichtalgebraischen Eigenschaften trotzdem etwas Algebraisches steckt, daß man nämlich im Körper der algebraischen Zahlen (d.h. in dem zu $\mathbb{Q}$ gehörigen algebraisch-abgeschlossenen Erweiterungskörper) zwar nicht *einen*, wohl aber eine ganze Schar von Unterkörpern, deren jeder dem Körper der reellen algebraischen Zahlen algebraisch-äquivalent ist, durch algebraische Eigenschaften auszeichnen kann. Bei einer bestimmten Wahl eines solchen Körpers, dessen Elemente dann als „reell" bezeichnet werden können, lassen sich auch die Beträge und das Positivsein algebraisch definieren.

Bevor wir aber an diese algebraische Theorie herangehen, erörtern wir zunächst die in der Analysis übliche Einführung der reellen und komplexen Zahlen, nicht so sehr, weil es logisch notwendig wäre, das vorwegzunehmen, als weil die Problemstellung der rein algebraischen Theorie klarer wird, wenn man einmal weiß, was reelle und komplexe Zahlen überhaupt sind, und weil wir zugleich die prinzipiell wichtigen Begriffe der Anordnung und der Fundamentalfolge dabei besprechen können.

§ 77. Angeordnete Körper

In diesem Paragraphen sollen eine erste nichtalgebraische Eigenschaft: das Positivsein, und die darauf beruhende Anordnung axiomatisch untersucht werden.

Ein (kommutativer) Körper K *heiße angeordnet, wenn für seine Elemente die Eigenschaft, positiv (>0) zu sein, gemäß den folgenden Forderungen definiert ist:*

1. *Für jedes Element a aus* K *gilt genau eine der Beziehungen*

$$a = 0, \quad a > 0, \quad -a > 0.$$

2. *Ist $a > 0$ und $b > 0$, so ist $a + b > 0$ und $ab > 0$.*
Ist $-a > 0$, so sagen wir: a ist negativ.

Definieren wir in einem angeordneten Körper allgemein eine Größenbeziehung durch die Festsetzung

$$a > b, \text{ in Worten: } a \text{ größer als } b$$
$$(\text{oder } b < a, \text{ in Worten: } b \text{ kleiner als } a),$$
$$\text{wenn } a - b > 0,$$

so zeigt man mühelos, daß die mengentheoretischen Ordnungsaxiome erfüllt sind. Für je zwei Elemente a, b ist nämlich entweder $a < b$ oder $a = b$ oder $a > b$. Aus $a > b$ und $b > c$ folgt $a - b > 0$ und $b - c > 0$, also auch $a - c = (a - b) + (b - c) > 0$, mithin $a > c$. Weiter hat man wie im § 3 die Regel, daß aus $a > b$ folgt $a + c > b + c$ und im Falle $c > 0$ auch $ac > bc$. Schließlich folgt, wenn a und b positiv sind, aus $a > b$ stets $a^{-1} < b^{-1}$ (und umgekehrt), da

$$a\,b\,(b^{-1} - a^{-1}) = a - b$$

ist.

Verstehen wir in einem angeordneten Körper unter dem *Betrag* $|a|$ eines Elements a das nichtnegative unter den Elementen a und $-a$, so gelten für das Rechnen mit Beträgen die Regeln

$$|ab| = |a| \cdot |b|,$$
$$|a + b| \leqq |a| + |b|.$$

Die erstere verifiziert man ohne jede Mühe für die vier möglichen Fälle

$$a \geqq 0, \quad b \geqq 0;$$
$$a \geqq 0, \quad b < 0;$$
$$a < 0, \quad b \geqq 0;$$
$$a < 0, \quad b < 0.$$

Die zweite Regel gilt offenbar mit dem Gleichheitszeichen im Fall $a \geqq 0, b \geqq 0$, da dann beide Seiten gleich der nichtnegativen Zahl $a + b$ sind, und ebenso im Fall $a < 0, b < 0$, wo beide Seiten gleich der nichtnegativen Zahl $-(a + b)$ sind. Es bleiben von unseren vier Fällen noch die beiden mittleren übrig; es genügt, den einen: $a \geqq 0, b < 0$, zu betrachten. Es ist dann

$$a + b < a < a - b = |a| + |b|,$$
$$-a - b \leqq -b \leqq a - b = |a| + |b|,$$

also

$$|a + b| \leqq |a| + |b|.$$

Man hat auch

$$a^2 = (-a)^2 = |a|^2 \geqq 0,$$

mit dem Gleichzeichen nur für $a = 0$. Daraus folgt weiter, daß eine

Summe von Quadraten stets ≥ 0 ist, und zwar $= 0$ nur dann, wenn alle Summanden einzeln verschwinden.

Insbesondere ist das Einselement $1 = 1^2$ stets positiv, ebenso jede Summe $n \cdot 1 = 1 + 1 + \cdots + 1$. Daher kann auch nie $n \cdot 1 = 0$ sein. Also: *Die Charakteristik eines angeordneten Körpers ist Null.*

Hilfssatz. *Ist* K *der Quotientenkörper des Ringes* $\Re$ *und ist* $\Re$ *angeordnet, so kann* K *auf eine und nur eine Weise so angeordnet werden, daß die Anordnung von* $\Re$ *erhalten bleibt.*

Es sei nämlich K in der gewünschten Weise angeordnet. Ein beliebiges Element von K hat die Gestalt $a = b/c$ (b und c in $\Re$ und $c \neq 0$). Aus

$$\frac{b}{c} > 0 \quad \text{bzw.} \quad = 0 \quad \text{bzw.} \quad < 0$$

folgt durch Multiplikation mit c^2 sofort

$$bc > 0 \quad \text{bzw.} \quad = 0 \quad \text{bzw.} \quad < 0.$$

Also ist die etwaige Anordnung von K durch die von $\Re$ eindeutig bestimmt. Umgekehrt erkennt man leicht, daß durch die Festsetzung

$$\frac{b}{c} > 0, \quad \text{wenn} \quad bc > 0,$$

tatsächlich eine Anordnung von K definiert ist, bei der die Anordnung von $\Re$ erhalten bleibt.

Insbesondere läßt sich also der Körper $\mathbb{Q}$ der rationalen Zahlen nur in einer Weise anordnen, da der Ring $\mathbb{Z}$ der ganzen Zahlen offenbar nur der natürlichen Anordnung fähig ist. Es ist also $m/n > 0$, sobald $m \cdot n$ eine natürliche Zahl ist. Jeder angeordnete Körper umfaßt den Körper $\mathbb{Q}$ in eben dieser Anordnung.

Zwei angeordnete Körper heißen *ähnlich-isomorph*, wenn es einen Isomorphismus der beiden Körper gibt, der positive Elemente stets wieder in positive überführt.

Ein Körper heißt *archimedisch angeordnet*[1], wenn es in einer gegebenen Anordnung zu jedem Körperelement a eine „natürliche Zahl" $n > a$ gibt. Es gibt dann auch zu jedem a eine Zahl $- n < a$ und zu jedem positiven a einen Bruch $1/n < a$. Zum Beispiel ist der rationale Zahlkörper $\mathbb{Q}$ archimedisch angeordnet. Ist ein Körper nichtarchimedisch angeordnet, so gibt es „unendlich große" Elemente, die größer als jede rationale Zahl, und „unendlich kleine" Elemente, die kleiner als jede positive rationale Zahl, aber größer als Null sind.

---

[1] Das „Archimedische Axiom" in der Geometrie lautet nämlich so: Man kann jede gegebene Strecke PQ („Einheitsstrecke") von einem gegebenen Punkt P („Nullpunkt") stets so oft in der Richtung PR abtragen, daß man über jeden gegebenen Punkt R hinauskommt.

Literatur über nichtarchimedisch angeordnete Körper

ARTIN, E., u. O. SCHREIER: Algebraische Konstruktion reeller Körper. Abh. Math. Sem. Hamburg Bd. 5 (1926) S. 83—115.

BAER, R.: Über nichtarchimedisch geordnete Körper. Sitzungsber. Heidelb. Ak. 8. Abhandlung, 1927.

Aufgaben. 1. Man nenne ein Polynom $f(t)$ mit rationalen Koeffizienten positiv, wenn der Koeffizient der höchsten vorkommenden Potenz der Unbestimmten positiv ist. Man zeige, daß damit eine Anordnung des Polynomrings $\mathbb{Q}[t]$ und daher auch des Quotientenkörpers $\mathbb{Q}(t)$ definiert ist und daß die letztere Anordnung nichtarchimedisch ist (t ist „unendlich groß").

2. Es sei

$$f(x) = x^n + a_1 x^{n-1} + \cdots + a_n,$$

wo die a_i einem angeordneten Körper K entnommen sind. Es sei M das größte der Elemente 1 und $|a_1| + \cdots + |a_n|$. Man zeige, daß

$$f(s) > 0 \quad \text{für} \quad s > M$$
$$(-1)^n f(s) > 0 \quad \text{für} \quad s < -M$$

ist. Wenn also $f(x)$ Nullstellen in K besitzt, so liegen diese im Bereich

$$-M \leqq s \leqq M.$$

3. Es sei wieder $f(x) = x^n + a_1 x^{n-1} + \cdots + a_n$, alle $a_\nu \geqq -c$, $c \geqq 0$. Man zeige, daß $f(s) > 0$ für $s \geqq 1 + c$. [Man benutze die Ungleichung

$$s^m > c(s^{m-1} + s^{m-2} + \cdots + 1).]$$

Durch Ersetzung von x durch $-x$ bestimme man in derselben Weise eine Schranke $-1 - c'$, so daß $(-1)^n f(s) > 0$ für $s < -1 - c'$. Sind außer dem Anfangskoeffizienten 1 auch noch $a_1, \ldots, a_r$ positiv, so läßt sich die Schranke $1 + c$ durch $1 + \dfrac{c}{1 + a_1 + \cdots a_r}$ ersetzen.

§ 78. Definition der reellen Zahlen

Wir wollen zu jedem angeordneten Körper K einen angeordneten Erweiterungskörper Ω konstruieren, in dem der bekannte Konvergenzsatz von CAUCHY gilt. Ist speziell K der Körper der rationalen Zahlen, so wird Ω der Körper der „reellen Zahlen" werden. Von den verschiedenen aus der Grundlegung der Analysis bekannten Konstruktionen des Körpers Ω bringen wir hier die Cantorsche Konstruktion durch „Fundamentalfolgen".

Eine unendliche Folge von Elementen $a_1, a_2, \ldots$ aus einem angeordneten Körper K heißt eine *Fundamentalfolge* $\{a_\nu\}$, wenn es zu jedem positiven ε aus K eine natürliche Zahl $n = n(\varepsilon)$ gibt, so daß

$$(1) \qquad |a_p - a_q| < \varepsilon \quad \text{für} \quad p > n, \quad q > n.$$

Aus (1) folgt für $q = n + 1$:

$$|a_p| \leqq |a_q| + |a_p - a_q| < |a_{n+1}| + \varepsilon = M \quad \text{für} \quad p > n.$$

Also ist jede Fundamentalfolge beschränkt.

Summen und Produkte von Fundamentalfolgen werden definiert durch

$$c_n = a_n + b_n; \quad d_n = a_n b_n.$$

Daß die Summe und das Produkt wieder Fundamentalfolgen sind, sieht man so: Zu jedem ε gibt es ein n_1 mit

$$|a_p - a_q| < \tfrac{1}{2}\varepsilon \quad \text{für} \quad p > n_1, \quad q > n_1$$

und ein n_2 mit

$$|b_p - b_q| < \tfrac{1}{2}\varepsilon \quad \text{für} \quad p > n_2, \quad q > n_2.$$

Ist nun n die größte der Zahlen n_1 und n_2, so folgt

$$|(a_p + b_p) - (a_q + b_q)| < \varepsilon \quad \text{für} \quad p > n, \quad q > n.$$

Ebenso gibt es ein M_1 und ein M_2 mit

$$|a_p| < M_1 \quad \text{für} \quad p > n_1,$$
$$|b_p| < M_2 \quad \text{für} \quad p > n_2$$

und weiter zu jedem ε ein $n' \geqq n_2$ und ein $n'' \geqq n_1$ mit

$$|a_p - a_q| < \frac{\varepsilon}{2 M_2} \quad \text{für} \quad p > n', \quad q > n',$$
$$|b_p - b_q| < \frac{\varepsilon}{2 M_1} \quad \text{für} \quad p > n'', \quad q > n''.$$

Daraus folgt durch Multiplikation mit $|b_p|$ bzw. $|a_q|$

$$|a_p b_p - a_q b_p| < \frac{\varepsilon}{2} \quad \text{für} \quad p > n', \quad q > n',$$
$$|a_q b_p - a_q b_q| < \frac{\varepsilon}{2} \quad \text{für} \quad p > n'', \quad q > n'',$$

also, wenn n die größte der Zahlen n' und n'' ist,

$$|a_p b_p - a_q b_q| < \varepsilon \quad \text{für} \quad p > n, \quad q > n.$$

Die Addition und Multiplikation von Fundamentalfolgen erfüllen offensichtlich alle Postulate für einen Ring; es gilt also: *Die Fundamentalfolgen bilden einen Ring* $\mathfrak{o}$.

Eine Fundamentalfolge $\{a_p\}$, die „zu 0 konvergiert", d. h. bei der es zu jedem ε ein n gibt mit

$$|a_p| < \varepsilon \quad \text{für} \quad p > n,$$

heißt eine *Nullfolge*. Wir zeigen nun:

Die Nullfolgen bilden ein Ideal $\mathfrak{n}$ *im Ring* $\mathfrak{o}$.

Beweis. Wenn $\{a_p\}$ und $\{b_p\}$ Nullfolgen sind, so gibt es zu jedem ε ein n_1 und ein n_2 mit

$$|a_p| < \tfrac{1}{2}\varepsilon \quad \text{für} \quad p > n_1,$$
$$|b_p| < \tfrac{1}{2}\varepsilon \quad \text{für} \quad p > n_2,$$

also, wenn wieder n die größte der Zahlen n_1, n_2 ist,

$$|a_p - b_p| < \varepsilon \quad \text{für} \quad p > n\,;$$

mithin ist auch $\{a_p - b_p\}$ eine Nullfolge. Ist weiter $\{a_p\}$ eine Nullfolge und $\{c_p\}$ eine beliebige Fundamentalfolge, so bestimme man ein n' und ein M so, daß

$$|c_p| < M \quad \text{für} \quad p > n'\,,$$

und zu jedem ε ein $n = n(\varepsilon) \geqq n'$, so daß

$$|a_p| < \frac{\varepsilon}{M} \quad \text{für} \quad p > n\,.$$

Dann folgt

$$|a_p c_p| < \varepsilon \quad \text{für} \quad p > n\,;$$

mithin ist auch $\{a_p c_p\}$ eine Nullfolge.

Der Restklassenring $\mathfrak{o}/\mathfrak{n}$ heiße Ω. Wir zeigen, daß Ω *ein Körper ist*, d. h. daß in $\mathfrak{o}$ die Kongruenz

$$(2) \qquad\qquad a x \equiv 1\,(\mathfrak{n})$$

für $a \not\equiv 0\,(\mathfrak{n})$ eine Lösung besitzt. Dabei bedeutet 1 das Einselement von $\mathfrak{o}$, d. h. die Fundamentalfolge $\{1, 1, \ldots\}$.

Es muß ein n und ein $\eta > 0$ geben mit

$$|a_q| \geqq \eta \quad \text{für} \quad q > n\,.$$

Denn wenn es für alle n und alle $\eta > 0$ noch

$$|a_q| < \eta \qquad\qquad\qquad\qquad (q > n)\,,$$

geben würde, so würde man n bei gegebenem η auch so groß wählen können, daß für $p > n$, $q > n$

$$|a_p - a_q| < \eta$$

wäre, und daraus würde folgen

$$|a_p| < 2\eta$$

für alle $p > n$, d. h. die Folge $\{a_p\}$ wäre eine Nullfolge, entgegen der Voraussetzung.

Die Fundamentalfolge $\{a_p\}$ bleibt in derselben Restklasse modulo $\mathfrak{n}$, wenn wir $a_1, \ldots, a_n$ durch η ersetzen. Bezeichnet man diese n neuen Elemente η wieder mit $a_1, \ldots, a_n$, so ist für *alle* p

$$|a_p| \geqq \eta\,, \quad \text{insbesondere} \quad a_p \neq 0\,.$$

Nun ist $\{a_p^{-1}\}$ eine Fundamentalfolge. Denn zu jedem ε gibt es ein n, so daß

$$|a_p - a_q| < \varepsilon \eta^2 \quad \text{für} \quad p > n\,, \quad q > n\,.$$

Wäre nun $|a_q^{-1} - a_p^{-1}| \geqq \varepsilon$ für ein $p > n$ und ein $q > n$, so würde durch Multiplikation mit $|a_p| \geqq \eta$ und $|a_q| \geqq \eta$ folgen

$$|a_p - a_q| = |a_p a_q (a_q^{-1} - a_p^{-1})| \geqq \varepsilon \eta^2,$$

was nicht zutrifft. Also ist

$$|a_q^{-1} - a_p^{-1}| < \varepsilon \quad \text{für} \quad p > n, \quad q > n.$$

Die Fundamentalfolge $\{a_p^{-1}\}$ löst offenbar die Kongruenz (2).

Der Körper Ω enthält insbesondere diejenigen Restklassen mod $\mathfrak{n}$, die durch Fundamentalfolgen von der Gestalt

$$\{a, a, a, \ldots\}$$

dargestellt werden. Diese bilden einen zu K isomorphen Unterring K' von Ω; denn jedem a von K entspricht eine solche Restklasse, verschiedenen a entsprechen verschiedene Restklassen, der Summe entspricht die Summe, und dem Produkt entspricht das Produkt. Identifizieren wir nun die Elemente von K' mit denen von K, so wird Ω ein Erweiterungskörper von K.

Eine Fundamentalfolge $\{a_p\}$ heißt *positiv*, wenn es ein $\varepsilon > 0$ in K und ein n gibt, derart, daß

$$a_p > \varepsilon \quad \text{für} \quad p > n$$

ist. Die Summe und das Produkt zweier positiver Fundamentalfolgen sind offenbar wieder positiv. Auch die Summe einer positiven Folge $\{a_p\}$ und einer Nullfolge $\{b_p\}$ ist stets positiv; das zeigt man, indem man ein n so groß wählt, daß

$$\begin{aligned} a_p &> \varepsilon \quad &&\text{für} \quad p > n, \\ |b_p| &< \tfrac{1}{2}\varepsilon \quad &&\text{für} \quad p > n \end{aligned}$$

ist, und daraus schließt, daß $a_p + b_p > \tfrac{1}{2}\varepsilon$ ist für $p > n$. Mithin sind alle Folgen einer Restklasse modulo $\mathfrak{n}$ positiv, sobald eine einzige es ist. In diesem Fall heißt die Restklasse selbst *positiv*. Eine Restklasse k heißt *negativ*, wenn $-k$ positiv ist.

Ist weder $\{a_p\}$ noch $\{-a_p\}$ positiv, so gibt es zu jedem $\varepsilon > 0$ und jedem n ein $r > n$ und ein $s > n$, so daß

$$a_r \leqq \varepsilon \quad \text{und} \quad -a_s \leqq \varepsilon.$$

Wählt man nun n so groß, daß für $p > n$, $q > n$

$$|a_p - a_q| < \varepsilon$$

ist, so folgert man, indem man zuerst $q = r$ und p beliebig $> n$ nimmt,

$$a_p = (a_p - a_q) + a_r < \varepsilon + \varepsilon = 2\varepsilon$$

und, indem man sodann $q = s$ und p beliebig $> n$ nimmt,

$$-a_p = (a_q - a_p) - a_s < \varepsilon + \varepsilon = 2\varepsilon,$$

mithin

$$|a_p| < 2\,\varepsilon \quad \text{für} \quad p > n.$$

Daher ist $\{a_p\}$ eine Nullfolge.

Also ist stets entweder $\{a_p\}$ positiv oder $\{-a_p\}$ positiv oder $\{a_p\}$ eine Nullfolge. Daher ist jede Restklasse mod n entweder positiv oder negativ oder Null. Da Summe und Produkt positiver Restklassen wieder positiv sind, so schließt man:

Ω *ist ein angeordneter Körper.*

Man sieht unmittelbar, daß die Anordnung von K in Ω erhalten bleibt.

Definiert eine Folge $\{a_p\}$ ein Element α und eine Folge $\{b_p\}$ ein Element β von Ω, so folgt aus

$$a_p \geqq b_p \quad \text{für} \quad p > n$$

stets $\alpha \geqq \beta$. Wäre nämlich $\alpha < \beta$, also $\beta - \alpha > 0$, so würde es zu der Fundamentalfolge $\{b_p - a_p\}$ ein ε und ein m geben, so daß

$$b_p - a_p > \varepsilon > 0 \quad \text{für} \quad p > m$$

wäre. Wählt man hier $p = m + n$, so kommt man in Widerspruch zur Voraussetzung $a_p \geqq b_p$. Es ist nützlich, sich zu merken, daß aus $a_p > b_p$ nicht $\alpha > \beta$, sondern nur $\alpha \geqq \beta$ folgt.

Aus der Beschränktheit einer jeden Fundamentalfolge nach oben folgt, daß es zu jedem Element ω von Ω ein größeres Element s von K gibt. Ist K *archimedisch* angeordnet, so gibt es zu s wiederum eine größere natürliche Zahl n; mithin gibt es zu jedem ω auch ein $n > \omega$, d. h. Ω *ist dann ebenfalls archimedisch angeordnet.*

Im Körper Ω selbst kann man natürlich wieder die Begriffe absoluter Betrag, Fundamentalfolge und Nullfolge definieren. Die Nullfolgen bilden wieder ein Ideal. Ist eine Folge $\{a_p\}$ kongruent einer konstanten Folge $\{\alpha\}$ modulo diesem Ideal, d. h. ist $\{\alpha_p - \alpha\}$ eine Nullfolge, so sagt man, die Folge $\{\alpha_p\}$ *konvergiere* zum Limes α, geschrieben

$$\lim_{p \to \infty} \alpha_p = \alpha \quad \text{oder kurz} \quad \lim \alpha_p = \alpha.$$

Die Fundamentalfolgen $\{a_p\}$ von K, welche zur Definition der Elemente von Ω dienten, können natürlich auch als Fundamentalfolgen in Ω aufgefaßt werden, denn K ist in Ω enthalten. Wir zeigen nun: *Wenn die Folge $\{a_p\}$ das Element α von Ω definiert, so ist* $\lim a_p = \alpha$. Zum Beweis bemerken wir, daß es zu jedem positiven ε aus Ω ein kleineres positives ε' aus K gibt und zu diesem wiederum ein n, so daß für $p > n$, $q > n$ stets

$$|a_p - a_q| < \varepsilon'$$

gilt, d. h. daß $a_p - a_q$ und $a_q - a_p$ beide kleiner als ε' sind. Nach der oben gemachten Bemerkung folgt daraus, daß $a_p - \alpha$ und $\alpha - a_p$ beide $\leq \varepsilon'$ sind, also

$$\left| a_p - \alpha \right| \leq \varepsilon' < \varepsilon .$$

Mithin ist $\{a_p - \alpha\}$ eine Nullfolge.

Wir zeigen nun, daß der Körper Ω sich nicht mehr durch Hinzunahme von Fundamentalfolgen erweitern läßt, sondern daß jede Fundamentalfolge $\{\alpha_p\}$ schon in Ω einen Limes besitzt (*Konvergenzsatz von* CAUCHY).

Beim Beweis können wir annehmen, daß in der Folge $\{\alpha_p\}$ zwei aufeinanderfolgende Elemente α_p, α_{p+1} immer voneinander verschieden sind. Ist das nämlich nicht der Fall, so können wir entweder eine Teilfolge auswählen, bestehend aus den α_p, die von ihren α_{p-1} verschieden sind, wobei natürlich aus der Konvergenz der Teilfolge die Konvergenz der gegebenen Folge sofort folgt, oder die Folge α_p bleibt von einer gewissen Stelle an konstant: $\alpha_p = \alpha$ für $p > n$; in diesem Falle ist natürlich $\lim \alpha_p = \alpha$.

Wir setzen nun

$$\left| \alpha_p - \alpha_{p+1} \right| = \varepsilon_p .$$

Weil $\{\alpha_p\}$ eine Fundamentalfolge war, so ist $\{\varepsilon_p\}$ eine Nullfolge[1]. Nach Voraussetzung ist $\varepsilon_p > 0$.

Wir wählen nun zu jedem α_p ein approximierendes a_p mit der Eigenschaft

$$\left| a_p - \alpha_p \right| < \varepsilon_p .$$

Das geht, weil α_p selbst durch eine Fundamentalfolge $\{a_{p1}, a_{p2}, \ldots\}$ mit dem Limes α_p definiert war. Weiter gibt es zu jedem ε ein n', so daß

$$\left| \alpha_p - \alpha_q \right| < \tfrac{1}{3} \varepsilon \quad \text{für} \quad p > n', \quad q > n'$$

und ein n'', so daß

$$\varepsilon_p < \tfrac{1}{3} \varepsilon \quad \text{für} \quad p > n''$$

ist. Ist nun n die größere der beiden Zahlen n' und n'', so sind für $p > n, q > n$ die drei Beträge $\left| a_p - \alpha_p \right|, \left| \alpha_p - \alpha_q \right|$ und $\left| \alpha_q - a_q \right|$ alle kleiner als $\tfrac{1}{3}\varepsilon$, also

$$\left| a_p - a_q \right| \leq \left| a_p - \alpha_p \right| + \left| \alpha_p - \alpha_q \right| + \left| \alpha_q - a_q \right|$$
$$< \tfrac{1}{3}\varepsilon + \tfrac{1}{3}\varepsilon + \tfrac{1}{3}\varepsilon = \varepsilon .$$

Somit bilden die a_p eine Fundamentalfolge in K die ein Element ω von Ω definiert. Die Folge $\{\alpha_p\}$ unterscheidet sich von dieser Funda-

---

[1] Der bisherige Teil des Beweises diente nur dazu, die Existenz einer Nullfolge sicherzustellen, die im weiteren Verlauf gebraucht wird. Im archimedischen Fall hätte man einfacher $\varepsilon_p = 2^{-p}$ setzen können; wir wollen aber den Satz in voller Allgemeinheit beweisen. Im nichtarchimedischen Fall ist $\{2^{-p}\}$ keine Nullfolge.

mentalfolge nur um eine Nullfolge $\{a_p - \alpha_p\}$, also hat sie den gleichen Limes ω.

Die obige Konstruktion ergibt demnach zu jedem angeordneten Körper K einen eindeutig bestimmten angeordneten Erweiterungskörper Ω, in dem der Konvergenzsatz von CAUCHY gilt. Ist speziell K der Körper $\mathbb{Q}$ der rationalen Zahlen, so wird Ω der Körper $\mathbb{R}$ der reellen Zahlen. Eine reelle Zahl ist also in dieser Theorie definiert als eine Restklasse modulo $\mathfrak{n}$ im Ring der Fundamentalfolgen aus reellen Zahlen.

Es sei Σ ein angeordneter Körper und $\mathfrak{M}$ eine nicht leere Menge von Elementen aus Σ. Wenn es ein Element s von K gibt, derart daß

$$a \leqq s \quad \text{für alle } a \text{ in } \mathfrak{M},$$

so heißt s eine *obere Schranke* von $\mathfrak{M}$, und $\mathfrak{M}$ heißt *nach oben beschränkt*. Wenn es eine kleinste obere Schranke gibt, so heißt diese die *obere Grenze* der Menge $\mathfrak{M}$.

Wir betrachten nun wieder den vorhin konstruierten Erweiterungskörper Ω von K und beweisen für den Fall, daß K und daher auch Ω archimedisch angeordnet ist, den *Satz von der oberen Grenze*:

Jede nach oben beschränkte nichtleere Menge $\mathfrak{M} \subset \Omega$ hat in Ω eine obere Grenze.

Beweis. Es sei s eine obere Schranke von $\mathfrak{M}$, M eine ganze Zahl $> s$ (also ebenfalls eine obere Schranke), μ ein beliebiges Element von $\mathfrak{M}$ und m eine ganze Zahl $> -\mu$. Dann ist

$$-m < \mu < M.$$

Für jede natürliche Zahl p bilden wir nun die endlichvielen Brüche $k \cdot 2^{-p}$ (k eine ganze Zahl), die „zwischen" $-m$ und M liegen:

$$(3) \qquad\qquad -m \leqq k \cdot 2^{-p} \leqq M.$$

Wir suchen den kleinsten derjenigen unter diesen Brüchen, die noch obere Schranken der Menge $\mathfrak{M}$ bilden. Einen solchen gibt es, weil M selbst diese Eigenschaft hat.

Diese kleinste obere Schranke bezeichnen wir mit a_p. Dann ist $a_p - 2^{-p}$ keine obere Schranke mehr; mithin ist für jedes $q > p$

$$(4) \qquad\qquad a_p - 2^{-p} < a_q \leqq a_p.$$

Daraus folgt

$$|a_p - a_q| < 2^{-p},$$

mithin

$$(5) \qquad\qquad |a_p - a_q| < 2^{-n} \quad \text{für} \quad p > n, \qquad q > n.$$

Bei gegebenem ε kann man nun stets eine natürliche Zahl $h > \varepsilon^{-1}$ und weiter ein $2^n > h > \varepsilon^{-1}$ finden. Dann ist $2^{-n} < \varepsilon$. Mithin besagt (5), daß $\{a_p\}$ eine Fundamentalfolge ist, die somit ein Element ω von Ω definiert. Aus (4) folgt weiter, daß

$$a_p - 2^{-p} \leq \omega \leq a^p$$

ist.

ω ist eine obere Schranke von $\mathfrak{M}$; d.h. alle Elemente μ von $\mathfrak{M}$ sind $\leq \omega$. Wäre nämlich $\mu > \omega$, so könnte man eine Zahl $2^p >$ $> (\mu - \omega)^{-1}$ finden; dann wäre also $2^{-p} < \mu - \omega$. Addiert man dazu $a_p - 2^{-p} \leq \omega$, so folgt $a_p < \mu$, was nicht geht, da a_p eine obere Schranke von $\mathfrak{M}$ ist.

ω ist die kleinste obere Schranke von $\mathfrak{M}$. Wäre nämlich σ eine kleinere, so könnte man wieder eine Zahl p mit $2^{-p} < \omega - \sigma$ finden. Da $a_p - 2^{-p}$ keine obere Schranke von $\mathfrak{M}$ ist, so gibt es ein μ in $\mathfrak{M}$ mit $a_p - 2^{-p} < \mu$. Daraus folgt

$$a_p - 2^{-p} < \sigma$$

und durch Addition zum vorigen

$$a_p < \omega,$$

was nicht zutrifft. Also ist ω die obere Grenze von $\mathfrak{M}$.

In einem nichtarchimedisch angeordneten Körper kann der Satz von der oberen Grenze nicht gelten. Betrachten wir nämlich die Folge der natürlichen Zahlen $1, 2, 3, \ldots$, so gibt es ein Körperelement s, das größer ist als alle natürlichen Zahlen; also ist die Folge beschränkt. Wäre g eine obere Grenze der Folge, so wäre $2g$ eine obere Grenze der verdoppelten Folge $2, 4, 6, \ldots$ Da g sicher positiv ist, ist $g < 2g$, aber g ist eine obere Schranke der Zahlen $2n$, also kann $2g$ nicht die kleinste obere Schranke sein. Der Satz von der oberen Grenze kann also nur in einem archimedisch angeordneten Körper gültig sein.

Wir beweisen jetzt:

1. *Jeder archimedisch angeordnete Körper K ist ähnlich-isomorph einem Unterkörper K' des Körpers $\mathbb{R}$ der reellen Zahlen.*

2. *Wenn in K der Satz von der oberen Grenze gilt, so ist $K' = \mathbb{R}$, also K ähnlich-isomorph dem Körper der reellen Zahlen.*

Beweis. Jedes Element a von K ist obere Grenze einer Menge $\mathfrak{M}$ von rationalen Zahlen. Man kann für $\mathfrak{M}$ etwa die Menge aller rationalen Zahlen $r < a$ wählen. Dieselbe Menge hat auch in $\mathbb{R}$ eine obere Schranke a'. Die Zuordnung $a \to a'$ ist ein additiver Homomorphismus, d.h. der Summe $a + b$ entspricht die Summe $a' + b'$. Der Kern des Homomorphismus besteht nur aus der Null; also ist der additive Homomorphismus ein Isomorphismus. Dem Produkt ab von zwei positiven Elementen a und b entspricht das Produkt $a'b'$. Folglich entsprechen den Produkten

$$(-a)\,b = -ab \quad \text{und} \quad (-a)(-b) = ab$$

in $\mathbb{R}$ die Zahlen

$$- a' b' = (- a') b' \quad \text{und} \quad a' b' = (- a') (- b').$$

Also entspricht dem Produkt ganz allgemein das Produkt. Positiven Elementen von K entsprechen positive Elemente von K'; also ist K ähnlich-isomorph zu K'. Damit ist 1. bewiesen.

Wenn in K der Satz von der oberen Grenze gilt, so hat insbesondere jede nach oben beschränkte Menge von rationalen Zahlen eine obere Grenze a in K, also hat dieselbe Menge auch in K' eine obere Grenze a'. Daraus folgt aber, daß jede reelle Zahl in K' liegt; denn jede reelle Zahl ist obere Grenze einer Menge von rationalen Zahlen. Also ist $K' = \mathbb{R}$, womit 2. bewiesen ist.

Aufgaben. 1. Man zeige die folgenden Eigenschaften des Limesbegriffs:
a) Sind $\{\alpha_n\}$ und $\{\beta_n\}$ konvergente Folgen, so ist

$$\lim (\alpha_n \pm \beta_n) = \lim \alpha_n \pm \lim \beta_n,$$
$$\lim \alpha_n \beta_n = \lim \alpha_n \cdot \lim \beta_n.$$

b) Ist $\lim \beta_n \neq 0$ und alle $\beta_n \neq 0$, so ist

$$\lim (\beta_n^{-1}) = (\lim \beta_n)^{-1}.$$

c) Eine Teilfolge einer konvergenten Folge ist konvergent zum selben Limes.
2. Jede reelle Zahl s ist als unendlicher Dezimalbruch

$$s = a_0 + \sum_{\nu=1}^{\infty} a_\nu 10^{-\nu} \left(\text{d. h. } s = \lim_{n \to \infty} \left(a_0 + \sum_{\nu=1}^{n} a_\nu 10^{-\nu} \right) \right) \quad (0 \leqq a_\nu < 10$$

darstellbar.
3. Jeder archimedisch angeordnete Körper, in dem der Cauchysche Konvergenzsatz gilt, ist ähnlich-isomorph dem Körper $\mathbb{R}$ der reellen Zahlen.

§ 79. Nullstellen reeller Funktionen

Es sei $\mathbb{R}$ der Körper der reellen Zahlen. Wir betrachten nun reellwertige Funktionen $f(x)$ der reellen Veränderlichen x. Eine solche Funktion heißt *stetig* für $x = a$, wenn es zu jedem $\varepsilon > 0$ ein $\delta > 0$ gibt, so daß

$$\big| f(a + h) - f(a) \big| < \varepsilon \quad \text{für} \quad \big| h \big| < \delta.$$

Man beweist leicht, daß Summen und Produkte stetiger Funktionen wieder stetige Funktionen sind (vgl. den entsprechenden Nachweis für Fundamentalfolgen in § 78). Da die Konstanten und die Funktion $f(x) = x$ überall stetige Funktionen sind, so stellen alle Polynome in x überall stetige Funktionen von x dar.

Der Weierstraßsche *Nullstellensatz für stetige Funktionen* lautet:
Eine für $a \leqq x \leqq b$ stetige Funktion $f(x)$, für die $f(a) < 0$ und $f(b) > 0$ ist, hat zwischen a und b eine Nullstelle.

Beweis. Es sei c die obere Grenze aller x zwischen a und b, für die $f(x) < 0$ ist. Dann gibt es drei Möglichkeiten:

1. $f(c) > 0$. Dann ist zunächst $c > a$ und es gibt ein $\delta > 0$, so daß für $0 < h < \delta$

$$|f(c-h) - f(c)| < f(c),$$
$$f(c) - f(c-h) < f(c),$$

d. h.

$$f(c-h) > 0,$$
$$f(x) > 0 \quad \text{für} \quad c - \delta < x \leqq c.$$

Also ist $c - \delta$ eine obere Schranke für die x mit $f(x) < 0$. Aber c war die kleinste obere Schranke. Der Fall ist also unmöglich.

2. $f(c) < 0$. Dann ist $c < b$ und es gibt ein $\delta > 0$, so daß für $0 < h < \delta$, z. B. für $h = \tfrac{1}{2}\delta$,

$$f(c+h) - f(c) < -f(c),$$
$$f(c+h) < 0.$$

Daher ist c keine obere Schranke aller x mit $f(x) < 0$. Dieser Fall ist also ebenfalls unmöglich.

3. $f(c) = 0$ ist der einzig übrig bleibende Fall. Also hat $f(x)$ die Nullstelle c.

Der Weierstraßsche Nullstellensatz für Polynome ist das Fundament aller Sätze über die reellen Wurzeln algebraischer Gleichungen. Wir werden ihn später auf andere Körper als den der reellen Zahlen, nämlich auf die sogenannten „reell-abgeschlossenen Körper" ausdehnen. Alle weiteren Sätze dieses Paragraphen beruhen ausschließlich auf dem Weierstraßschen Nullstellensatz für Polynome und gelten dementsprechend auch für die späteren allgemeineren Körper.

Folgerungen. 1. *Das Polynom $x^n - d$ hat für $d > 0$ und jedes natürliche n immer eine, sogar eine positive Nullstelle.*

Denn für $x = 0$ ist $x^n - d < 0$, und für große x $\left(\text{z.B. } x > 1 + \dfrac{d}{n}\right)$ ist $x^n - d > 0$.

Aus $a^n - b^n = (a - b)(a^{n-1} + a^{n-2}b + \cdots + b^{n-1})$ folgt weiter, daß für $a > b > 0$ auch $a^n > b^n$ ist, mithin kann es auch nur eine positive Wurzel der Gleichung $x^n = d$ geben. Diese wird mit $\sqrt[n]{d}$, für $n = 2$ kurz mit $\sqrt{d}$ („Quadratwurzel") bezeichnet. Ferner setzt man $\sqrt[n]{0} = 0$. Aus $a > b \geqq 0$ folgt nunmehr $\sqrt[n]{a} > \sqrt[n]{b}$, denn wenn $\sqrt[n]{a} \leqq \sqrt[n]{b}$ wäre, so würde $a \leqq b$ folgen.

2. *Jedes Polynom ungeraden Grades hat in $\mathbb{R}$ eine Nullstelle.*

Denn nach Aufgabe 2, § 77 gibt es ein M so, daß $f(M) > 0$ und $f(-M) < 0$ ist.

Wir wenden uns nun zur *Berechnung der reellen Wurzeln eines Polynoms $f(x)$.* Unter Berechnung ist, entsprechend der Definition

der reellen Zahlen, beliebig genaue Approximation durch rationale
Zahlen zu verstehen.

Wir haben in § 77 (Aufgabe 2) schon gesehen, wie man die reellen
Wurzeln von $f(x)$ in Schranken einschließen kann: Ist

$$f(x) = x^n + a_1 x^{n-1} + \cdots + a_n$$

und ist M die größte der Zahlen 1 und $|a_1| + \cdots + |a_n|$, so liegen
alle Wurzeln zwischen $-M$ und $+M$. Man kann M durch eine (eventuell größere) rationale Zahl ersetzen, diese wieder M nennen und
dann das Intervall $-M \leq x \leq M$ durch rationale Zwischenpunkte
in beliebig kleine Teile zerlegen. In welchem dieser Teile die Wurzeln
liegen, kann man feststellen, sobald man ein Mittel hat, zu entscheiden, wie viele Wurzeln zwischen zwei gegebenen Grenzen liegen.
Durch weitere Unterteilung der Intervalle, in denen Wurzeln liegen,
kann man dann die reellen Wurzeln beliebig genau approximieren.

Ein Mittel, zu entscheiden, wie viele Wurzeln zwischen zwei gegebenen Grenzen liegen oder auch wie viele Wurzeln es überhaupt
gibt, liefert das

Theorem von STURM. *Man bestimme die Polynome* X_1, X_2, ..., X_r,
von einem gegebenen Polynom $X = f(x)$ *ausgehend, folgendermaßen:*

$$X_1 = f'(x) \qquad \text{(Differentiation)},$$

(1)
$$\left.\begin{array}{l} X = Q_1 X_1 - X_2, \\ X_1 = Q_2 X_2 - X_3, \\ \cdots\cdots\cdots\cdots\cdots \\ X_{r-1} = Q_r X_r \end{array}\right\} \quad \text{(euklidischer Algorithmus).}$$

Für jede reelle Zahl a, *die keine Nullstelle von* $f(x)$ *ist, sei* $w(a)$ *die
Anzahl der Vorzeichenwechsel*[1] *in der Zahlenfolge*

$$X(a), \ X_1(a), \ldots, X_r(a)$$

in der man alle Nullen weggelassen hat. Sind dann b *und* c *irgendwelche
Zahlen mit* $b < c$, *für die* $f(x)$ *nicht verschwindet, so hat die Anzahl der
verschiedenen Nullstellen im Intervall* $b \leq x \leq c$ *(mehrfache Nullstellen
nur einmal gezählt!) den Wert*

$$w(b) - w(c).$$

Die Reihe der Polynome X, X_1, ..., X_r heißt die Sturmsche *Kette*
von $f(x)$. Das Theorem besagt also, daß die Anzahl der Nullstellen
zwischen b und c gegeben wird durch die Anzahl der Vorzeichen-

---

[1] Unter dem *Vorzeichen* einer Zahl c verstehen wir das Symbol $+$, $-$ oder
0, je nachdem c positiv, negativ oder Null ist. Ein *Wechsel* in einer nur die
Zeichen $+$ und $-$ in beliebiger Anzahl aufweisenden Vorzeichenfolge liegt vor,
sobald einem $+$ ein $-$ oder einem $-$ ein $+$ folgt. Sind auch Nullen vorhanden,
so hat man diese bei der Zählung der Wechsel einfach wegzulassen.

wechsel in der Sturmschen Kette, die beim Übergang von b nach c verloren gehen.

Beweis. Das letzte Polynom X_r der Kette ist offenbar der G.G.T. von $X = f(x)$ und $X_1 = f'(x)$. Denkt man sich alle Polynome der Kette durch X_r dividiert, so hat man $f(x)$ von mehrfachen Linearfaktoren befreit, ohne die Anzahl der Vorzeichenwechsel an einer Nichtnullstelle a zu beeinflussen; denn die Vorzeichen der Kettenglieder sind bei der Division entweder alle ungeändert geblieben oder alle umgekehrt worden. Wir können also beim Beweis diese Division vorher ausgeführt denken; das letzte Glied der Kette ist dann eine von Null verschiedene Konstante. Das zweite Glied der Kette wird nun im allgemeinen nicht mehr die Ableitung des ersten sein; vielmehr führt, wenn etwa d eine l-fache Nullstelle von $f(x)$, also etwa

$$X = f(x) = (x - d)^l \, g(x), \quad g(d) \neq 0,$$
$$X_1 = f'(x) = l(x - d)^{l-1} g(x) + (x - d)^l \, g'(x)$$

ist, die Weghebung des Faktors $(x - d)^{l-1}$ auf die Polynome

$$\bar{X} = (x - d)\, g(x),$$
$$\bar{X}_1 = l \cdot g(x) + (x - d)\, g'(x),$$

aus denen für die anderen Nullstellen $d', d'', \ldots$ noch weitere Faktoren herauszuheben sind. Wir bezeichnen die so modifizierten Polynome der Sturmschen Kette wieder mit $X = X_0, X_1, \ldots, X_r$.

Unter dieser Annahme werden an keiner Stelle a zwei aufeinanderfolgende Glieder der Kette gleich Null. Denn wären etwa $X_k(a)$ und $X_{k+1}(a)$ gleichzeitig Null, so würde man aus den Gleichungen (1) schließen, daß auch $X_{k+2}(a), \ldots, X_r(a)$ gleich Null wären, während doch $X_r = \text{konst} \neq 0$ ist.

Die Nullstellen der Polynome der Sturmschen Kette teilen das Intervall $b \leq x \leq c$ in Teilintervalle. Innerhalb eines solchen Teilintervalls wird weder X noch irgendein X_k Null, und daraus folgt nach dem Weierstraßschen Nullstellensatz, daß im Innern eines solchen Intervalls alle Polynome der Sturmschen Kette ihre Vorzeichen beibehalten, mithin die Zahl $w(a)$ konstant bleibt. Wir haben also nur noch zu untersuchen, wie sich die Zahl $w(a)$ an einer Stelle d ändert, an der ein Polynom der Kette verschwindet.

Es sei zunächst d eine Nullstelle von $X_k (0 < k < r)$. Auf Grund der Gleichung

$$X_{k-1} = Q_k X_k - X_{k+1}$$

haben die Zahlen $X_{k-1}(d)$ und $X_{k+1}(d)$ notwendig entgegengesetzte Vorzeichen. Auch in den beiden angrenzenden Teilintervallen haben also X_{k-1} und X_{k+1} entgegengesetzte Vorzeichen. Welches Vorzeichen nun X_k hat $(+, -$ oder $0)$, ist für die Anzahl der Vorzeichen-

wechsel zwischen X_{k-1} und X_{k+1} gleichgültig: es gibt immer genau
einen Wechsel. Also ändert die Zahl $w(a)$ sich beim Durchgang durch
die Stelle d nicht.

Sodann sei d eine Nullstelle von $f(x)$, also nach der zu Anfang
gemachten Bemerkung etwa

$$X = (x - d)\,g(x)\,, \quad g(d) \neq 0\,,$$
$$X_1 = l \cdot g(x) + (x - d)\,g'(x)\,,$$

wo l eine natürliche Zahl ist. Das Vorzeichen von X_1 an der Stelle d
und daher auch in den beiden angrenzenden Intervallen ist gleich
dem von $g(d)$, während das von X an jeder einzelnen Stelle gleich
dem von $(x - d)\,g(d)$ ist. Also hat man für $a < d$ einen Vorzeichenwechsel zwischen $X(a)$ und $X_1(a)$, dagegen für $a > d$ keinen Wechsel
mehr. Alle etwaigen übrigen Wechsel in der Sturmschen Kette bleiben, wie schon gezeigt, beim Durchgang durch die Stelle d erhalten.
Also nimmt die Zahl $w(a)$ beim Durchgang durch die Stelle d um
Eins ab. Damit ist das Sturmsche Theorem bewiesen.

Will man das Theorem dazu benutzen, die Gesamtzahl der verschiedenen reellen Nullstellen von $f(x)$ zu bestimmen, so hat man für
die Schranke b einen so kleinen und für die Schranke c einen so großen
Wert zu nehmen, daß es für $x < b$ und für $x > c$ keine Nullstelle
mehr gibt. Es genügt z. B., $b = -M$ und $c = M$ zu wählen. Noch
bequemer ist es aber, b und c so zu wählen, daß alle Polynome der
Sturmschen Kette für $x < b$ und $x > c$ keine Nullstellen mehr haben.
Ihre Vorzeichen werden dann durch die Vorzeichen ihrer Anfangskoeffizienten bestimmt: $a_0 x^m + a_1 x^{m-1} + \cdots$ hat für sehr große x
das Vorzeichen von a_0 und für sehr kleine (negative) x das von
$(-1)^m a_0$. Um die Frage, wie groß b und c sein müssen, braucht man
sich bei dieser Methode nicht zu kümmern: man braucht nur die
Anfangskoeffizienten a_0 und Grade m der Sturmschen Polynome zu
berechnen.

Aufgaben. 1. Man bestimme die Anzahl der reellen Nullstellen des Polynoms
$$x^3 - 5x^2 + 8x - 8\,.$$
Zwischen welchen aufeinanderfolgenden ganzen Zahlen liegen diese Nullstellen ?

2. Sind die letzten beiden Polynome X_{r-1}, X_r der Sturmschen Kette vom
Grade 1, 0, so kann man die Konstante X_r (oder deren Vorzeichen, auf das es
allein ankommt) auch berechnen, indem man die Nullstelle von X_{r-1} in $-X_{r-2}$
einsetzt.

3. Ist man bei der Berechnung der Sturmschen Kette auf ein X_k gestoßen,
welches nirgends sein Vorzeichen wechselt (etwa eine Summe von Quadraten),
so kann man die Kette mit diesem X_k abbrechen. Ebenso kann man stets aus
einem X_k einen überall positiven Faktor weglassen und mit dem in dieser Weise
modifizierten X_k die Rechnung fortsetzen.

4. Das beim Beweis des Sturmschen Satzes benutzte Polynom X_1 [ein
Teiler von $f'(x)$] wechselt zwischen zwei aufeinanderfolgenden Nullstellen von

$f(x)$ sicher sein Vorzeichen. Beweis? Daher hat $f'(x)$ zwischen je zwei Nullstellen von $f(x)$ mindestens eine Nullstelle (*Satz von* ROLLE).

5. Aus dem Satz von ROLLE ist der *Mittelwertsatz der Differentialrechnung herzuleiten, der besagt, daß für $a < b$*

$$\frac{f(b) - f(a)}{b - a} = f'(c)$$

ist für ein passendes c mit $a < c < b$. [Man setze

$$f(x) - f(a) - \frac{f(b) - f(a)}{b - a}(x - a) = \varphi(x).]$$

6. In einem Intervall $a \leqq x \leqq b$, wo $f'(x) > 0$ ist, ist $f(x)$ eine zunehmende Funktion von x; ebenso, wenn $f'(x) < 0$ ist, eine abnehmende.

7. Ein Polynom $f(x)$ hat in jedem Intervall $a \leqq x \leqq b$ einen größten und einen kleinsten Wert, und zwar wird jeder von diesen entweder in einer Nullstelle von $f'(x)$ oder in einem der Endpunkte a oder b angenommen.

§ 80. Der Körper der komplexen Zahlen

Adjungiert man zum Körper der reellen Zahlen $\mathbb{R}$ eine Wurzel i des in $\mathbb{R}$ irreduziblen Polynoms $x^2 + 1$, so erhält man den *Körper der komplexen Zahlen* $\mathbb{C} = \mathbb{R}(i)$.

Wenn von „Zahlen" die Rede ist, sind im folgenden immer komplexe (und insbesondere reelle) Zahlen gemeint. *Algebraische Zahlen* sind solche Zahlen, die in bezug auf den rationalen Zahlkörper $\mathbb{Q}$ algebraisch sind. Es ist nun klar, was man unter algebraischen Zahlkörpern, reellen Zahlkörpern usw. zu verstehen hat. Die algebraischen Zahlen bilden den Sätzen von § 41 zufolge einen Körper A; in ihm sind alle algebraischen Zahlkörper enthalten.

Wir beweisen nun:

Im Körper der komplexen Zahlen ist die Gleichung $x^2 = a + bi$ (a, b reell) stets lösbar; d. h. jede Zahl des Körpers besitzt im Körper eine Quadratwurzel.

Beweis. Eine Zahl $x = c + di$ (c, d reell) hat dann und nur dann die verlangte Eigenschaft, wenn

$$(c + di)^2 = a + bi$$

ist, d. h. wenn die Bedingungen

$$c^2 - d^2 = a, \quad 2cd = b$$

erfüllt sind. Aus diesen Gleichungen folgt weiter: $(c^2 + d^2)^2 = a^2 + b^2$, also $c^2 + d^2 = \sqrt{a^2 + b^2}$. Daraus und aus der ersten Bedingung bestimmt man c^2 und d^2:

$$c^2 = \frac{a + \sqrt{a^2 + b^2}}{2}.$$

$$d^2 = \frac{-a + \sqrt{a^2 + b^2}}{2},$$

Die rechts stehenden Größen sind tatsächlich ≥ 0. Also kann man aus ihnen c und d bis auf die Vorzeichen bestimmen. Multiplikation ergibt

$$4\,c^2\,d^2 = -\,a^2 + (a^2 + b^2) = b^2;$$

mithin kann man die Vorzeichen von c und d auch so bestimmen, daß die letzte Bedingung

$$2\,c\,d = b$$

erfüllt ist.

Aus dem Bewiesenen folgt, daß man im Körper der komplexen Zahlen jede quadratische Gleichung

$$x^2 + px + q = 0$$

lösen kann, indem man sie auf die Form

$$\left(x + \frac{p}{2}\right)^2 = \frac{p^2}{4} - q$$

bringt. Die Lösung lautet also

$$x = -\frac{p}{2} \pm w\,,$$

wenn w irgendeine Lösung der Gleichung $w^2 = \dfrac{p^2}{4} - q$ bedeutet.

Der „*Fundamentalsatz der Algebra*", besser Fundamentalsatz der Lehre von den komplexen Zahlen, besagt, daß im Körper $\mathbb{C}$ nicht nur jedes quadratische, sondern jedes nicht konstante Polynom $f(z)$ eine Nullstelle besitzt.

Der einfachste Beweis des Fundamentalsatzes ist wohl der funktionentheoretische, der so verläuft: Gesetzt, das Polynom $f(z)$ hätte keine komplexe Nullstelle, so wäre

$$\frac{1}{f(z)} = \varphi(z)$$

eine in der ganzen z-Ebene reguläre Funktion, welche für $z \to M$ beschränkt bleibt (sogar gegen Null strebt), also nach LIOUVILLE eine Konstante; dann wäre aber auch $f(z)$ eine Konstante.

GAUSS hat für den Fundamentalsatz mehrere Beweise gegeben. Den zweiten Gaußschen Beweis, der nur die einfachsten Eigenschaften der reellen und komplexen Zahlen benutzt, dafür aber recht schwere algebraische Hilfsmittel heranzieht, werden wir in § 81 kennenlernen[1].

Unter dem *Betrag* $|\alpha|$ der komplexen Zahl $\alpha = a + bi$ versteht man die reelle Zahl

$$|\alpha| = \sqrt{a^2 + b^2} = \sqrt{\alpha\,\bar{\alpha}}\,,$$

[1] Einen anderen einfachen Beweis findet man z. B. bei C. JORDAN: Cours d'Analyse I, 3me éd., S. 202. Einen intuitionistischen Beweis gab H. WEYL: Math. Z. Bd. 20 (1914), S. 142.

wo $\bar{\alpha}$ die konjugiert-komplexe, d. h. in bezug auf den Körper der reellen Zahlen konjugierte Zahl $a - bi$ ist.

Offenbar ist $|\alpha| \geqq 0$, und zwar $|\alpha| = 0$ nur für $\alpha = 0$. Weiter ist $\sqrt{\alpha\beta\bar{\alpha}\bar{\beta}} = \sqrt{\alpha\bar{\alpha}} \cdot \sqrt{\beta\bar{\beta}}$, also

$$(1) \qquad\qquad |\alpha\beta| = |\alpha| \cdot |\beta| .$$

Um die andere Relation

$$(2) \qquad\qquad |\alpha + \beta| \leqq |\alpha| + |\beta|$$

zu beweisen, setzen wir für einen Augenblick die speziellere Beziehung

$$(3) \qquad\qquad |1 + \gamma| \leqq 1 + |\gamma|$$

als bekannt voraus. Ist nun $\alpha = 0$, so ist (2) trivial; ist aber $\alpha \neq 0$, so ist

$$\begin{aligned}
|\alpha + \beta| &= |\alpha(1 + \alpha^{-1}\beta)| = |\alpha|\,|1 + \alpha^{-1}\beta| \\
&\leqq |\alpha|\,(1 + |\alpha^{-1}\beta|) = |\alpha| + |\beta| .
\end{aligned}$$

Zum Beweis von (3) setze man $\gamma = a + bi$ und hat

$$\begin{aligned}
|\gamma| &= \sqrt{a^2 + b^2} \geqq \sqrt{a^2} = |a| , \\
|1 + \gamma|^2 &= (1 + \gamma)(1 + \bar{\gamma}) = 1 + \gamma + \bar{\gamma} + \gamma\bar{\gamma} = \\
&= 1 + 2a + |\gamma|^2 \leqq 1 + 2|\gamma| + |\gamma|^2 = (1 + |\gamma|)^2 ,
\end{aligned}$$

also
$$|1 + \gamma| \leqq 1 + |\gamma| ,$$

womit (3) und also auch (2) bewiesen ist.

§ 81. Algebraische Theorie der reellen Körper

Die angeordneten Körper, insbesondere die reellen Zahlkörper, haben die Eigenschaft, daß in ihnen eine Summe von Quadraten nur dann verschwindet, wenn die einzelnen Summanden verschwinden. Oder, was damit gleichbedeutend ist: -1 ist nicht als Quadratsumme darstellbar[1]. Der Körper der komplexen Zahlen hat diese Eigenschaft nicht; denn in ihm ist -1 sogar ein Quadrat. Es wird sich nun zeigen, daß jene Eigenschaft für die reellen algebraischen Zahlkörper und ihre konjugierten Körper (im Körper aller algebraischen Zahlen) charakteristisch ist und auch zu einer algebraischen Konstruktion des Körpers der reellen algebraischen Zahlen samt den

---

[1] Ist in irgendeinem Körper das Element -1 als Summe Σa_ν^2 darstellbar, so ist $1^2 + \Sigma a_\nu^2 = 0$; somit ist 0 eine Summe von Quadraten mit nicht sämtlich verschwindenden Basen. Ist umgekehrt eine Summe $\Sigma b_\lambda^2 = 0$ gegeben, wo ein $b_\lambda \neq 0$ ist, so kann man dieses b_λ leicht zu Eins machen, indem man die Summe durch b_λ^2 dividiert; schafft man die Eins auf die andere Seite, so erhält man $-1 = \Sigma a_\nu^2$.

konjugierten Körpern verwendet werden kann. Wir definieren nach
ARTIN und SCHREIER[1]:

Ein Körper heißt formal-reell, wenn in ihm -1 *nicht als Quadratsumme darstellbar ist.*

Ein formal-reeller Körper hat stets die Charakteristik Null; denn
in einem Körper der Charakteristik p ist -1 Summe von $p-1$
Summanden 1. — Ein Unterkörper eines formal-reellen Körpers ist
offenbar wieder formal-reell.

Ein Körper P *heißt reell-abgeschlossen[2], wenn zwar* P *formal-reell,
dagegen keine echte algebraische Erweiterung von* P *formal-reell ist.*

Satz 1. *Jeder reell-abgeschlossene Körper kann auf eine und nur eine
Weise angeordnet werden.*

Sei P reell-abgeschlossen. Dann wollen wir zeigen:

Ist a ein von 0 verschiedenes Element aus P, so ist a entweder
selbst Quadrat, oder es ist $-a$ Quadrat, und diese Fälle schließen
einander aus. Quadratsumme von Elementen aus P sind selbst
Quadrate.

Hieraus wird Satz 1 unmittelbar folgen; denn durch die Festsetzung $a > 0$, wenn a Quadrat und von 0 verschieden ist, wird dann
offenbar eine Anordnung des Körpers P definiert sein, und sie ist
die einzig mögliche, da ja Quadrate in jeder Anordnung ≥ 0 ausfallen müssen.

Ist γ nicht Quadrat eines Elementes aus P, so ist, wenn $\sqrt{\gamma}$ eine
Wurzel des Polynoms $x^2 - \gamma$ bedeutet, $\mathsf{P}\left(\sqrt{\gamma}\right)$ eine echte algebraische
Erweiterung von P, also nicht formal-reell. Demnach gilt eine
Gleichung

$$-1 = \sum_{\nu=1}^{n} \left(\alpha_\nu \sqrt{\gamma} + \beta_\nu\right)^2$$

oder

$$-1 = \gamma \sum_{\nu=1}^{n} \alpha_\nu^2 + \sum_{\nu=1}^{n} \beta_\nu^2 + 2\sqrt{\gamma} \sum_{\nu=1}^{n} \alpha_\nu \beta_\nu,$$

wobei die α_ν, β_ν, zu P gehören. Hierin muß der letzte Term verschwinden, da sonst $\sqrt{\gamma}$ entgegen der Annahme in P läge. Dagegen
kann das erste Glied nicht verschwinden, da andernfalls P nicht formal-reell wäre. Daraus schließen wir zunächst, daß γ in P nicht als
Quadratsumme darstellbar ist; denn sonst erhielten wir auch für -1
eine Darstellung als Quadratsumme. Das heißt: Ist γ nicht Quadrat,

---

[1] E. ARTIN u. O. SCHREIER: Algebraische Konstruktion reeller Körper.
Abh. Math. Sem. Hamburg Bd. 5 (1926) S. 83—115.

[2] Man hat die kurze Bezeichnung „reell-abgeschlossen" der präziseren
„reell-algebraisch abgeschlossen" vorgezogen.

so ist es auch nicht Quadratsumme. Oder positiv gewendet: Jede Quadratsumme in P ist auch Quadrat in P.

Nunmehr erhalten wir

$$-\gamma = \frac{1 + \sum_{\nu=1}^{n} \beta_\nu^2}{\sum_{\nu=1}^{n} \alpha_\nu^2}\,.$$

Zähler und Nenner dieses Ausdrucks sind Quadratsummen, also selbst Quadrate; daher ist $-\gamma = c^2$, wo c in P liegt. Demnach gilt für jedes Element γ aus P mindestens eine der Gleichungen $\gamma = b^2$, $-\gamma = c^2$; ist aber $\gamma \neq 0$, so können nicht beide bestehen, da sonst $-1 = (b/c)^2$ wäre, was nicht geht.

Auf Grund von Satz 1 nehmen wir im folgenden reell-abgeschlossene Körper stets als angeordnet an.

Satz 2. *In einem reell-abgeschlossenen Körper besitzt jedes Polynom ungeraden Grades mindestens eine Nullstelle.*

Der Satz ist für den Grad 1 trivial. Wir nehmen an, er sei bereits für alle ungeraden Grade $< n$ bewiesen; $f(x)$ sei ein Polynom des ungeraden Grades n (> 1). Ist $f(x)$ reduzibel in dem reell-abgeschlossenen Körper P, so besitzt mindestens ein irreduzibler Faktor einen ungeraden Grad $< n$, also auch eine Nullstelle in P. Die Annahme, $f(x)$ wäre irreduzibel, soll jetzt ad absurdum geführt werden. Es sei nämlich α eine symbolisch adjungierte Nullstelle von $f(x)$. $P(\alpha)$ wäre dann nicht formal-reell; also hätten wir eine Gleichung

$$(1) \qquad -1 = \sum_{\nu=1}^{r} \big(\varphi_\nu(\alpha)\big)^2,$$

wobei die $\varphi_\nu(x)$ Polynome höchstens $(n-1)$-ten Grades mit Koeffizienten aus P sind. Aus (1) erhalten wir eine Identität

$$(2) \qquad -1 = \sum_{\nu=1}^{r} \big(\varphi_\nu(x)\big)^2 + f(x)\, g(x)\,.$$

Die Summe der φ_ν^2 hat geraden Grad, da die höchsten Koeffizienten Quadrate sind und sich also beim Addieren nicht wegheben können. Ferner ist der Grad positiv, da sonst schon (1) einen Widerspruch enthielte. Demnach hat $g(x)$ einen ungeraden Grad $\leqq n - 2$; also besitzt $g(x)$ jedenfalls eine Nullstelle a in P. Setzen wir aber a in (2) ein, so haben wir

$$-1 = \sum_{\nu=1}^{r} \big(\varphi_\nu(a)\big)^2,$$

womit wir bei einem Widerspruch angelangt sind, da die $\varphi_\nu(a)$ in P liegen.

Satz 3. *Ein reell-abgeschlossener Körper ist nicht algebraisch-abge-schlossen. Dagegen ist der durch Adjunktion von i entstehende Körper*[1] *algebraisch-abgeschlossen.*

Die erste Hälfte ist trivial. Denn die Gleichung $x^2 + 1 = 0$ ist in jedem formal-reellen Körper unlösbar.

Die zweite Hälfte folgt unmittelbar aus

Satz 3 a. *Besitzt in einem angeordneten Körper* K *jedes positive Element eine Quadratwurzel und jedes Polynom ungeraden Grades min-destens eine Nullstelle, so ist der durch Adjunktion von i entstehende Körper algebraisch-abgeschlossen.*

Zunächst bemerken wir, daß in K(i) jedes Element eine Quadrat-wurzel besitzt und daher jede quadratische Gleichung lösbar ist. Der Beweis geschieht durch dieselbe Rechnung wie für den Körper der komplexen Zahlen im § 80.

Zum Nachweis der algebraischen Abgeschlossenheit von K (i) ge-nügt es nach § 72, zu zeigen, daß jedes in K irreduzible Polynom $f(x)$ in K(i) eine Nullstelle besitzt. $f(x)$ sei ein doppelwurzelfreies Polynom n-ten Grades, wo $n = 2^m q$, q ungerade. Wir wollen Induktion nach m anwenden, also annehmen, daß jedes doppelwurzelfreie Polynom mit Koeffizienten aus K, dessen Grad durch 2^{m-1}, aber nicht durch 2^m teilbar ist, in K(i) eine Wurzel besitzt. Dies trifft für $m = 1$ nach Voraussetzung zu. $\alpha_1, \alpha_2, \ldots, \alpha_n$ seien die Wurzeln von $f(x)$ in einer Erweiterung von K. Nach § 46 gibt es ein c in K, das nur gewisse Ungleichungen der Form $\beta_r + c\gamma_s \neq \beta_1 + c\gamma_1$ zu erfüllen hat, so daß gilt

$$\mathsf{K}(\alpha_j + \alpha_k, \alpha_j\alpha_k) = \mathsf{K}(\alpha_j + \alpha_k + c\alpha_j\alpha_k).$$

Die Ausdrücke $\alpha_j + \alpha_k + c\alpha_j\alpha_k$ sind die Wurzeln einer Gleichung vom Grade $\frac{1}{2} n (n - 1)$ in K, also liegt nach Ausnahme einer von ihnen in K (i), etwa $\alpha_1 + \alpha_2 + c\alpha_1\alpha_2$. Dann liegen auch $\alpha_1 + \alpha_2$ und $\alpha_1\alpha_2$ in K (i), also finden wir α_1 und α_2 durch Auflösen einer quadra-tischen Gleichung in K (i).

Aus Satz 3a folgt gleichzeitig, daß der Körper der komplexen Zahlen algebraisch-abgeschlossen ist. Das ist der „Fundamentalsatz der Algebra".

Eine Umkehrung von Satz 3 lautet:

Satz 4. *Wenn ein formal-reeller Körper* K *durch Adjunktion von i algebraisch abgeschlossen werden kann, so ist er reell-abgeschlossen.*

Beweis. Es gibt keinen Zwischenkörper zwischen K und K(i), also keine algebraische Erweiterung von K außer K selbst und K(i). K(i)

---

[1] i bedeutet hier und im folgenden stets eine Nullstelle von $x^2 + 1$.

ist nicht formal-reell, da -1 in ihm ein Quadrat ist. Also ist K reell-abgeschlossen.

Aus Satz 4 folgt insbesondere, daß der Körper der reellen Zahlen reell-abgeschlossen ist.

Die Wurzeln einer Gleichung $f(x) = 0$ mit Koeffizienten aus einem reell-abgeschlossenen Körper K liegen in $K(i)$ und kommen daher, soweit sie nicht in K enthalten sind, immer als Paare konjugierter Wurzeln (in bezug auf K) vor. Ist $a + bi$ eine Wurzel, so ist $a - bi$ die konjugierte. Faßt man in der Zerlegung von $f(x)$ immer die Paare konjugierter Linearfaktoren zusammen, so ergibt sich eine Zerlegung von $f(x)$ in lineare und quadratische, in K irreduzible Faktoren.

Wir sind jetzt imstande, den „Weierstraßschen Nullstellensatz" für Polynome (§ 79) auf beliebige reell-abgeschlossene Körper auszudehnen.

Satz 5. *Es sei $f(x)$ ein Polynom mit Koeffizienten aus einem reell-abgeschlossenen Körper* P *und* a, b *Elemente aus* P, *für die* $f(a) < 0$, $f(b) > 0$. *Dann gibt es mindestens ein Element* c *in* P *zwischen* a *und* b, *für das* $f(c) = 0$.

Beweis. Wie wir eben sahen, zerfällt $f(x)$ in P in lineare und in irreduzible quadratische Faktoren. Ein irreduzibles quadratisches Polynom $x^2 + px + q$ ist in P beständig positiv; denn es kann in der Form $\left(x + \frac{p}{2}\right)^2 + \left(q - \frac{p^2}{4}\right)$ geschrieben werden, und hierin ist der erste Term stets ≥ 0 und der zweite wegen der vorausgesetzten Irreduzibilität positiv. Daher kann ein Vorzeichenwechsel von $f(x)$ nur durch Vorzeichenwechsel eines Linearfaktors, also durch eine Nullstelle zwischen a und b bewirkt werden.

Auf Grund dieses Satzes gelten für reell-abgeschlossene Körper auch alle Folgerungen, die in § 79 aus dem Weierstraßschen Nullstellensatz gezogen wurden, insbesondere das Theorem von STURM über die reellen Nullstellen.

Wir beweisen zum Schluß den

Satz 6. *Sei* K *ein angeordneter Körper,* $\overline{K}$ *der Körper, der aus* K *durch Adjunktion der Quadratwurzeln aus allen positiven Elementen von* K *hervorgeht. Dann ist* $\overline{K}$ *formal-reell.*

Es genügt offenbar, zu zeigen, daß keine Gleichung der Form

$$(3) \qquad -1 = \sum_{\nu=1}^{n} c_\nu \xi_\nu^2$$

besteht, wo die c_ν positive Elemente aus K, die ξ_ν aber Elemente aus $\overline{K}$ sind. Angenommen, es gäbe eine solche Gleichung. In den ξ_ν könnten natürlich nur endlichviele der zu K adjungierten Quadratwurzeln wirklich auftreten, etwa $\sqrt{a_1}, \sqrt{a_2}, \ldots, \sqrt{a_r}$. Wir denken uns unter

allen Gleichungen (3) eine solche gewählt, für die r möglichst klein
ausfällt. [Sicher ist $r \geqq 1$, da in K keine Gleichung der Form (3)
existiert.] ξ_ν läßt sich in der Gestalt $\xi_\nu = \eta_\nu + \zeta_\nu \sqrt{a_r}$ darstellen, wo
η_ν, ζ_ν in $K\left(\sqrt{a_1}, \sqrt{a_2}, \ldots, \sqrt{a_{r-1}}\right)$ liegen. Also hätten wir

$$
(4) \qquad -1 = \sum_{\nu=1}^{n} c_\nu \eta_\nu^2 + \sum_{\nu=1}^{n} c_\nu a_r \zeta_\nu^2 + 2 \sqrt{a_r} \sum_{\nu=1}^{n} c_\nu \eta_\nu \zeta_\nu .
$$

Verschwindet in (4) der letzte Summand, so ist (4) eine Gleichung
derselben Gestalt wie (3), enthält aber weniger als r Quadratwurzeln.
Verschwindet er aber nicht, so läge $\sqrt{a_r}$ in $K\left(\sqrt{a_1}, \ldots, \sqrt{a_{r-1}}\right)$, und (3)
könnte mit weniger als r Quadratwurzeln geschrieben werden. Unsere
Annahme führt daher auf jeden Fall zu einem Widerspruch.

Aufgaben. 1. Der Körper der algebraischen Zahlen ist algebraisch-abgeschlossen, und der Körper der reellen algebraischen Zahlen ist reell-abgeschlossen.

2. Der nach § 72 rein algebraisch konstruierbare algebraisch-abgeschlossene algebraische Erweiterungskörper zum Körper $\mathbb{Q}$ der rationalen Zahlen ist
isomorph dem Körper A der algebraischen Zahlen.

3. Es sei P ein reeller Zahlkörper, Σ der Körper der reellen in bezug auf P
algebraischen Zahlen. Dann ist Σ reell-abgeschlossen.

4. Ist P formal-reell und t transzendent in bezug auf P, so ist auch $P(t)$
formal-reell. [Ist $-1 = \Sigma \varphi_\nu(t)^2$, so setze man für t eine passend gewählte
Konstante aus P ein.]

§ 82. Existenzsätze für formal-reelle Körper

Satz 7. *Es sei K ein formal-reeller Körper, Ω ein algebraisch-abgeschlossener Körper über K. Dann gibt es (mindestens) einen reell-
abgeschlossenen Körper P zwischen K und Ω, für den $\Omega = P(i)$ ist.*

Beweis. Wir wenden das Lemma von ZORN (§ 69) auf die halbgeordnete Menge M der formal-reellen, K umfassenden Unterkörper
von Ω an. In jeder vollständig geordneten Teilmenge von M gibt es
ein maximales Element, nämlich die Vereinigungsmenge aller Körper
der Teilmenge. Nach dem Lemma von ZORN gibt es also einen
maximalen formal-reellen, K umfassenden Unterkörper P von Ω.

Ist a ein Element von Ω, das nicht zu P gehört, so ist $P(a)$ nicht
mehr formal-reell. Das ist zunächst nur möglich, wenn a algebraisch
über P ist; denn eine einfache transzendente Erweiterung eines formal-reellen Körpers ist wieder formal-reell (§ 81, Aufgabe 4). Jedes
Element von Ω ist also algebraisch über P; d. h. Ω ist algebraisch
über P. Da man weiter für a ein beliebiges algebraisches Element von
Ω außerhalb P nehmen kann, so ist keine einfache echte algebraische
Erweiterung $P(a)$ von P formal-reell, mithin P reell-abgeschlossen.
Nach Satz 3 (§ 81) ist $P(i)$ algebraisch-abgeschlossen, mithin mit Ω
identisch. Damit ist der Satz bewiesen.

Einige Sonderfälle bzw. unmittelbare Folgerungen von Satz 7 mögen noch besonders formuliert werden.

Satz 7a. *Zu jedem formal-reellen Körper* K *gibt es (mindestens) eine reell-abgeschlossene algebraische Erweiterung.*

Wir brauchen zum Beweis bloß für Ω in Satz 7 die algebraisch-abgeschlossene, algebraische Erweiterung von K zu wählen.

Satz 7b. *Jeder formal-reelle Körper kann auf (mindestens) eine Weise angeordnet werden.*

Dies folgt ohne weiteres aus Satz 1 (§ 81) und Satz 7a.

Ist ferner Ω irgendein algebraisch-abgeschlossener Körper der Charakteristik Null und setzen wir in Satz 7 für K den Körper der rationalen Zahlen, so haben wir

Satz 7c. *Jeder algebraisch-abgeschlossene Körper* Ω *der Charakteristik Null enthält (mindestens) einen reell-abgeschlossenen Unterkörper* P, *für den* $\Omega = \mathsf{P}(i)$.

Für angeordnete Körper läßt Satz 7a sich wesentlich verschärfen:

Satz 8. *Ist* K *ein angeordneter Körper, so gibt es eine und — von äquivalenten Erweiterungen abgesehen — nur eine reell-abgeschlossene algebraische Erweiterung* P *von* K, *deren Anordnung eine Fortsetzung der Anordnung von* K *ist.* P *besitzt außer dem identischen keinen Automorphismus, der die Elemente aus* K *fest läßt.*

Beweis. Wie in Satz 6 (§ 81) werde mit $\overline{\mathsf{K}}$ der Körper bezeichnet, der aus K durch Adjunktion der Quadratwurzeln aus allen positiven Elementen von K entsteht. Es sei P eine algebraische, reell-abgeschlossene Erweiterung von $\overline{\mathsf{K}}$. Eine solche gibt es nach Satz 7a, da $\overline{\mathsf{K}}$ bereits als formal-reell erkannt ist. P ist auch algebraisch in bezug auf K, und die Anordnung von P ist eine Fortsetzung der Anordnung von K, da doch jedes positive Element aus K in $\overline{\mathsf{K}}$ Quadrat ist, also erst recht in P. Damit ist die Existenz eines solchen P bewiesen.

Es sei P* eine zweite algebraische, reell-abgeschlossene Erweiterung von K, deren Anordnung die von K fortsetzt. $f(x)$ sei ein (nicht notwendig irreduzibles) Polynom mit Koeffizienten aus K. Der Sturmsche Satz gestattet uns, bereits in K zu entscheiden, wie viele Wurzeln $f(x)$ in P oder P* besitzt. Wir brauchen bloß eine Sturmsche Kette für $f(x) = x^n + a_1 x^{n-1} + \cdots + a_n$ zu untersuchen. Daher hat $f(x)$ in P ebenso viele Wurzeln wie in P*. Insbesondere besitzt jede Gleichung in K, die in P mindestens eine Wurzel besitzt, auch in P* mindestens eine Wurzel und umgekehrt. Seien nun $\alpha_1, \alpha_2, \ldots, \alpha_r$ die Wurzeln von $f(x)$ in P, $\beta_1^*, \beta_2^*, \ldots, \beta_r^*$ die Wurzeln von $f(x)$ in P*. Ferner sei ξ in P so gewählt, daß $\mathsf{K}(\xi) = \mathsf{K}(\alpha_1, \ldots, \alpha_r)$ ist, und $F(x) = 0$ die irreduzible Gleichung für ξ in K. $F(x)$ besitzt also in P die Wurzel ξ, daher auch in P* mindestens eine Wurzel η^*; $\mathsf{K}(\xi)$ und $\mathsf{K}(\eta^*)$ sind äquivalente Erweiterungen von K. Da $\mathsf{K}(\xi)$ durch die r

Nullstellen $\alpha_1, \ldots, \alpha_r$ von $f(x)$ erzeugt wird, muß auch $\mathsf{K}(\eta^*)$ durch r Wurzeln von $f(x)$ erzeugt werden; nun ist $\mathsf{K}(\eta^*)$ ein Unterkörper von P^*, also gilt $\mathsf{K}(\eta^*) = \mathsf{K}(\beta_1^*, \ldots, \beta_r^*)$. Demnach sind $\mathsf{K}(\alpha_1, \ldots, \alpha_r)$ und $\mathsf{K}(\beta_1^*, \ldots, \beta_r^*)$ äquivalente Erweiterungen von K.

Um nun zu zeigen, daß P und P^* äquivalente Erweiterungen von K sind, bemerken wir, daß eine isomorphe Abbildung von P auf P^* notwendig die Anordnung erhalten muß, da diese sich ja (nach dem Beweis von Satz 1, § 81) durch die Eigenschaft, Quadrat zu sein oder nicht zu sein, erklären läßt. Wir definieren daher folgende Abbildung σ von P auf P^*. Sei α ein Element aus P, $p(x)$ das irreduzible Polynom in K, dessen Nullstelle α ist, und seien $\alpha_1, \alpha_2, \ldots, \alpha_r$ die Wurzeln von $p(x)$ in P, so numeriert, daß $\alpha_1 < \alpha_2 < \cdots < \alpha_r$ ist; speziell sei $\alpha = \alpha_k$. Sind dann $\alpha_1^*, \alpha_2^*, \ldots, \alpha_r^*$ die Wurzeln von $p(x)$ in P^* und ist $\alpha_1^* < \alpha_2^* \cdots < \alpha_r^*$, so sei $\sigma(\alpha) = \alpha_k^*$. Offenbar ist σ eindeutig und läßt die Elemente aus K fest. Es ist nachzuweisen, daß σ eine isomorphe Abbildung ist. Sei zu diesem Zweck $f(x)$ wieder irgendein Polynom in K; $\gamma_1, \gamma_2, \ldots, \gamma_s$ seine Wurzeln in P; $\gamma_1^*, \gamma_2^*, \ldots, \gamma_s^*$ die in P^*. Ferner sei $g(x)$ das Polynom in K, dessen Nullstellen die Quadratwurzeln aus den Wurzeldifferenzen von $f(x)$ sind. $\delta_1, \delta_2, \ldots, \delta_t$ seien die Nullstellen von $g(x)$ in P; $\delta_1^*, \delta_2^*, \ldots, \delta_t^*$ die in P^*. Nach dem oben Bewiesenen sind

$$\varLambda = \mathsf{K}(\gamma_1, \ldots, \gamma_s, \delta_1, \ldots, \delta_t) \quad \text{und} \quad \varLambda^* = \mathsf{K}(\gamma_1^*, \ldots, \gamma_s^*, \delta_1^*, \ldots, \delta_t^*)$$

äquivalente Erweiterungen von K. Es gibt also eine isomorphe Abbildung τ von $\varLambda$ auf $\varLambda^*$, die K elementweise fest läßt. Durch τ wird jedem γ ein γ^*, jedem δ ein δ^* zugeordnet. Die Bezeichnung sei so gewählt, daß $\tau(\gamma_k) = \gamma_k^*$, $\tau(\delta_h) = \delta_h^*$ ist. Ist nun $\gamma_k < \gamma_l$ (in P), so ist $\gamma_l - \gamma_k = \delta_h^2$ für einen gewissen Index h, also auch

$$\gamma_l^* - \gamma_k^* = \delta_h^{*2},$$

demnach $\gamma_k^* < \gamma_l^*$ (in P^*). τ ordnet also die Wurzeln von $f(x)$ in P und P^* einander der Größe nach zu. Da dies folglich auch für die Nullstellen der in K irreduziblen Faktoren von $f(x)$ gilt, haben wir $\tau(\gamma_k) = \sigma(\gamma_k)$ $(k = 1, 2, \ldots, s)$. Indem wir also dafür sorgen, daß zwei beliebig vorgegebene Elemente α, β aus P sowie $\alpha + \beta$ und $\alpha \cdot \beta$ unter den Wurzeln von $f(x)$ vorkommen, erkennen wir, daß σ eine isomorphe Abbildung von P auf P^* ist, und zwar die einzige, die K elementweise fest läßt. Wählen wir $\mathsf{P}^* = \mathsf{P}$, so ergibt sich die Richtigkeit unserer Behauptung über die Automorphismen von P.

Da sich der Körper $\mathbb{Q}$ der rationalen Zahlen nach § 77 nur in einer Weise anordnen läßt, so folgt aus Satz 8 unmittelbar:

Satz 8a. *Es gibt — von isomorphen Körpern abgesehen — einen und nur einen reell-abgeschlossenen algebraischen Körper über $\mathbb{Q}$.*

Für diesen Körper kann man natürlich den Körper $\mathbb{R}$ der reellen algebraischen Zahlen im gewöhnlichen Sinn (§ 78) nehmen, der durch Aussonderung der algebraischen unter den reellen Zahlen entsteht.

Wie wir noch sehen werden, ist $\mathbb{R}$ in A nicht der einzige reell-abgeschlossene Körper, sondern nur einer unter unendlichvielen äquivalenten.

Satz 9. *Jeder formal-reelle algebraische Erweiterungskörper K^* von $\mathbb{Q}$ ist mit einem Unterkörper von $\mathbb{R}$, also mit einem reellen algebraischen Zahlkörper isomorph.*

Beweis. Nach Satz 7a können wir zu K^* stets einen algebraischen reell-abgeschlossenen Erweiterungskörper P^* konstruieren, der nach Satz 8a notwendig zu $\mathbb{R}$ isomorph ausfällt. Daraus folgt die Behauptung.

Eine gewisse isomorphe Abbildung von K^* auf $\mathsf{K} \subseteq \mathbb{R}$ ergibt natürlich auch eine gewisse Anordnung von K^*, da alle Unterkörper K von $\mathbb{R}$ von Haus aus angeordnet sind. Umgekehrt kann auch jede Anordnung von K^* in dieser Weise erhalten werden, da der im Beweis von Satz 9 konstruierte reell-abgeschlossene Erweiterungskörper P^* nach Satz 8 so konstruiert werden kann, daß bei seiner Anordnung die von K^* erhalten bleibt. Diese Anordnung geht dann beim Isomorphismus über in die (einzig mögliche) Anordnung von $\mathbb{R}$.

Nehmen wir für K^* speziell einen endlichen algebraischen Zahlkörper, der nur endlichviele Isomorphismen in A besitzt, so folgt:

Die Anzahl der Isomorphismen, die K^* in einen reellen algebraischen Zahlkörper überführen, ist gleich der Anzahl der verschiedenen Anordnungen, deren K^* fähig ist (und insbesondere Null, wenn K^* nicht formal-reell ist).

Die Tatsache, daß jeder in A gelegene formal-reelle Körper zu einem reell-abgeschlossenen Körper $\mathsf{P}^* \subset \mathsf{A}$ erweitert werden kann, führt zugleich zu der Erkenntnis, daß es unendlichviele solche Körper P^* in A gibt (wiewohl diese nach Satz 8a alle untereinander isomorph sind). Denn die Körper $\mathsf{K}^* = \mathbb{Q}(\zeta\sqrt[n]{2})$, wo n eine ungerade natürliche Zahl und ζ eine n-te Einheitswurzel ist, sind alle isomorph zu $\mathbb{Q}(\sqrt[n]{2})$, also formal-reell. Sie führen also zu je einem reell-abgeschlossenen Erweiterungskörper P^*, und diese Körper müssen bei festem n alle verschieden sein, da ein angeordneter Körper nur eine n-te Wurzel aus 2 enthalten kann. Die Anzahl n dieser Körper kann aber beliebig hoch gewählt werden.

Aufgaben. 1. Es sei ϑ eine Wurzel der in Γ irreduziblen Gleichung $x^4 - x - 1 = 0$. Auf wieviel Arten kann der Körper $\Gamma(\vartheta)$ angeordnet werden?

2. Der Körper $\Gamma(t)$, wo t eine Unbestimmte ist, kann auf unendlichviel Arten angeordnet werden, und zwar sowohl archimedisch als auch nichtarchi-

medisch. Auch kann t sowohl unendlich groß als unendlich klein gewählt werden (vgl. § 77, Aufgabe 1).

3. Wie viele Nullstellen hat das Polynom $(z^2 - t)^2 - t^3$ in einem reell-abgeschlossenen Erweiterungskörper von $\Gamma(t)$, wenn t unendlich klein ist? Wo liegen diese Nullstellen?

§ 83. Summen von Quadraten

Wir wollen nun die Frage untersuchen, welche Elemente eines Körpers K sich als Summen von Quadraten von Elementen aus K darstellen lassen.

Dabei kann man sich zunächst auf formal-reelle Körper beschränken. Ist nämlich K nicht formal-reell, so ist -1 Quadratsumme, etwa:

$$-1 = \sum_1^n \alpha_\nu^2.$$

Wenn nun K eine von 2 verschiedene Charakteristik hat, so folgt daraus für ein beliebiges Element γ von K die Zerlegung in $n + 1$ Quadrate:

$$\gamma = \left(\frac{1+\gamma}{2}\right)^2 + (\textstyle\sum \alpha_\nu^2)\left(\frac{1-\gamma}{2}\right)^2.$$

Hat aber K die Charakteristik 2, so erledigt sich die Frage durch die Bemerkung, daß jede Quadratsumme selbst Quadrat ist:

$$\sum \alpha^2 = (\textstyle\sum \alpha)^2.$$

Daß Summe und Produkt von Quadratsummen wieder Quadratsummen sind, leuchtet ein. Aber auch ein Quotient von Quadratsummen ist wieder Quadratsumme:

$$\frac{\alpha}{\beta} = \alpha \cdot \beta \cdot (\beta^{-1})^2.$$

Für formal-reelle, abzählbare Körper K beweisen wir nun den Satz:

Ist γ in K nicht Summe von Quadraten, so gibt es eine Anordnung von K, in der γ negativ ausfällt.

Beweis. Es sei γ nicht Quadratsumme. Wir zeigen zunächst, daß $K\left(\sqrt{-\gamma}\right)$ formal-reell ist. Liegt $\sqrt{-\gamma}$ bereits in K, so ist die Behauptung klar. Andernfalls schließt man so: Wäre

$$-1 = \sum_1^n (\alpha_\nu \sqrt{-\gamma} + \beta_\nu)^2,$$

so würde man durch genau dieselben Schlüsse wie bei Satz 1 (§ 81) erhalten:

$$\gamma = \frac{1 + \Sigma \beta_\nu^2}{\Sigma \alpha_\nu^2},$$

mithin wäre γ doch Quadratsumme, entgegen der Voraussetzung. Daher ist $\mathsf{K}\left(\sqrt{-\gamma}\right)$ formal-reell. Wird nun $\mathsf{K}\left(\sqrt{-\gamma}\right)$ nach Satz 7b (§ 82) angeordnet, so muß $-\gamma$, als Quadrat, positiv ausfallen. Damit ist die Behauptung bewiesen.

Auf formal-reelle, algebraische Zahlkörper angewandt, ergibt das (wenn man beachtet, daß alle möglichen Anordnungen eines solchen nach § 82 durch die isomorphen Abbildungen auf konjugierte reelle Zahlkörper erhalten werden können) den Satz:

Ein Element γ eines algebraischen Zahlkörpers K ist Summe von Quadraten dann und nur dann, wenn bei den Isomorphismen, welche K in seine reellen konjugierten Körper überführen, die Zahl γ niemals in eine negative Zahl übergeführt wird.

Der Satz gilt auch noch, wenn K nicht formal-reell ist, da dann alle Zahlen von K Quadratsummen sind, während es keine Isomorphismen der verlangten Art gibt.

Solche Zahlen eines algebraischen Zahlkörpers K, die bei jeder isomorphen Abbildung von K auf einen konjugierten reellen Zahlkörper stets in positive Zahlen übergehen, heißen *total-positiv in* K. Hat K keine reell-konjugierten Körper, so ist demnach jede Zahl von K total-positiv zu nennen. Der Begriff total-positiv kann auf beliebige Körper K ausgedehnt werden, indem man als total-positiv diejenigen Elemente von K bezeichnet, welche bei jeder überhaupt möglichen Anordnung von K positiv ausfallen. (Insbesondere sind wieder alle Zahlen von K total-positiv, wenn es keine Anordnung von K gibt, also wenn K nicht formal-reell ist.) Die Ergebnisse dieses Paragraphen lassen sich dann dahin zusammenfassen, daß *in einem beliebigen Körper der Charakteristik $\neq 2$ jedes total-positive Element sich als Quadratsumme darstellen läßt.*

Literatur zum elften Kapitel

Sätze über die Anzahl der Quadrate, die zur Darstellung der total-positiven Zahlen eines Zahlkörpers hinreichen, findet man bei E. Landau: Über die Zerlegung total positiver Zahlen in Quadrate. Göttinger Nachr. 1919, S. 392. Für den Fall eines Funktionenkörpers siehe D. Hilbert: Über die Darstellung definiter Formen als Summen von Formenquadraten, Math. Ann. 32, 342—350 (1888); sowie E. Artin: Über die Zerlegung definiter Funktionen in Quadrate. Abhandlungen aus dem Math. Seminar der Hamburgischen Universität 5, 100—115 (1926). Über den Fundamentalsatz der Algebra siehe J. G. van der Corput, Colloque international d'algèbre, Paris, Septembre 1949, Centre National Rech. scient., oder ausführlicher Scriptum 2 des Math. Centrum, Amsterdam 1950.

Sachverzeichnis

Die Zahlen geben die Seiten an, wo die Begriffe zum erstenmal vorkommen

Abbildung 5
—, eineindeutige 5
—, injektive 5
—, inverse 5
—, surjektiv 5
Abelsch 13
Abelsche Gleichung 170
— Gruppe 13
Abelscher Erweiterungskörper 170
— Satz 190
Abgeschlossen 211
Abhängigkeit, algebraische 224
—, lineare 65
Ableitung einer rationalen Funktion 230
— eines Polynoms 85
Abschnitt 211
— der Zahlenreihe 19
Absolute Irreduzibilität 107
Abzählbar 11
— unendlich 11
Abzählbare Menge 9
Additive Gruppe 14
— — eines Rings 34
Adjunktion 113
— aller Wurzeln einer Gleichung 122
— einer Unbestimmten 46
—, symbolische 119
Ähnlich geordnete Menge 27
— isomorph 237
Äquivalente Erweiterung 227
— Mengen 227
Äquivalenzrelation 12
Äußerer Automorphismus 28
Algebraisch abgeschlossen 140, 215
— abhängig 224, 226
— in bezug auf einen Körper 115
— unabhängig 225, 226
— über einem Körper 121
Algebraische Funktion 231
— Größe 121
— Körpererweiterung 121
— Zahl 251

Algebraischer Zahlkörper 251
Algorithmus, euklidischer 56
Allgemeine Gleichung n-ten Grades 188
Alternierend 78
Alternierende Gruppe 21
Anfangskoeffizient 45
—, formaler 103
Anfangsstück 211
Angeordneter Körper 235
Antisymmetrisch 78
Anzahl 10
Archimedisch angeordneter Körper 237
Archimedisches Axiom 257
Arithmetische Reihen höherer Ordnung 90
ARTIN, E. 2, 205, 238, 263
Assoziativgesetz 13, 34, 73
Assoziierte Größen 59
Auflösbare Gruppe 154
Auflösung durch Radikale 184
Auflösungsformeln von CARDANO 193
Aufsteigende Zentrumsreihe 156
Ausgezeichnete Untergruppe 26
Austauschsatz von STEINITZ 67
Auswahlpostulat 210
Automorphismen eines Körpers 169
Automorphismengruppe 28
Automorphismus 27
—, äußerer 28
—, innerer 28
Axiome von PEANO 5

BAER, R. 238
Basis 68
—, duale 69
Basisvektor 63
BEHRBOHM, H. 58
BERG, E. 58
Beschränkt, nach oben 244
Betrag 236
— einer komplexen Zahl 252

Beweis durch transfinite Induktion
213
Bild 5
Bilinearform 76
—, alternierende 78
—, antisymmetrische 78
Binomialsatz 38
BIRKHOFF, G. 209
BLASCHKE, W. 2
BODEWIG, E. 1
BOURBAKI 211

Cantorsche Konstruktion der reellen
Zahlen 238
CARDANO, Auflösungsformeln von
193
Casus irreducibilis 194
Charakter einer Gruppe 159
Charaktergruppe einer Gruppe 159
Charakteristik 112
Charakteristische Untergruppen 147
CHEVALLEY, C. 134
CORPUT, J. G. VAN DER 263

Darstellung, reguläre 208
DEDEKIND 53
Definierende Gleichung 116
Definition durch vollständige In-
duktion 7
Delisches Problem 199
Determinante 79
— einer linearen Transformation 81
DICKSON, L. E. 1
Differentialquotient 85
— einer rationalen Funktion 230
Differentiation der algebraischen
Funktionen 231
—, totale 232
Differenzenprodukt 190
Differenzenschema 90
Dimension 63
Direktes Produkt 156
— — von Algebren 205
— — von Untergruppen 157
Diskriminante 102, 190
Distributivgesetz 34
Division 16
Divisionsalgorithmus 48
Doppelte Komposition 34
Duale Basen 69
Dualer Raum 69
Durchschnitt 4

Echte Untermenge 4
Echter Teiler 53

Echtes Vielfaches 53
Eindeutige Abbildung 5
Eindeutigkeit der Division 16
— der Faktorzerlegung 60
Einfache algebraische Erweiterung
115
— Gruppe 150
— Körpererweiterung 114
— transzendente Erweiterung 115
Einfachheit der alternierenden
Gruppe 163
Einheit 58
Einheitsform 93
Einheitsideal 49
Einheitsmatrix 74
Einheitsoperator 147
Einheitswurzeln, n-te 126
—, —, primitive 127
Einselement einer Gruppe 13
— eines Ringes 37
EINSTEIN, A. 63
Eisensteinscher Satz 96
Element einer Menge 3
—, entgegengesetztes 34
—, inverses 13
—, maximales 211
—, transformiertes 28
— unendlicher Ordnung 23
—, unzerlegbares 58
Elementarsymmetrische Funktion
100
Elimination, sukzessive 71
Endliche Erweiterung 119
— Gruppe 17
— Menge 9
Endlicher kommutativer Körper
131
Endomorphismenring 147
Endomorphismus 30
Erweiterung, äquivalente 117
—, maximale algebraische 215
—, rein transzendente 227
—, separable 136
Erweiterungskörper 113
Erzeugte Gruppe 22
EUKLID 56
Euklidischer Algorithmus 56
— Ring 55
EULER 105
Eulersche Differentialgleichung 86
— φ-Funktion 129
Existenz eines Einselementes 39
— eines inversen Elementes 39
Existenzsätze für formal-reelle
Körper 258
Exponent 136

Faktoren einer Normalreihe 151
Faktorgruppe 32
Faktorzerlegung 59
— in endlich vielen Schritten 98
Fermatscher Satz 134
f-gliedrige Perioden 180
Form 47
Formaler Anfangskoeffizient 103
— Grad 103
Formal-reell 254
Fortsetzung eines Isomorphismus
    122
Fremde Mengen 4
Fundamentalfolge 238
Fundamentallemma 211
Fundamentalsatz der Algebra 252
Funktion 5
—, algebraische 231
—, elementarsymmetrische 100
—, ganzrationale 47
—, lineare 68
—, rationale 108, 115
—, symmetrische 16

GALOIS 25
— -Felder 131
— -Gruppe 169
— -Theorie 146
Galoisscher Erweiterungskörper 125
Ganze Zahlen 8
— Gaußsche Zahlen 57
Ganzzahlig unzerlegbar 95
Ganzzahliges Polynom 46
GAUSS 201
Gaußscher Zahlkörper 57
G.G.T. 54
Gemischte Tensoren 77
Geordnete Menge 209
Gesetz, kommutatives 13, 34
Gewicht eines Polynoms 100
Gleichmächtige Mengen 5
Gleichung, abelsche 170
—, allgemeine 188
—, normale 126
—, primitive 170
—, reine 182
—, zyklische 170
—, 2-ten Grades 191
—, 3-ten Grades 191
—, 4-ten Grades 194
Grad einer algebraischen Größe 116
— einer endlichen Erweiterung 120
—, formaler 103
— einer Permutationsgruppe 167
— eines Polynoms 45
— einer rationalen Funktion 221

Grenze, obere 210, 244
—, oberen, Satz von der 244
Größe, algebraische 121
Grundkörper 168
Gruppe 13
—, abelsche 13
—, additive 14
—, alternierende 21
—, auflösbare 154
—, einfache 150
—, endliche 17
—, erzeugte 22
—, imprimitive 166
—, intransitive 165
— eines Körpers 163
— mit Operatoren 146
—, primitive 166
—, symmetrische 16
—, transitive 165
—, unendliche zyklische 22
—, vollständig reduzible 158
—, zyklische 22
Gruppen, homomorphe 32
—, isomorphe 27
Gruppenelemente, konjugierte 28
Gruppentafel 15

Halbgeordnete Menge 209
HASSE, H. 1, 58
HAUPT, O. 1, 228
Hauptideal 49
Hauptidealring 55
Hauptsatz der Faktorzerlegung 93
— der Galoisschen Theorie 171
— über abelsche Gruppen 163
— über die durch Radikale lös-
    baren Gleichungen 186
— über endliche Mengen 10
— über Normalreihen 152
— über symmetrische Funktionen
    100
HESSENBERG, G. 200
HILBERT, D. 263
Hilfssatz über abelsche Gruppen
    127
HOFREITER, N. 58
Homogenes Polynom 47
Homomorphiesatz 148
— für Gruppen 32
— für Ringe 52
Homomorphismus von Gruppen 30
—, von Ringen 40

Ideal 48
—, maximales 53
—, teilerloses 53

Ideal, von einem Element erzeugtes 49
Idealbasis 49
Identität 15, 74
Imprimitive Gruppe 166
Imprimitivitätsgebiet 166
Index einer Untergruppe 26
Induktion, transfinite 213
—, vollständige 6
Inhalt eines Polynoms 93
Injektive Abbildung 5
Innerer Automorphismus 28
Inseparabel (von zweiter Art) 136
Integritätsbereich 36
Interpolationsformel von LAGRANGE 88
— von NEWTON 88
Intransitive Gruppe 165
Invariante Untergruppe 26
Inverse Abbildung 5
— Transformation 15
Inverses Element 13
Irreduzibilität, absolute 107
— der Kreisteilungsgleichung 177
Irreduzibilitätskriterium von EISENSTEIN 96
Irreduzibles Polynom 59
Isobar 101
Isomorphe Normalreihen 152
Isomorphiesatz, erster 149
—, zweiter 150
Isomorphismus von Gruppen 27
— von Ringen 40

JORDAN-HÖLDER, Satz von 154

Kern 31
Kette 211
Kettenregel 234
K. G. V. 54
Klasse 3, 12, 51
Klassen in einer Gruppe 155
Klasseneinteilung 12
Kleiner 7
Kleinsche Vierergruppe 29, 166
KNESER, H. 211
Koeffizienten 62
—, unbestimmte 188
Körper 39
—, angeordneter 235
—, archimedisch angeordneter 237
— der algebraischen Zahlen 251
— der h-ten Einheitswurzeln über einem Primkörper 128
— der komplexen Zahlen 251
— der rationalen Zahlen 251

Körper der reellen Zahlen 244
Körperbasis 179
Körpererweiterung, algebraische 125
—, einfache 114
—, einfach algebraische 115
—, einfach transzendente 115, 221
—, endliche 119
—, Galoissche 125
—, maximale, algebraische 215
—, normale 125
—, transzendente 115
—, unendliche 215
Körpergrad 120
Kommutatives Gesetz 13
Kommutatorgruppe 32
Komplex 24
Komplexe Zahl 251
Kompositionsfaktoren 152
Kompositionsreihe 151
Kongruent nach einem Ideal 49
— nach einem Modul 33
Konjugiert 117
Konjugierte Größen 117
— Gruppenelemente 28
— Untergruppe 28
Konstruktion der regulären Polynome 200
— durch transfinite Induktion 213
— durch vollständige Induktion 7
— mit Zirkel und Lineal 197
Kontravariante Tensoren 77
— Vektoren 77
Konvergenzsatz von CAUCHY 243
Konvergieren 242
Koordinaten eines Kovektors 69
— eines Vektors 64
Kovariante Tensoren 76
— Vektoren 77
Kovektor 68
Kreiskörper 175
—, Perioden des 180
Kreisteilungsgleichung 175
— Irreduzibilität der 177
Kreisteilungskörper 128, 175
—, Perioden des 180
Kubische Resolvente 196
Kubusverdoppelung 199
Kurve, rationale 224

Länge einer Normalreihe 151
LAGRANGE, Interpolationsformel von 88
Lagrangesche Resolvente 183
LANDAU, E. 6, 9, 263
Leere Menge 3
Limes 242

Linear 68
— abhängig 65
— unabhängig 63, 66
Lineare Transformation 71
Linearer Rang 67
Linearform 68
Linksideal 48, 147
Linksinverses 37
Linksvektorraum 62
Lüroth, Satz von 222

Mächtigkeit 5
Malcev, A. 42
Matrix 72
—, transponierte 75
Matrixmultiplikation 73
Maximale algebraische Erweiterung 215
Maximales Element 211
Maximalprinzip 211
Menge 3
—, abzählbare 9
—, ähnlich geordnete 27
—, algebraisch abhängige 226
—, äquivalente 227
—, endliche 9
—, fremde 4
—, geordnete 209
—, gleiche 4
—, halbgeordnete 209
—, isomorphe 27
—, leere 3
—, teilweise geordnete 209
—, unendliche 10
—, vollständig geordnete 209
—, wohlgeordnete 209
Minimalpolynom 143
Mittelwertsatz 251
Modul 14, 48, 147
— in bezug auf einen Ring 147
Modulhomomorphismus 149
Modulo 33
Multiplikative Gruppe eines Schiefkörpers 39
Multilinearformen 76
—, antisymmetrische 78
Multiplikationssatz 80
—, der Determinanten 80
Multiplikatorenbereich 147

Natürliche Zahlen 5
Nebengruppe 25
Nebenklasse 25
Nebenkomplex 25
Negativ 235
Newtonsche Interpolationsformel 88

Nichtsinguläre Transformation 74
Noether, E. 204
Norm 143
— einer Gaußschen Zahl 57
—, reguläre 142
Normalbasis 205
Normaler Erweiterungskörper 125
Normalisator 155
Normalkörper, zugehöriger 168
Normalreihe 151
—, Faktor einer 151
—, Länge einer 151
— ohne Wiederholungen 151
—, Verfeinerung einer 151
Normalreihen, Hauptsatz über 152
Normalteiler 26
—, zulässiger 146
Nullelement 14, 34
Nullfolge 239
Nullideal 48
Null-Lösung 71
Nullring 38
Nullstelle 86
—, k-fache 87
Nullstellensatz für stetige Funktionen 246, 257
Nullteiler 36

Obere Grenze 210, 244
— Schranke 210, 244
Oberideal 53
Oberkörper 113
Obermenge 3
—, echte 4
Operator 146
Operatorenbereich 146
Operatorhomomorphismus 148
Operatorisomorphismus 148
Oppenheim, A. 58
Ordnung einer Gruppe 17
— eines Elementes 23

Partialbruchzerlegung 108
Peano, Axiome von 5
Perioden des Kreiskörpers 180
Permutation 14
—, gerade 21
—, identische 15
—, ungerade 22
—, Typus einer 203
Perron, O. 1, 58
Polynom 45
—, ganzzahliges 46
—, homogenes 47
—, irreduzibles 59
—, primitives 93

Polynom, separables 136
Polynomring 45
Positiv 235
Potenz 17
Potenzmenge 211
Potenzrest 134
Potenzsumme 102
Primelement 59
Primideal 53
Primitive Einheitswurzel 127
— Gleichung 170
— Gruppe 166
Primitives Element 140
— Polynom 93
Primitivzahl modulo p 134
Primkörper 111
Primzahl 59
Produkt 13
—, direktes 156
—, skalares 69
—, zusammengesetztes 17
— zweier Komplexe 24
— — Transformationen 14
— — Zahlen 6

Quadratsumme 254
Quadratur des Kreises 200
Quotientenbildung 41
Quotientenkörper 42
Quotientenring 44

Radikal 185, 187
Rang eines Gleichungssystems 71
— einer linearen Transformation 73
—, linearer 67
Rationale Funktion 108, 115
— Kurve 224
— Zahl 44
Rationalitätsbereich 39
Rationalzahlig zerlegbar 95
Rechengesetze 34
Rechtsideal 48, 147
Rechtsinverses 37
Rechtsvektorraum 62
Rechtsvielfaches 48
REDEI, L. 58
Reduzierter Grad eines Körpers 136
— — — Polynoms 136
Reell-abgeschlossen 254
Reelle Zahl 244
Reeller Körper 234, 253
Reflexiv 12
Regel der totalen Differentiation 230
Reguläre Darstellung 208
— Norm 142
— Polygone, Konstruktion der 200

Reguläre Spur 143
Rein transzendente Erweiterung
    227
Reine Gleichung 182
Rekursive Bestimmungsrelationen 8
Relativ prim 56
Relativer Isomorphismus 136
Repräsentant 12
Resolvente, kubische 196
—, Lagrangesche 183
Restklasse einer Untergruppe 25
— eines Ideals 49
Restklassenmodul 33
Restklassenring 51
Resultante 104
—, Unzerlegbarkeit der 107
Ring 34, 147
— mit Einselement 37
— ohne Nullteiler 36
Ringadjunktion 46
ROLLE, Satz von 251

Satz vom primitiven Element 140
— von ABEL 190
— von der oberen Grenze 244
— von der Partialbruchzerlegung
    109
— von EISENSTEIN 96
— von JORDAN und HÖLDER 154
— von LÜROTH 222
— von ROLLE 251
    von WILSON 134
Schema der Differenzen 90
Schiefkörper 38
Schranke, obere 210, 244
SCHREIER, O. 238
Separabel (von erster Art) 136
Separable Erweiterung 136
Separables Polynom 136
Singulär 74
Skalar 62
Skalares Produkt 69
Spaltenindex 72
Spaltenrang 73
SPEISER, A. 1
Spur 84, 143
— einer Matrix 84
—, reguläre 143
STEELE, A. D. 197
STEINITZ 2, 216, 228
Stetig 246
STURM, Theorem von 248
Sturmsche Kette 248
Substitution 168
—, gebrochen-lineare 222
Sukzessive Elimination 71

Summe, zusammengesetzte 17
— zweier Ideale 54
— zweier Zahlen 6
Summen von Quadraten 262
Surjektive Abbildung 5
SYLVESTER 105
Symbolische Adjunktion 119
Symmetrische Funktion 99
— Gruppe 16
System mit doppelter Komposition 34

Teilbarkeit von Elementen 53
— von Idealen 53
Teiler 53
—, echter 53
—, größter gemeinsamer 54
Teilerfremd 56
Teilerloses Ideal 53
Teilmenge 3
Teilweise geordnete Menge 209
Tensor 76
—, gemischter 77
—, kontravarianter 77
—, kovarianter 76
Tensorprodukt 82
Tensorraum 62
Theorem von STURM 248
Theorie von GALOIS 168
Total-positiv 263
Transfinite Induktion 22
Transformation 14
—, identische 15, 74
—, inverse 15
—, lineare 71
—, nichtsinguläre 74
Transitiv 12
— über einer Menge 165
Transitive Gruppe 165
Transitivitätsgebiet 165
Transponierte 75
Transponierte Matrix 75
Transposition 21
Transzendent in bezug auf einen Körper 115
Transzendente Körpererweiterung 115
Transzendente, unabhängige 226
Transzendenzgrad 227, 229
Trisektion des Winkels 200

Unabhängige Transzendente 226
Unabhängigkeit, algebraische 225
Unbestimmte 45
— Koeffizienten 188

Unendlichgroße (kleine) Elemente 237
Unendliche Körpererweiterung 215
— Menge 10
— zyklische Gruppe 22
Untergruppe 21
—, ausgezeichnete 26
—, charakteristische 147
—, invariante 26
—, konjugierte 28
—, zulässige 146
Unterideal 53
Unterkörper 111
Untermenge 3
—, echte 4
Unterring 48
Unvollkommen 139
Unzerlegbar, ganzzahlig 95
—, rationalzahlig 95
Unzerlegbares Element 58
Unzerlegbarkeit der Resultante 107
Urbild 5

Variable 47
Vektor 62
Vektorraum 62
—, endlichdimensionaler 63
Verband 209
Vereinigungsmenge 4
Verfeinerung einer Normalreihe 151
Verjüngung 84
Vielfaches 53
—, echtes 53
—, kleinstes gemeinsames 54
Vielfachheit einer Nullstelle 124
Vierergruppe 29, 166
Vollkommen 139
Vollständig geordnete Menge 209
— reduzible Gruppe 158
Vollständige Induktion 6
WAERDEN, V. D. 199, 204

WEIERSTRASS 246
Wilsonscher Satz 134
Wohlgeordnete Menge 209
Wohlordnungssatz 213
Wurzel 86
—, k-fache 87

Zahlen, algebraische 251
—, ganze 8
—, ganze Gaußsche 57
—, komplexe 251
—, natürliche 5
—, rationale 44
—, reelle 244

Zahlkörper, algebraischer 251
Zahlreihe 5
Zeilenindex 72
Zentrum einer Gruppe 155
Zerfällungskörper 122
ZERMELO 210, 213
ZORN 210, 221
—, Lemma von 210
Zulässige Untergruppe 146

Zulässiger Normalteiler 146
Zusammengesetzte Summe 17
Zusammengesetztes Produkt 17
Zusammensetzungsvorschrift 13
Zweiseitiges Ideal 147
Zykeldarstellung 21
Zyklische Gleichung 170
— Gruppe 22
Zyklischer Erweiterungskörper 170

If you have any concerns about our products,
you can contact us on
ProductSafety@springernature.com

In case Publisher is established outside the EU,
the EU authorized representative is:
Springer Nature Customer Service Center GmbH
Europaplatz 3, 69115 Heidelberg, Germany

Printed by Libri Plureos GmbH
in Hamburg, Germany